教育部高等学校软件工程专业教学指导委员会
软件工程专业推荐教材
高等学校软件工程专业系列教材

物联网技术基础

郑江滨 王丽 黎昞 马春燕 ◎ 编著

清華大学出版社
北京

内容简介

本书依托教育部高等学校软件工程专业教学指导委员会第一批软件工程专业系列教材的建设，并结合国内关于物联网软件设计与开发类课程的教学情况完成编写。

全书共8章，分别从物联网软件开发基础（第1、2章）、物联网设备端系统开发与案例分析（第3～5章）、物联网云端系统开发与案例分析（第6～8章）三个单元展开。其中，设备端部分从嵌入式端、移动端两个角度进行介绍；每章末尾部分设置有习题，以便读者复习巩固和进一步探索。此外，配套的实验指导书包含丰富的案例和实验。

本书既可作为软件工程、计算机、自动化等相关专业的本科生和研究生教材，也可供从事物联网软件行业的研究人员和工程人员阅读参考。

本书封面贴有清华大学出版社防伪标签，无标签者不得销售。
版权所有，侵权必究。举报：010-62782989，beiqinquan@tup.tsinghua.edu.cn。

图书在版编目(CIP)数据

物联网技术基础/郑江滨等编著. —北京：清华大学出版社，2024.1
高等学校软件工程专业系列教材
ISBN 978-7-302-64324-1

Ⅰ. ①物…　Ⅱ. ①郑…　Ⅲ. ①物联网－高等学校－教材　Ⅳ. ①TP393.4 ②TP18

中国国家版本馆CIP数据核字(2023)第144494号

责任编辑：黄　芝　张爱华
封面设计：刘　键
责任校对：申晓焕
责任印制：沈　露

出版发行：清华大学出版社
网　　址：https://www.tup.com.cn，https://www.wqxuetang.com
地　　址：北京清华大学学研大厦A座　　**邮　　编**：100084
社 总 机：010-83470000　　**邮　　购**：010-62786544
投稿与读者服务：010-62776969，c-service@tup.tsinghua.edu.cn
质量反馈：010-62772015，zhiliang@tup.tsinghua.edu.cn
课件下载：https://www.tup.com.cn，010-83470236
印 装 者：三河市铭诚印务有限公司
经　　销：全国新华书店
开　　本：185mm×260mm　　**印　　张**：17.5　　**字　　数**：429千字
版　　次：2024年1月第1版　　**印　　次**：2024年1月第1次印刷
印　　数：1～1500
定　　价：59.80元

产品编号：089990-01

前　言

新一代信息技术是推动国民经济智能化转型、高端化升级、绿色化发展的重要力量。党的二十大报告强调:"必须坚持科技是第一生产力、人才是第一资源、创新是第一动力,深入实施科教兴国战略、人才强国战略、创新驱动发展战略,开辟发展新领域新赛道,不断塑造发展新动能新优势"。

物联网作为一项国家战略性新兴产业,是我国新型基础设施建设的重要组成部分,近年来获得工业和信息化部等部门在政策、规划、生态、人才等方面的支持。当前,物联网技术在智慧家居、智能制造等场景获得广泛应用,在连接数量、经济产值等方面迎来高速增长。万物互联的时代已经到来。

物联网软件的设计与开发,涉及通信、软件、电子等多种学科,嵌入式技术、移动端开发、云平台应用等多门知识,以及 Arduino、树莓派、小熊派等多类国内外产品。那些熟手们信手拈来的技术和产品,对于初学者往往眼花缭乱。因此,本书面向本科生、研究生和物联网开发爱好者,一方面在系统性上,以物联网软件开发为引线,将有关的网络原理、软件知识、新兴技术等串联讲解,期望读者不仅能从一本书中初窥物联网系统的软件概貌,还能在设计和开发的实践中随时查询;另一方面在前沿性上,以一套典型的物联网系统软件开发案例为驱动,不仅介绍了传统的嵌入式端和移动端,还介绍了新兴的物联网云平台以及物联网关键技术的发展趋势,从而实现嵌入式、移动端、云端内容的融合和贯穿。本书以"原理介绍—案例分析—项目实践"为线索组织内容,同时覆盖了理论学习和实践应用的需求。

本书共三个单元,分别介绍了物联网和软件的背景知识、物端中嵌入式和移动端的开发基础,以及云端开发的主要概念。其中,第一单元从物联网基础、软硬件选型两方面展开,可供初学者根据专业类别和先修课程进行选择性学习;第二单元从嵌入式、移动端、网络接入三点展开,是物联网系统软件开发的主体部分,需要读者具备一定的软件开发基础;第三单元从平台、系统、趋势等角度介绍了物联网云端,可供读者在学有余力或课时充足时学习。

本书配套教学课件及程序源码,读者可从清华大学出版社官方网站下载。同时,还出版了实验指导教材《物联网技术基础实验指导》,可与本书配套使用。

本书得到教育部软件工程教学指导委员会、西北工业大学教材建设项目(W013121)、国家自然科学基金资助项目(61901388)的支持。感谢吴健、邢建民、王竹平、王丽芳等专家的指导和建议,感谢团队所有师生对本书编排和修订的贡献,感谢所有为本书顺利出版提供帮助的各界人士以及所有参阅材料的作者。作者水平有限,书中难免存在疏漏之处,敬请各位读者、同仁批评指正,作者将不胜感激。

作　者

2023 年 8 月

目　录

第一单元　物联网软件开发基础

第二单元　物联网设备端系统开发与案例分析

第一单元
物联网软件开发基础

第1章　物联网基础

2005年，信息社会世界峰会(World Summit on the Information Society，WSIS)在突尼斯召开。国际电信联盟(International Telecommunication Union，ITU)正式提出“物联网”的概念，并在报告*ITU Internet Reports 2005：The Internet of Things*中，从特征、技术、挑战等方面进行介绍。这标志着物联网时代的到来。

根据国家标准的定义，物联网是通过感知设备，按照约定协议，连接物、人、系统和信息资源，实现对物理和虚拟世界的信息进行处理并做出反应的智能服务系统[1]。具体来讲，物联网在互联网的基础上，通过有线或无线的方式，使数量众多、品类繁多的物品与之相连，并通过物品和网络之间的信息交换，实现定位、跟踪、监控、管理和智能化等功能，可能涉及全球定位、红外传感、射频识别、激光扫描等技术。

简而言之，物联网即万物互联。通过获取传感数据、智能分析处理、提取有效信息、实施决策控制等阶段，物联网已经在智能家居、智慧农业、城市大脑等场景中发挥着重要作用，并必将在信息化、智能化的未来，持续在新的领域开疆拓土。图1-1所示为物联网生态。

图1-1　物联网生态

① 该定义来自国家标准GB/T 33745—2017，定义2.1.1。

1.1 物联网的体系架构

物联网一般包含传感设备、通信网络和应用程序，其本质上就是传感、通信和软件技术的结合。因此，从体系结构的角度来讲，业界普遍采用感知层、网络层、应用层的三层架构，如图 1-2 所示。

图 1-2 物联网三层架构图

其中，感知层对应着传感设备，主要负责通过传感器、摄像头等媒介，采集大量的环境数据，实现信息感知的作用。常见的感知数据包括温度、湿度、日照、压力和视频等。网络层对应着通信网络，主要负责通过传输介质、通信协议将分布于不同地理位置的主机连接起来，实现数据传输的作用。应用层对应着应用程序，主要负责通过信息分析和智能算法技术，实现设备控制、辅助决策等功能。如果将物联网系统看成一个人，那么看东西的眼睛、听声音的耳朵就是感知层，传输信号的神经、运输能源的血液就是网络层，处理信息并做出决定的大脑就是应用层。

此外，当面向具体领域时，最上面的应用层有时会被进一步细分。如果从中抽出中间件部分，那么与终端管理、服务管理、安全管理等有关的内容，便组成了一个新的层次，称为平台层，如图 1-3 所示。

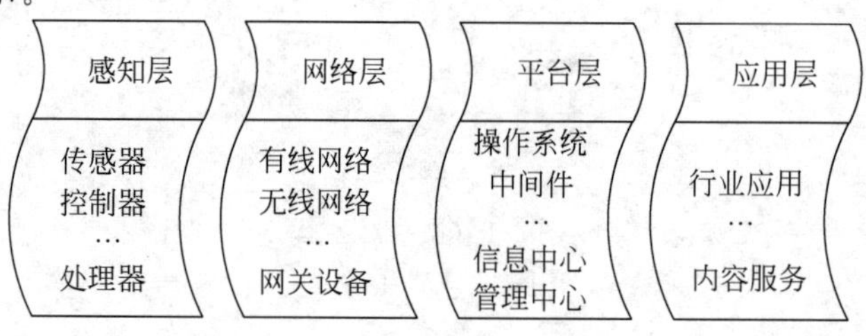

图 1-3 物联网四层架构图

下面，依次介绍物联网的三个主要层次。

1.1.1 感知层

感知层由种类丰富的传感器和传感器网关构成，主要进行物品的识别和信息的采集，是整个物联网系统的"神经末梢"。常见的感知层器件有摄像头、GPS、读写器、RFID标签和各类传感器等。

感知层不仅可以感知信号、标识物体、收集和捕捉信息，还具有一定的处理和控制功能。该层的核心诉求是更加敏感、更加易懂的感知能力，为此需要解决有关小型化、低功耗、低价格等方面的问题。与感知层有关的系统开发，涉及多种硬件设备如控制器、智能仪表等，包括各类嵌入式设备及其开发环境。目前，此类设备不仅功能多样，而且种类繁多，需要根据具体的应用需求，做好相应的设备选型工作。

1.1.2 网络层

系统获得各类感知数据后，需要通过网络层将其传输到后台进行处理。网络层是信息交互的媒介，依托当前已有的移动通信网络、计算机网络等，进行不同距离的数据传输，从而实现对信息的收集和对组网的控制等。

因为物联网涵盖的应用场景较为广泛，不同的场景对连接数、实时性等性能要求不尽相同，所以有关的通信技术也朝着高速率、低功耗、复杂组网等方向发展，新的通信技术层出不穷。与网络层有关的系统开发，涉及通信的方式选择、硬件设计、协议设计、网络管理等方向。目前，现代通信技术历经多年发展，不论是在有线还是无线领域都有丰厚的基础，在不同的应用场景中做好技术选型是一项重要的工作。

值得一提的是，网络层不仅自身是公共基础设施的一部分，而且反过来极大地促进了公共基础设施的建设。例如，在大家喜闻乐见的移动支付系统中，一方面网络层作为基础设施，通过无线网络将采集的二维码付款信息传输到后台；另一方面新兴技术如5G作为驱动力，又促进了移动支付系统的发展。

1.1.3 应用层

应用层将传输进来的信息进行处理后，可以直观显示，也可以用于控制设备、辅助决策等。其中，人机交互的部分往往需要依赖软件来实现，因此该层的常见任务是分析信息、执行指令和开发应用等。

应用层是物联网技术与行业应用的联节点，通过智能算法和行业知识的支撑，为行业问题提供解决方案。在实际生活中，应用层面向大量用户、多种场景、各类需求，为我们提供了丰富的物联网应用，给我们的生活带来了极大的便利。与应用层有关的系统开发，包括针对大量、多样数据的大数据技术，针对海量信息处理的虚拟化技术，针对端系统开发的Android技术和针对云平台的开发技术等。

应用层是物联网发展凝结的最终形态，也是整个物联网系统开发的关键点。软件开发能够为物联网提供丰富多彩的应用，促进各类行业和家庭应用的蓬勃发展，也将促进物联网的普及，进而造福包括软件开发在内的整个物联网生态。

1.2 物联网的端系统

从端到端的角度来看，物联网的端系统是保障物联网业务可用性的重要组成部分。开发一个完整的物联网系统，常常需要从设备端和云端两方面着手。其中，设备端又包括物端和移动端两部分。物端主要是嵌入式，一般以硬件设施为基础，通过计算机技术进行感知、驱动等模块的开发。移动端主要是各类手持终端，一般以操作系统为基础，通过软件技术进行适配于应用场景的前后端开发。云端包括公有云和私有云，可以自行研制，也可以基于现有的云服务简化开发流程。

本书不仅将在理论部分按照物端、移动端、云端的顺序依次介绍，还会在实验部分讲解物端和移动端的开发实例。

1.2.1 物端

物联网物端的核心在于嵌入式，而嵌入式在生活中可谓无处不在。

嵌入式系统是以应用为中心、以计算机技术为基础的系统，因为其软件和硬件均可裁剪，所以是一种适用于对功能、成本、体积、功耗、可靠性等有严格要求的专用计算机系统。针对嵌入式的概念，可以从三方面理解。首先，以应用为中心，说明嵌入式系统是有明确目标的；其次，以计算机技术为基础，说明嵌入式系统可以被认为是一种特殊的计算机；最后，软硬件可裁剪，说明嵌入式系统是一种灵活的系统，用户可以根据自身的实际需求进行灵活的定制和更改。

近年来，网络飞速发展，世界经历了从互联网最初出现到现在进入万事互联的物联网时代。物联网的发展与嵌入式紧密相连，嵌入式为我们带来了巨大机遇，同时也带来了很多挑战。物联网具有层次性、架构性的特点，其中每一层都离不开嵌入式，传感器数据的采集、分析计算、实时控制等都需要嵌入式系统，而不同层次对嵌入式处理器的功耗、性能、种类要求各不相同，这就需要有不同特性的处理器来满足不同场景的需求。总而言之，嵌入式是物联网系统中的系统，它在物联网中起着极其重要的作用。

物联网和嵌入式的相辅相成，不仅共同促进了电子技术的发展，还极大地丰富了智能化的生活，成功实现了技术和实践、软件和硬件的结合。本书实验中的智能鱼缸案例，就是采用 FreeRTOS 和 CC3200 完成物端的系统开发的。

1.2.2 移动端

移动端应用开发是指以手机、平板计算机等便携式设备为基础，进行相应的软件开发，以满足用户各类需求的行为。移动应用起源于传统的软件开发，与之不同的是，移动端开发的软件要求更加适配手机、平板计算机这类便携式移动设备。目前市面上主流的移动开发平台包括 iOS 和 Android，分别对应苹果便携式设备和安卓便携式设备。本书中的智能鱼缸案例就是利用安卓系统进行开发的。

随着科技的进步和时代的发展，现代人越来越追求生活的智能化。日常生活中随处可见物联网产品，从智能家居到智慧城市，从可穿戴智能设备到智能零售业，基于物联网的移动便携式设备和应用在将来的需求会越来越大。物联网的移动端应用开发不再是一个离我们很遥远的术语，而是将遍布在我们日常生活中的每一个角落。

物联网的移动端应用开发呈现百花齐放之势，主要原因是其有着其他应用不可代替的功能和特点，如便携智能、个性发展、成本较低、安全性高等，以下依次说明。

(1) 便携智能。当今社会，人们时时刻刻都享受着手机带来的便利，物联网和手机的结合可以说是顺应时代发展趋势的产物。用户可以便捷地操控这些程序，来和设备进行交互，随时随地使用、管理和控制设备。

(2) 个性发展。物联网移动端应用程序通过收集用户交互期间的各类数据，并对这些数据进行智能分析处理，为用户提供个性化的响应。对用户数据的持续性、智能化分析，不仅可以提升应用的智能程度，还可以提高定制化服务的准确性。

(3) 成本较低。物联网允许开发人员在短时间内完成大量程序的构建，从而更加专注于产品新颖性和吸引力的塑造，大大削减了原本移动端应用开发中的巨大工作量。

(4) 安全性高。某种移动应用的大规模使用，意味着该应用可能在使用期间收集大量的用户数据。为应对这类问题，在物联网系统严密的保护下，物联网移动端为程序提供额外的保护层，并且借助多个入口和数据加密的功能，使隐私数据得到更加有效的保护。

1.2.3 云端

云无处不在，我们每天使用的云盘、邮箱、云服务器和搜索引擎都是云产品。从这点来说，云是互联网的升级。云的诞生意味着互联网不仅仅是存储数据的载体，还能够为用户提供满意的服务。具体而言，云包含云存储、云服务、云计算、云平台等概念。

云平台是最近几年逐渐风靡的技术。随着科技的进步，数据的存储和计算变得越来越方便。所谓“云”即是将服务器虚拟化，形成虚拟的资源池供用户使用，相较传统的实体机更加节省资源、方便管理。用户可以不受本地资源的限制，随时随地通过网络进行数据的存储和计算。因此，可以说云是一个集存储、计算、网络资源于一体的概念。

云平台之所以日渐流行，是因为云平台具有经济性、安全性、虚拟性、高可用性、高拓展性和分布式存储等特点。这些特点为应用开发者解决了不少遗留的难题。当前主流的云平台可以大致分为三类，即以数据存储为主的存储型云平台、以数据处理为主的计算型云平台、存储和计算相结合的综合型云平台。

物联网云平台是物联网和云计算相融合的产物。云计算不仅为互联网服务注入了新活力，同时也将消费者和商业应用的着眼点转移到云的新热点，使得企业可以进一步优化行业应用的性能并降低其成本。着眼于未来，基于云的解决方案将为我们提供更好的安全服务保障、更灵活的数据移动功能、更完善的数据恢复方案等。

总的来说，云平台为我们提供了更加便捷、安全、经济和全面的物联网服务支持，物联网云平台也因为其基于云的可扩展性和安全可靠的特点，成为当前物联网飞速发展的关键推动力。本书不仅会介绍主流的物联网云平台和操作系统，还会介绍基于国产平台的开发案例。

1.3 本章小结

本章介绍了物联网的基本概念。物联网是万物相连的互联网，也是通过网络连接起来的多种硬件和软件的集合。物联网的核心和基础仍然是互联网，但其用户侧已经扩展到了任何人与物之间。从体系结构来讲,物联网大致分为感知层、网络层、应用层,其中感知层主要负责物品的识别和信息的采集,网络层主要充当信息传输的中介,应用层通过提供各类问题的解决方案来实现广泛的智能应用。本章最后讨论了物联网的端系统,整个物联网系统可以看作物端、移动端、云端的有机联合与统一。

1.4 课后习题

1. 知识点考查

(1) 物联网的基础和核心是什么?

(2) 典型的物联网分为哪几层?各层的主要功能是什么?

(3) 在物联网的设备端,核心技术与要解决的问题是什么?

(4) 在物联网的移动端,为什么应用开发日新月异?谈谈自己的观点。

(5) 云平台具有哪些特点?

2. 拓展阅读

[1] 刘强,崔莉,陈海明. 物联网关键技术与应用[J]. 计算机科学,2010,37(6):1-4,10.

[2] 张佳鸣,杨春刚,庞磊,等. 意图物联网[J]. 物联网学报,2019,3(3):5-10.

第2章 设备选型和技术选型

2.1 开发板设备选型

2.1.1 CC3200

CC3200是TI无线连接Simple Link Wi-Fi和物联网解决方案推出的一款开发板，它集成了高性能ARM Cortex-M4 MCU的单芯片无线微控制单元(Microcontroller Unit, MCU)，如图2-1所示。实际上，CC3200也是一个完整的平台解决方案，包括软件、工具、示例应用、程序用户和编程指南、参考设计和专门的TI E2E支持社区。

1. 开发板介绍

CC3200采用了一种四方形扁平式、易于布线的无引线封装，主要由Wi-Fi网络处理器、应用MCU子系统和电源管理三部分组成。

图2-1 CC3200 ①

Wi-Fi网络处理器：由Wi-Fi片上因特网模块和一个额外的、专用的基于ARM架构的微控制单元(ARM Cortex-based Microcontroller Unit, ARMCU)组成，可以完全免除应用MCU的处理负担，完全消除应用单片机的处理功耗。无线局域网片上网络包括Wi-Fi射频、基带和媒体访问控制(Media Access Control, MAC)，MAC有强大的加密引擎，Wi-Fi片上因特网可以实现256位的快速、安全因特网连接。无线局域网上的因特网还包括嵌入式HTTP服务、TCP/IP和TLS/SSL协议栈以及各种应用协议。CC3200支持三种模式：站点、接入点和Wi-Fi直连。

应用MCU子系统：包含一个80MHz的工业标准ARM Cortex-M4内核。它包括多种外设，包含快速并行摄像机接口、I2S、I2C、SD/MMC、UART、SPI和四通道ADC。CC3200系列包括灵活的嵌入式RAM，用于代码和数据；带外部串行闪存引导加载器和外设驱动器的ROM，使MCU子系统功能特别强大。

电源管理：一个集成的、支持宽频电源电压范围的直流-直流转换器，具有低功耗模式，其中RTC休眠模式所需的电流小于4mA。

① 图片来源于网络。

2. 开发流程

CC3200 是第一个内置了 Wi-Fi 的 MCU,这使得用户可以使用单个集成电路完成整个应用的开发。开发人员基于互联网协议,只需通过内置 Wi-Fi 而不需要 Wi-Fi 开发经验就可以快速上手。其开发流程[①]主要有以下步骤。

(1) 购买 Launch Pad 开发板及所需套件。

(2) 下载 CC32xx SDK。

(3) 使用 Simple Link Academy 开发。

Simple Link Wi-Fi® CC32xx SDK 包含用于 CC3220 和 CC3235 可编程 MCU 以及使用该解决方案所需的文档。它还包含闪存编程器、系统文件和用户文件(证书、网页等)。闪存编程器是一款命令行工具,用于闪存软件配置网络和软件参数(SSID、接入点通道、网络配置文件等)。

此 SDK 可与 TI 公司的 Simple Link Wi-Fi CC3220 和 CC3235 Launchpad 开发套件配合使用。此 SDK 提供各种各样的支持。具有 CCS IDE 但未具备 RTOS 的集成 Cortex-M4 支持 SDK 中的所有示例应用。此外,一些应用支持 IAR、FreeRTOS 和 TI RTOS。

2.1.2 Arduino

Arduino 是一款操作简单、造价低廉、程序开源的开源电子原型平台。从硬件角度讲,Arduino 通过各种传感器感知环境,通过代码控制灯光、电机等设备动作进行反馈。从软件角度讲,Arduino 的开发是使用 Arduino 编程语言在 Arduino IDE 中完成的,编译后将二进制文件烧入微控制器。图 2-2 所示为 Arduino 系列板中最经典也最常用的 Arduino Uno 开发板。

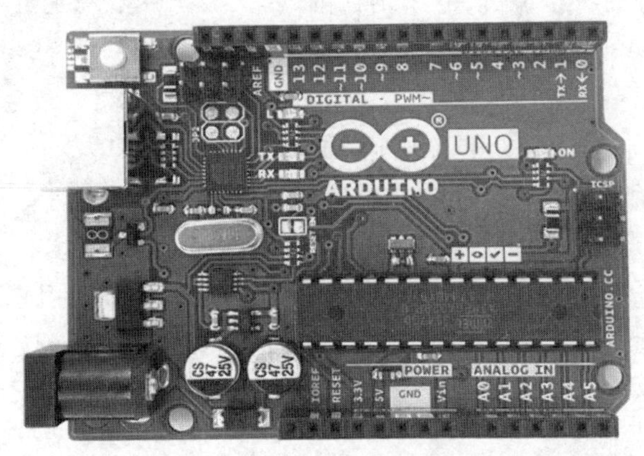

图 2-2　Arduino Uno 开发板[②]

1. 开发板介绍

Arduino 开发板鼓励用户使用简单而开源的设计理念。它具有门槛较低、接口丰富、灵活方便等优点,近年来在物联网中得到了广泛的应用。除此以外,作为一种包含编程语言和开发环境的生态,Arduino 还具有以下特点。

---

① 官方网站为 https://www.ti.com.cn/tool/cn/SIMPLELINK-CC32XX-SDK。

② 图片来源于网络。

1）交叉平台

Arduino 可以在 Windows、Linux、macOS 三大主流操作系统上运行，而其他控制器大多数只能在 Windows 上开发。

2）开发简单

一方面，Arduino 语言基于 Wiring 语言开发，是 AVR-GCC 库的二次封装，不要求开发者具备强大的编程基础或单片机基础。另一方面，Arduino 开发环境基于 Processing IDE 开发，灵活性强、容易掌握。因此，学习简单易上手，对初学者来说尤其友好。

3）开放源码

Arduino 硬件的原理图、电路图，软件的开发环境和核心库文件均开放源码。用户在开放源码协议的范围内，可以任意修改原设计和相应代码。

4）第三方支持

Arduino 大量的用户基础，提供了大量的开源代码、硬件设计等资源。例如，在诸如 Github. com、Arduino. cc、Openjumper. com 等网站上，能够很方便地找到 Arduino 的第三方硬件、外设、类库等支持，从而更加快速、简单地创建和扩展 Arduino 项目。

2. 开发流程

Arduino 拥有与 C 语言相似的开发环境，其 IDE 如图 2-3 所示，主要由两部分组成：第一部分是硬件层面的 Arduino 电路板，主要用来连接电路进行设计；第二部分是软件层面的 Arduino IDE，即其集成开发环境。简单来说，只需先在 IDE 中编写程序代码，再烧录到开发板上，同时添加一些像电灯、电机等配件，就能完成一个 Arduino 项目的开发。

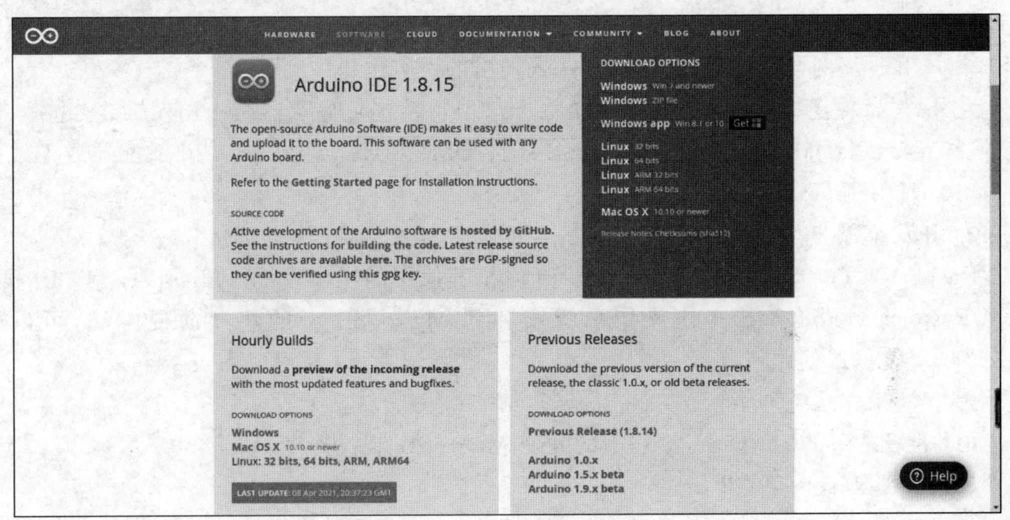

图 2-3　Arduino IDE 1. 8. 15

Arduino 不仅是目前应用最为广泛的开源硬件，还是一个优秀的硬件开发平台。其简单的开发方式能够使开发者心无旁骛地聚焦于创意和实现，更快地完成项目开发，大幅节省了学习成本、缩短了开发周期。越来越多的开发人员已经或开始使用 Arduino 进入硬件设计、智能家居等领域，开发他们的项目和产品。目前，一些学校如软件、自动化、微电子等专业，准备开设或已经开设了与 Arduino 相关的课程。

2.1.3 树莓派

树莓派的英文名称是 Raspberry Pi，常常简写为 RPi 或者 RasPi。它是一款为计算机编程教育设计的卡片式计算机，虽然只有银行卡大小，但是却具有一台普通计算机的所有功能。开发板如图 2-4 所示。

图 2-4 树莓派 3A＋型开发板[①]

1. 开发板介绍

树莓派是一种基于 ARM 处理器的微型计算机主板，以 SD 卡作为存储硬盘。卡主板周围有两个 USB 接口和一个网络端口，可以用来连接键盘、鼠标和网线，还具有视频模拟信号输出接口和高清视频输出接口。树莓派的底层实际上是一个完整的 Linux 操作系统，只需连接显示器和键盘，就可以完成计算机所能完成的多种功能。

树莓派型号繁多，主要有以下几种。

A 型：1 个 USB 接口，无有线网络接口，功率 2.5W，256MB RAM。

B 型：2 个 USB 接口，支持有线网络，功率 3.5W，512MB RAM，26 个 GPIO。

B＋型：4 个 USB 接口，支持有线网络，功率 1W，512MB RAM，40 个 GPIO。B＋型相对于 B 型来说，虽然使用的都是 BCM2835 芯片和 512MB 内存，但是 B＋型的功耗更低、接口更加丰富、音频部分使用低噪供电、换入了更加优美的推入式 Micro SD 卡槽。B＋型将 USB 接口由 B 型的 2 个增加到了 4 个，输入输出的引脚也增加到了 40 个。

此外，树莓派还有一些常用配件，如 SD 卡（预装系统）、显示器（HDMI 接口）、电源、键盘、鼠标、网线、HDMI 连接线、Micro USB 线、HDMI-VGA 转接器、Wi-Fi 适配器或无线网卡、USB HUB 等。

2. 开发流程

Raspberry Pi OS 是开发 Raspberry Pi 时推荐使用的操作系统。Raspberry Pi Imager 是将 Raspberry Pi OS 和其他操作系统安装到 Micro SD 卡的快速简便方法，可以与 Raspberry Pi 一起使用。

1）安装操作系统

（1）准备 8GB 以上、Class10 以上的高速 Micro SD 卡。

（2）下载 Raspberry Pi Imager。

（3）在 Raspberry Pi Imager 的 Operating System 界面选中需要的系统并下载。

（4）在 Raspberry Pi Imager 的 SD Card 界面中选中所用 SD 卡。

（5）单击 WRITE 按钮后等到出现完成提示画面。图 2-5 是 Raspberry Pi OS 下载界面。

2）安装树莓派

（1）把安装系统完成的 SD 卡插入树莓派中。

---

① 图片来源于网络。

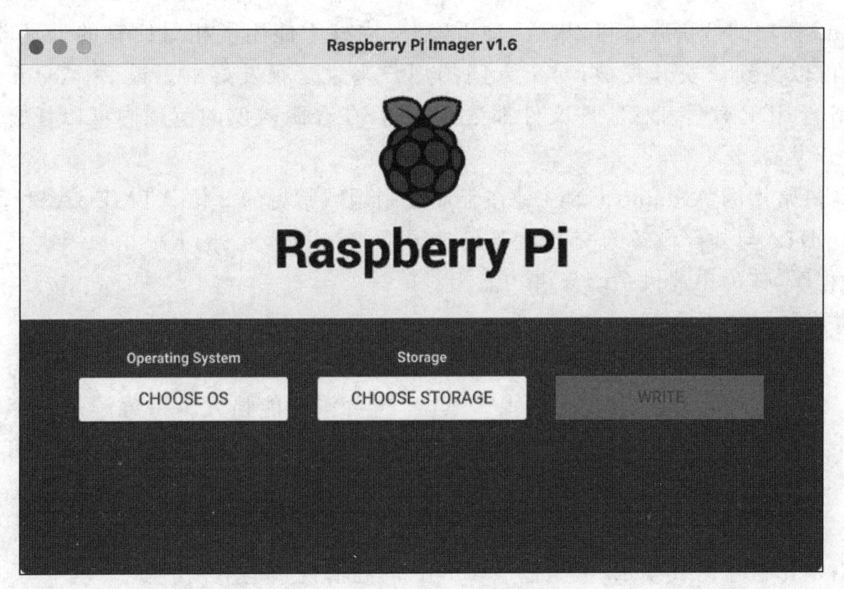

图 2-5 Raspberry Pi OS 下载界面

(2) 将键盘和鼠标插入树莓派,并连接 HDMI 线。

(3) 连接电源线,打开电源开关。

3) 启动树莓派

(1) 按以上步骤上电后显示器会出现文字。当显示器不能显示时,可能 HDMI 线或是 HDMI 转接头出现了问题。

(2) 出现用户登录界面,输入用户名及密码。

(3) 正确输入用户和密码后,树莓派会正常启动。

(4) 用键盘输入 startx 来开启图形界面,这样树莓派就启动完成。

2.1.4 开发板小结与比较

1. 开发板小结

1) CC3200

首先,CC3200 是第一款内置了 Wi-Fi 的 MCU,这使开发人员无须 Wi-Fi 的深度经验就可以快速开发。其次,CC3200 是一个完整的平台性解决方案,该平台上资料完善,这令初学者可以很快地上手。最后,CC3200 具有超低功耗,可以作为使用电池供电的无线音视频的最优选择,这也是 CC3200 的一个重要优势。

然而,CC3200 对 Flash 的保密性支持有限,只需直接复制一份 Flash 代码,就能轻而易举地复制他人的产品。另外,CC3200 的 ADC 并不准确。

2) Arduino

首先,Arduino 使用起来简单方便,用户即使没有单片机编程基础也可以快速入门。一方面,该平台无须安装额外的驱动就可以使用。另一方面,它采用的编程语言类似 C 语言,主函数中只涉及 setup 和 loop 两个模块,初学者可以很快上手。其次,Arduino 具有跨平台的特性。Arduino IDE 可以在 Windows、macOS、Linux 三大主流操作系统上运行,而其他大多数的开发板只能在 Windows 上运行。然后,Arduino 价格较低。相比其他开发板来说，Arduino 模块的低价版本可以自己动手安装，内核中使用了相对便宜的处理器，只需几十块钱就可以买到一块开发板，对于入门的用户来说是很友好的。最后，Arduino 项目开源，其电路图、IDE 软件和核心库文件都是开源的，在开源协议的范围内可以任意地修改代码以满足开发需求。

然而，最常用的 Arduino UNO 是在工业控制领域常见的 8 位 ATMEGA328，最高运行频率仅 20MHz，与外部设备的交互需要另外采购接口板。此外，Arduino 一次只能运行一个烧写的程序，作为单片机系统来讲功能相对单一。

3）树莓派

首先，树莓派运算能力强。它使用一颗运行在 700MHz 的 ARM11 CPU，与一般的开发板相比，算力几乎不在一个水平线上。其次，树莓派功能强大。树莓派是一个微型计算机，基本上可以完成一般计算机做的任何事情，例如可以运行完整的操作系统、可以在后台同时运行多个程序，使得用户可以用自己熟悉的语言和库来进行开发。最后，树莓派自带的接口比较全面。丰富的常用接口，如 USB、HDMI、SD 读卡器接口等，使得树莓派可以处理文档、观看电影甚至游戏娱乐，甚至播放 1080P 的高清视频也不在话下。

然而，功能的强大意味着成本的提升。此外，树莓派因为拥有更完整的操作系统，所以每次复电后的启动时间比较长。

2. 开发板对比

综上所述，每种开发板都有自己的特点和优缺点。在实际应用中，需要从项目的应用场景与核心指标出发，根据实际情况选择合适的开发板。只有坚持“没有最好的，只有最合适的”理念，才会达到事半功倍的效果。表 2-1 从三个角度对以上开发板进行了简要的比较。

表 2-1　经典嵌入式开发板比较

比　较　项	开　发　板		
	CC3200	Arduino	树莓派
价　格	中	低	高
生　态	中	优	良
易用性	低	高	中

3. 其他开发板

近年来，物联网在智能家居、智慧农业、城市大脑等领域的应用愈加广泛。受市场驱动，各家开发板悄然上市，典型的后起之秀包括小熊派、野火、ESP32-S2 等。小熊派采用低功耗的 STM32L431 单片机作为主控芯片，采用前景广阔的 LiteOS 作为操作系统。在华为和小熊派的双重加持下，已凭借性价比、集成度优势，形成了良好的生态。野火主打是挑战者开发板，采用了 Cortex-M4 系列主控芯片，是基于 LiteOS 进行物联网系统开发的两类常用板之一。ESP32-S2 系列开发板搭载 Xtensa® 32 位 LX7 处理器，支持 Windows、Linux 和 macOS 系统下的开发，提供工具链、API、组件和工作流程等。

2.2　通信技术选型

物联网中的技术选型主要体现在通信技术方面。网络的连接方式分为有线和无线两大类。有线通信是指利用物理线路，例如光纤、导线等实现的连接。有线通信在日常生活中已经广泛应用，如生活中随处可见的网线、电话线、有线电视等均属于有线通信。而无线通信则是指利用电磁波在空间中的传播，实现连接的通信技术。无线通信的双方不需要物理媒介就能进行通信，这种方式给生活带来了极大的便利。例如，Wi-Fi、量子通信、移动蜂窝网等均属于无线通信技术。

有线通信和无线通信各有优缺点。有线通信的可靠性高，一般具有很高的稳定性，但缺点是不够灵活，会受到物理线路的影响，并且物理线路的布线会消耗大量的资源。无线通信十分灵活，理论上不受空间的限制，但缺点是信号不太稳定，容易被空间中其他物质影响而降低传输质量，因此可靠性也较低。

通信技术从距离角度来讲，还可以分为短距离通信和长距离通信。通常把传播距离在100m以内的通信称为短距离通信，超过1000m的通信称为长距离通信。在大多数情况下，只需要与附近的人员或设备进行短距离通信，例如在住宅、办公室、工厂车间等范围内。此外，当需要与其他较远的地点，甚至跨国进行信息交流时，就需要用到长距离通信。实际上，两种通信方式在日常生活中都十分常用，且都发挥着重要的作用。

之所以存在不同的通信技术，是因为没有哪种单一的通信技术可以满足所有的通信需求。如果加上成本、功耗、效率等一系列因素，短距离通信和长距离通信的优缺点就会显现出来。短距离通信可以快速实现小范围内的互联，但由于距离限制，对远程控制等应用来讲就鞭长莫及了。而长距离通信传输在空间上的拓展，也意味着更多的能耗和更高的成本。这些都是进行物联网开发时需要考虑的因素。

2.2.1 物联网的典型通信技术

根据介绍的通信技术分类情况，本节将物联网常用的通信技术分为三类，如图2-6所示。以下将分别对有线通信、无线短距离通信、无线长距离通信进行介绍。

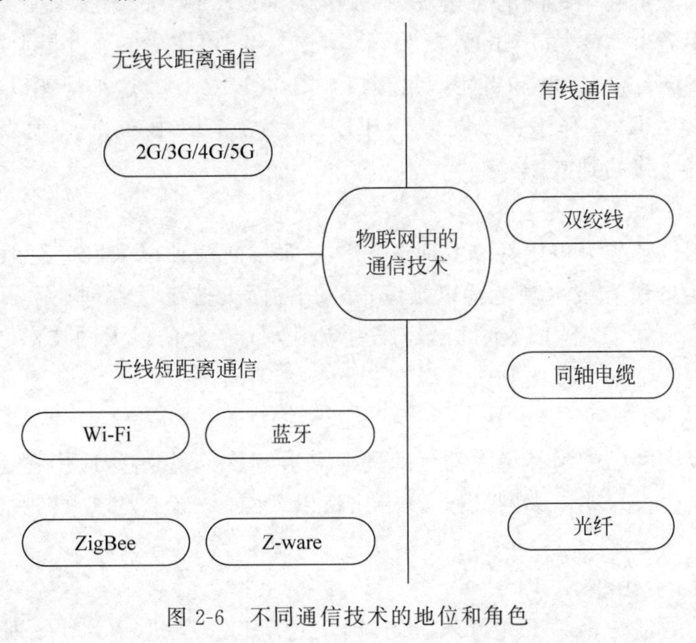

图2-6 不同通信技术的地位和角色

2.2.2 有线通信

图 2-6 从通信介质的角度，展示了常见的有线通信方式。本节将从通信协议的角度，介绍两种常见的有线通信技术。

1. 以太网通信

以太网(Ethernet)是一种计算机有线局域网技术，它指遵守 IEEE 802.3 标准组成的局域网及相关设备，主要包含开放系统互连(Open System Interconnection，OSI)参考模型的物理层和数据链路层中的介质访问控制子层。

其中，物理层的主要作用是把数字信号变成能够在可支持的传输媒介上传输的模拟信号，包括定义数据传输的电气信号、时钟要求、数据编码等。数据链路层由介质访问控制(Media Access Control，MAC)子层和逻辑链路控制(Logical Link Control，LLC)子层两部分组成。MAC 负责发送和接收数据，实现传输同步、错误识别、流向控制等功能。由此，以太网的标准和协议规定了连接线、电信号和介质访问控制等内容。

以太网是如今应用最为广泛的局域网技术之一。它通常选择双绞线作为传输媒介，因此在没有中继的情况下覆盖范围有限，一般只连接附近的设备。例如，应用在公司办公室时，以太网常常只覆盖办公的那一栋建筑或者一部分。根据传输速率的不同，以太网可以分为标准以太网、快速以太网、千兆以太网和万兆以太网，下面分别介绍。

1）标准以太网

标准以太网是以太网的雏形，传输速率为 10Mb/s。其组网方式比较灵活，既可以使用双绞线组成星状网络，又可以使用同轴缆线组成总线型网络，还可以同时使用双绞线和同轴电缆组成混合型网络等。

2）快速以太网

随着社会的进步和因特网的飞速发展，较早版本以太网的传输速率已经难以满足用户日益增长的使用需求。Grand Junction 公司于 1993 年 10 月发布了世界上第一台快速以太网集线器 Fast Switch30/100 和百兆网络接口卡 Fast NIC 100，这是快速以太网与用户的首次见面。1995 年 4 月，工作组正式发布了 IEEE 802.3 u 100Base-T 快速以太网标准，这标志着快速以太网时代的到来。

3）千兆以太网

千兆以太网也被称为吉比特以太网。它一方面与前两种以太网完全兼容，保证了原有以太网标准规定的所有技术规范得以延续；另一方面支持流量管理技术，可以保证千兆以太网的服务质量。如今，千兆以太网已经成为应用最为广泛的以太网技术之一，为人们的生产活动和日常生活带来很多便利。

4）万兆以太网

尽管千兆以太网已能满足绝大部分的用户需求，但在某些特殊应用上还不够用，因此万兆以太网应运而生。万兆以太网又称 10 吉比特以太网，是继千兆以太网后出现的又一款超高速以太网。

2. 串口通信

串行方式的通信是相对于并行来说的，即串行端口按位进行字节序列的发送和接收。串口是为实现串行通信而设计的各种物理接口的统称，一般传输 ASCII 字符，涉及地线、发送线和接收线，发送线发送数据，接收线接收数据，物联网中常见的串行端口是 RS-232、半双工 RS-485 和全双工 RS-422 等。

为了数据的正确传输，通信双方需要有一定的规范和约定，例如信号线是什么样的，信号电平是多少，接口形状、数据编码格式、数据传输速率是怎样的等。串口通信是通信工程和计算机领域的一个通用概念，一般指与串行通信有关的协议和技术。串口通信能够以较为简单的方式实现远程通信，最远通信距离可达 1200m。

串口通信的优点在于成本非常低，可以极大地降低系统的开发成本，因此普及率一直比较高，目前仍然是计算机网络中的重要通信方式。大多数工业和办公设备都有串口，例如打印机等。即使没有通过串口外接常规设备，也常常通过串口将它们连接到正在开发的计算机上。因此，串口通信是设备间通信最简单、最基础的方式。

串口也存在缺点，一般来讲串行通信的组网能力较差。虽然它通常比无线通信更加稳定，但在某些场景中也更容易受到电缆所在环境的电磁影响，从而导致通信变得不稳定甚至烧毁串口。总体来讲，串口通信比较适用于低速率的通信和少量数据的通信。

2.2.3 无线短距离通信

1. Wi-Fi

Wi-Fi 全称为 Wireless Fidelity，是当前主流的无线局域网（Wireless Local Area Network，WLAN）技术之一，以 IEEE 802.11 系列标准作为技术规范。Wi-Fi 的最大传输距离为 100m，具有覆盖范围大、可靠性高、传播速度快等优点，自诞生起很快被市场接受，并快速获得广泛的应用。一方面，Wi-Fi 能够使用射频技术、通过电磁波传输数据，覆盖某些有线局域网不能到达的区域，继而为人们提供便捷的网络服务；另一方面，Wi-Fi 还能在干扰严重、信号较弱时进行自动调整，传输速率可达 11Mb/s，有效确保网络稳定地工作。Wi-Fi 的特点如下。

1）无线上网

Wi-Fi 具有在世界范围内无须任何电信运营执照就可以免费使用的频段，与此同时还具有较好的穿透性。该通信方式在生活中比较流行，最为便捷的是只买一台路由器就可以搭建一个 Wi-Fi 网络。用户可在 Wi-Fi 覆盖的范围内，随时随地进行网页浏览和数据传输，既方便了人们的生活又减少了上网的费用。

2）成本较低

Wi-Fi 在安装和使用过程中相当方便，只要设置好对应的接口就可以了，整个过程仅需 10min。若是采用有线网络进行部署，那么对应的接线工作就需要耗费很多时间。若是需要进行网络迁移，只要在新址先重新部署一条宽带，再把路由器连接到宽带上就可以了。Wi-Fi 技术因其接入便捷、成本较低而在公共接入服务领域中备受关注。

3）传输速率高

Wi-Fi 的传输速率比传统的蓝牙通信方式高，通过增加功率、接收灵敏度等方式可以拥有较好的传输效果与较高的传输速率，并且能够通过信号干扰以及外界环境的影响实现网络速率的自动调节，继而提升了速率的稳定性，其最大传输速率可达 11Mb/s，与有线连接几乎不相上下，远远超越了同类无线网络技术。随着该技术的进一步发展，Wi-Fi 的传输速率也在持续提升。

4）安全问题

尽管 Wi-Fi 具有很多优点，但其安全隐患也是不容忽视的。由于 Wi-Fi 是利用无线电波来实现数据传输，因此极易遭到黑客的侵害，非法用户不经过授权就可以私自利用网络资源，这不仅使网速下降，也使整个无线网陷入严重的安全隐患。经过多年的发展，人们已经通过网络加密、访问控制等安全机制来保证上网安全，例如，WPA 技术就是以授权的形式为上网用户提供数据保护，认证技术能够保证用户访问数据的安全性。因此，人们得以较好地处理木马病毒和黑客入侵等安全问题。

2. 蓝牙

蓝牙作为数码设备的必备模块，通过短距离无线连接方式，减少了设备之间的物理线路连接。蓝牙通信作为一种功能丰富、安全可靠、支撑全双工的无线连接方式，不仅简化了各种移动终端设备之间的通信，也有效地改善了设备和网络之间的通信。

蓝牙通信最明显的技术优势是可以用非常简单的方式，方便地实现任意两台设备之间的近距离通信。目前，蓝牙通信技术已广泛应用于世界各地的笔记本计算机、手机、立体声耳机等设备中。现代蓝牙产品正沿着轻便、小巧的方向，向低功耗、低成本和内置安全性等方面演进。如今，蓝牙技术已经发展到 2.4GHz 和 5GHz 频段，可以广泛应用于工商、高科技、医药等领域。

当然，蓝牙也存在缺点。例如，蓝牙的各个版本兼容性不佳，组网能力较差；一般适用于网络节点较少的场景，不适合多点布控。

3. ZigBee

ZigBee 国内译作“紫蜂”，它是以 IEEE 802.15.4 协议为核心的短距离无线通信技术，它具有功耗低的特点，可以应用于带宽较小、数据传输速率较低的环境中，曾被认为是工业控制场合最有可能采用的无线通信方式。该技术传输距离为 0～75m。随着技术的进步，传输距离还在继续增加。ZigBee 技术是目前较为流行的无线通信技术，它具有许多其他无线通信技术所没有的优点。

1）低成本

ZigBee 的初始成本较低，一般认为低于 Wi-Fi 成本，由此可以为用户省下一大部分的预算。

2）延迟低

从睡眠态开始的通信延迟和激活延迟非常短，因此 ZigBee 技术适用于工业控制等延时要求严格的无线控制应用场合。

3）功耗低

由于 ZigBee 的传输速率较低，传输功率仅为 1mW，且使用睡眠模式功耗小，因此 ZigBee 设备是十分省电的，很少有别的设备能够实现如此低功耗。

4）安全性

ZigBee 在循环冗余校验的基础上提供数据包完整性的检查功能，支持认证鉴权，使用 AES-128 加密算法可确保传输安全。

5）高可靠性

利用冲突避免策略给需要固定带宽的通信业务留出专用时隙，以规避数据传输中的竞争与冲突。MAC 层使用完全确认的数据传输模式，每个数据包需等待接收者确认消息。

若在传输过程中出现问题,可进行再次传送,从而保证了数据的传输的可靠性。

6）网络容量大

1个星形ZigBee网络最多可以容纳254个从设备及1个主设备,一个地区最多可以容纳100个ZigBee网络,其网络构成灵活多样。每个网络都有自己独立的网络拓扑结构,并且具有很高的可扩展性。在一个网络中,最多可以连接65 000个节点,这使得在任何地方都能进行可靠的信息交互,这种容量是其他大多数通信设备不能比拟的。

7）轻巧

ZigBee协议的传输速率一般为4～32kb/s,而蓝牙、Wi-Fi等无线通信设备的传输速率通常为100kb/s。这样的数据传输速率虽然不高,但是可以满足很多应用需求,重要的是,ZigBee协议不是很复杂的协议。

ZigBee已广泛应用于物联网产业链中的机器到机器(Machine-To-Machine,M2M)通信,如智能电网、工业自动化、智能交通、智能家居、金融、移动POS终端、智慧城市、消防、环保、遥感勘测、水利、农业、林业、煤矿、石化等领域,可以说ZigBee已经覆盖生活中的每一个角落。

4. NFC

NFC(Near Field Communication,近距离无线通信)技术是一种短距离高频无线通信技术,可以使电子设备之间进行无接触的点对点数据传输。通信距离一般在10cm内。100～500kb/s的数据传输速率足以满足很多应用需求。该技术由索尼(Sony)与飞利浦(Philips)最早研发,从免接触式射频识别技术(RFID)发展而来并且向下兼容,主要应用于手机等手持设备,通过无线方式将信息以电磁波形式传输到用户的移动终端上。考虑近场通信的安全性,NFC在手机支付等领域被视为一项大有前途的技术。

NFC提供了一套简单的非接触式解决方案,允许用户简单、便捷地与设备进行交换信息,并访问内容和请求相关服务。典型的NFC通信包含三种业务模式:点对点模式、虚拟卡模式、读卡器模式。

5. RFID

RFID(Radio Frequency Identification,射频识别)通过无线电信号识别指定的目标,并进行数据的读写。需要注意的是,这里的读取一般是单向的而不是双向的。与之相较,虽然采用RFID高频标准的NFC技术可以看作RFID的一个子集,但NFC是一个双向的过程,这是相对RFID来讲进步较大的一点。以下就这两种技术进行简要的比较。

(1) RFID的传输距离较大。RFID传输范围可达数米乃至数十米,NFC因为其特有的信号衰减技术,使得其比RFID的传输距离较短,但是一般来讲带宽更高、能耗更小。

(2) RFID一般由读卡器和标签组成,具有信息读取与识别功能;NFC一般将非接触式读卡器和点对点功能集成在一个芯片中,更加注重信息的交互。因此,NFC常被看作RFID的演化版,两方可进行信息交互。例如,具备NFC功能的手机内,其NFC芯片除了可以实现NFC手机间的数据通信以外,还可以通过组成RFID模块的形式,用作RFID无源标签付费,或者用作RFID阅读器进行数据交换与采集等。

(3) RFID和NFC的应用场景和目标方向不同。RFID更多应用在较长距离的信息识别等方面,而NFC针对的是近距离消费电子设备间的相互通信。

2.2.4 无线长距离通信

1. LoRa

远距离无线电(Long Range,LoRa)是一种基于扩频技术的远距离通信技术,为用户提供了一个可以实现长距离、长时间和大容量的简单系统,从而进一步扩展了传感器网络等应用。目前,LoRa 主要在 ISM 频段运行,包括 433MHz、470MHz、868MHz、915MHz 等频率。

LoRa 的优势在于其传输距离远、工作功耗低、组网节点多、体积比较小,支持测距和定位等功能。此外,LoRa 采用直接序列扩频技术,由于使用了较高的扩频因子,因此接收机信号增益较高,具有较高的灵敏度,进而具有超链路预算,不需要太高的发射功率。

近年来,LoRa 在智慧城市、智慧安保、智能抄表、输电线在线监测领域都得到应用。资料显示,2018 年国内 LoRa 芯片出货量达到千万级,其中模块和电表厂商占采购份额的绝大部分,基站厂商排名第二。这些都说明 LoRa 有着广阔的前景,未来将会有更多公司加入 LoRa 联盟,为 LoRa 的开发贡献力量。

2. NB-IoT

窄带物联网(Narrow Band Internet of Things,NB-IoT)技术基于蜂窝模型,被视为低功耗广域物联(LPWA)目前最佳的通信技术。它承载着智慧家庭、智慧出行、智慧城市等智能世界的基础联通任务,并且广泛应用于智能表计、智慧农业、白色家电等多方面,是 5G 时代下的基础通信技术之一。概括来说,NB-IoT 有以下特点。

(1) 多连接。一个扇区可以支持多达 10 万个的终端连接。

(2) 广覆盖。单个基站可覆盖半径达十余千米。

(3) 穿透能力强。同等频段内,窄带物联网技术比传统物联网技术增益提高了 20dB。

(4) 低功耗。理论和实验证明,这类终端设备的最长待机时间可以达到 10 年。

(5) 设备成本低。技术模块具有设备小巧、覆盖简单的特点,其单个模块造价一般不超过 5 美元。

表 2-2 列出了常用的无线通信技术及其特点。

表 2-2 常用的无线通信技术及其特点

无线通信名称	特　点
Wi-Fi	成本低,对抗环境变化能力强,维修更加便捷,扩展性强,灵活性高
蓝牙	分散式网络结构,体积小,成本低,功耗低,抗干扰性强
ZigBee	可靠性高,低功耗,低成本,时间延迟短
LoRa	灵敏度高,传输距离远,功耗低,组网节点多
NB-IoT	覆盖面广,具备支撑多连接的能力,穿透能力强,功耗低,成本低
NFC	安全性高,短距离,私密性强,连接快,功耗低

2.3 软件开发技术选型

2.3.1 常见的软件开发模型

软件开发模型是指用一定的流程将各个环节连接起来,并用规范的方式操作全过程的软件建模。软件开发模型能清晰、直观地表达软件开发全过程,明确规定了要完成的主要活动和任务,是软件项目工作的基础。

瀑布模型是最早运用于软件开发的模型,也是目前为止最简单的模型。它的每个阶段就像瀑布一样按阶向下推进,其中每个阶段只执行一次,是一个线性执行的软件开发模型。瀑布模型包括计划、需求分析、设计、编码、测试、运行维护等阶段,如图 2-7 所示。一般来讲,该模型适用于需求明确且变更化很少的项目。

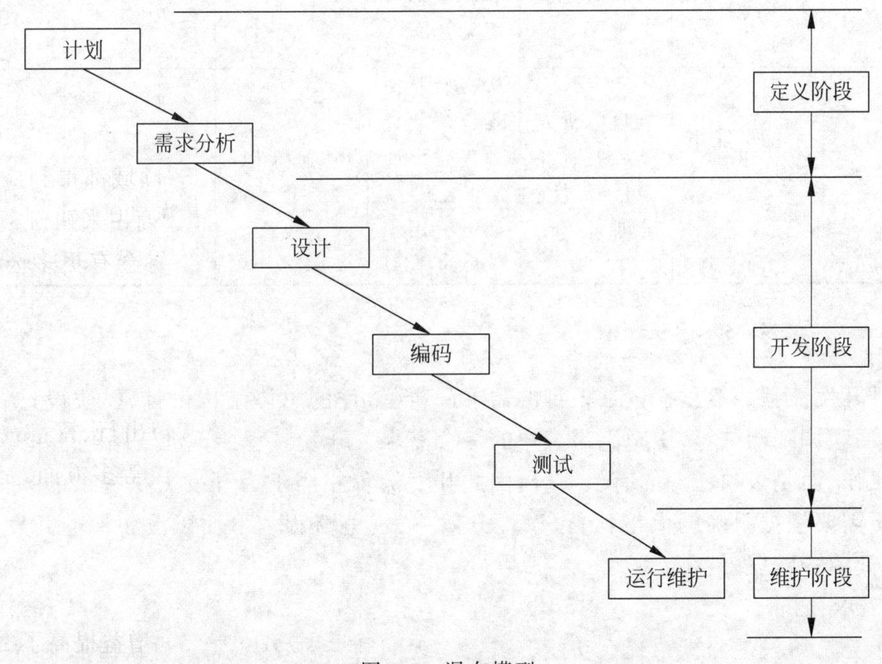

图 2-7 瀑布模型

瀑布模型的优点是目标明确,且每个阶段都有检查点,方便验证方案的正确性和达成度。但是作为最早的软件开发模型,瀑布模型也存在很多缺点。例如,该模型的各阶段是线性执行的,用户到最后才能看见开发成果,这极大地增加了开发的风险。如果发生不适合用户需求的情况,那么用户临时改变需求会导致后期阶段成本骤增。此外,早期阶段的错误一旦到了后期阶段才发现,就会给项目带来极高的开发风险和维护成本。

软件开发模型除瀑布模型外,还有螺旋模型、迭代模型、增量模型、敏捷模型以及快速原型模型等,各类开发模型的主要特点、应用场景、注意事项如表 2-3 所示。在实际应用中,需要开发人员根据不同的需求来选择适当的开发模型。

表 2-3 开发模型的对比分析

比较项目	模型名称					
	瀑布模型	螺旋模型	迭代模型	增量模型	敏捷模型	快速原型模型
主要特点	文档驱动	风险驱动	软件(或产品)生存周期模型	开发早期反馈及时,易于维护	以人为核心、迭代、循序渐进	建立快速原型系统

续表

比较项目	模型名称					
	瀑布模型	螺旋模型	迭代模型	增量模型	敏捷模型	快速原型模型
应用场景	适用于需求明确且变更较少的项目	适用于开始时需求不太明确的大规模项目	适用于对软件需求缺乏准确认识的情况	适用于需求不断变更的项目	适用于传统的瀑布开发模式不适合被应用的场景	适用于已有可展示项目原型的情况
注意事项	系统可能不满足客户的需求	风险分析人员需要有经验且经过充分训练	从初始原型逐步演化成最终软件产品,迭代模型不适用于较小的项目	需要开放式体系结构,可能会导致效率低下	多研究模式及其应用可以帮助更深层次地理解敏捷模型	迅速建立的系统结构加上不断的修改,可能导致低质量项目的产生

2.3.2 一般开发流程

软件开发流程一般过程包括项目的需求分析、软件的总体结构设计、模块设计、编码和调试、程序联调和测试等,用来满足客户的综合需求。开发一套计算机软件不单单只是开发人员的工作,而是多项任务的有机整合,因此开发流程相当于为开发人员提供的一份大纲,开发人员需要依据明确的大纲执行,以提升效率、规范流程。下面以瀑布模型开发流程为例,依次介绍各阶段内容。

1. 需求分析

需求分析阶段是分析系统在功能上需要实现的结果和效果,需求确认后形成描述完整、清晰、规范的需求分析文档,以确定软件需要实现哪些功能、完成哪些工作等内容。需求分析的主要方法有数据流图法、数据字典法和结构分析法等。

需求分析阶段的主要工作:一方面,根据需求说明书的具体要求,设计并建立相应的软件系统架构,包括将软件系统分解为若干子系统或子模块、定义子系统之间的接口关系等;另一方面,需要编写一系列符合规范的文档,包括概要设计说明书、详细设计说明书、数据结构设计说明书和装配测试计划等文件。

需求分析的主要方法如下。

(1) 数据流图(Data Flow Diagram,DFD):从数据传递和加工的角度,对系统的逻辑功能、逻辑流向和数据以系统中的逻辑转换过程进行图形化表示。它是结构化系统分析方法的主要表示工具和软件模型图形化表示方法。

(2) 数据字典(Data Dictionary):对数据流图中出现的所有被命名的图形元素,在数据字典中整合一个词条并加以定义,使每一个图形元素的名称都有一个确切的解释。

(3) 结构化分析(Structured Analysis,SA):面向数据流的需求分析方法,其基本思想是“分解”和“抽象”,是指对于一个复杂的系统,为了将复杂性降低到可以掌握的程度,把大问题分解成若干小问题,然后分别解决。

2. 概要设计

概要设计阶段需要知道项目的大概流程、根据需求需要建立的具体模块、项目运行方式、需求接口的实现、项目的后期维护等。概要设计主要分为模块划分、任务分配和调用关系的定义等。

在概要设计阶段，应最大限度地提取可重用的模块，建立合理的结构体系，以节省后续环节的工作量。模块之间的接口和参数传递应该非常详细和清晰，并且建议编写一个严格的数据字典，以避免在随后的设计中出现混淆或误解。需要注意的是，概要设计阶段只是设计大概框架，有了骨架才能更好地继续接下来的详细设计。

3. 详细设计

详细设计是以需求分析、概要设计等阶段梳理出来的内容为基础，进一步进行细节的完善，例如确定模块的数量、接口及其实现类之间的关系，详细列出类名及其属性和方法名等，这样才能保证程序员能够根据这份详细文档来进行代码的编写。

详细设计文档作为需求人员、总体设计人员与开发人员的沟通工具，能够描述出那些静态页面无法体现出来的设计，包含设计上的一些规范、约定和决策等，例如软件选用的算法、关键问题的设计等。详细设计能够提高沟通效率、减少理解偏差，使开发人员快速熟悉并投入到开发工作中。

详细设计阶段主要采用结构化的程序设计方法，常用的表示工具有图形工具和语言工具等。其中，图形工具有程序流程图、问题分析图(Problem Analysis Diagram，PAD)、N-S图(由 Nassi 和 Shneidermen 开发，简称 N-S 图)等；语言工具有伪码、PDL(Program Design Language)等。

4. 编码实现

程序员在这一阶段根据上个阶段的详细设计文档分配任务，进行代码的编写。值得注意的是，当任务较多、代码量大时，务必确保编写过程中的规范性，良好的编码习惯可以给软件的维护和升级带来巨大的便捷。

5. 程序测试

开发部门在完成项目编码后，会交给测试部门验证软件系统的过程，以检查软件需求与实际结果的差别。一般来讲，程序测试是指对一个已经完成了全部或部分功能/模块的计算机程序，在正式交付和使用前进行检测，以确保该程序能按预定的方式正确地运行。测试过程一般会发现程序在编码时期没有发现的漏洞、测试是否完成详细设计阶段的程序功能等，进而保证将高质量的软件交付给用户。由此可见，该步骤能够尽量避免项目在发布后由于存在漏洞而使用户遭受损失，因此是软件开发中必不可少的阶段。

软件测试方法从内部结构和具体实现的角度，可以分为白盒测试和黑盒测试；从程序是否执行的角度，又可以分为静态测试和动态测试。软件测试的流程如下。

(1) 测试计划阶段。软件立项后，通过需求分析和评审，对业务需求进行评级，进而绘制业务流程图、编写软件测试计划。

(2) 测试设计阶段。编写测试用例，先是小组审查，再是会议评审。

(3) 测试执行阶段。依据测试计划执行测试工作，提测后搭建质量保证环境(Quality Assurance Environment，QAE)，先执行冒烟测试，再进行系统测试，通过不断地提交和跟踪Bug(缺陷)，测试软件是否满足测试要求，直至测试执行阶段结束。

(4) 测试评估阶段。制作测试报告，对整个测试过程和版本质量进行详细评估，确认是否可以上线。

(5) 测试验收阶段：验收测试结果，宣布测试阶段结束。

6. 软件交付以及项目维护

经过上述几个阶段之后，大部分工作都已经完成，接下来开发方会将一个可以正常使用的系统软件交付给客户。

在软件交付阶段，一方面，开发方会根据项目前期的软件设计展现开发成果；另一方面，客户方也要根据开发成果进行软件项目验收。概括来说，软件交付主要包含系统演示、用户培训、系统部署、运行维护等内容。软件交付后进行用户验收，用户验收的目的是规范、协助客户确认软件或系统集成项目已经达到了合同规定的功能和质量要求。客户对交付程序进行测试，如果项目结果符合客户预期，则交付完成。

项目发布部署运行以后，随着软件用户的增长和使用时间的增加，项目可能会产生不可预测的问题，因此项目维护阶段必不可少。项目维护指技术人员根据用户需求变化或硬件环境变化，对应用程序进行部分或全部的修改。维护不仅仅是处理项目已经产生的问题，还需要持续对项目进行迭代升级，保证其在市场上的竞争力。

2.4 本章小结

本章围绕物联网系统开发的设备选型和技术选型问题，分别讨论了不同的选型方案，旨在为实践中选择的适当性提供参考。针对设备选型，本章重点对Arduino、树莓派等硬件开发板展开了讨论，总结了不同开发板的特点并进行了比较分析。其中，CC3200是贯穿本书的物联网系统开发案例中使用的设备。针对技术选型，本章分别从网络和软件角度，介绍了物联网的典型通信技术以及典型的软件开发流程，重点说明了有线通信、无线短距离通信、无线长距离通信在物联网系统的重要作用和不同特点，同时强调了规范的软件开发流程对于软件的正常交付起着至关重要的作用。

2.5 课后习题

1. 知识点考查

(1) 有线通信和无线通信各自的优缺点是什么？

(2) 常见的物联网通信技术可分为哪几类？选择一个种类，回顾主要的技术名称。

(3) 软件开发的一般流程包括哪些？

(4) 请简述瀑布模型的优缺点。讨论在开发模型种类繁多的今天，还有必要用该模型吗？

(5) 假设当前需要开发一个在室内演示的智慧农业实验，采用什么通信技术和开发板比较合适？为什么？

2. 拓展阅读

[1] 张彦芳. 有线通信接入网的发展研究[J]. 中国新通信，2013，15(2)：38-39.

[2] 何立民. 物联网时代的嵌入式系统机遇[J]. 单片机与嵌入式系统应用，2011，11(3)：1-3.

第二单元
物联网设备端系统开发与案例分析

第3章 嵌入式实时操作系统 FreeRTOS 原理

嵌入式操作系统(Embedded Operating System,EOS)是一种用于嵌入式系统的系统软件。嵌入式系统由底层硬件和上层应用软件组成,具体为基本外设、外部辅助设备和各类通信协议。与需要 Windows、Linux 或 macOS 等操作系统来运行基本应用程序的台式计算机相似,嵌入式系统也需要一个操作系统来促进其功能。例如,所有的移动电话都有一个集成的嵌入式操作系统软件,如安卓(Android)或 iOS,在手机开机时启动。嵌入式操作系统具有以下一些共同特征:省电、较少的存储能力、较小的处理能力、快速和轻量级、I/O 设备灵活以及可针对实际任务进行定制。

嵌入式操作系统通常是以实现特定功能为目的而设计的,它通过提供基本的驱动程序、辅助工具和库函数,实现合理调度系统资源、协调管理硬件等功能,对特定的任务具有较高的资源调度效率和较强可靠性,因而具有十分广泛的用途。目前在工商业界广泛使用的嵌入式操作系统有 Embedded Linux 、QNX、WinCE、VxWorks 以及智能手机上的 Android 和 iOS 等。

嵌入式操作系统可以根据其对外界事件的响应能力分为分时操作系统和实时操作系统。假如一台计算机能够在操作系统的驱动下采用时间片轮转的方式同时为几个、几十个甚至几百个用户服务,那么这种操作系统就被称为分时操作系统;假如一台计算机能够在操作系统的驱动下在一个规定的时间内完成对外界事件的处理,并及时响应事件处理的结果,同时能控制所有实时设备和实时任务协调运行,那么这种系统就称为实时操作系统(Real Time Operating System,RTOS)。本章将介绍的 FreeRTOS 就是一种嵌入式实时操作系统。

3.1 FreeRTOS 概述

FreeRTOS 是由 Real Time Engineers 公司开发的一款微型实时操作系统,是一个可移植的开放源码软件,可运行在微控制器(MCU)上。作为开源的微内核操作系统,FreeRTOS 主要应用于一些资源有限的小型嵌入式系统,目前主要为用户提供硬件基础驱动服务。作为一款优秀的实时操作系统,FreeRTOS 具备了 RTOS 所有的基础功能,如任务管理、任务调度、内存管理、时间管理、消息队列等。得益于其代码量小、驱动效果好等特点,FreeRTOS 深受广大研发人员的喜爱。

由于在开发、迭代以及维护过程中受到高效严格的管理,FreeRTOS 具有极高的代码规范性和健壮性,并且具有较高的移植性,可以应用到多种处理器和开发板上。同时,FreeRTOS 配备丰富的练习实例能使开发人员能够迅速掌握并熟练运用,从而提高开发效率，是初学者入门嵌入式操作系统的佳选之一。除以上几点，FreeRTOS 操作系统还有以下一些主要的优点。

1. 支持多任务

FreeRTOS 支持多任务调度，并对系统内的任务总数不设限制，任务量根据需求而定。FreeRTOS 支持多种调度方式：抢占式调度、时间片调度以及合作式调度，可以灵活地为不同需求的任务设置不同优先级。同时，FreeRTOS 会分配独立的栈（Stack）空间给每个任务，并为这些任务栈空间设定最小值，且允许用户根据实际需求调整空间大小。此外，用户还可以根据 FreeRTOS 关于栈空间合理性的特征标准，对空间大小进行调整以减少系统对 RAM 的占用。

2. 时间确定性

FreeRTOS 软件定时器本质上是一个周期性的任务或单次执行的任务，在被创建之后，当经过设定的时钟计数值后，会触发用户定义的回调函数，由于它的实现不需要使用任何硬件定时器，故被称为“软件计时器”。同时，FreeRTOS 中大部分函数具有固定的调用和执行时间，并且执行时间的长短不会受应用程序量的多少而变化，具有时间的确定性。

3. 内核调度方式

在 FreeRTOS 中，用户可以根据自身需求设置内核中任务的调度方式：当调度方式设置为抢占式时，若内核中有比当前任务更高优先级的任务进入就绪态，则抢占当前任务的 CPU 使用权，并将当前任务挂起，这种方式能最优化任务的响应时间，使优先级越高的任务越先执行，从而保证系统的实时性要求；当调度方式设置为非抢占式时，内核中优先级更高的任务进入就绪态时无法抢占当前任务的 CPU 使用权，必须等待当前任务执行结束，主动释放 CPU 后才可以开始执行，与抢占式相比拥有更快的中断响应。

4. 通信服务

FreeRTOS 具有多种通信方式，其中队列是任务之间最主要也是最基础的通信方式，在任务-任务、中断-任务之间进行消息的传递。

5. 中断管理

中断指的是 CPU 在执行事务时暂停当前正在执行的事件而对更高优先级事件处理，处理完高优先级的事件后再返回中断位置继续执行的过程。中断的方式能有效提高 CPU 的利用效率，但不当的中断使用会导致系统的不稳定。FreeRTOS 系统支持中断嵌套，并能通过有效的中断管理以及合理的配置增强系统的稳定性。

6. 模块可配置性

得益于高内聚、低耦合的代码设计，FreeRTOS 的不同组成模块之间相互独立性高。在实际应用中，可以根据用户需求在配置文件中配置不同的功能模块，目前大多数的配置选项都在文件 FreeRTOS. h 中，用户通过简单修改其中的宏定义值便可以实现模块的配置，便捷、灵活地适应项目需求。

FreeRTOS 系统也有缺点，该系统不会根据任务的特点对时间片进行划分，只是机械性地随机分配时间片，并且只能根据优先级来调度任务。因此，在保证系统性能较可靠、提升系统功能模块处理效率的情况下，任务量的增多以及处理时间的延长会导致任务间的切换次数明显增多，严重浪费系统的处理时间。

3.2 FreeRTOS 体系结构

3.1 节提及 FreeRTOS 的高移植性，目前它已经被移植到 32 个硬件架构中，同时支持大量开发工具。其内核代码文件占用的内存空间非常小，仅由 3 或 4 个.c 文件和一些汇编函数构成，只占了 4KB～9KB 的内存。其中 Source 文件夹包含了 FreeRTOS 的全部内核源文件，内核的主要组成文件是 tasks.c、list.c、queue.c 和 croutine.c。

1. tasks.c

与任务调度相关，包含内核所需的各个任务功能的实现，通过任务切换实现包括任务就绪、任务延时、任务休眠以及任务唤醒等功能，给予任务不同的调度策略。

2. list.c

与内核调度相关。list 就是数据结构中的链表，list.h 中定义了 3 种链表节点的数据结构，而 list.c 中则定义了 5 个函数，用于具体实现系统的链表，提供内核调度器。

3. queue.c

与实现队列相关。队列是内部信息交流的主要方式，是其他通信方式的基础。queue.c 源文件能够实现队列、控制信号量，并且支持中断环境。

4. croutine.c

与实现联合程序相关，这是堆栈的另外一种组织形式，可以看作一个临时的数据寄存、交换的内存区，不同任务可以共享同一堆栈内的存储空间，使得系统不用过度依赖 RAM。

FreeRTOS 的内核中不仅包含以上 4 个源文件，还有一个名为 timers.c 的文件，用于实现内核的时钟统一。include 文件夹中主要包含系统所需的头文件。portable 文件夹包含移植实例中各个平台的相关移植文件和内存管理文件，是系统的移植文件夹。

由于 FreeRTOS 的大多数源代码是用 C 语言编写的，所以它的可读性强、可移植性强，并易于维护与扩展，这也是其受欢迎的重要原因之一。图 3-1 展示的就是 FreeRTOS 的代码结构，也展示了 FreeRTOS 在嵌入式系统中的角色。

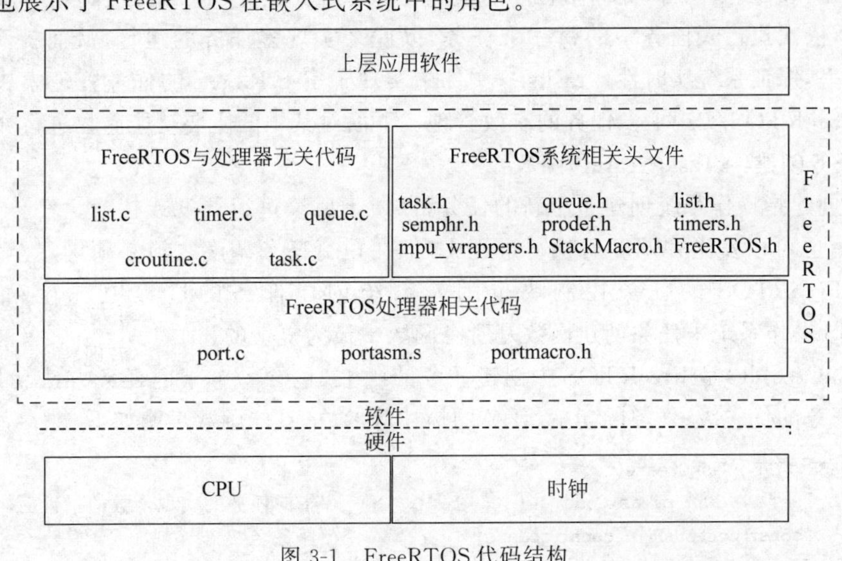

图 3-1 FreeRTOS 代码结构

在对FreeRTOS的代码有了大致了解后，接下来将介绍FreeRTOS中的几个主要模块：任务管理模块、时间管理模块、内存管理模块、协同例程管理模块，如图3-2所示。

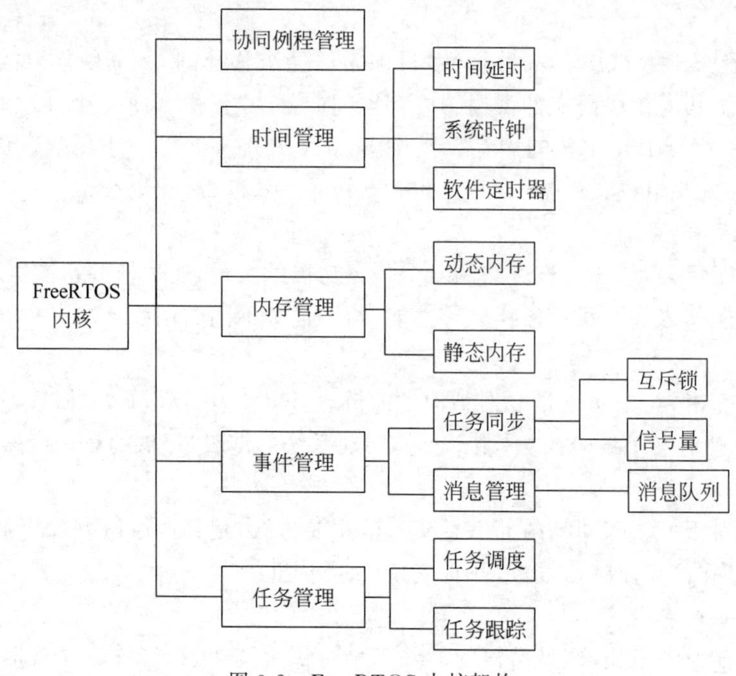

图3-2　FreeRTOS内核架构

3.2.1　任务管理模块

操作系统中的任务(Task)指的是一个简单程序或一个线程，是受处理器调度的工作单元。在FreeRTOS中，任务和线程不作区分，即一个任务就是一个线程。在RTOS中，为保证程序的实时性，通常会将一个目标分为多个小任务，并为各任务分配适当的优先级以及独立的寄存器和堆栈空间等，提高了程序的模块化和可维护性。CPU通过在多任务之间的调度与切换，依次执行多任务中的每一个任务，以此来实现多任务的运行，从而提高了CPU的运行效率，保证系统实时性。tasks.c文件中实现了FreeRTOS的任务管理模块，借助功能函数，FreeRTOS实现了多任务的有效管理。下面对其中的主要功能函数进行介绍。

1. 任务创建：xTaskCreate()函数

任务创建指操作系统创建一个新的任务，以便于后续进行调度或执行。任务创建可以在调度前，也可以发生在调度后执行过程中，但在执行任务调度之前必须创建至少一个任务，同时FreeRTOS的任务控制块也随着系统创建任务的过程中进行动态分配。FreeRTOS操作系统中任务创建函数是所有函数中最为复杂的。

xTaskCreate()是FreeRTOS中创建任务的函数，包含一个指向任务方法初始化接口的指针、任务的优先级、任务的句柄、任务的描述等参数，具体函数声明如下：

```
portBASE_TYPE xTaskCreate(
        pdTASK_CODE pvTaskCode,                    //指向任务的实现函数的指针
        const portCHAR * const pcName,             //任务名
        unsigned portSHORT usStackDepth,           //内核为任务分配的栈空间大小
```

```
        void * pvParameters,                    //指向 void,用于将参数传递给任务
        Unsigned portBASE_TYPE uxPriority,      //任务的优先级
        xTaskHandle * pvCreatedTask             //传出任务的句柄
    );
```

函数有两个返回值，若创建任务成功则返回 pdTRUE，若创建任务失败则返回 errCOULD_NOT_ALLOCATE_REQUIRED_MEMORY，创建任务失败的原因可能为无法分配足够的空间保存任务的数据和堆栈等上下文信息。

在参数传入之后，函数首先检测任务的优先级是否有效，优先级必须小于 configMAX_PRIORITIES，且设定在规定的范围之内；优先级检测通过后，函数会检测系统剩余的堆栈空间，根据堆栈增长方向设置堆栈的开始指针并分配堆栈空间，从而为任务分配可信计算基(Trusted Computing Base，TCB)和堆栈所需内存。之后初始化 TCB 的任务名称、优先级和堆栈深度，初始化 TCB 的堆栈、任务列表并将任务添加到就绪列表中。当系统设置为抢占式内核时，创建任务成功后，会检查新创建任务是否为创建的第一个任务，若不是则会判断该任务与当前执行任务的优先级高低，若该任务优先级高于当前执行任务则会调用 portYIELD_WITHIN_API()函数进行任务切换。同时由于 xTaskCreate()函数是 xTaskGenericCreate()函数的宏定义，因此创建任务时实际调用的是 xTaskGenericCreate()函数。堆栈缓存和内存管理是 xTaskGenericCreate()函数中特有的两个参数。

2. 任务删除：vTaskDelete()函数

任务删除指操作系统将现存的任务从任务列表中剔除，在 FreeRTOS 中通过调用 vTaskDelete()函数实现，任务删除的函数声明如下：

```
void vTaskDelete( xTaskHandle pxTaskToDelete );     //任务删除函数声明
```

pxTaskToDelete 是任务删除所需的参数，当这个参数设为 NULL 时表示删除本身。这个函数只包含一个任务句柄，通过此句柄来查找对应的任务并完成删除相关工作。任务在被删除之后就直接从就绪态、挂起态等任务列表中被删除，不会再次进入运行态。但删除任务时，系统不会自动释放被删除任务所占用的系统资源，因此在删除任务时必须主动释放任务所占内存，避免内存冗余。FreeRTOS 的任务删除操作分两步完成：第一步在 vTaskDelete()函数中完成，FreeRTOS 先把要删除的任务从就绪任务链表和事件等待链表中删除，然后把此任务添加到任务删除链表(即 xTasksWaitingTermination)，若删除的任务是当前运行任务，系统将强制执行任务调度函数；第二步则是在空闲任务中完成的，当空闲任务运行时，会检查 xTasksWaitingTermination 链表，如果有任务在这个表中，就释放该任务占用的内存空间，并把该任务从任务删除链表中删除，此时才算真正意义上的任务删除。在进行任务删除时，系统要留给空闲任务一定的执行时间，避免内存空间释放失败造成内存冗余。

3. 任务挂起与恢复：vTaskSuspend()函数、vTaskResume()函数

任务挂起指当前任务从就绪态进入挂起态，暂停运行。FreeRTOS 中通过调用 vTaskSuspend()函数来实现任务的挂起，任务的恢复指的是解除挂起态，使任务回到就绪态，FreeRTOS 中任务的恢复函数是 vTaskResume()。任务挂起与恢复的函数声明如下：

```
void vTaskSuspend(xTaskHandle pxTaskToSuspend);     //任务挂起
void vTaskResume(xTaskHandle pxTaskToResume);       //任务恢复
```

1) 任务挂起函数

pxTaskToSuspend 是任务挂起所需的参数,该参数设置为 NULL 时表示挂起本身。与任务删除类似,当调用 vTaskSuspend() 函数时,首先判断 pxTaskToSuspend 是否为 NULL,即判断是否为挂起当前任务本身;接着 FreeRTOS 把要挂起的任务从就绪任务链表、延时任务链表和事件等待链表中删除,并将此任务添加进任务挂起链表;若挂起的任务是当前运行任务,系统就强制执行任务调度函数。在任务挂起过程中,需要注意不能调用 FreeRTOS 的 API 函数,因为一旦挂起任务它的延时和对事件的等待都会被取消。

如果任务被确定为挂起态,就意味着这个任务即使具有很高的优先级也不可能得到 CPU 的使用权。同时,挂起操作不会重复累计,无论调用多少次 vTaskSuspend() 函数,解除挂起的函数只需要执行一次。另外,任务挂起与任务退出和任务进入所实现的临界区不同,挂起操作能够保证区间内的代码在执行过程中不被其他任务中断,因此通过任务挂起实现的"临界区"可以有效提高长代码的执行效率、并且该"区"不适合简单中断来实现任务切换的情况。

2) 任务恢复函数

FreeRTOS 中的任务恢复时也需要将要被解除挂起态的任务作为参数进行执行,pxTaskToResume 是任务恢复所需的参数。任务恢复与挂起相反,首先将任务根据其优先级依次添加到就绪任务链表中,若恢复的任务比当前正在执行的任务优先级高,则系统将强制执行任务调度函数,使高优先级任务率先执行。

3.2.2 时间管理模块

FreeRTOS 中的时间管理分为两方面:一方面是系统内部所需的时钟节拍;另一方面是系统任务调度时所需的延时函数。对于一个操作系统来说时钟节拍是不可或缺的,它是操作系统中的最小时间单位,通常由硬件定时器实现。FreeRTOS 的任务调度主要就是通过时钟节拍来控制延时、超时等最基本的功能,以实现对时间的管理。

如果将操作系统看成一个人,时钟节拍可以比作操作系统的心跳,它产生一个周期性的中断,不同应用的中断周期不同,大部分都在 1~100ms 范围内。中断会导致内核中的任务被延迟若干时钟节拍。

而对于实时操作系统来说,时间管理中另一个重要的部分就是时间延迟:在时间片轮转调度策略中,对于需要周期性停止运行的任务可以通过延迟处理函数来提供所需的延迟。

通过调用系统提供的延时函数任务可以进入非运行态,例如进入阻塞态或就绪态等。若要重新进入运行态,系统将通过查询方式来激活相应的任务,并规定一个确定的时间来延时任务,而这个延时时间则取决于系统提供的时钟频率。系统可以依据该时钟频率来计算延时所需的实际时间。对于如何管理任务延迟,FreeRTOS 中提供了两个 API 函数:一个是 vTaskDelay();另一个是 vTaskDelayUntil()。下面具体展示与 FreeRTOS 时间管理模块相关的 3 类函数。

1. 任务延迟:vTaskDelay()函数

```
/* 延迟时间长度 */
void vTaskDelay(const TickType_t xTicksToDelay);    //任务延迟函数
```

vTaskDelay()函数延时的时间是相对的,这个 API 函数会受到其他任务和中断的执行影响。上述代码中，参数 xTicksToDelay 表示延迟的时钟节拍个数，范围是 1～0xFFFFFFFF，portmacro.h 文件中定义了延迟时间的最大值。

2. 周期性延迟：vTaskDelayUntil()函数

```
/* 周期性延迟时间 */
void vTaskDelayUntil(TickType_t   * pxPreviousWakeTime,
                const TickType_t xTimeIncrement);   //周期性延迟函数
```

vTaskDelayUntil()函数与 vTaskDelay()函数不同，实现的是周期性延迟，该函数可以为任务提供一个精确的阻塞延时，此延迟可以被定为一个固定的周期调用来执行任务，保证任务执行频率的恒定。上述代码中，入口参数 pxPreviousWakeTime 指定的是任务从阻塞态中唤醒进入就绪态的时刻，xTimeIncrement 表示周期性延迟时长。使用该函数时要注意以下两点。

(1) 需要在 FreeRTOSConfig.h 配置文件中配置如下宏定义为：

```
#define INCLUDE_vTaskDelayUntil 1
```

(2) 注意对比与 vTaskDelay()函数的区别，从而在不同情况下选择更合适的函数：vTaskDelayUntil()函数可以指定一段精确的相对延时时间，而 vTaskDeclay()函数只可以提供一个相对时间。因此，在时间要求较严格的情况下，例如任务需要在的固定周期内执行，就应该选用 vTaskDelayUntil()函数而非 vTaskDelay()函数。

3. 获取时钟节拍数：xTaskGetTickCount()函数、xTaskGetTickCountFromISR()函数

```
volatile TickType_t xTaskGetTickCount(void);
volatile TickType_t xTaskGetTickCountFromISR(void);
```

FreeRTOS 系统用 xTaskGetTickCount()函数和 xTaskGetTickCountFromISR()函数来获取当前运行的时钟节拍数。使用时注意辨清两个函数的区别，不可混用。前者主要用于任务代码里面的调用，后者主要在中断服务程序里面调用。

3.2.3 内存管理模块

内存管理模块主要是对内存进行动态分配，这其实是一个 C 编程概念，并非 FreeRTOS 所特有，但却是 FreeRTOS 中非常重要的部分。FreeRTOS 中内核对象都是动态分配的，动态内存的申请和释放涉及两个重要函数：pvPortMalloc()函数和 vPortFree()函数，pvPortMalloc()函数和 vPortFree()函数具有与标准 C 库 malloc()函数和 free()函数相同的原型。当 FreeRTOS 需要 RAM 时，会调用 pvPortMalloc()函数，当 RAM 被释放时，内核会调用 vPortFree()函数。

1. 函数

1) pvPortMalloc(size_t xSize)

pvPortMalloc()函数是由 FreeRTOS 规定的内存分配函数，开发者或用户如果想要使用内存，只能通过该函数进行申请内存分配。

2) vPortFree(void * pv)

vPortFree()函数是由 FreeRTOS 规定的内存释放函数，开发者或用户如果想要释放内存，只能通过该函数进行申请释放内存。需要注意的是，在 heap_1.c 方案中，内存一旦申请分配将无法释放。

2. 内存分配

FreeRTOS 还提供了 5 种内存分配方案，分别存储在源文件 Heap_1. c、Heap_2. c、Heap_3. c、Heap_4. c 以及 Heap_5. c 中，使用者可以根据实际项目的情况来选择合适的内存分配方案，以下对不同的内存分配特点进行介绍。

1）Heap_1. c

最简单的内存分配算法。这种算法将 FreeRTOS 的内存空间视为一个简单数组，当需要分配内存时，将数组细分，取出所需要的内存块，也可以在配置文件中自定义 FreeRTOS 的内存空间。这种方法虽简单，但内存分片完成之后便不允许分配的内存被释放。

2）Heap_2. c

最佳匹配的内存分配算法。与第一种算法不同，该算法支持动态内存分配与释放，甚至比标准 C 库当中的内存分配方案更有效，因此尤其适用于实时性操作系统创建小型动态任务。但这种分配算法使用时会产生一些内存碎片，这些内存碎片可能因为过小而无法使用，造成空间的浪费。

3）Heap_3. c

调用标准库函数的内存分配算法。Heap_3. c 封装了编译器支持的标准 C 函数库中的内存分配和释放函数。得益于这种分配算法的线程安全保护特性，这种分配算法被应用于大多数的项目当中。

4）Heap_4. c

首次匹配的内存分配算法。Heap_4. c 将所有空闲的内存块碎片合并为一个内存块进行回收再利用，以此减缓内存分配和释放时产生的大量内存碎片对系统造成的影响。该分配算法适用于反复分配和删除任务、队列、信号量等情况，此外，这种分配算法也非常适用于在移植层进行内存分配的应用。

5）Heap_5. c

在 Heap_4. c 的基础上进一步优化，链接不连续的内存区作为堆空间，同时仍然可以合并空闲内存碎片，将之合并为内存块进行回收利用，依旧不提供分配为内存块的详细信息。

3.2.4 协同例程管理模块

协同例程是 FreeRTOS 提供的另一种用于实现用户任务的机制，它主要使用在 RAM 较小的处理器上，而在 32 位的处理器上几乎不使用。与任务相比，协同例程具有以下异同点。

1. 不同之处

协同例程只有运行态、就绪态和阻塞态，并没有挂起态。

（1）协同例程的运行态与任务的运行态意义相同。

（2）协同例程的就绪态与任务的就绪态意义相同，但条件不同。若任务与协同例程混用，当有任何一个任务处在运行态时，都会导致协同例程无法执行。

（3）协同例程的阻塞态与任务的阻塞态类似。协同例程在等待时间或者等待外部事件时会进入阻塞态，它会使用 crDELAY()函数来等待一段时间。

2. 相似之处

协同例程的优先级与任务类似。

每个协同例程优先级的取值区间为 0～configMAX_CO_ROUTINE_PRIORITIES－1，并且优先级共享。系统会优先调度到任务上而非协同例程。在一个任务与协同例程混合的系统中，优先级关系可以概括为：高优先级任务＞低优先级任务＞高等级协同例程＞低等级协同例程。

在空闲任务的函数中调度协同例程，会与任务混合使用，这时根据上文提到的先后顺序，会在所有的任务执行完之后才执行协同例程。因此，在有混合任务与协同例程的项目中，应当把重要性低、占用时间短且对实时性要求不高的事情放在协同例程中处理。因为在等数量的任务中协同例程所占用的 RAM 更少，所以协同例程更适合低内存的处理器和应用于小设备上。下面介绍一些协同例程中的注意事项。

(1) FreeRTOS 要求用户定义固定形式的协同例程，实现协同例程的模板代码如下：

```
void ACoRoutiineFunction (CoRoutineHandle_t xHandle, UBaseType_t uxIndex)
{
    crSTART(xHandle):
while(1)
{
    //在此处编写协同例程代码
}
    crEND():
}
```

在定义的过程中，需要注意的是所有的协同例程都必须分别调用 crSTART()函数和 crEND()函数来开始和结束。与任务相同，协同例程代码结构是一个死循环，不允许返回。同一个协同例程模板可以创建多个协同例程，它们彼此之间通过 uxIndex 便可区分。使用协同例程时，调度器会自动创建空闲任务，因此 vCoRountinueSChedule()函数通常在空闲任务的函数中被调用来实现协同例程的调度。

(2) 在协同例程处于阻塞态时，协同例程的堆栈并不保持，这种情况下协同例程在栈上申请的变量可能存在值丢失的问题，因此协同例程中必须将需要保持数据的变量定义为 static，代码示例如下：

```
void vACoRoutineFunction(CoRoutineHandle_t xHandle, UBaseType_t uxIndex)
{
static char c = 'a':
     // 协同例程必须以调用 crSTART()函数作为开始
     crSTART(xHandle):
while(1)
{
     //如果在这里将 c 的值设为'b'... c = 'b'
     // ...然后阻塞协同例程... crDELAY(xHandle, 10)
     // ... c 的值只有在声明成静态类型才会一定等于'b'// (as it is here)
}
     //协同例程必须以调用 crEND()函数作为结束
     crEND():
}
```

(3) 在程序中，只能由协同例程本身来调用那些可能导致协同例程阻塞的 API，而不能由其内部调用的函数来调用，代码示例如下：

```
void vACoRoutineFunction(CoRoutineHandle_t xHandle, UBaseType_t uxIndex)
{
   //协同例程必须以调用 crSTART()函数作为开始
   crSTART(zHandle);
   while(1)
   {
     //允许在该处进行阻塞调用,如 crDELAY(xHandle ,10)
      vACalledFunction();
   }
   //协同例程必须以调用 crEND()函数作为结束
   crEND();
}
void vACalledFunction(void)
{
   //不允许在该处进行可能会导致阻塞的调用
}
```

(4) FreeRTOS 的默认协同例程实现中只能用 for 语句,不能用 switch 语句,代码示例如下:

```
void vACoRoutineFunction(CoRoutineHandle_t xHandle, UBaseType_t uxIndex)
{
    //协同例程必须以调用 crSTART()函数作为开始
    crSTART(xHandle);
    while(1)
    {
    //允许在该处进行阻塞调用,如  crDELAY(xHandle, 10);
        switch(aVariable)
        {
            case 1 ://不允许在该处进行可能会导致阻塞的调用    break :
            default://这里也不允许
        }
    }
    //协同例程必须以调用 crEND()函数作为结束
    crEND () :
}
```

3.3 FreeRTOS 调度机制

在“嵌入式系统”概念出现之前,程序主要运行于裸机之上,在此基础上有了前后台系统。如今经过多年的发展,实时操作系统也较为成熟,但是任务的本质却没有发生变化。其都是通过在一个不断循环的结构中对相关的函数进行调用,来完成某些指定的功能。

3.3.1 任务结构

在多任务执行的过程中,任务有 4 个不同状态,分别为运行态(Running)、阻塞态(Blocked)、挂起态(Suspended)和就绪态(Ready)。操作系统会根据各个任务优先级的不同对它们进行一定的调度,通过控制不同任务的状态切换来分配它们对 CPU 的使用权。

在 FreeRTOS 中并不区分任务和进程的概念,即任务就是进程。FreeRTOS 中任务具有优先级划分,被分配有独立的堆栈空间并由调度器来调度。每个时间片只能执行一个任务,由 FreeRTOS 调度器使用调度算法来选择当前具体执行哪个任务。每个任务必须有确定的一个任务状态,4 个状态之间的转换如图 3-3 所示。

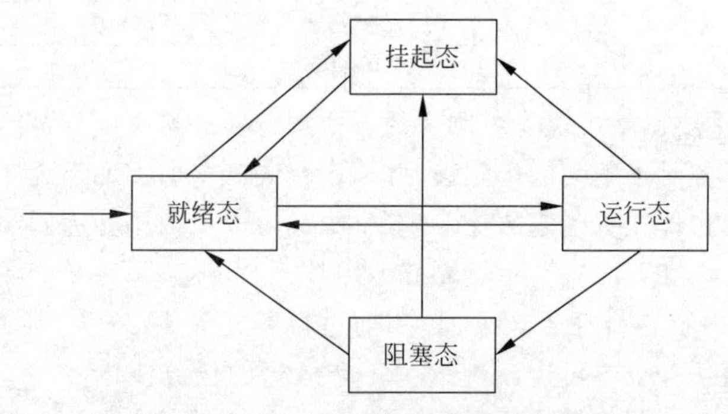

图 3-3　4 个状态之间的转换

运行态指示当前实际正在运行的任务,该任务会占用 CPU 的使用权。对单核微控制器来说处于运行态的任务有且只有一个。

就绪态任务指的是那些未被阻塞和挂起,但因当前有更高优先级的任务在执行而没有运行的任务。刚刚创建的任务会处于就绪态,它们位于就绪列表中,随时等待被调度器调度到运行态。

挂起态属于非运行状态的一个子状态。如果某一任务处于挂起态,那么该任务对于调度器而言是不可见的,调度器无法对之进行管理。要挂起任务,只能通过调用 vTaskSuspend()函数来实现,并且也只有通过调用 vTaskResume()函数才能将处于挂起态的任务唤醒。

阻塞态是指任务由于等待一个外部事件(如信号量、队列、通知、互斥量、事件标志组等)而处于的状态。处于阻塞态的任务不在就绪列表中且不能被调度器调用,同时阻塞态任务一般会设置一个超时计时器,如果超出了计时器设置好的等待时间,该任务就会退出阻塞态。被阻塞的任务会等待以下两种事件以退出阻塞。

(1) 同步事件:该事件来自其他任务或中断。例如,某一任务等待队列中数据来退出阻塞。

(2) 定时事件:该事件可以到达特定时间点或延时时间结束。例如,某一任务进入阻塞态的时间为 25ms,即 25ms 后自动退出阻塞。

3.3.2　任务调度原理

任务调度是操作系统的一门核心技术,也是系统的主要职责之一。任务调度实现了 CPU 对于不同任务在执行时间上的合理分配,而操作系统的实时性恰恰就是体现在任务不同状态间的切换。FreeRTOS 支持不限数目的任务同时进入优先级队列,同时提供了优先级调度算法和轮换调度算法来进行任务调度,这些算法都是通过 task.c 来实现的,表 3-1 是对 task.c 中主要全局变量的描述。

表 3-1　task.c 主要全局变量

序号	名　称	说　明
1	pxCurrentTCB	正在运行的任务
2	pxReadyTaskList	Ready List,就绪态,等待被调度任务
3	xDelayedTaskList	被阻塞的任务列表
4	xPendingReadyList	就绪态,调度器停止时无法加入 Ready List 任务

实时操作系统主要以基于优先级调度的方式进行任务的调度。系统会根据任务优先程度的不同,为每个任务赋予不同的优先级,并让高优先级的任务优先运行。根据 CPU 使用权获得方式的不同,在优先级确定的任务调度中,又可以将内核分为两类:抢占式内核和非抢占式内核,又称可剥夺型内核与不可剥夺型内核。

当不可剥夺型内核进行任务调度时,当前运行的任务不必担心其他任务对 CPU 的抢占,即使是高优先级任务也不可中断内核中正在运行的任务或抢占 CPU,只有当前任务自愿放弃 CPU 使用权或运行完毕之后退出内核,才允许其他任务使用 CPU,因此不同任务之间不会互相争夺 CPU,从而引发混乱。相比于前后台系统,这种内核调度方式的优点在于,其调度速度更快,并且由于任务无法抢占 CPU,系统也不需要设置信号量,对当前任务的共享数据进行保护。然而,由于高优先级任务进入就绪态后无法立即得到处理,且等待时间不确定,因而不可剥夺型内核实时性要比可剥夺型内核差。

可剥夺性内核进行任务调度时,在内核运行任务过程中,若有更高优先级的任务进入就绪态,允许其剥夺当前正在运行的任务的 CPU 使用权。相比于不可剥夺内核的调度方式,剥夺型内核调度方式中,当前优先级最高的任务总是具有确定的执行时间,这就保证了系统具有良好的实时性。由于可剥夺型内核在任务调度时,总是优先让高优先级任务先运行,中断当前任务,但中断完成之后内核会重新查找并去执行下一个最高优先级任务,而不一定会再去运行原来被中断的任务,因此可剥夺型内核的程序必须使用信号量等方式来保护共享的数据。

上文提到过 FreeRTOS 的可配置性,系统提供了配置文件 FreeRTOSConfig.h,用户可以通过对该文件进行修改,来对操作系统内核的调度方式进行修改,可以将其在不可剥夺型内核和可剥夺型内核之间切换,实时操作系统在通常情况下会使用可剥夺型内核作为调度方式。同时,用户还可以根据需求,通过 configMAX_PRIORITIE()函数,对系统可以拥有的最大优先级个数进行设置。对于优先级的最大值,FreeRTOS 本身并没有做出限制,任务的优先级可以设置在 0～configMAX_PRIORITIES−1 范围内依次升高,但优先级的最大值与内存空间的消耗是成正比的,因此用户通过自主调整优先级设置可以节省内存空间。FreeRTOS 可以自主选择配置,这让用户可以根据自己的需求,对系统进行定制,使系统更加灵活,可用性更高。

在优先级调度实现上 FreeRTOS 采用了一种双向循环链表结构,此数据结构在 list.c 以及 list.h 中定义,同时支持优先级调度算法和轮转调度算法。借助这种结构,对于优先级不同的任务,FreeRTOS 会采用优先级调度算法对系统任务进行调度,而对于优先级相同的任务,FreeRTOS 则会采用时间片轮转调度算法来进行调度。任务调度如图 3-4 所示。

图 3-4 中的 pxReadyTasksLists[configMAX_PRIORITIES]是 FreeRTOS 定义的就绪任务链表,其中 configMAX_PRIORITIES 是文件 FreeRTOSConfig.h 中定义的系统中最

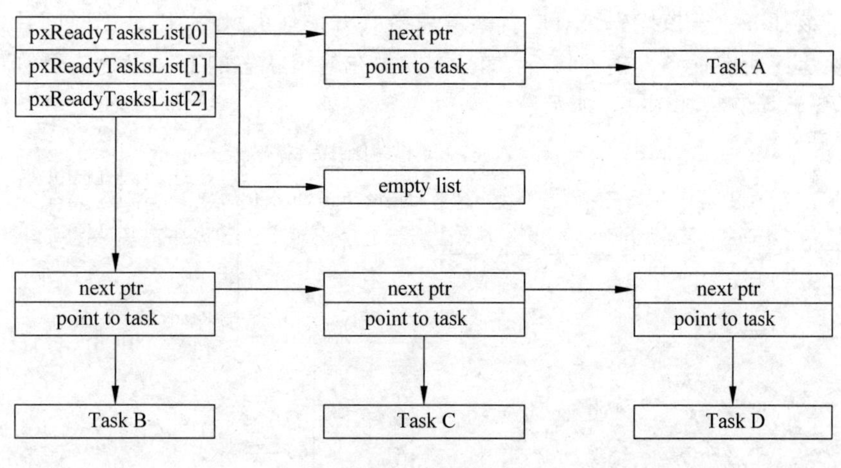

图 3-4　任务调度

大优先级的值。在图 3-4 中系统一共创建了 4 个任务，pxReadyTasksLists[n]中的 n 值就是指优先级，该链表中就是优先级为 n 的任务。FreeRTOS 用于优先级调度实现的链表和链表节点结构定义部分的代码如下：

```
typedef struct xLIST                                         //链表结构定义
{
        volatile unsigned portBASE_TYPE uxNumberOfItems;            //记录链表中有多少个元素
        volatile xMiniListItem xListEnd;                     //指向链表尾节点的指针
        volatile xListItem * pxIndex;                        //用于遍历链表,指向上次访问节点的指针
}  xList;
```

其中，uxNumberOfItems 指的是链表中的节点数量，它代表该链表中处于就绪态任务的个数。该值为 0 代表此链表中无就绪态任务。

```
struct xLIST_ITEM                                            //链表节点结构定义
{
        portTickType xItemValue;                             //存放时间,用于时间管理
        volatile struct xLIST_ITEM * pxPrevious;             //指向链表上一个节点
        volatile struct xLIST_ITEM * pxNext;                 //指向链表下一个节点
        void * prContainer;                                  //指向本链表节点所在的链表
        void * pvOwner;                                      //指向链表节点指向的任务控制块
};
```

任务创建完成之后，系统会随之创建相应的任务控制块（Task Control Block，TCB），TCB 中记录了与该任务相关的详细信息，如当前任务名称、优先级、堆栈栈顶指针以及指向下一个 TCB 的指针等。在进行任务调度时，系统会将一个指定任务插入就绪任务链表中。需要注意的是，此时系统并不是将一个指针插入 TCB 中，而是找到该任务对应的 TCB 中的 xGenericListItem 链表节点，然后将该节点插入到任务就绪链表中。链表节点中的 prContainer、pvOwner 则分别记录了该链表节点所属的就绪任务链表和 TCB，使得 FreeRTOS 系统的链表结构使用起来更加灵活方便。

在任务进行调度时，FreeRTOS 会首先采用基于优先级调度的算法，先在任务就绪链表组 pxReadyTasksLists 中查找到第一个 uxNumberOfItems 不为 0 的就绪任务链表，该链表中的任务即为当前系统中优先级最高的任务。若该优先级对应就绪链表中只有一个任务，

则直接运行该任务。若该优先级对应就绪链表中有多个任务，则采用基于时间片的轮转调度算法依次运行所有任务。任务执行结束后，再次在就绪状态的下一级优先队列中重复上述操作，任务转换流程如图 3-5 所示。

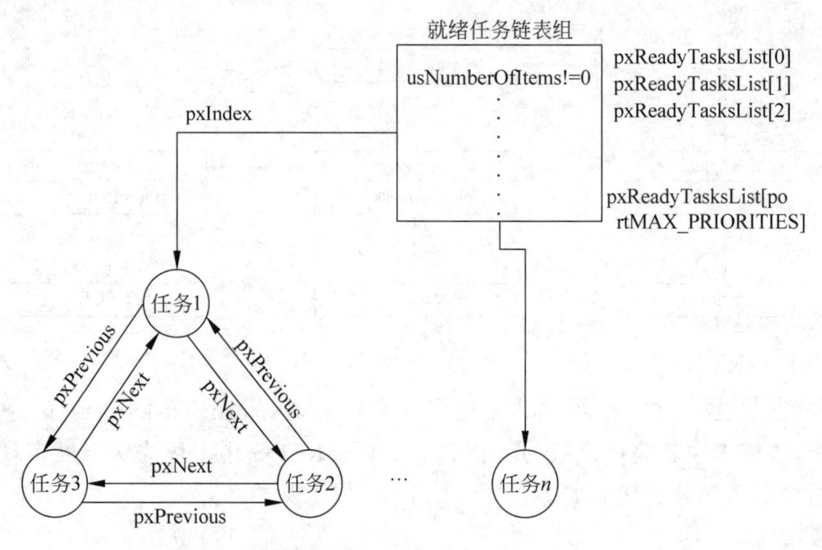

图 3-5　任务转换流程

同时，为了加快任务调度速度，系统专门设置了 uxTopUsedPriority 这一参数，用以跟踪系统中所有任务的最高优先级。在任务加入就绪任务链表之前，系统会将当前 uxTopUsedPriority 参数的值与该任务优先级进行比较，并记录下当前的最高优先级。每个新任务进入就绪态后，最高优先级会进行实时更新。在进行任务调度时，系统便可直接从该最高优先级进行查找，不用从头开始遍历就绪链表组，以此达到加快搜索并缩短内核中断时间的效果。

任务执行时，使用处理器的寄存器、堆栈等资源环境信息被称为上下文信息。在任务调度时 FreeRTOS 需要保存相应的处理器的寄存器与堆栈等环境数据，以便进行上下文的切换。在 FreeRTOS 中，系统会调用 portSAVE_CONTEXT() 函数完成上下文保存。FreeRTOS 为每个任务都分配了独立的堆栈，切换上下文时，系统只需要将每个任务的寄存器值压入各自的堆栈中就能实现上下文的切换工作。

FreeRTOS 默认采用的调度算法是为处于同一优先级的每个任务分配确定的时间片。但实际上，固定大小的时间片无法满足任务所需要的不同时间。为了获取足够的执行时间，系统只能高频率地转换任务，直至执行结束。在这种情况下，系统的执行效率会大大降低。并且，随着相同优先级的任务数量迅速增多，系统将表现得更低效。因此，如果可以指定每个任务的时间片长度，减少任务之间的切换频率，就能够提高 CPU 执行的效率，进而减少任务执行总时间。

3.4　本章小结

本章主要阐述了嵌入式实时操作系统 FreeRTOS 的特点，为介绍本书的物联网软件开发案例做好嵌入式方面的知识铺垫。具体来讲，本章首先概述了 FreeRTOS 的基本概念，使读者建立起对该操作系统的初步认识；然后介绍了 FreeRTOS 的 4 个模块，即任务管理模块、时间管理模块、内存管理模块以及协同例程管理模块，使读者对 FreeRTOS 的体系结构有了较为清晰的了解；最后讲解了 FreeRTOS 调度机制的原理，至此为读者形成了对 FreeRTOS 的整体认知。

3.5 课后习题

1. 知识点考查

(1) FreeRTOS 操作系统的主要优点有哪些？

(2) FreeRTOS 操作系统的主要功能模块有哪些？各模块有哪些重要的操作？

(3) 从创建任务函数、删除任务函数、延时函数、写入队列函数中选择一个，说明关键函数并尝试用 FreeRTOS 系统进行基础的操作练习。

(4) FreeRTOS 任务调度机制的主要原理是什么？

(5) FreeRTOS 的任务调度机制有哪些优点和缺点？请尝试针对其不足之处，设计新的调度算法，并试着进行验证。

2. 拓展阅读

[1] 何立民. 嵌入式系统的定义与发展历史[J]. 单片机与嵌入式系统应用，2004(1)：6-8.

[2] 张朝. 多核嵌入式实时操作系统(RTOS)综述[J]. 电脑知识与技术，2015，11(12)：248-250.

[3] 夏恒发，黄俊. 物联网终端操作系统中任务调度的研究与设计[J]. 信息通信，2018(2)：168-170.

第4章 移动端 Android 应用开发基础及高级编程

对移动应用端的开发来讲，选择一款良好的开发平台至关重要。这不仅需要考虑适宜的操作系统，也需要斟酌与之息息相关的平台生态。

一般来讲，市场占有率是衡量开发平台的重要因素。一方面，占有率高表明消费者多，能够为平台带来大量的反馈和回报，促进其流行度；另一方面，占有率高意味着开发者多，能够为平台吸引丰富的应用和及时的更新，促进用户的拓展和平台的良性发展。

在当前流行的移动端开发平台中，Android 无疑是市场占有率最大的两个平台之一。本章前半部分以智能鱼缸系统的移动端开发为基础，从背景到应用示例，讲解 Android 开发基础。后半部分基于具体案例，讲解介绍移动应用安卓的高级编程方法。

4.1 Android 系统概述

4.1.1 Android 的发展和简介

Android 系统的正式面世是由于谷歌（Google）公司以 Apache 开源许可证的方式发布了 Android 的源代码，在 Android 系统面世前不久，也就是 2007 年 11 月，Google 牵头成立了全球性的联盟组织——开放手持设备联盟（Open Handset Alliance），组织内的成员包括软件开发商、硬件制造商、电信运营商等。

在随后的十余年中，这款基于 Linux 的智能操作系统，由于其开源、低门槛的特性受到广泛欢迎。与收费的 Windows、封闭的 iOS 相比，Android 系统蓬勃发展，逐渐占据了移动端开发的半壁江山。Android 手机的占有量目前已跃居全球第一，由此，基于 Android 的应用开发，将面对庞大的用户群体。

Android 的成功离不开其前期的雄厚基础和后来的迭代更新。Android 公司由 Andy Rubin 等创立于 2003 年 10 月，创立公司的同时，Android 开发团队也被正式组建。2005 年 8 月，Google 公司收购了年轻的 Android 公司及 Android 开发团队。创始人 Andy Rubin 被聘用为工程部副总裁，得以继续开发 Android 项目。强大的公司背景和研发团队是 Android 快速发展的基石，此后更是经历了漫长而频繁的版本更迭，梳理其发展历程如图 4-1 所示。

4.1.2 Android 平台架构及特性

Android 系统架构基于 Linux 内核、采用软件叠层的方式进行构建，各层分工明确，在底层发生改变时上层应用程序无须做任何改变，大大降低了层级之间的耦合度。如图 4-2

2007年11月 Android 1.0发布，开放手持设备联盟成立
2009年4月 Android 1.5发布，被命名为Cupcake
2009年9月 Android 1.6发布，被命名为Donut
2009年10月 Android 2.1发布，被命名为Eclair
2010年5月 Android 2.2发布，被命名为Froyo
2010年12月 Android 2.3发布，被命名为Gingerbread
2011年2月 Android 3.0发布，被命名为Honeycomb
2011年10月 Android 4.0发布，被命名为Ice Cream Sandwich
2012年6月 Android 4.1发布，被命名为Jelly Bean
2014年6月 Android 5.0发布，被命名为Lollipop
2015年9月 Android 6.0发布，被命名为Marshmallow
2017年8月 Android 8.0发布，被命名为Oreo
2018年5月 Android 9.0发布，被命名为Pie
2019年10月 Android 11.0即Android R首次在Google官方议程中出现
2021年5月 Android 12发布
2022年5月 Android 13发布

图 4-1 Android 发展历程

所示，从高到低，Android 系统分为以下 5 层：应用程序层、应用程序框架层、系统运行库层、硬件抽象层以及 Linux 内核层。下面对这 5 个层次分别做简单介绍。

1. 应用程序层

应用程序层（Application Layer）含有 Android 系统的诸多核心应用程序，这些程序均采用 Java 语言编写，包括联系人、日历、浏览器、地图、拨号工具、电子邮件等。

2. 应用程序框架层

应用程序框架层（Application Framework Layer）含有众多 API，通过 API，开发人员可以实现对应用程序的调用，因此能够简单、快捷地实现应用功能。此外，若符合应用程序框架的规范，此功能模块也能被其他应用程序使用。所有应用程序均能开发 Android 系统的功能模块，实现了软件复用的便利性。

3. 系统运行库层

Android 系统运行库层（Libraries Layer）是一个由众多函数库组成的集合，这些函数库被不同的组件使用，函数库用 C/C++语言编写。Android 应用开发者可以通过调用应用程序框架提供的 API 来对这些函数库进行调用。

Android 运行时分为两部分，分别是 Android 核心库和 Dalvik 虚拟机。Java 语言核心库采用的功能很高比例都是由核心库集提供的。Dalvik 虚拟机的作用则为支持 Android 应用程序的运行。在实际使用中应用程序的运行不是通过 Java 虚拟机 JVM，而是通过其独

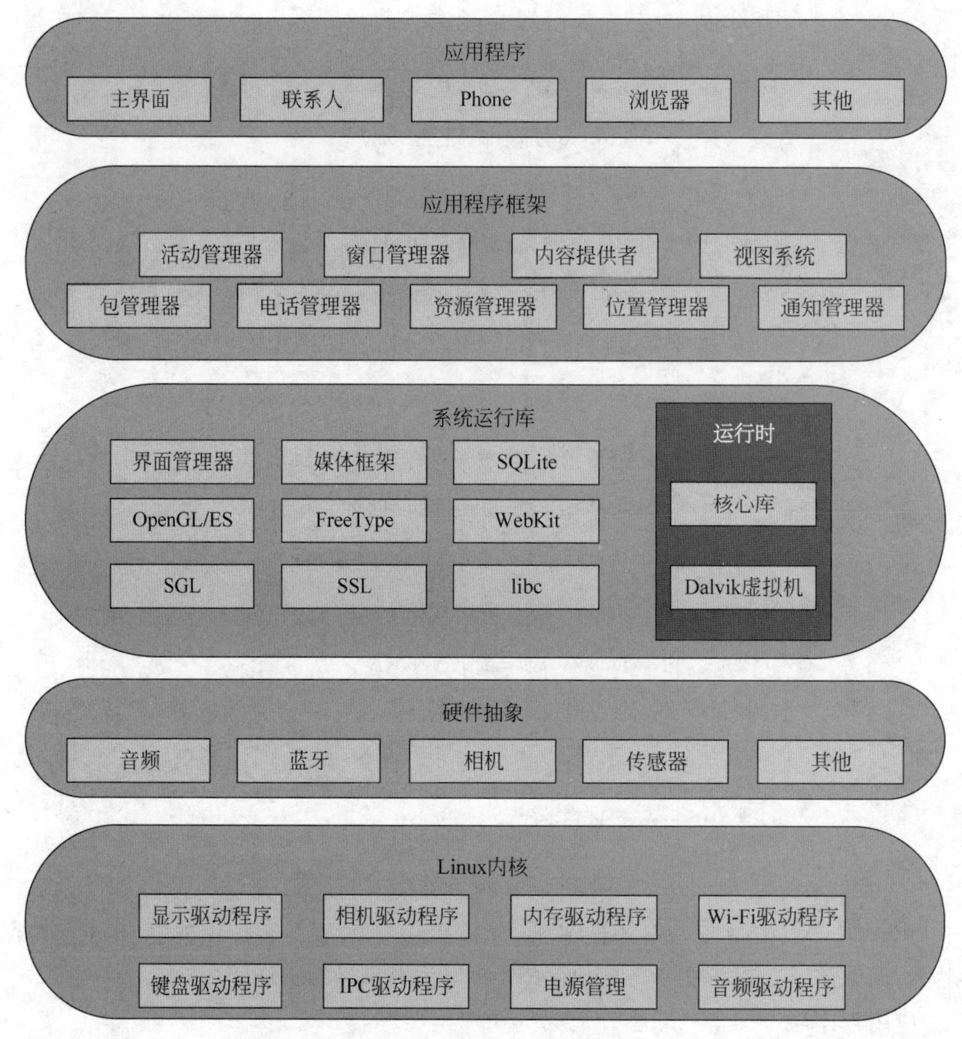

图 4-2　Android 平台架构

立的虚拟机 Dalvik VM，是因为在移动设备上的运行而导致硬件被限制。多个同时高效运行的虚拟机都能得到 Dalvik 虚拟机针对性的优化，由于 Android 内每个应用程序都会被分配在各自单独的 Dalvik 虚拟机内运行，所以应用程序的隔离能在 Android 系统内便利地实现。

4. 硬件抽象层

硬件抽象层(Hardware Abstraction Layer，HAL)的功能在于其能够实现标准界面，以及对级别更高的 Java API 框架显示设备硬件。在 HAL 的众多库模块中，每个模块都为特定类型的硬件组件实现一个界面。系统内置对传感器的支持达 13 种。一旦框架 API 发出访问设备硬件的要求，Android 系统就会响应其要求，并加载库模块提供给此硬件组件。

5. Linux 内核层

Android 系统基于 Linux 内核层(Linux Kernel Layer)，因此继承了其安全性、网络协议栈、驱动模型、内存及进程管理等核心系统服务，此外，上层软件与底层硬件之间的抽象转换也因此得以实现。

4.2 Android 基本组件

在 Android 中有 4 大基本组件支持应用的开发，4 大基本组件中的 Activity 用于提供用户可视化窗口，Service 用于处理后台服务，ContentProvider 用于共享数据，BroadcastReceiver 用于接收广播。以下对 4 大组件进一步介绍。

4.2.1 Activity

1. Activity 生命周期控制

Activity 是一个可视化界面，用户可以在可视化界面上操作，该界面为用户提供了窗口以完成操作指令。正如 C、C++ 或者 Java 程序从 main() 函数开始，Android 程序初始化是从 Activity 中 onCreate() 方法的回调开始的，因此需要一系列的操作来启动和关闭 Activity，图 4-3 所示即为控制 Activity 生命周期的一系列操作。

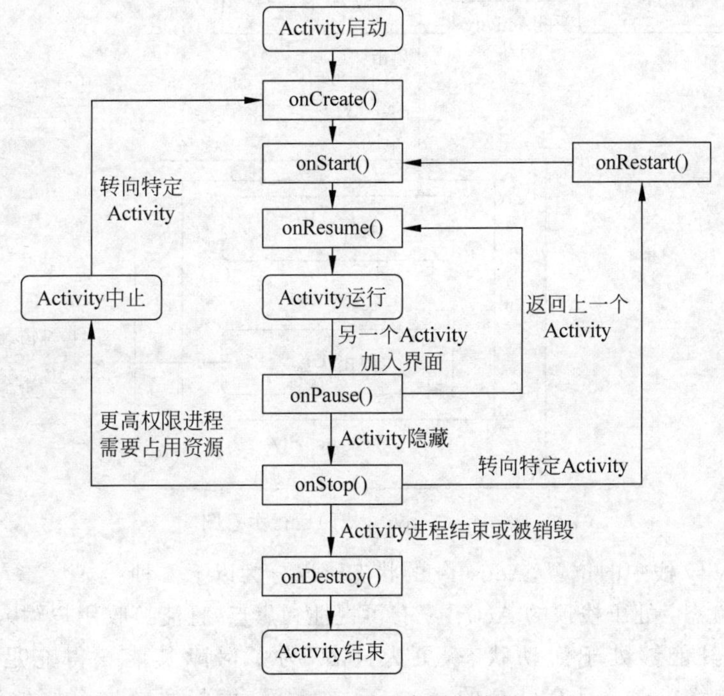

图 4-3 Activity 生命周期控制

表 4-1 为相关控制方法的功能介绍。

表 4-1 Activity 控制方法

方法	功能描述
onCreate()	当 Activity 第一次启动时，触发该方法，可以完成对应的初始化工作
onStart()	调用该方法使得 Activity 对用户可见
onResume()	调用该方法使得应用程序与用户可以交互
onPause()	调用该方法能够暂停当前 Activity，保存状态信息，恢复上一个 Activity；被暂停的 Activity 无法接收用户输入，且不能执行任何代码

续表

方　法	功能描述
onStop()	调用该方法能够隐藏 Activity,对用户不可见
onDestroy()	调用该方法销毁 Activity;如果内存紧张,系统会直接结束 Activity 而不会触发该方法
onRestart()	调用该方法使得被暂停的 Activity 重新对用户可见

2. Activity 栈及 Activity 状态

Activity 栈中的位置对每个 Activity 的状态起了决定性作用。Activity 栈的原则为后进先出,也就是说,在启动新的 Activity 时,就会把活动中的 Activity 置于 Activity 栈的顶部,若前台的 Activity 结束或用户使用"后退"按钮返回,则要将活动的 Activity 移出栈以释放资源,此 Activity 就将消亡,前一个活动的 Activity 就会接替此 Activity,移到栈顶转而成为新的活动状态。图 4-4 所示即为 Activity 栈的运行示意图。

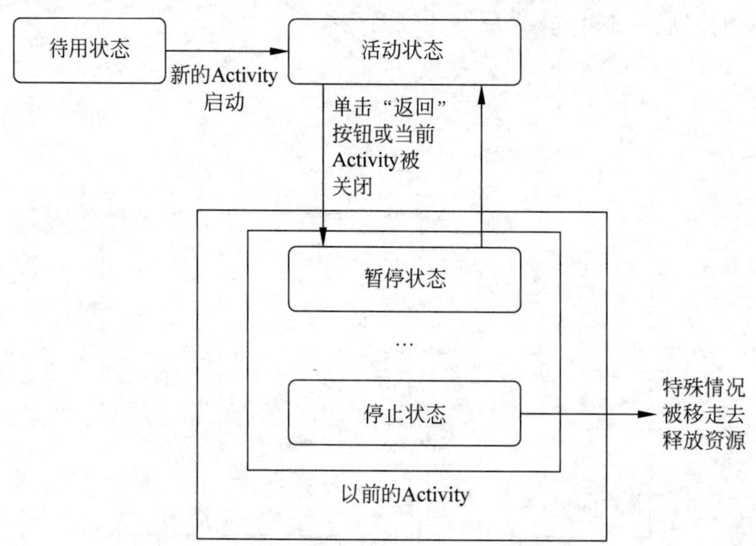

图 4-4　Activity 栈的运行示意图

对应 Activity 栈中的位置,Activity 的状态可以分为以下 4 种。

(1) 活动状态:处于栈顶的 Activity 有可视性和焦点,且能接收用户输入。Android 会采取措施保障其能够处于活动状态,更为甚者,为了保障其能获得充足的资源,其余 Activity 会被迫终止。一旦有其余的 Activity 被激活,就将暂停这个原处于活动状态的 Activity。

(2) 暂停状态:当 Activity 可视但是没有焦点时即处于暂停状态。即使是处于暂停状态,除了不能接收用户输入外,此 Activity 依然是被当作活动状态来处理的。当情况非常特殊时,为了保障活动中的 Activity 能拥有足够的资源量,一个暂停的 Activity 将被 Android 终止。它转为停止状态的条件是有 Activity 变成完全隐藏。

(3) 停止状态:指 Activity 不具有可视性时的状态。内存中仍然存有它的全部状态以及会员信息,然而,一旦有其余的内存需要,则最有可能选择此 Activity 并释放其内存。若 Activity 转为停止状态,保存它的数据和 UI 状态是非常重要的。

(4) 待用状态:若 Activity 被退出或者关闭,它就会转入待用状态,也就是说,在被结束后和被装载前，其状态为待用状态。Activity 栈不能容纳待用 Activity，待用 Activity 将被移出，直到其被再次需要，然后才会被重新启动。

3. Activity 的 4 种加载模式

多 Activity 开发中有着多种需求，如生成新 Activity 的需求以及跳转到某个特定 Activity 的跳转需求。针对这些需求，在 Android 中有 4 种 Activity 的加载模式可以使用。

（1）standard 模式：生成新的 Activity，方法为调用 startActivity()。

（2）singleTop 模式：当需要调用的 Activity 位于栈顶时则不产生新的 Activity，此时需要调用 newInstance()方法；相反，若需要调用的 Activity 不位于栈顶，就有新的 Activity 会生成。

（3）singleTask 模式：此 Activity 是在新的栈内生成的，在往后的操作中，都会调用此 Activity，而不是去产生新 Activity。

（4）singleInstance 模式：与 singleTask 模式类似，也会在一个新的栈中产生这个 Activity，不同之处在于这个模式下的新栈只能有这一个 Activity，不能有其他的 Activity。

Activity 加载模式的设置地点位于 AndroidManifest.xml 中的 launchMode 属性，AndroidManifest.xml 是一个功能清单文件。也可以使用相关代码中的一些标志，例如 Intent.FLAG_ACTIVITY_REORDER_TO_FRONT 标志用于仅需要启用一个 Activity 时，此标志的具体含义为：若 Activity 已经启动，仅需将 Activity 加到栈顶，而不会有新的 Activity 生成。相关代码示例如下：

```
1.  Intent intent = new Intent(ReorderFour.this,ReorderTwo.class)
2.  intent.addFlags(Intent.FLAG_ACTIVITY_REORDER_TO_FRONT);
3.  startActivity(intent);
```

4.2.2 Service

1. Service 的基本原理

Service 能够在后台处理耗时的逻辑，通常应用于不需要与用户进行界面交互且需要长时间运行的任务。与 Activity 相同，Service 存在自己的生命周期，也需要在 AndroidManifest.xml 中配置相关信息。

通过调用 startService()或 bindService()方法可以启动 Service，两种方法的区别在于：通过 startService()方法启动 Service 的组件与 Service 本身是不存在关联的，服务终止的条件是当 stopService()方法被 Service 或其他组件调用；而通过 bindService()方法启动 Service 的其他组件可以通过回调获取 Service 的代理对象和 Service 交互，两方也拥有绑定关系，若启动方销毁，Service 的 unBind 操作就会被自动进行，Service 一般不会被销毁，除非识别到全部绑定均进行了 unBind 操作。

2. IntentService

由于 Service 依赖于创建服务时所在的应用程序进程，因此它不会启动专门的独立进程，这一性质导致了一旦应用程序进程被终止，那么相应的依赖于其的 Service 同样将被停止。此外，由于 Service 不是专门的一条新线程，为了避免主线程的阻塞，时间消耗量大的任务是不推荐在 Service 中直接处理的，解决这一问题的传统方法是在 Service 内部创建子线程，子线程是需要手动创建的。

IntentService 是 Service 的子类，相比 Service，其很好地解决了处理请求过程中易阻塞的问题。不同于 Service，处理请求时独立线程的创建在 IntentService 中是自动的。当请求处理完毕后，停止 Service 时也不必调用 stopSelf()方法，IntentService 有自动停止的功能。此外，由于 IntentService 内置的 Handler 关联了任务队列，Handler 通过队列取任务时是顺序执行的，因此多个耗时任务执行时能够按照顺序依次执行，如果仅用 Service，就需要开多个线程去执行耗时操作，不便于管理。

4.2.3 ContentProvider

1. ContentProvider 的基本原理

ContentProvider 主要用于对外共享数据，其提供了一种跨进程数据共享的方式，也就是说借助 ContentProvider，其他的应用也能够操作指定应用中的数据。ContentProvider 并不改变数据原有的存储方式，本质上是一个标准化的数据管道，它屏蔽了底层的数据管理和服务等细节，以标准化的方式在 Android 应用程序间共享数据。图 4-5 所示即为 ContentProvider 的工作原理。

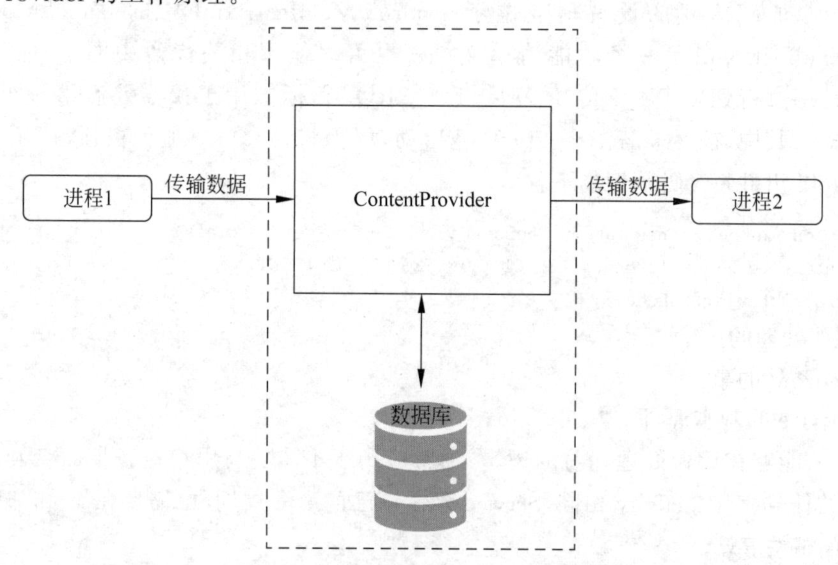

图 4-5 ContentProvider 的工作原理

2. ContentProvider 的标识

ContentProvider 并没有 Activity 那样复杂的生命周期，只有简单的 onCreate 过程。为了便于管理和访问，每个 ContentProvider 必须有唯一标识，用 URI 表示。URI 类似于 HTTP 的 URL，其构成格式为 content://authority/path。

其中：

(1) Android 规定所有 ContentProvider 的 URI 必须以 content://开头；

(2) authority 为一个字符串，由开发者自己定义，用于唯一标记一个 ContentProvider，系统会根据这个标记查找 ContentProvider；

(3) path 也是字符串，表示要操作的数据，可根据具体的实现逻辑来指定。

此外，为了便于开发，Android 还提供了丰富的 ContentProvider 方法类与辅助工具类供开发者调用，用于在进程间或进程内进行数据的添加、删除、获取与更新操作。

4.2.4 BroadcastReceiver

广播是一种在应用程序之间传输信息的机制，在 Android 中受到广泛的应用，通过 Context.sendBroadcast()，Android 应用能够实现把自己的 Intent 向其他应用程序广播的功能。若需要过滤接收并响应被发送的广播，可以使用 BroadcastReceiver 组件。

BroadcastReceiver 没有用户界面，可以用静态或动态方法进行注册。静态注册在 AndroidManifest.xml 内完成，动态注册是通过运行时在代码中调用 Context.registerReceive()方法来完成的。比较之下，动态 BroadcastReceiver 会受到注册它的组件活动状态的影响，当对应组件关闭时，便无法继续接收广播；而静态注册的 BroadcastReceiver 则会随设备一同开关，即使应用本身没有启动，其所订阅的广播触发时也会被接收，只要完成注册，系统就会在事件来临时自动启动 BroadcastReceiver。

4.3 Android 事件处理

在计算机系统中，事件是指系统中的一个活动，而事件处理则是指对系统中发生的活动调用相关程序进行处理。基于监听器及基于回调的事件处理是两种在 Android 中常用的事件处理方式。其中，前者主要是为 Android 界面组件绑定特定的事件监听器；后者着重于重写 Android 组件特定的回调函数。因为 Android 大部分界面组件都提供了事件响应的回调函数，所以大部分情况下只需要重写相应函数即可。

4.3.1 事件处理的基本概念

1. 事件处理的三类对象

在 Android 的事件处理机制中，主要涉及三类对象：事件源、事件和事件监听器。顾名思义，事件源(Event Source)意味着产生事件的来源，包括各种组件，如按钮、窗口等。事件(Event)不仅能够为监听器传递界面组件上发生事件的相关信息，而且可以完成对界面组件上发生的特定事件的具体信息的封装。作为整个事件处理的重点，事件监听器(Event Listener)的任务是监听事件源发生的事件，并依据每个事件的具体情况做出对应的处理决策。事件监听器的核心即事件处理器，是一系列以方法为形式组织起来的程序语句。下面重点介绍。

2. 事件监听器

1) 常见的事件监听器

(1) 单击事件(View.OnClickListener)。当单击某个组件时，事件的处理方法是 onClick()。

(2) 焦点事件(View.OnFocusChangeListener)。当组件获得或者失去焦点时，事件的处理方法是 onFocusChange()。

(3) 按键事件(View.OnKeyListener)。当按下或者松开某个按键时，事件的处理方法是 onKey()。

(4) 触碰事件(View.OnTouchListener)。针对触屏功能，事件的处理方法是 onTouch()。

(5) 创建上下文菜单事件(View.OnCreateContextMenu Listener)。创建上下文菜单，

事件的处理方法是 onCreateContextMenu()。

2）主要实现方法

(1) 内部类形式。该方法将事件监听器定义成当前类的内部类，优点是用户能够在使用内部类的同时，在当前类中复用监听器类，并且可以访问外部类的所有界面组件。

(2) 外部类形式。该方法适用于有多个 GUI 界面共享事件监听器，或者为完成某种特定业务逻辑的场景。需要注意的是，该方法不利于实现程序的高内聚，而且由于不能自由访问创建 GUI 界面的类中的组件，会使得编程较为烦琐。

(3) 匿名内部类。该方法适用于临时使用的场景，是当前在实际应用中最为广泛的一种。

(4) Activity 作为事件监听器。该方法直接在 Activity 类中定义事件处理方法，虽然具有形式简洁的优点，但是可能会因为 Activity 的工作量过大，造成程序结构的混乱。

(5) 直接绑定到标签。该方法直接为指定的标签绑定事件处理的方法，处理地点为界面布局文件。其实很多 Android 标签都支持如 onClick、onLongClick 等属性。

在掌握事件处理基本概念的基础上，以下先介绍两类重要的事件处理机制，再介绍 Android 中占有重要地位的 Handler 消息传递机制。

4.3.2 基于监听的事件处理

基于监听的事件处理机制实际上是一种委派式的事件处理方式，即指定监听器对触发的事件进行响应处理，其处理流程如图 4-6 所示。

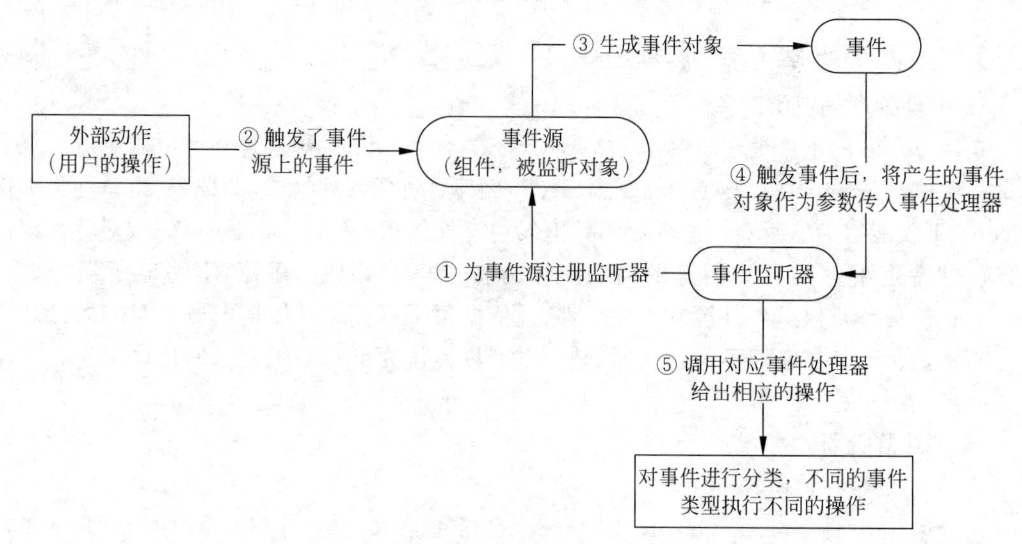

图 4-6 基于监听的事件处理流程

从图 4-6 能够看出，此类事件源将整个事件委托给事件监听器的处理方式，实际上一方面使得事件源和事件监听器分离，有利于维护程序；另一方面，相较于基于回调的事件处理机制而言，更具面向对象的特点。

基于监听的事件处理主要有三个步骤：首先，创建事件监听器；然后，注册响应事件组件的事件监听器；最后，编写处理事件的代码。

以下为按键事件、焦点事件、多选框事件的代码示例。

(1) 按键事件。

```
1.  button.setOnClickListener(new OnClickListener(){
2.  public void onclick(View arg0) {
3.              // ...
4.              }
5.              });
```

(2) 焦点事件。

```
1.  text.setOnFocusChangeListener(new OnFocusChangelistener() {
2.  public void onFocuschange(View arg0, boolean arg1) {
3.              //...
4.              }
5.              });
```

(3) 多选框事件。

```
1.  checkbox.setOnCheckedChangeListener(new OnCheckedChangeListener() {
2.  public void oncheckedChanged(CompoundButton arg0,boolean arg1) {
3.              //...
4.              }
5.              });
```

4.3.3 基于回调的事件处理

基于回调的事件处理机制与上述委派式基于监听的事件处理机制相反，它的事件源和事件监听器是统一而非相对分离的，也就是说，在基于回调的事件处理机制中，不存在独立的事件监听器，因此当某事件被触发时，控件会按照预先设定的方法处理该事件。

在 Android 中，不同的视图(View)处理特定事件时使用的回调方法是不同的，开发人员处理事件时可以根据事件的特性去针对性地重写 View 中的回调方法。自定义 View 和基于回调的事件传播是应用基于回调的事件处理机制的两个典型场景，下面是详细的说明。

1. 自定义 View

GUI 组件有预先设定的方法来处理不同的被用户触发的事件。最常使用的方法是继承基本的 GUI 组件，重写该组件的事件处理方法，也就是自定义 View。使用此方法时应注意，若自定义的 View 是在 XML 布局中被使用的，则应该设置为"全限定类名"。

有许多 View 组件的回调方法，以下为几种较为常见的方法。

(1) 当在组件上触发屏幕事件时，包括按下、抬起、拖动等，使用的回调方法是 boolean onTouchEvent(MotionEvent event)。

(2) 当捕捉到键盘被按下的事件时，使用的回调方法是 boolean onKeyDown(int keyCode,KeyEvent event)。其中，keyCode 是被按下的键值即键盘码，event 是按键事件的对象，包含触发事件的详细信息，如事件的状态、类型、发生的时间等。

(3) 当捕捉到键盘被抬起的事件时，使用的回调方法是 boolean onKeyUp(int keyCode,KeyEvent event)。参数意义与上相同，不再赘述。

(4) 当捕捉到按钮被长按的事件时，使用的回调方法是 boolean onKeyLongPress(int keyCode,KeyEvent event)。参数意义与上相同，不再赘述。

(5) 当发生键盘快捷键事件时，使用的回调方法是 boolean onKeyShortcut(int

keyCode,KeyEvent event)。参数意义与上相同,不再赘述。

(6) 当在组件上触发轨迹球事件时,使用的回调方法是 boolean onTrackballEvent (MotionEvent event)。

(7) 当组件的焦点发生改变时,一般只能在 View 中对 protected void onFocusChanged (boolean gainFocus,int direction,Rect previously FocusedRect)进行重写。

2. 基于回调的事件传播

若采用此处理机制,产生的返回值为 boolean 类型。返回值表示当前的处理方法对该事件的处理结果。也就是说,当返回值为 true 时,表明当前的方法已完全处理该事件,事件不会再向外传播;当返回值为 false 时,结果则相反,当前的方法没能够完全处理该事件,因此会发生事件继续向外传播的情况。

对于此传播方式,该组件及其所在 Activity 上的回调方法将同时被在组件上发生的事件激发。

4.3.4 Handler 消息传递机制

Android 为了线程安全,不允许开发者在 UI 线程外对其进行操作,而 reHandle 的存在实现了 UI 线程和工作线程(子线程)间的通信,该通信分为异步、同步两种方式。

关于异步和同步通信,举个例子:假设当前有 UI 线程和某子线程 T,它们都准备就绪,在等待分配所需的 CPU 等资源来执行任务。如果开发者无法控制两个任务被执行的先后顺序,则称为异步通信;反之,如果需要先等子线程 T 完成任务后,UI 线程才能再开始执行,则称为同步通信,它可以保证任务的执行顺利。

1. Handler 消息传递机制流程

该机制的流程如图 4-7 所示。下面介绍其中涉及的几个类。

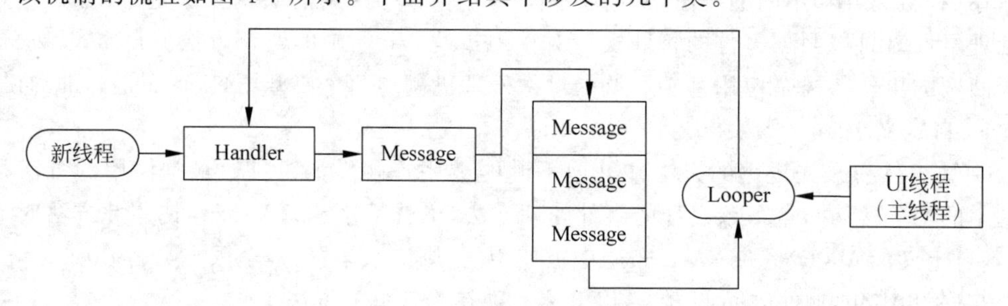

图 4-7 Handler 消息传递机制流程

(1) Handler:推动着整个流程的执行。消息最终会被发送到消息队列(MessageQueue),消息队列把消息加入其队列中使用的方法是它的 enqueueMessage()方法,接着用 Looper 的 loop()方法触发消息队列,调用 next()方法取出队中的消息对象,通过 Message 的 target 变量(就是 Handler)调用 dispatchMessage()方法对消息进行分发处理。

(2) Message:Handler 接收与处理的数据载体,装载着所要传递的信息。

(3) MessageQueue:消息队列,管理 Message 的特征为先进先出的管理方式,在初始化 Looper 对象时,与 Looper 对象关联的 MessageQueue 会被创建。

(4) Looper:不断去触发消息队列,从而取出队列中的消息。Looper 中的静态成员变量 sThreadLocal(ThreadLocal < Looper >)存储着每个线程中的 Looper 对象,保证其唯一性，普通成员 mQueue（MessageQueue）用于暂存消息对象。在线程中，Looper 和 MessageQueue 对象实例都具有唯一性。

（5）UI 线程：就是主线程，系统在创建 UI 线程时将有一个 Looper 对象被初始化，与 Looper 对象关联的 MessageQueue 同时也会被创建。

2. Handler 的相关方法

（1）void handleMessage(Message msg)：用于进行消息的处理，多数情况下会被重写。

（2）sendEmptyMessage(int what)：用于发送消息，且消息为空。

（3）sendEmptyMessageDelayed(int what, long delayMillis)：用于指定发送信息消息的时延，时间单位为毫秒，且消息为空消息。

（4）sendMessage(Message msg)：用于发送消息，没有时延，为立即发送。

（5）sendMessageDelayed(Message msg)：用于指定发送信息消息的时延，时间单位为毫秒。

（6）removeMessages(Message msg)：用于删除指定的 MessageQueue 中的信息。

（7）final boolean hasMessage(int what)：用于查看相应的消息队列中是否含有将 what 属性作为指定值的消息，若参数是(int what，Object object)，则不仅需要查看是否含有 what 属性，而且还要查看 object 属性是否为指定对象的消息。

3. Handler 的使用示例

1）Handler 写在主线程中

当处于主线程中时，Looper 对象的初始化是由系统自动完成的，若要完成对信息的发送和处理，直接创建对应的 Handler 对象即可。

2）Handler 写在子线程中

当处于子线程中时，系统就无法完成 Looper 对象的自动初始化，此时创建 Looper 对象的方法是手动的。手动创建的步骤如下。

（1）为当前线程创建 Looper 对象，方法为调用 Looper. prepare()，一个与之对应的 MessageQueue 会被其构造器创建。

（2）创建 Handler 对象，重写 handleMessage()方法，用于处理来自于其他线程的信息。

（3）启动 Looper，方法为 Looper. loop()。

4. 响应系统设置的事件(Configuration 类)

（1）Configuration：给人们提供的方法列表。

（2）densityDpi：屏幕密度。

（3）fontScale：当前用户设置的字体的缩放因子。

（4）hardKeyboardHidden：判断硬键盘是否可见，有两个可选值，分别为 HARDKEYBOARDHIDDEN_NO 和 HARDKEYBOARDHIDDEN_YES，分别是十六进制的 0 和 1。

（5）keyboard：用于获得当前关联键盘类型，该属性的返回值为 KEYBOARD_12KEY（只有 12 个键的小键盘）、KEYBOARD_NOKEYS、KEYBOARD_QWERTY（普通键盘）。

（6）keyboardHidden：通过返回的 boolean 值识别当前键盘能否使用。其判断的范围为系统的硬件键盘以及位于屏幕的软键盘。

(7) locale：获取用户当前的语言环境。

(8) mcc：获取移动信号的国家码，与网络码共同确定手机所属的网络运营商。

(9) mnc：获取移动信号的网络码，与国家码共同确定手机所属的网络运营商。

(10) navigation：用于系统上方向导航设备类型的判断。该属性的返回值为 NAVIGATION_NONAV（无导航）、NAVIGATION_DPAD（DPAD 导航）NAVIGATION_TRACKBALL（轨迹球导航）、NAVIGATION_WHEEL（滚轮导航）。

(11) orientation：用于系统屏幕方向的获取。该属性的返回值为 ORIENTATION_LANDSCAPE（横向屏幕）、ORIENTATION_PORTRAIT（竖向屏幕）。

(12) screenHeightDp，screenWidthDp：屏幕可用高和宽，用 dp 表示。

(13) touchscreen：用于系统触摸屏触摸方式的获取。该属性的返回值为 TOUCHSCREEN_NOTOUCH（无触摸屏）、TOUCHSCREEN_STYLUS（触摸笔式触摸屏）、TOUCHSCREEN_FINGER（接收手指的触摸屏）。

4.4 Android 应用开发基础

4.4.1 安装 Android Studio 与 SDK

为了便于 Android 开发者进行应用开发和测试，Google 公司推出了基于 IntelliJ IDEA 的 Android 集成开发工具 Android Studio。该平台能够提供 Android 专属的重构和快速修复，大大提升了开发效率。以下对 Android Studio 的安装过程进行介绍。

使用浏览器进入 Android 开发官方网站，网址为 https://developer.android.google.cn/。

图 4-8 为 Android 开发官方网站页面。

图 4-8 Android 开发官方网站页面

单击 Android Studio，进入 Android Studio 的下载界面，如图 4-9 所示。

单击 DOWNLOAD ANDROID STUDIO 按钮，双击下载后的文件，进入安装界面，单击 Next 按钮进入下一步，如图 4-10 所示。

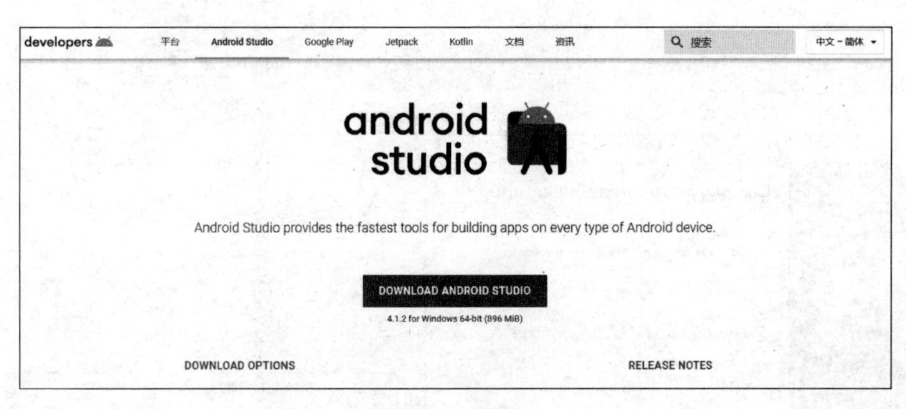

图 4-9　下载界面

最新版的 Android Studio 在这一步并没有 SDK，需要稍后再进行安装，这一步只需全部勾选复选框后单击 Next 按钮，如图 4-11 所示。

图 4-10　安装引导 1

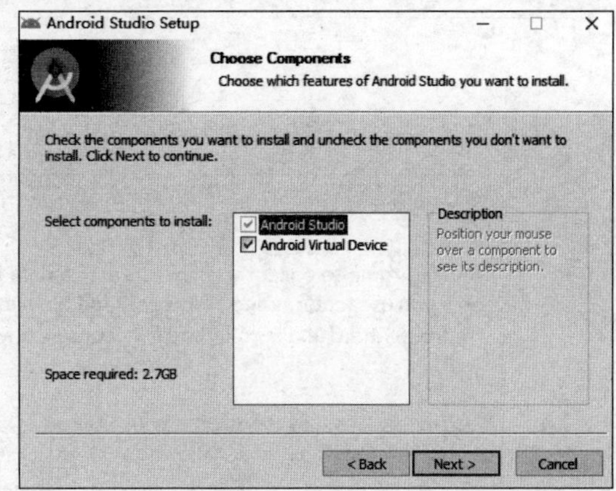

图 4-11　安装引导 2

选择好存储位置后单击 Next 按钮，而后直接单击 Install 按钮，如图 4-12 所示。

安装完成之后，单击 Next 按钮，如图 4-13 所示。

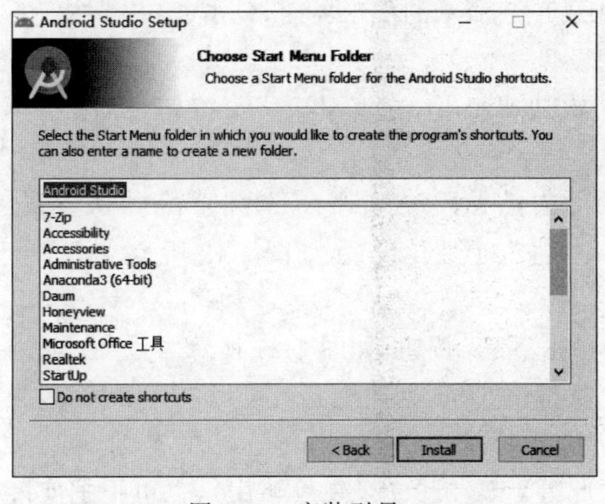

图 4-12　安装引导 3

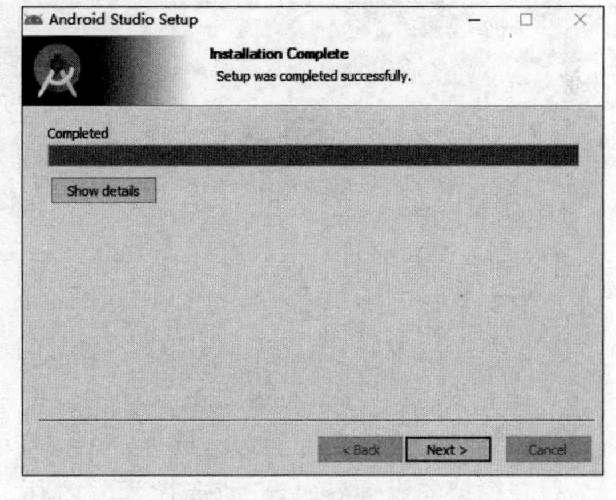

图 4-13　安装引导 4

单击 Finish 按钮，并运行 Android Studio，如图 4-14 所示。

首次运行软件会出现环境导入选项界面，选择 Do not import settings 单选按钮并单击 OK 按钮，如图 4-15 所示。

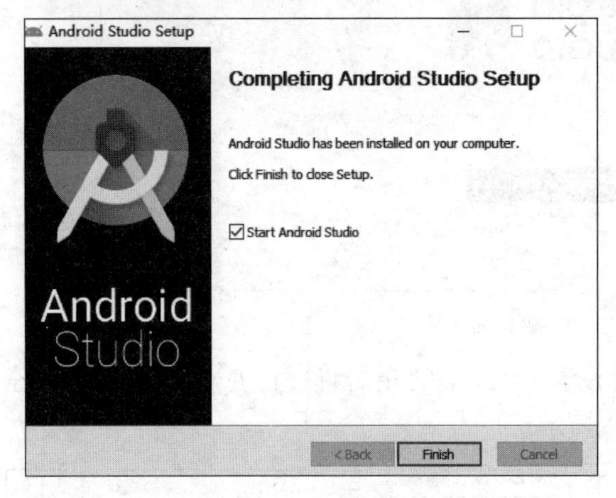

图 4-14　安装引导 5

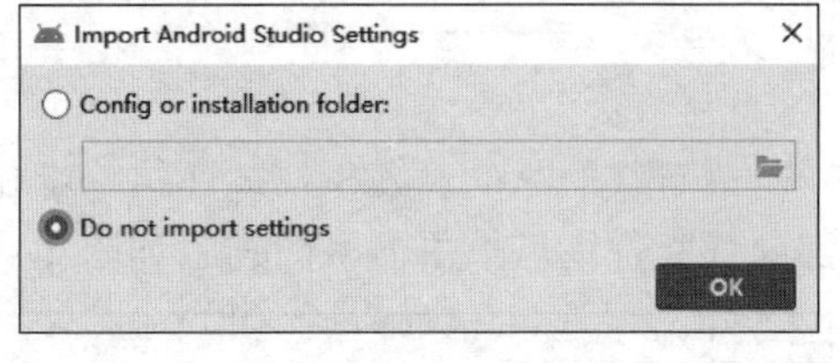

图 4-15　环境导入选项界面

在发送数据选项界面，单击 Don't send 按钮不进行数据分享，如图 4-16 所示。

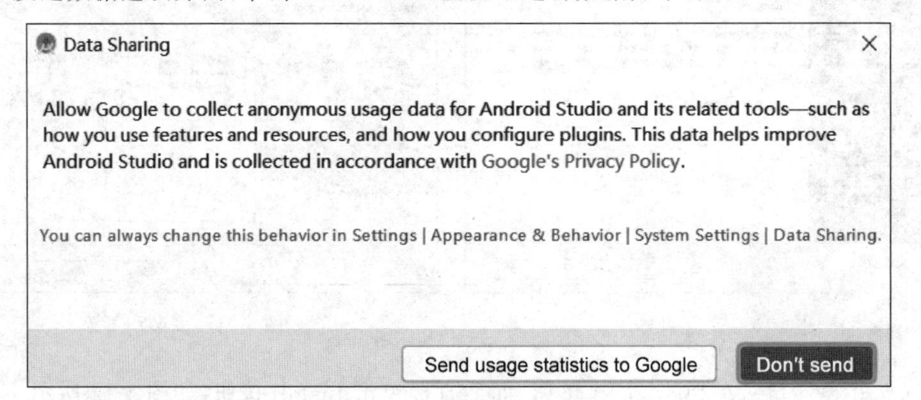

图 4-16　发送数据选项界面

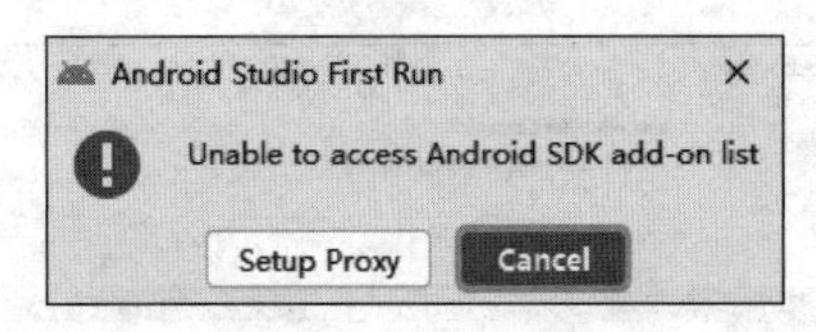

图 4-17　提示界面

在如图 4-17 所示的提示界面，单击 Cancel 按钮不进行代理设置。

进入欢迎界面，直接单击 Next 按钮，如图 4-18 所示。

在设置选择界面，Standard 选项对应默认设置，Custom 选项对应自定义设置。此处选择第二个，进入个性化设置，如图 4-19 所示。

设置默认的 JDK 路径，如图 4-20 所示。

按照个人偏好，选择一个喜欢的 UI 主题，单击 Next 按钮，如图 4-21 所示。

在下载选择界面，勾选图 4-22 中的全部复选框(如果不勾选之后也可以进行下载，但是建议初学者在这里全部勾选)，选择一个要安装 SDK 等文件的位置。

在模拟器设置界面，滑动选择分配内存。此处默认 2.0GB(一般够用)，也可根据实际情况自行调整，如图 4-23 所示。

在验证设置界面，单击 Finish 按钮，进入下载阶段，如图 4-24 所示。

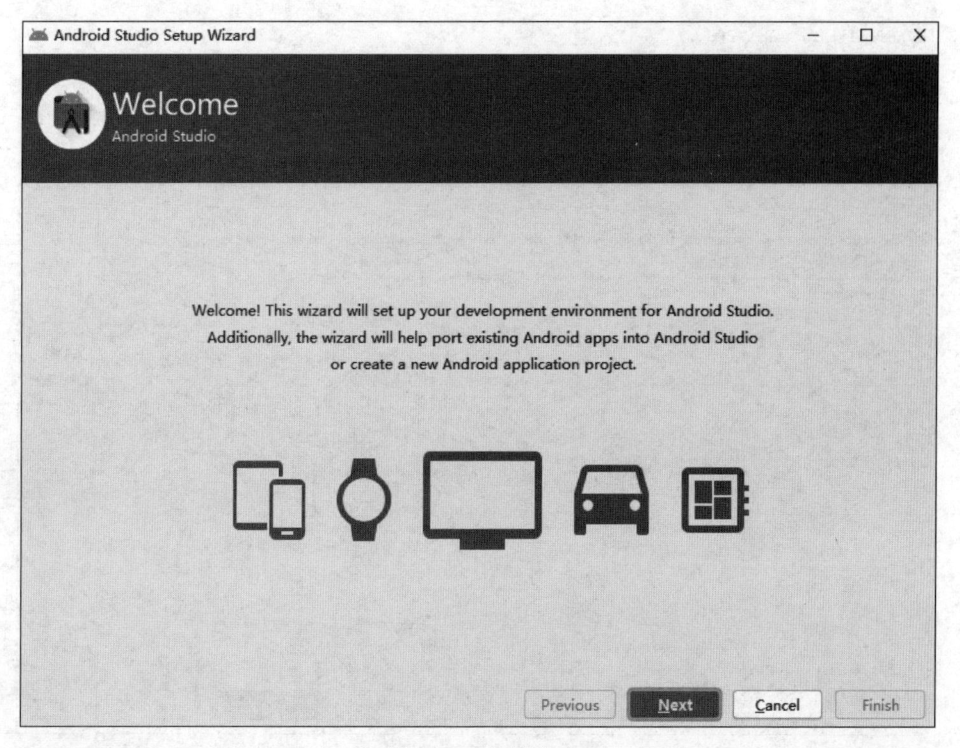

图 4-18　欢迎界面

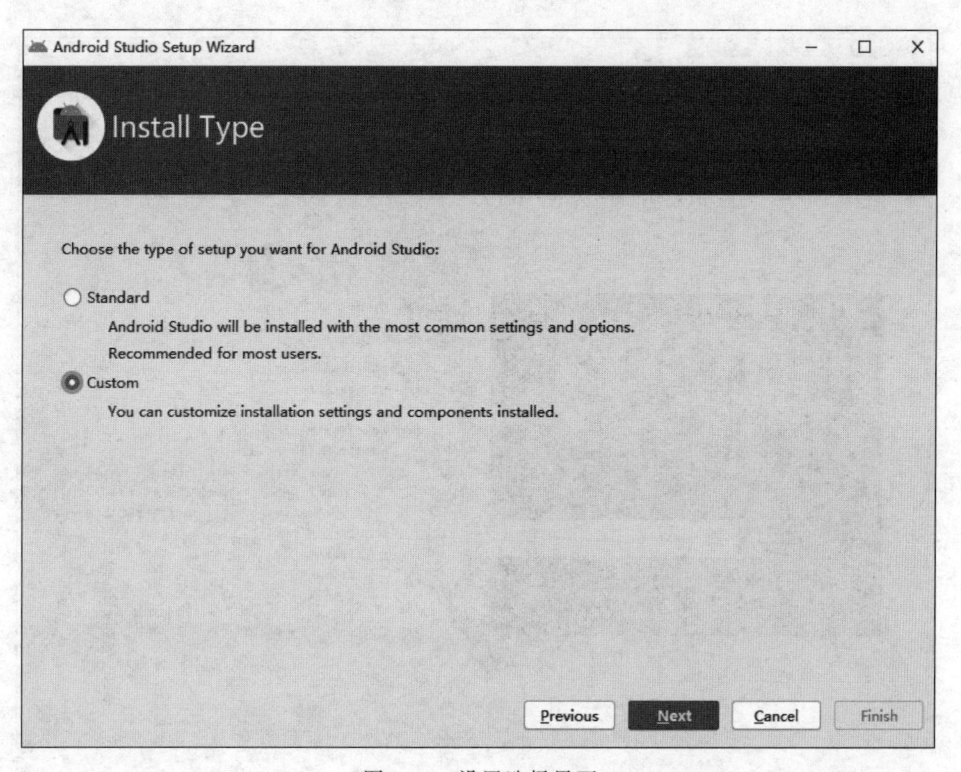

图 4-19　设置选择界面

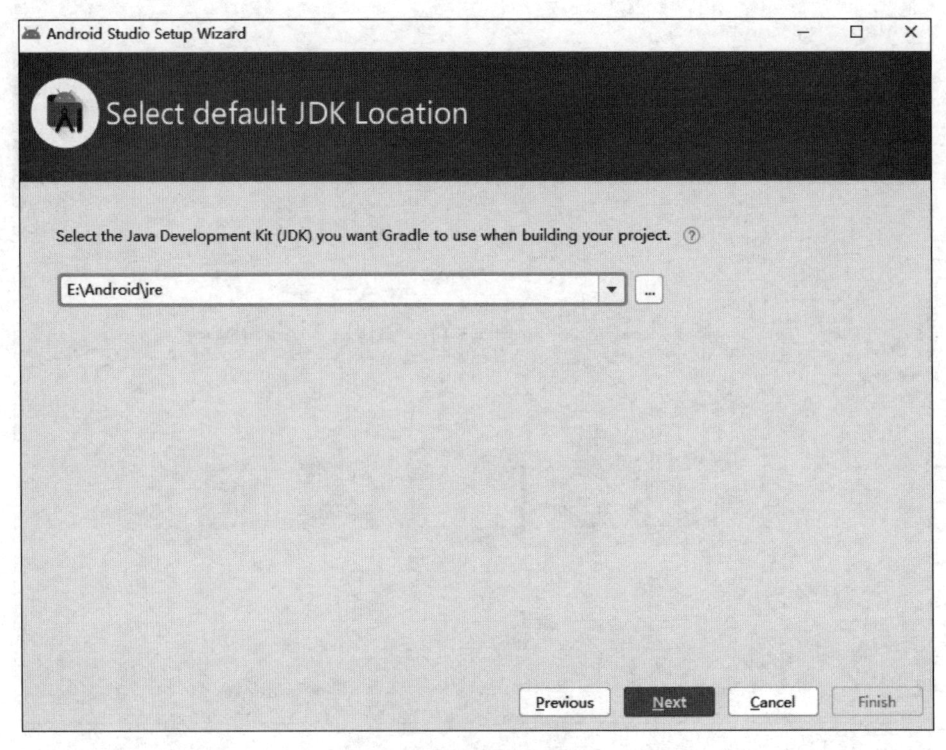

图 4-20　设置 JDK 路径

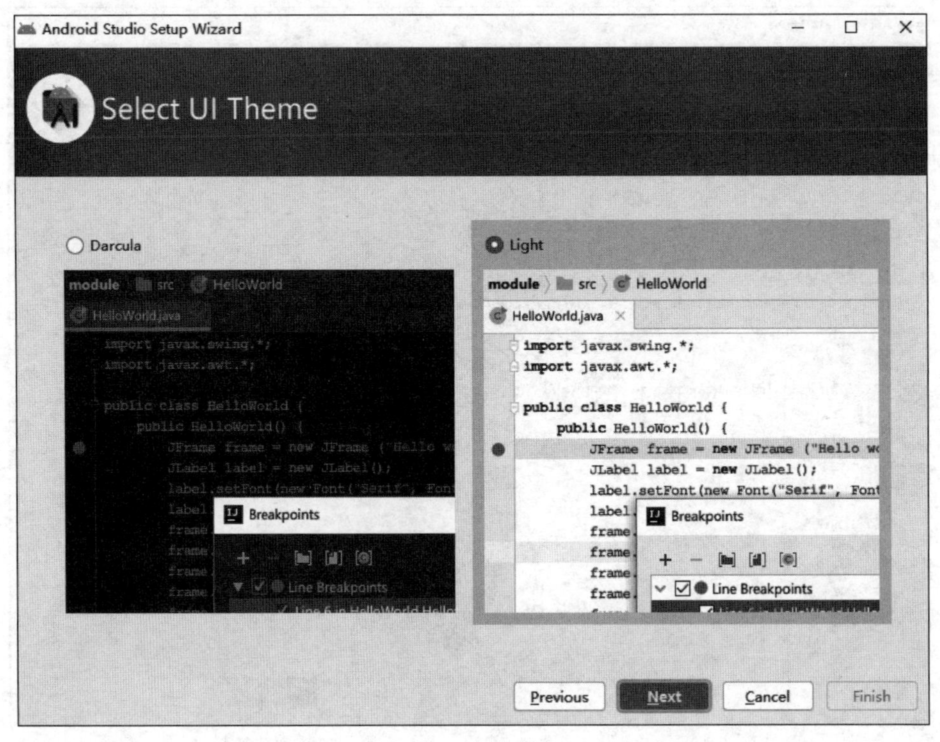

图 4-21　设置 UI 主题

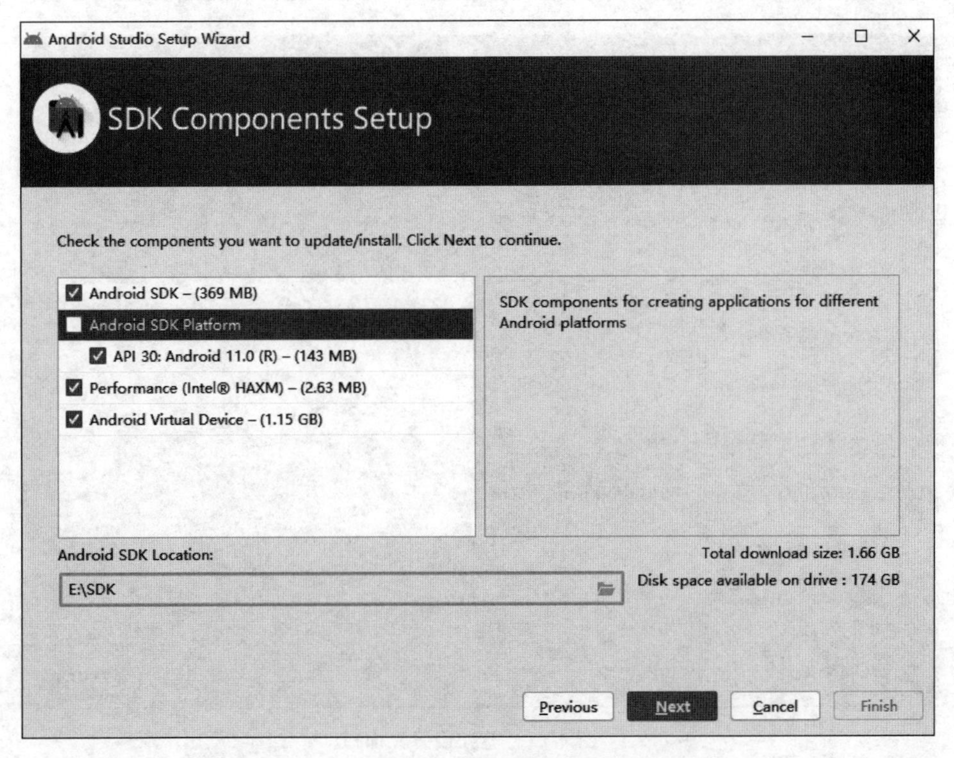

图 4-22　下载选择界面

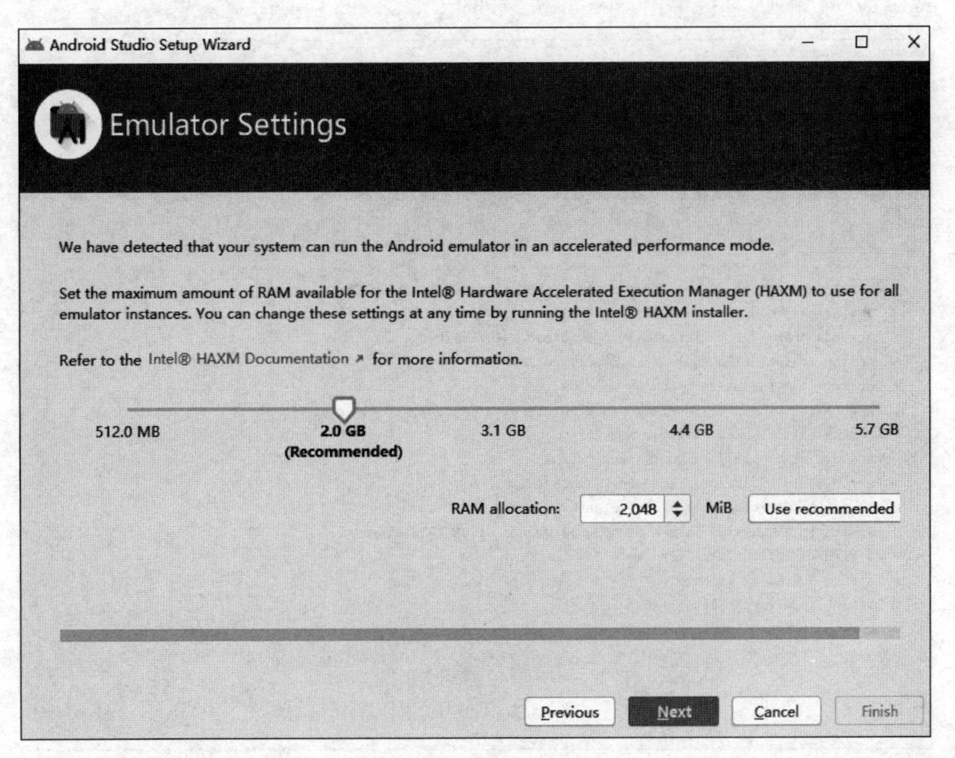

图 4-23　模拟器设置界面

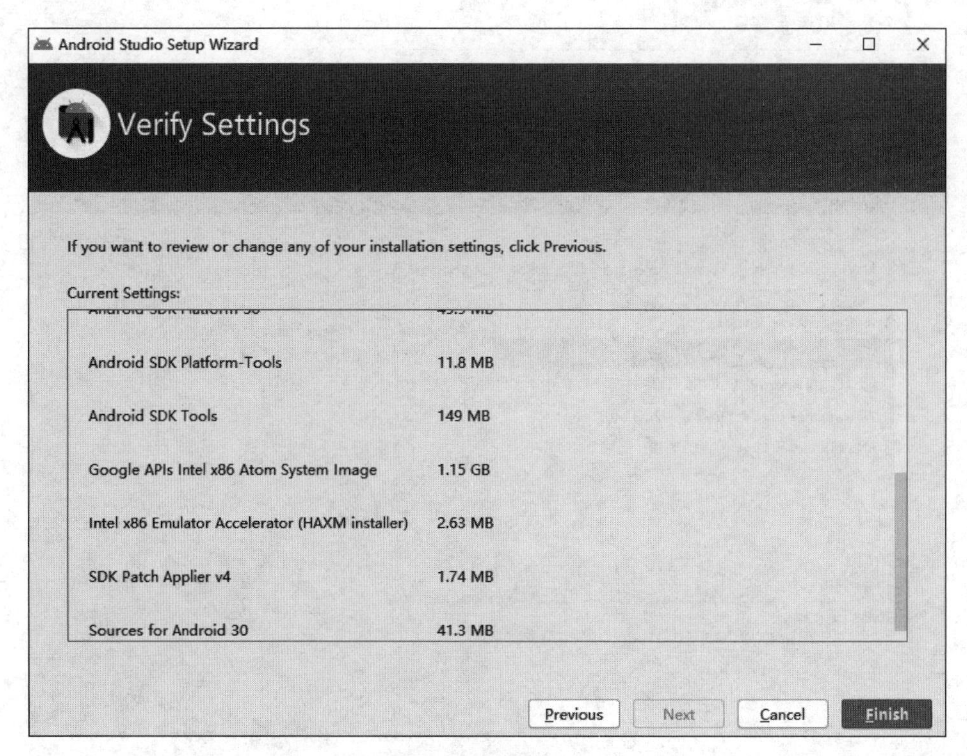

图 4-24　验证设置界面

下载后安装完成,直接单击 Finish 按钮即可,如图 4-25 所示。

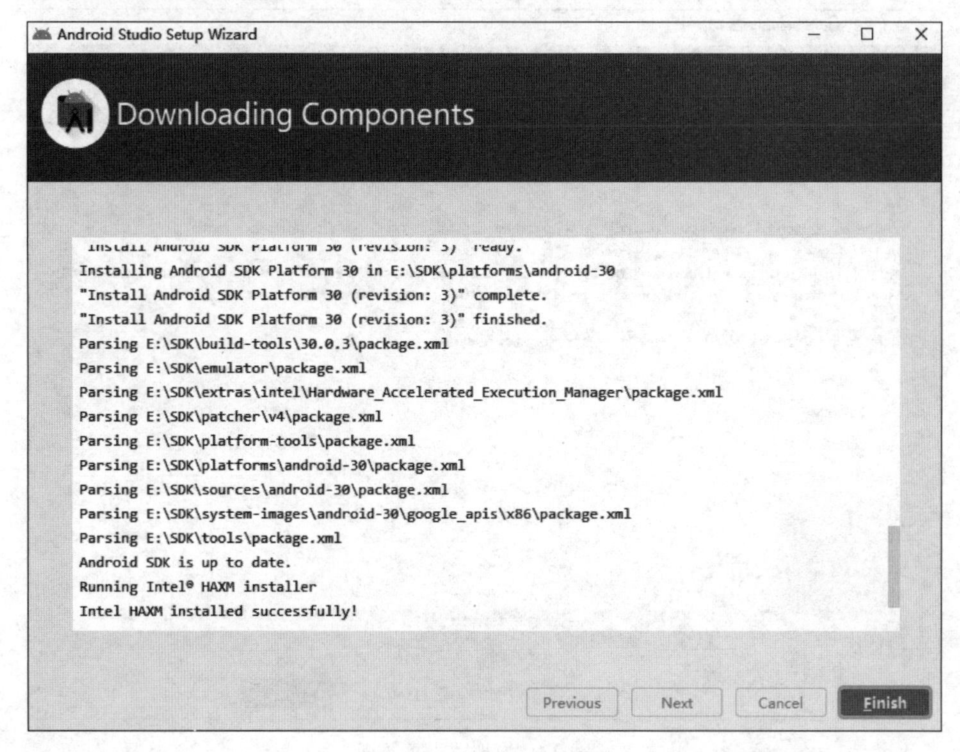

图 4-25　下载组件界面

至此,Android 平台已成功安装。下面正式进入软件界面。单击 Create New Project 按钮,创建一个新项目,如图 4-26 所示。

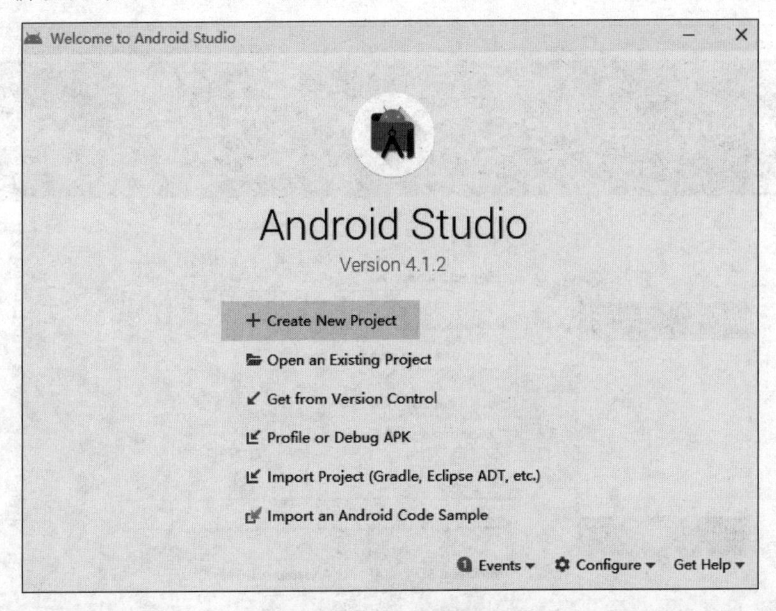

图 4-26　Android 平台

选择一个喜欢的模板,单击 Next 按钮,如图 4-27 所示。

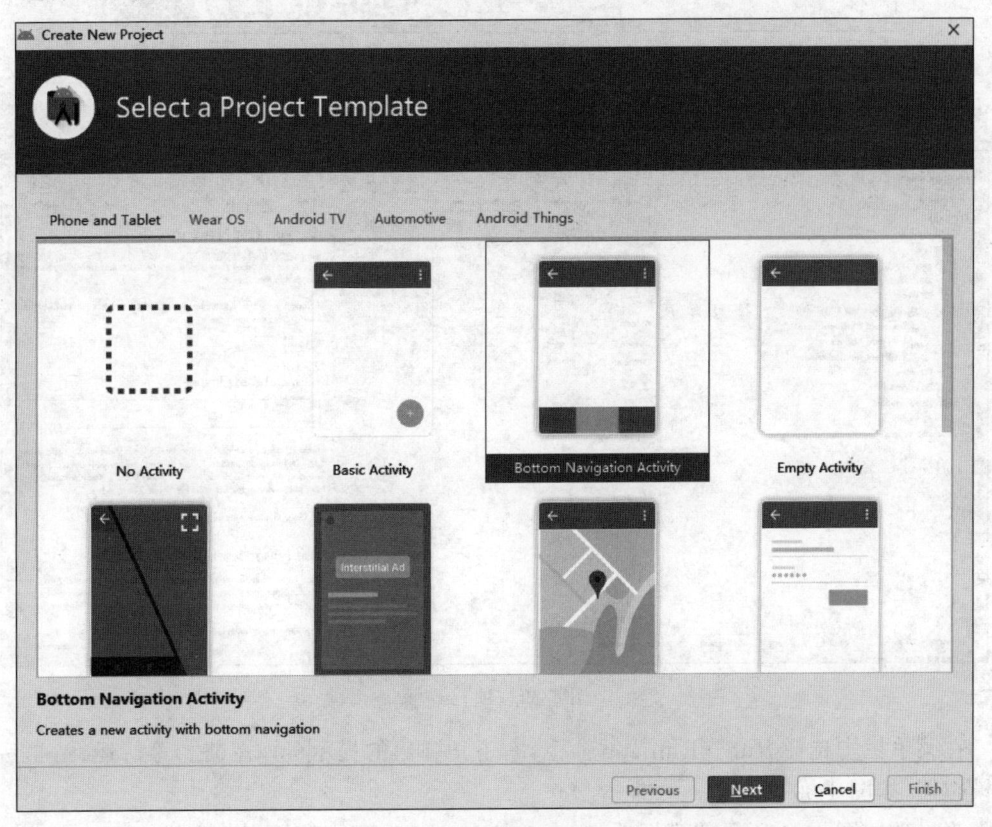

图 4-27　模板选择

在 Language 列表框中选择合适的编程语言，此处选择 Java 选项，其他设置保持不变，单击 Finish 按钮，如图 4-28 所示。

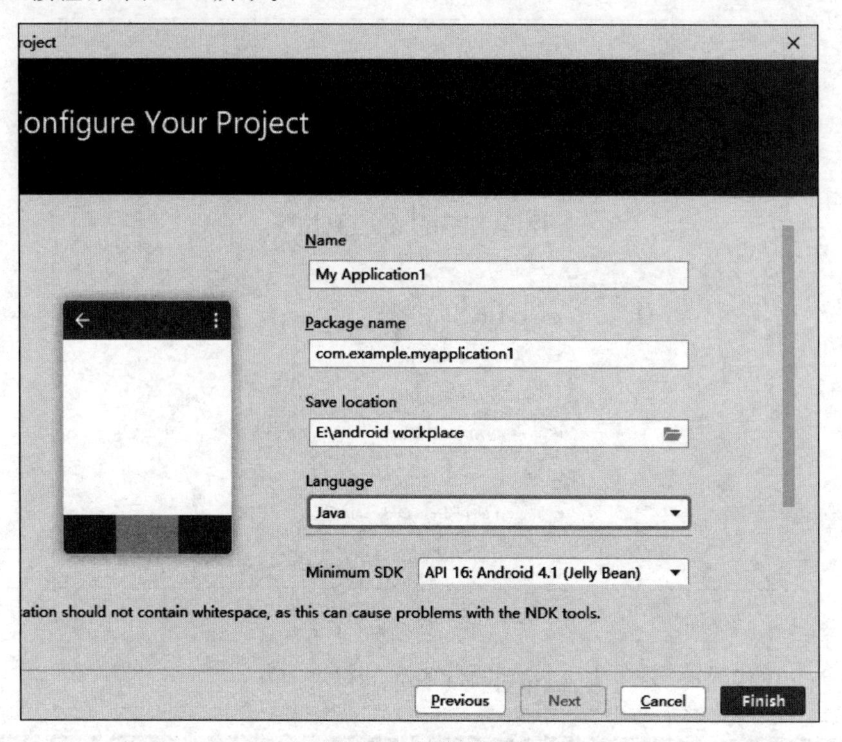

图 4-28　配置项目

等待后进入项目界面，注意第一次进入时一般比较慢，如图 4-29 所示。

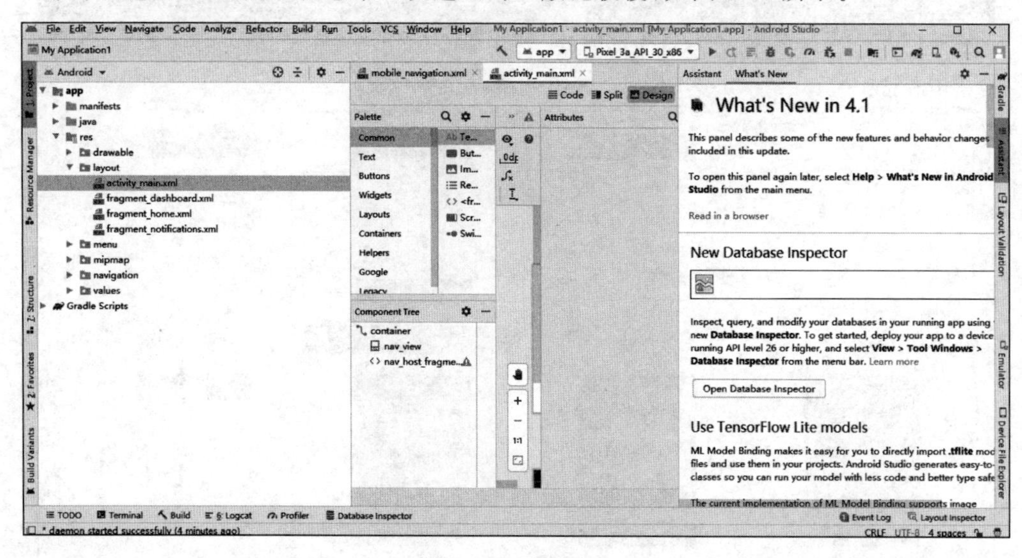

图 4-29　项目界面

在菜单栏中选择 Run→Run app 命令，右下角弹出的提示可以忽略。等待运行，稍后弹出模拟器，如图 4-30 所示。

当出现如图 4-31 所示的模拟器时，表示 Android Studio 已经安装完成。

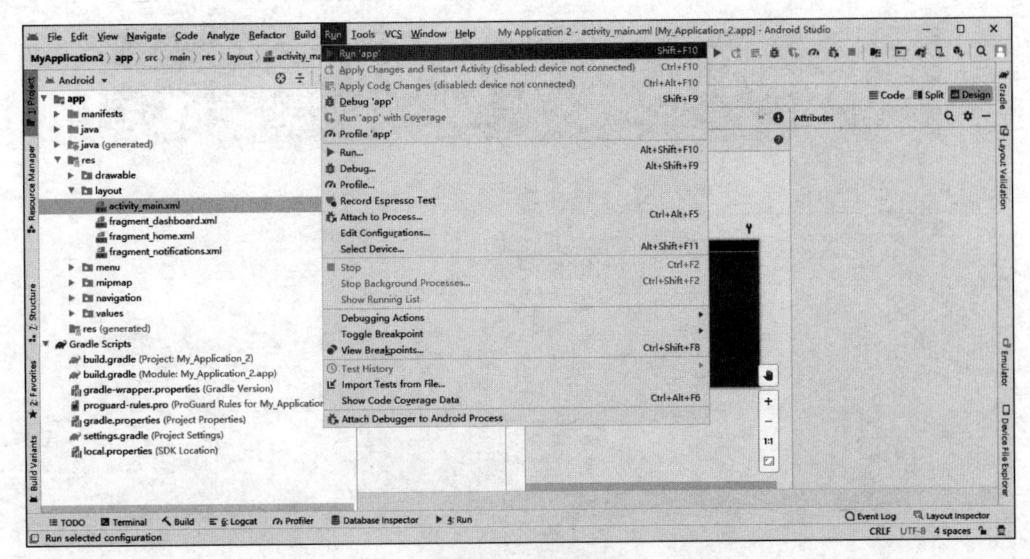

图 4-30　运行配置

图 4-31　安装完成

4.4.2　安装过程中的常见问题

在软件的安装过程中，往往遇到各种各样的问题。此处仅列出较常出现的情况，更多内容可以参考官方网站帮助文档或网络资料。

(1) 在下载和安装 SDK 时，常弹出某组件未安装的提示框，如图 4-32 所示。一般来讲，在保证网络良好的情况下，单击 Retry 按钮几次即可。

(2) 在运行模拟器时，常弹出检测到 ADB 的提示框，如图 4-33 所示。

可能的原因及处理方法有两个。

① Android SDK Build-Tools 的版本低。

依次选择 Tools→SDK Manager→SDK Tools 命令，勾选右下角的 Show Package Details 复选框，找到里面 Android SDK Build-Tools 的一个最新版本，如图 4-34 所示。

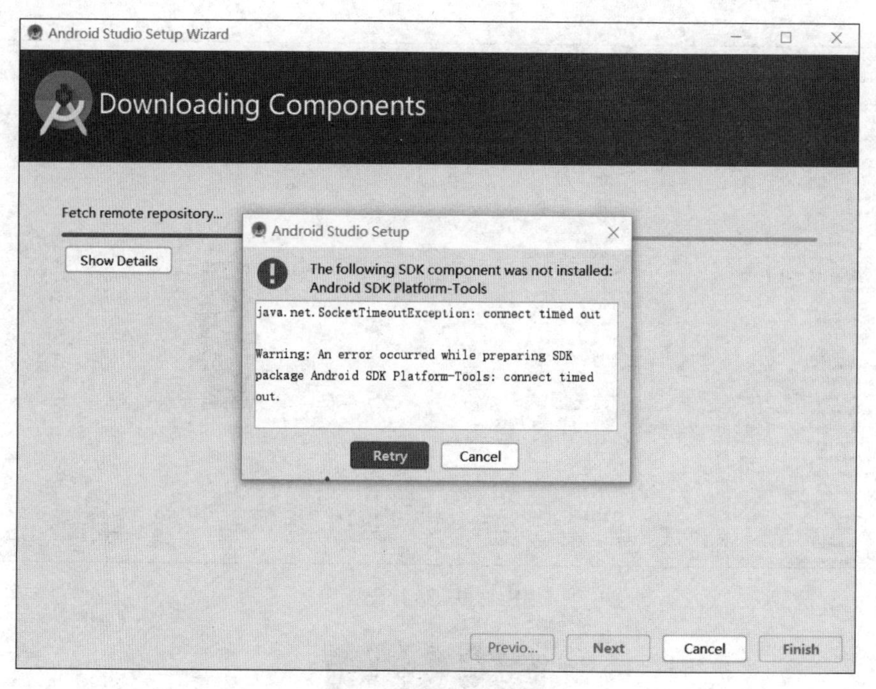

图 4-32　未安装提示框

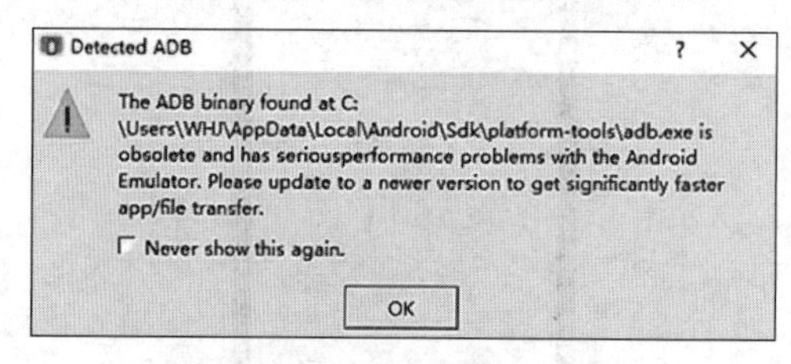

图 4-33　ADB 提示框

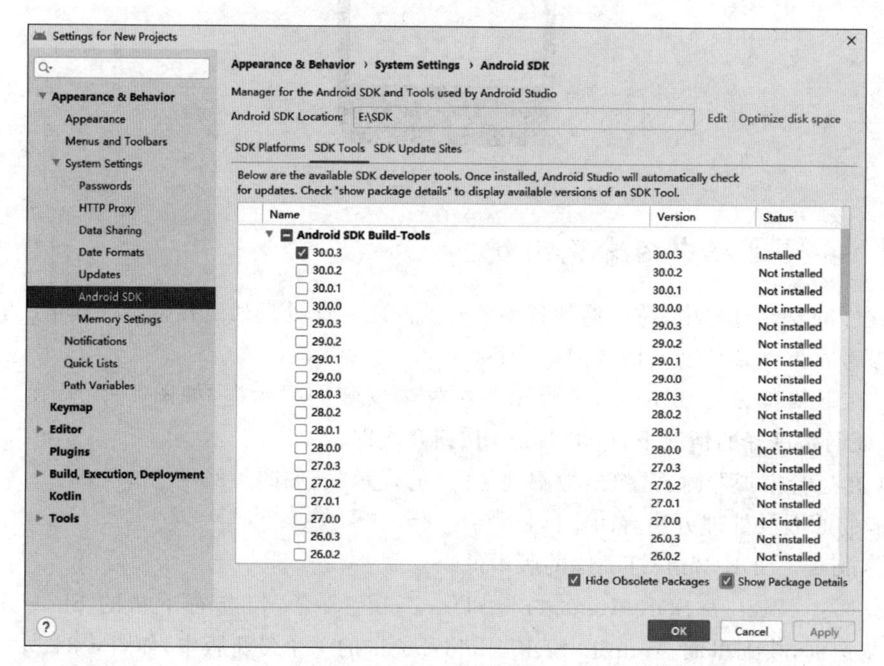

图 4-34　项目 SDK 配置

如果显示的是 Update Available，就说明当前非最新版本，直接更新即可。

② Android SDK Build-Tools 已是最新版本。

如果这里显示 Android SDK Build-Tools 是 Installed，说明已是最新版本。此时，首先单击 Run 按钮，然后等 Android 模拟器启动，弹出 detected ADB 弹窗后关闭，最后按如图 4-35 所示的方式找到 Use detected ADB location 选项，关闭它即可。

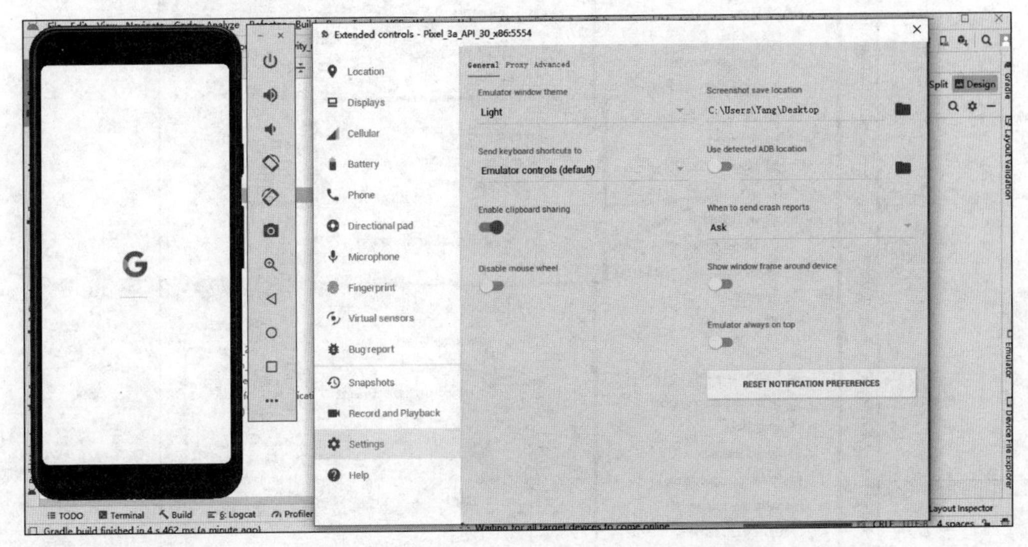

图 4-35　Use detected ADB location 配置

4.4.3　Android 项目组织结构

任何一个新建的项目都会默认使用一个 Android 模式的项目结构，此结构是被 Android Studio 转换过的，虽然适合快速开发，但是不易于理解。将模式切换到 Project 后的文件结构如图 4-36 所示。

下面对主要文件进行简单介绍。

(1) gradle 和. idea 内的文件是自动生成的，在这部分中意义不大，故不做介绍。

(2) app 文件夹的内容包括项目的代码、资源等，后续的应用开发基本上也是在该目录下完成的，主要由以下几部分组成。

① build 及其下级文件夹此处暂不关心。

② libs 放置第三方的 jar 包。

③ src 下有三个主要目录。ndroidTest 和 test 分别编写测试用例和单元测试，以完成自动化测试。main 中包含以下几部分。

- java 是放置项目的源代码。
- res 是项目中使用的所有资源文件，如 drawable 为图片、layout 为布局、mipmap 为图标、values 为一些字符串文件。

AndroidMainifest. xml 是整个项目的配置文件，不仅可以注册 4 大组件，还可以声明应用权限。

④ gitignore 用于版本控制，可以实现排除指定的目录或文件的功能。

⑤ build. gradle 的功能在于其可以为 app 模块的 gradle 构建脚本，并且为项目构建指

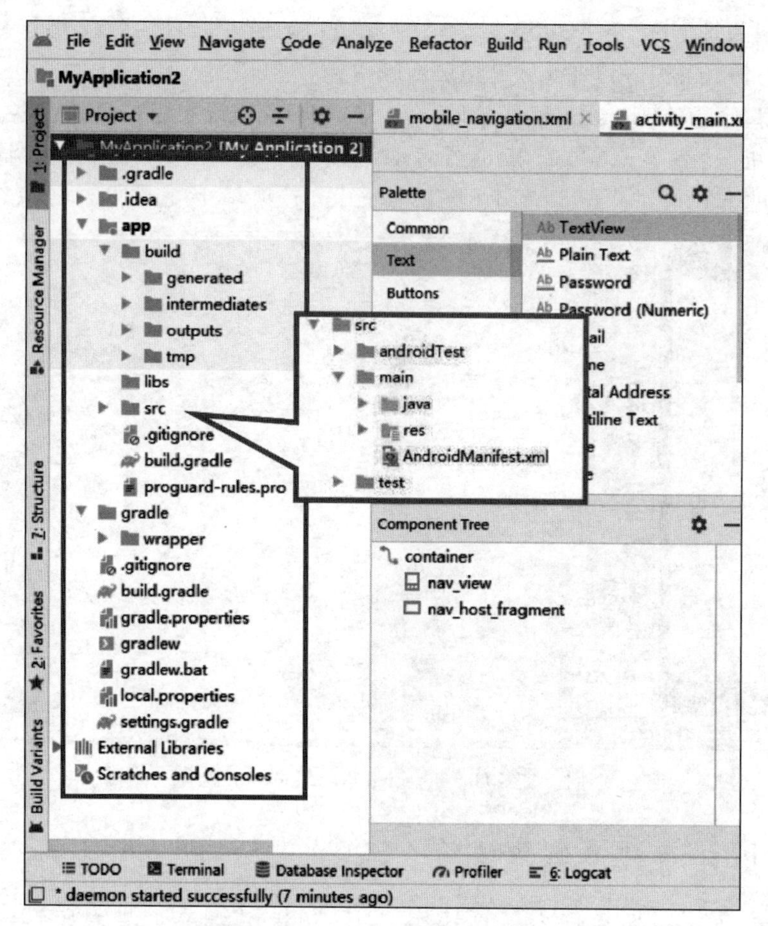

图 4-36　Android 项目文件结构

定相应的配置。

⑥ proguard-rule. pro 的功能为保障 APK 文件免遭破解，可以为代码指定混淆规则。

(3) gradle 包含了 gradle wrapper 的配置文件，可以联网自动下载或采用离线模式，方便构建和管理开发的应用。

① gitignore 用于版本控制，能够实现排除指定的目录或文件的功能。

② build. gradle 的功能在于其可以替项目全局的 gradle 构建脚本，该文件的作用十分重要，通常来说，其不须改动。

③ gradle. properties 属于全局的 gradle 配置文件，所以一旦文件内配置的属性改动，项目全部的 gradle 编译脚本都会受影响。

④ gradlew 和 gradlew. bat 提供 gradle 命令的使用，操作地点为命令行界面，前者针对 Linux/macOS，后者针对 Windows。

⑤ local. properties 指定本机 SDK 路径，一般自动生成，仅变化时修改。

⑥ settings. gradle 指定项目中引入的所有模块。

4.4.4　build. gradle 文件简析

需要注意的是，在一个 Android 项目的组织结构中，出现了两个 build. gradle：一个在外层目录下；另一个在 app 目录下。它们在 Android 项目的构建中非常重要，下面分别解析两个 build. gradle 的具体功能。

1. 外层目录下的 build. gradle

文件中代码的内容如下。

```
1.  buildscript {
2.        repositories {
3.              google()
4.              jcenter()
5.        }
6.        dependencies {
7.              classpath 'com. android. tools. build:gradle:2.2.2'
8.        }
9.  }
10. allprojects {
11.       repositories {
12.             google()
13.             jcenter()
14.             maven{
15.                   url "https://jitpack. io"
16.             }
17.             maven {
18.                   url 'https://maven. google.com/'
19.                   name 'Google'
20.             }
21.       }
22. }
23. task clean(type: Delete){
24.       delete rootProject. buildDir
25. }
```

有两处 repositories {}中声明了库 google()和 jcenter()，完成声明后即可使用其中任意的开源项目；在 dependencies{}中声明了 gradle 插件以及版本号，该插件在项目的构建中十分关键。

2. app 目录下的 build. gradle

文件中代码的内容如下。

```
1.  apply plugin: 'com. android. application'
2.  android {
3.        compilesdkVersion 26
4.        buildToolsVersion '26.0.2'
5.        defaultConfig {
6.              applicationId " com. example. sunshinexu"//项目包名
7.              minsdkVersion 15
8.              targetSdkVersion 26
9.              versionCode 1
10.             versionName "1.0"
11.                   testInstrumentationRunner " android. support. test. runner.
    AndroidJUnitRunner"
12.
```

```
13.         buildTypes {
14.               release {
15.                     minifyEnabled false         //是否对项目代码进行混淆
16.                       proguardFiles getDefaultProguardFile('proguard - android. txt'),
    'proguard - rules.pro'
17.               }
18.         }
19. }
20.
21. dependencies {
22.         implementation fileTree(dir: 'libs', include: ['*.jar'])
23.         implementation 'com.android.support:appcompat - v7:26.0.2'
24.         implementation 'com.android.support.constraint:constraint - layout:1.0.2'
25.         testImplementation 'junit:junit:4.12'
```

该文件主要由三部分组成。

(1) apply plugin：应用插件。com. android. application 和 com. android. library 是其中常用的可选值,前者指代的模块为应用程序模块,能够实现直接运行；后者指代的模块为库模块,不能直接运行,运行方式为附加在其他应用程序模块上的代码库。

(2) android 闭包,其中：

① compilesdkVersion 用于项目中版本的指定,指定的是编译版本。

② buildToolsVersion 用于项目中版本的指定,指定的是构建工具版本。

③ defaultConfig 闭包依次指定了应用程序的包名、最低兼容的 Android 版本、在目标版本上完成的测试、项目的版本号、项目的版本名等信息。

④ buildTypes 闭包用于指定安装文件的相关配置,通常有 debug 和 release 两种版本。前者常常可以省略,后者主要包含以下两部分内容。

- minifyEnabled 作用为根据混淆或不混淆代码这两种情况给予不同的返回值,返回值分别为 ture 和 false。
- proguardFiles 作用为混淆规则的表示,有两个目录可选择：一个是 SDK 目录下的 proguard-android. txt(通用规则)；另一个是当前目录 proguard-rules. pro(自定义的一些混淆规则)。

(3) dependencies 闭包,用于指定当前项目所包含的依赖关系,分为本地依赖、库依赖和远程依赖三种。

① implementation fileTree 是本地依赖,作用为把指定文件加入项目的构建路径,指定的文件是 libs 目录下全部的. jar 文件。

② com. android. support：appcompat-v7：26. 0. 2 属于远程依赖的标准格式,通常由"域名＋组名＋版本号"的格式组成。

③ testImplementation 用于声明测试用例库。

4.4.5 开始第一个 Android 应用

在学习了 Android 项目的文件架构和功能后,本节以一个简单的小例子介绍第一个 Android 应用。

1. 打开布局文件

寻找布局文件有两种方法。第一种，首先在 app/src/main/java/目录下，找到 MainActivity. java 文件，如图 4-37 所示。然后选中 activity_main，按住 Ctrl 键并单击，可以跟踪到 activity_main. xml 文件。第二种，在 app/src/main/res/layout 中找到 activity_main. xml 文件。

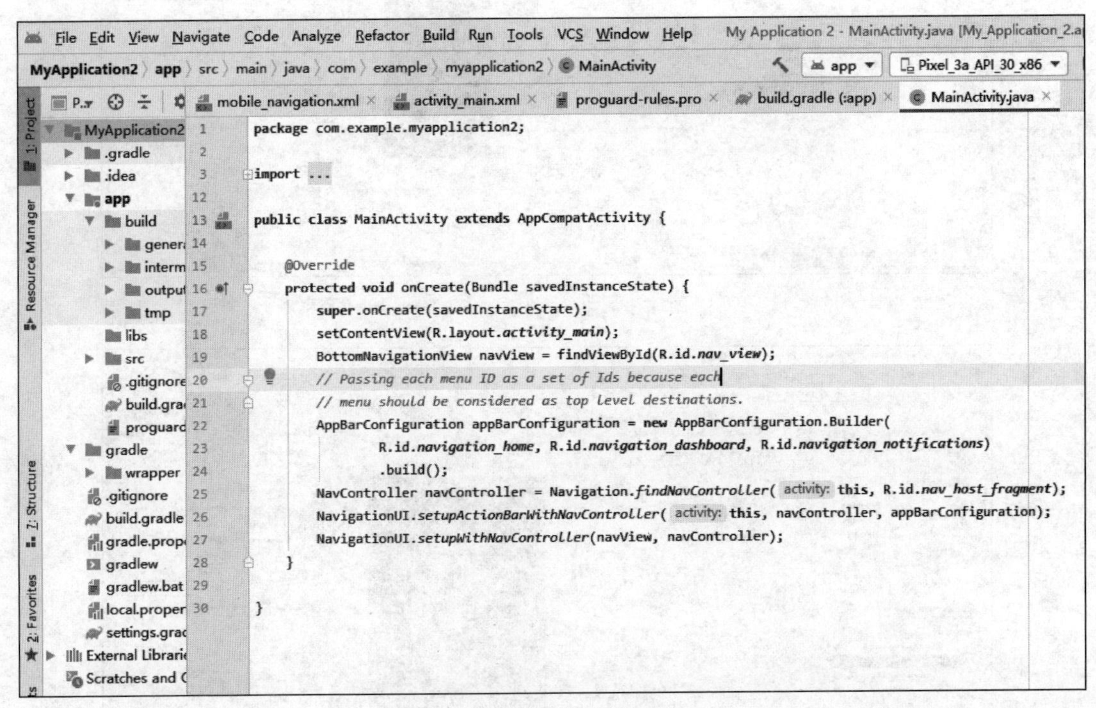

图 4-37　布局文件的位置和内容

这就是 MainActivity 配套的 XML 布局文件。打开该 XML 文件进行修改。

2. 创建简单页面

首先，从左侧控件栏将相应的控件拖入中间的操作面板中，例如可以选择 Button 按钮等。然后，单击图中的蓝色区域，选中当前按钮。此时在右侧可以显示其具体信息。接着，修改 id 值为 button。注意，此处需要记住该 id，在后续编程时要用到。最后，在 onClick 中设置单击按钮所触发的动作，图 4-38 中的 bigger 是单击后触发的函数，text 是按钮上显示的字符。

按照该方法，依次添加并编辑控件，如图 4-39 所示。

输入名字的控件配置如图 4-40 所示。

显示欢迎的控件配置，此时，应用界面已基本完成了设计与实现工作，如图 4-41 所示。

如图 4-42 所示，可以在. xml 文件中将 Design 界面改为 Text 界面查看代码信息。

图 4-43 是相应的 Java 代码，对于有程序基础的同学简单易读，此处不再赘述。

3. 运行 Android 应用

单击工具栏上的绿色三角形按钮，或者使用 Shift＋F10 组合键运行该项目，可以直观地看到示例效果，如图 4-44 所示。至此，本节完成了第一个 Android 应用。

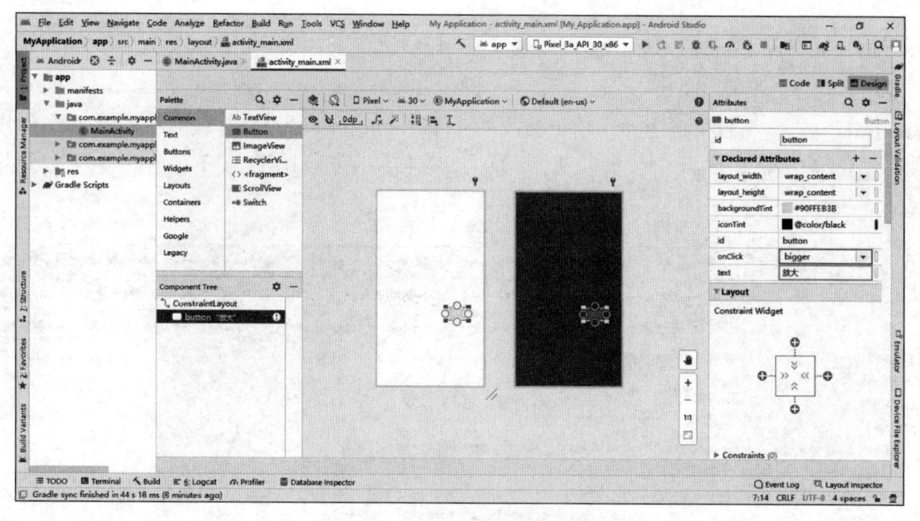

图 4-38　控件的添加与编辑

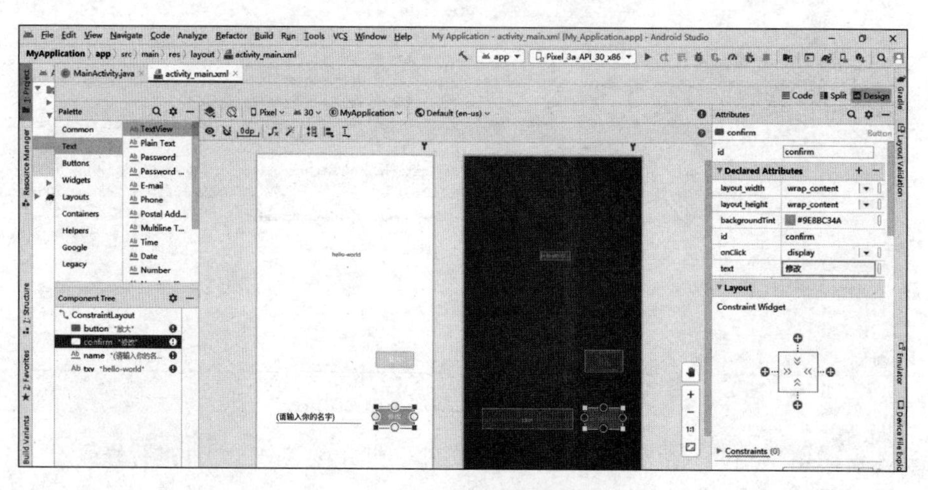

图 4-39　确认修改的控件配置

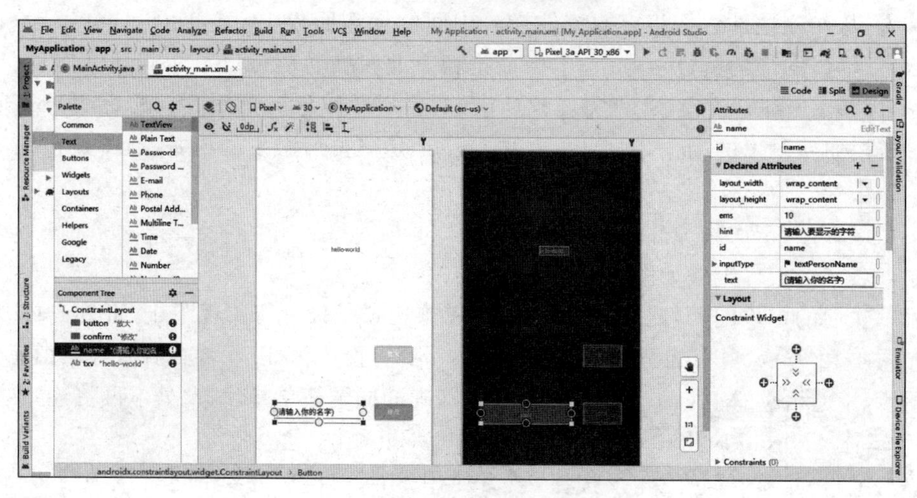

图 4-40　输入名字的控件配置

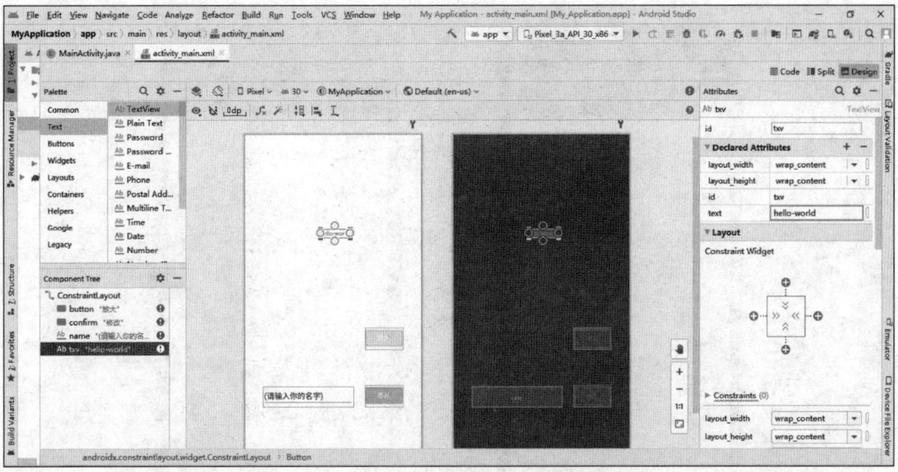

图 4-41　显示欢迎的控件配置

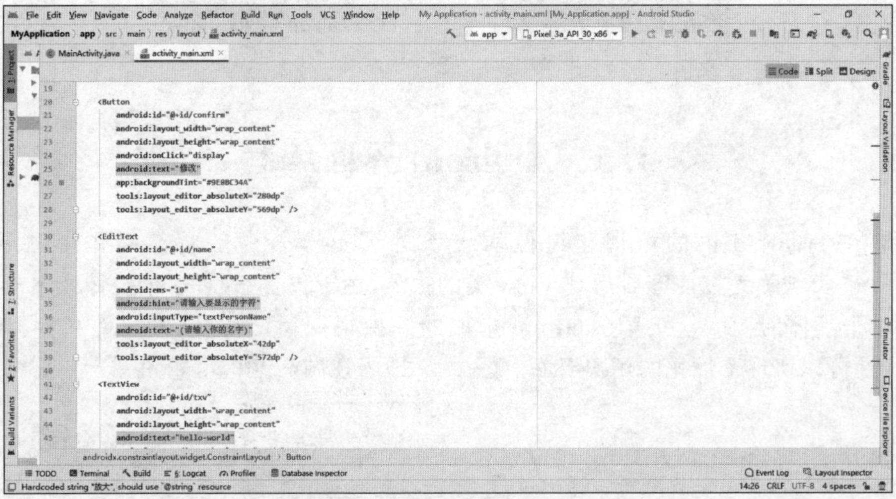

```
<Button
    android:id="@+id/confirm"
    android:layout_width="wrap_content"
    android:layout_height="wrap_content"
    android:onClick="display"
    android:text="修改"
    app:backgroundTint="#9E8BC34A"
    tools:layout_editor_absoluteX="280dp"
    tools:layout_editor_absoluteY="569dp" />

<EditText
    android:id="@+id/name"
    android:layout_width="wrap_content"
    android:layout_height="wrap_content"
    android:ems="10"
    android:hint="请输入要显示的字符"
    android:inputType="textPersonName"
    android:text="(请输入你的名字)"
    tools:layout_editor_absoluteX="42dp"
    tools:layout_editor_absoluteY="572dp" />

<TextView
    android:id="@+id/txv"
    android:layout_width="wrap_content"
    android:layout_height="wrap_content"
    android:text="hello-world"
```

图 4-42　查看应用界面的 XML 代码

```java
package com.example.myapplication;

import androidx.appcompat.app.AppCompatActivity;
import android.os.Bundle;
import android.view.View;
import android.widget.EditText;
import android.widget.TextView;

public class MainActivity extends AppCompatActivity {

    @Override
    protected void onCreate(Bundle savedInstanceState) {
        super.onCreate(savedInstanceState);
        setContentView(R.layout.activity_main);
    }
    int size=30;
    public void bigger(View v){     // 按钮对应的 onclick 响应
        TextView txv;
        txv= (TextView) findViewById(R.id.txv);  // 根据ID找到对应的text对象
        txv.setTextSize(++size);        // 修改对象的字符大小-size
    }

    public void display(View v){     // 另外一个按钮对应的 onclick 响应
        EditText name= (EditText) findViewById(R.id.name);  //还是根据ID找到对象，并进行接下来的操作
        TextView text2= (TextView) findViewById(R.id.txv);

        text2.setText(name.getText().toString());   // 设置字符
    }

}
```

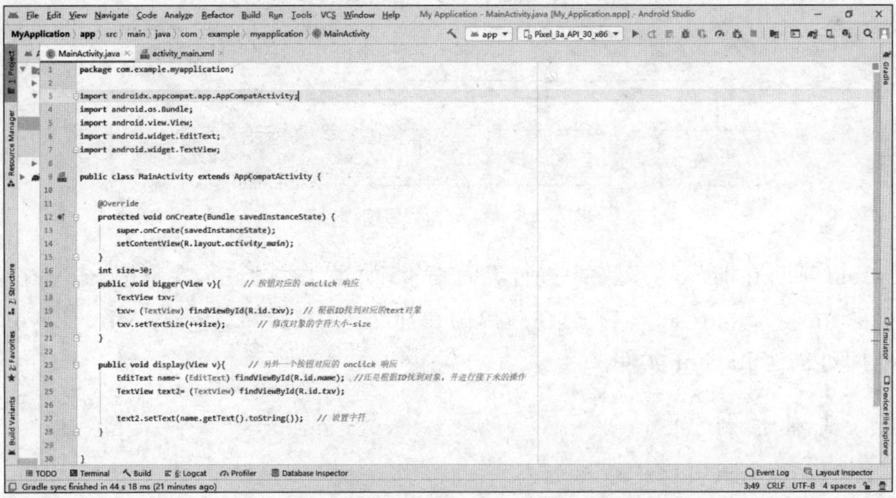

图 4-43　示例项目的 Java 代码

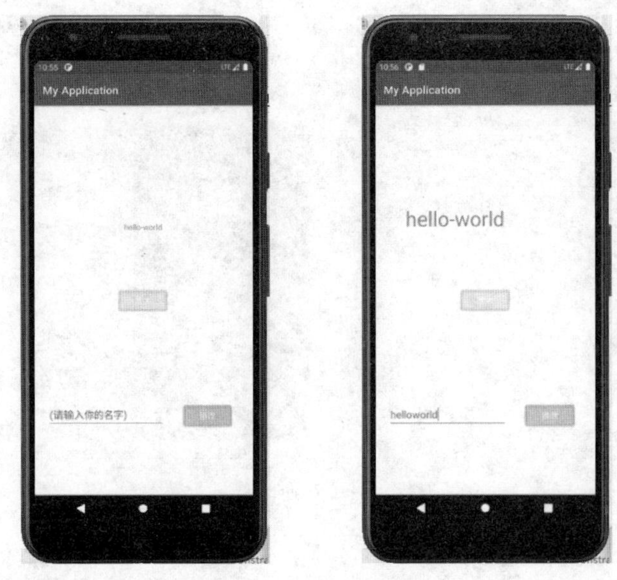

图 4-44　运行效果图

4.5　Android 界面编程

所有在 Android 内的可视化组件均继承自 View 类，一般将其叫作视图或控件。ViewGroup 类被称为控件容器是对 View 类的扩展，用于包含、管理多个控件。用户界面就是由一个个具体的 View 和 ViewGroup 构成的一棵视图树，通过设置控件和容器相应的 XML 属性可以实现个性化的用户界面。图 4-45 即为视图树结构示意图。

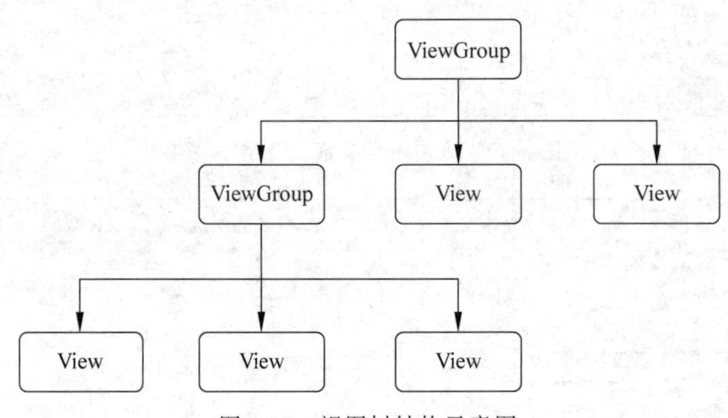

图 4-45　视图树结构示意图

Android 项目在 Layout 文件中进行界面编辑，如图 4-46 所示，在 Android Studio 项目目录中选择 res→layout 命令，右击，在弹出的快捷菜单中选择 New→XML→Layout XML File 命令即可创建 Layout 文件。

4.5.1　基础控件

1. 文本标签(TextView)

TextView 为只读文本标签，能实现多种功能，例如自动换行、字符串格式化及多行显

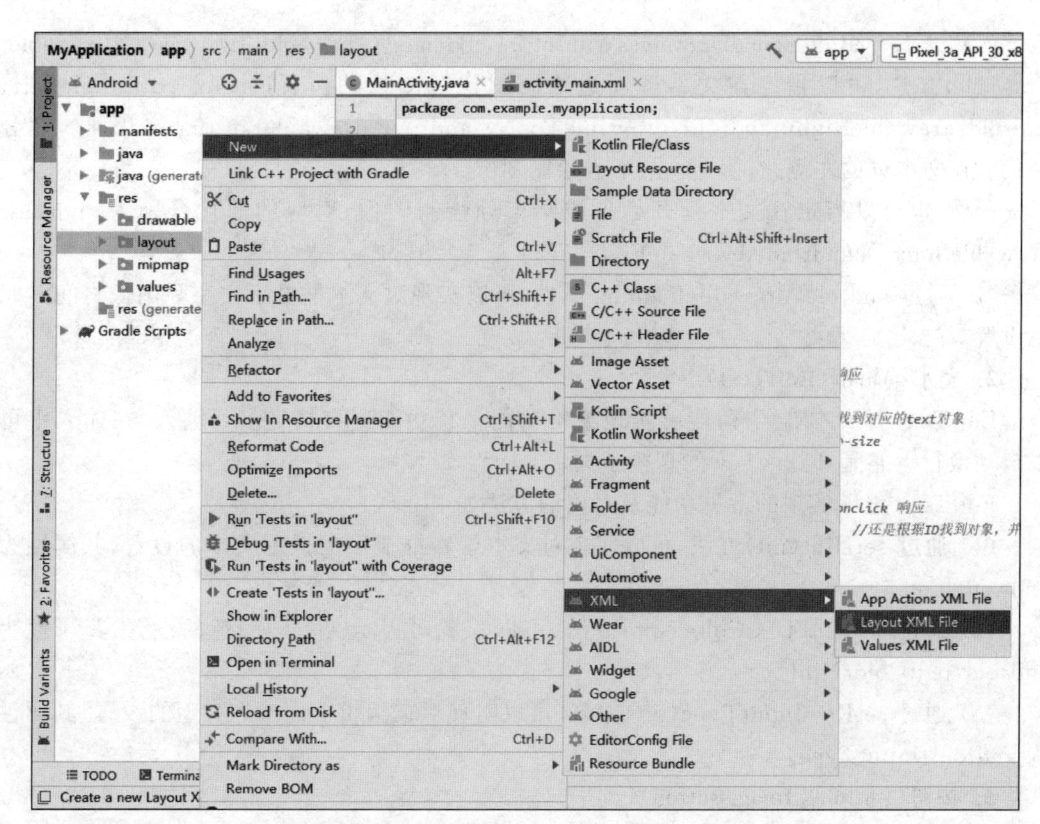

图 4-46　创建 Layout 文件

示。其直接继承自 View 类。

若要控制 TextView 的显示特性，需要对 TextView 的属性进行相应的设置，设置地点为布局文件。

TextView 能够实现的常见功能及对应的方法如下。

(1) 通过 setText(CharSquence)或 setText(int resId)方法，可以实现对文本框中文本内容的设置。方法的属性为 android:text。

(2) 分别通过 setTextColor(ColorStateList)、setTextSize(float)、setTypeface(Typeface)方法，可以实现对文本框中文本的颜色、字号、字体的设置。其对应的属性分别为 android:textColor、android:textSize 以及 android:textStyle。此外，也可以通过 android:textAppearance 属性完成对以上内容的设置。

(3) 通过 setEllipsize(TextUtils.TruncateAt) 方法，可以指定当文本长度大于 TextView 最大长度时，对文本内容的处理方式。该方法的属性为 android:ellipsize。

(4) 通过 setGravity(int)方法，可以对文本框显示文本的对齐方式进行设置。该方法的属性为 android:gravity。

(5) 通过 setMaxLines(int)和 setMinLines(int)方法，分别可以对文本框最多和最少占几行进行设置。两种方法的属性分别为 android:maxLines 和 android:minLines。此外，还可以通过 setTransformationMethod()方法来指定文本框是否为单行模式，属性为 android:singleLine。

(6) 通过 setCompoundDrawablesWithIntrinsicBounds(Drawable, Drawable, Drawable, Drawable)方法,可以指定在文本框周边绘制图像时图像的位置,android:drawableLeft、android:drawableRight、android:drawableTop 及 android:drawableBottom 这几种属性分别代表在文本框的左侧、右侧、上方、下方绘制图像。

此外,也可以指定在文本框开始处或结束处绘制图像,对应的属性分别为 android:drawableStart 和 android:drawableEnd。

(7) 通过 android:drawablePadding 属性,可以实现对文本框显示文字和图像之间的间距设置。

2. 文本编辑框(EditText)

EditText 是文本输入框,能够实现编辑功能。其功能还有接受多行输入,在输入中可以自动换行。它是 TextView 的直接子类。

EditText 能够实现的常见功能及对应的方法如下。

(1) 通过 setHint(int)方法,可以实现对文本编辑框显示的提示文本的设置,其属性为 android:hint。

(2) 通过 setHintTextColor(int)方法,可以实现对提示文本的颜色的设置,其属性为 android:textColorHint。

(3) 通过 setRawInputType(int)方法,可以实现对本编辑框的输入类型的设置,其属性为 android:inputType。

3. 按钮(Button&ImageButton)

Android 中的按钮有两种,分别是 Button 和 ImageButton,这两个控件均能设置文字和图片。其中,Button 的主要功能在于响应"确定""登录""注册"等常见的单击操作,它是 TextView 的直接子类。

若要对按钮文字进行设置,可以使用 setText(CharSequence)方法,属性为 android:text。此外,也可以对图片位置进行设置,例如要设置左侧图片,对应的属性为 android:drawableLeft。同样地,drawableTop、drawableRight 和 drawableBottom 分别代表上侧、右侧和底部。

与 Button 相同,ImageButton 的作用同为响应用户单击操作的 UI 控件,ImageButton 能对图片的按钮进行设置。不同于 Button,ImageButton 是 ImageView 的直接子类,而非 TextView 的子类。ImageButton 控件可以通过 setImageResource(int)方法实现制作按钮图片的功能,其属性为 android:src。

4. 单选按钮(RadioButton 和 RadioGroup)

RadioButton 继承自 ViewGroup,含有多种选项便于用户进行选择操作,它是一种单选按钮,仅可以选择一组选项里的一个。可以实现与 RadioButton 的结合使用,此时多个 RadioButton 选项能被组合归为一组。

通过 android:orientation 属性,可以对 RadioGroup 的排列方式进行设置,方式有水平排列和垂直排列,对应的参数分别为 horizontal 和 vertical。

对于 RadioButton 来说,其可以实现如下功能。

(1) 通过 setText(CharSequence)方法,可以实现对单选按钮文字的设置功能,其属性为 android:text。

（2）通过 setButtonDrawable(int)方法，可以实现对单选按钮图形的设置功能，其属性为 android:button。

（3）通过 android:checked 属性，可以实现对单选按钮的选择状态的设置功能。选择或者未选择可以分别通过参数 true 和 false 表示。此外，如果想完成单选按钮的选择状态，那么应该选择的方法是 adioGroup 的 check(int)。

5. 复选框(CheckBox)

与 RadioButton 相同，CheckBox 也是一种经常被用到的选项控件，其含义是复选框控件。也就是说通过 CheckBox，能够实现多个选项的同时选择。

对于 CheckBox 来说，其可以实现如下功能。

（1）与 RadioButton 相同，setText(CharSequence)方法可以实现对复选框文字的设置功能。

（2）通过 setButtonDrawable(int)方法，可以实现对复选框组的默认选项的设置功能，其属性 android:checked 表示设置为选中状态，android:button 表示设置图片显示等。

6. 图片控件(ImageView)

ImageView 是一种 UI 控件，可以显示本地资源图片或加载网络图片，与 TextView 结合，Android 的界面才能图文并茂。

通过 setImageResource(int)方法，可以实现对图片的设置，其属性为 android:src。若要对图片的缩放、等比缩放、裁剪进行设置，可以用 setScaleType(ScaleType)方法，属性为 android:scaleType。

其中，scaleType 是一种重要的属性，若加载的图片资源和控件的尺寸不匹配，可通过 scaleType 配置图片资源的呈现。

scaleType 能够实现的常见功能及对应的方法如下。

（1）实现保持纵横比缩放的功能，属性 fitCenter、fitStart、fitEnd 分别代表图片放在 ImageView 的中央、左上角和右下角。

（2）通过 fitXY 属性可以实现将图片置于 ImageView 中间的功能，且不进行任何缩放。

（3）通过 centerCrop 和 centerInside 属性，可以分别实现图片完全覆盖 ImageView 以及 ImageView 能完全显示图片，前者是保持纵横比缩放，后者是保持纵横比缩小。

4.5.2 自定义控件

为了满足个性化需求，Android 界面支持自定义组合控件，常见步骤如下。

（1）自定义一个 View，需要继承相对布局、线性布局等 ViewGroup 的子类。

（2）在实现父类的构造方法中对自定义布局文件进行初始化设置。通常来说，不同场景下的参数个数选择是有所区分的，例如 new 控件，调用布局文件时和传递带有样式的布局文件时分别采用一个、两个和三个参数的构造方法。

（3）依据实际情况，对 API 方法、命名空间、控件属性等进行相应的定义。其中：

① 自定义命名空间的格式为：xmlns:xxx="http://schemas.android.com/apk/res/<包名>"，xxx 为 schema 名。

② 在 res/values/attrs.xml(创建属性文件)中自定义属性和使用自定义属性的代码分别示例如下：

```
<?xml version = "1.0" encoding = "utf - 8"?><resources>
<declare - styleable name = "TextView">
<!-- 自定义控件的属性 -->
<attr name = "desc_on" format = "string"/>
<attr name = "desc_off" format = "string"/>
<attr name = "titles" format = "string"/>
</declare - styleable></resources>
…
<
    andy: desc_off = "设置自动更新已经关闭"
    andy: desc_on = "设置自动更新已经开启"
    andy: title = "设置自动更新"
/>
```

在自定义控件含两个参数的构造方法中，从 AttributeSetattrs 取出自定义属性值，再与自定义布局文件对应的控件进行关联。

4.5.3 布局管理器

布局管理器的功能为管理容器中的控件，具体做法为控件能够依据屏幕尺寸自动适配其处于手机屏幕中的位置。在 Android 中，共有 LinearLayout、TableLayout、RelativeLayout、FrameLayout、AbsoluteLayout 与 GridLayout 这 6 种布局管理器。在这些布局管理器中，除了第二种继承于 LinearLayout，另外 5 种都直接继承自 ViewGroup 类。除可以容纳控件之外，多个控件容器之间也可以相互嵌套。

下面分别介绍各类布局管理器。

1. LinearLayout（线性布局管理器）

在开发中采用频率最高的布局是 LinearLayout（线性布局），布局方式有垂直和水平方向两种，默认方向是水平方向，可以借助对属性 android:orientation 的设置来设置控件的排列方向，垂直和水平的属性值分别为 vertical 和 horizontal。在此布局中，控件没有换行和换列的功能，组件是按照次序排列的，一旦超出容器，那么超出的控件就会被隐藏。

LinearLayout 常见属性说明如下。

（1）android:orientation 属性，作用是设置布局容器内控件的排列方式。当属性为 vertical 或 horizontal 时，分别对应着控件纵向排成一列或横向排成一行。

（2）android:layout_weight 属性，作用是设置容器内的组件的权重。权重的含义是全部控件都完成排列时，要被指定权重的组件在父容器剩余空白部分中所占的比重。在权重的设置过程中，通常会将分配此权重方向的长度置零。也就是说，若选择水平方向，那么 width 就应该被置零。

（3）android:layout_gravity 属性，作用是设置容器内的控件在父容器内的对齐方式，属性值与父容器的线性设置有关。若线性设置是 vertical，也就是纵向时，仅有如 left、right 这些和左右有关的值才能起到作用。类似地，例如 top、bottom 这些和上下相关的值能在线性设置为 horizontal（横向）时起作用。

（4）android:gravity 属性，作用是指定控件上的文字在组件中的对齐方式，经常采用的属性值包括 enter、center_vertical、center_horizontal、top、bottom、left、right 等。

（5）android:visibility 属性，visibility 和 invisibility 分别代表显示和不显示。但要注意

的是，即使使用 invisibility，仍然将保留出空白的区域以实现位置的占据。所以如果想要实现真正的完全隐藏，应该使用 gone。

2. TableLayout（表格布局管理器）

TableLayout（表格布局）继承自 LinearLayout，容器中控件的管理方式是采用行、列来管理的。不用指定行数和列数的初始值，每在布局中添加一个 TableRow 即代表有一行被添加了，然后可以在 TableRow 中进行子控件的添加操作，含有最大列数的行即代表了容器的列数。

TableLayout 常见属性说明如下。

(1) 列设置属性中的 android：stretchColumns、android：shrinkColumns 和 android：collapseColumns 分别代表了被设置的列能够拉伸、收缩和隐藏。

(2) android：layout_column 属性，作用为设置指定列为第几列。

(3) android：layout_span 属性，作用为指定控件所占据的列数。

3. RelativeLayout（相对布局管理器）

相对布局的作用是能够调整子控件的布局，子控件的布局是相对于兄弟控件或父控件的，具体方式是相对于这两种控件的上、下、左、右对齐。

RelativeLayout 还可以实现嵌套视图的替换，应用场景为当采用 LinearLayout 所实现的布局简单但又存在嵌套数量过大的问题时，就能够用相对布局管理器来减少嵌套数量，重新布局。

RelativeLayout 常见属性说明如下。

(1) android：layout_alignParentTop、android：layout_alignParentBottom、android：layout_alignParentLeft 以及 android：layout_alignParentRight 用于设置控件与父控件对齐的方式，当值为 true 时，这 4 种属性分别代表控件与父控件的顶部、底部、左部以及右部互相对齐。

(2) android：layout_above 和 android：layout_below 用于设置控件相对于给定 ID 控件的位置，这两种属性分别代表控件的底部位于给定 ID 的控件的上方和下方。

(3) 设置相对于给定 ID 控件的对其方式。

① android：layout_toLeftOf 和 android：layout_toRightOf 这两种属性分别代表控件与给定 ID 的控件左边缘和右边缘互相对齐。

② android：layout_alignBaseline 属性代表控件和给定 ID 的基线互相对齐。

③ android：layout_alignTop、android：layout_alignBottom、android：layout_alignLeft 以及 android：layout_alignRight 这 4 种属性分别代表控件与给定 ID 的顶部、底部、左和右边缘互相对齐。

(4) android：layout_centerHorizontal 及 android：layout_centerVertical 用于设置控件居中方式，当属性值为 true 时分别代表水平居中和垂直居中。

(5) android：layout_centerHorizontal 用于设置相对于父控件的位置，当属性值为 true 时控件处于父控件的中央。

4. FrameLayout（帧布局管理器）

有时也称帧布局为层布局。此种布局的布局方式是自屏幕左上角按层次堆叠，且前面的控件会被其后的控件所覆盖。此布局的重要应用场景就是地图的开发设计，由于布局是按照层次的，因此可以用于层面显示样式的实现，例如，在百度地图中移动的标志就是在一个图层的上面。

5. AbsoluteLayout（绝对布局管理器）

在绝对布局管理器中，开发人员通过设置 android:layout_x 与 android:layout_y 两个属性的值来指定控件相对于容器原点的绝对位置。

绝对布局在不同分辨率中的效果不尽相同，由于不同终端应用的分辨率存在较大差异，因此实际应用中通常不适用 AbsoluteLayout。

6. GridLayout（网格布局管理器）

GridLayout 增加于 Android 4.0 以后。顾名思义，它会把容器以行×列的形式划分为网格，网格可以存放各个控件。当然，一个控件也可以同时占据多行或多列，仅需设置相关属性即可。

GridLayout 常见属性说明如下。

（1）android:orientation 的作用为设置控件的排列方式，当属性值为 vertical 和 horizontal 时分别代表纵向排成一列或者横向排成一行。

（2）android:layout_gravity 用于设置组件在父组件中的位置，属性值可选 center、left、right、buttom 等。

（3）android:rowCount 和 android:columnCount 用于设置布局的行数和列数，这两种属性分别代表行数和列数的属性，其属性值即为相应设置的行数和列数。

（4）android:layout_row 和 android:layout_column 用于设置某个组件的位置，这两种属性值分别代表组件所在的行数和列数，都是从 0 开始计算的。

（5）android:layout_rowSpan 和 android:layout_columnSpan 用于设置组件的跨行、跨列情况，这两种属性值分别代表组件跨越的行数和列数。

4.5.4 案例：通信软件界面设计与实现

通过上述学习，本节以移动端微信界面为参照，设计并实现一款实时通信软件的界面框架。效果如图 4-47 所示，后附源代码供参考。

图 4-47　通信软件界面案例（参考微信）

1. 新建项目

使用 Android Studio 创建一个名为 myWechat 的项目，如图 4-48 所示。

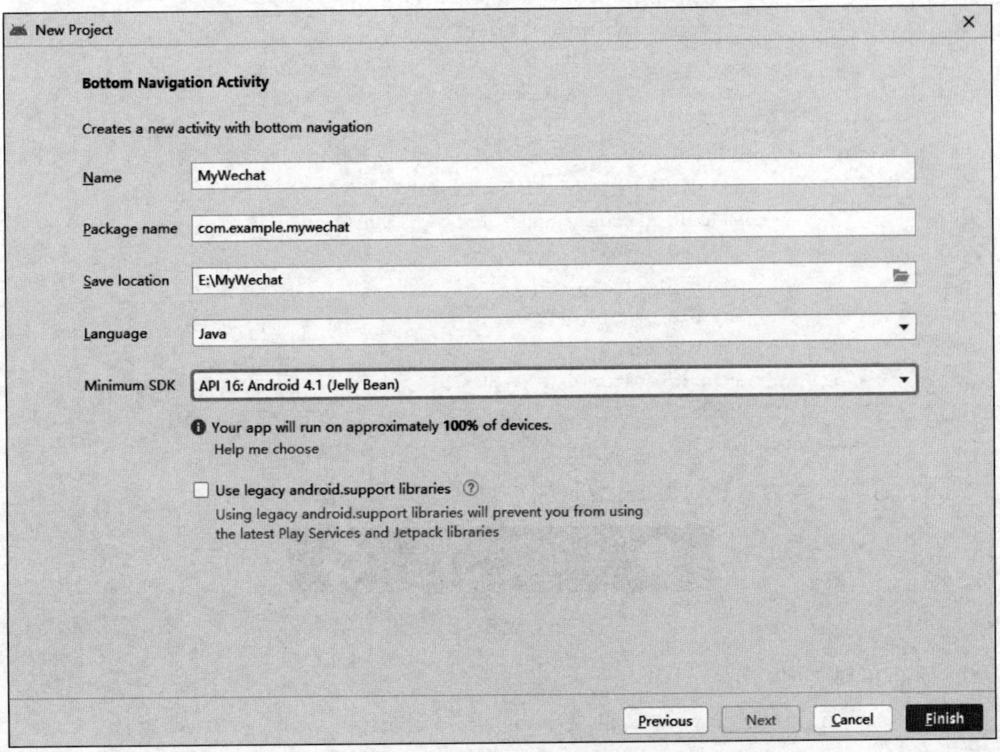

图 4-48　myWechat 项目

2. 底部布局实现

在 app/src/main/res/layout 文件夹下，创建并编写 bottom.xml 实现底部 4 个按钮，下面只展示其中一个控件的实现，剩下三个类似。

```
1.  <LinearLayout xmlns:android = "http://schemas.android.com/apk/res/android"
2.      xmlns:app = "http://schemas.android.com/apk/res - auto"
3.      android:layout_width = "match_parent"
4.      android:layout_height = "65dp"
5.      android:background = "#272424"
6.      android:baselineAligned = "false">
7.
8.      <!--    聊天按钮    -->
9.      <LinearLayout
10.         android:id = "@ + id/id_tab_liaoliao"
11.         android:layout_width = "0dp"
12.         android:layout_height = "match_parent"
13.         android:layout_gravity = "center"
14.         android:layout_weight = "1"
15.         android:orientation = "vertical">
16.
17.         <ImageButton
18.             android:id = "@ + id/id_tab_liaoliao_img"
```

```
19.                android:layout_width = "match_parent"
20.                android:layout_height = "match_parent"
21.                android:background = "#272424"
22.                android:clickable = "false"
23.                android:contentDescription = "@string/app_name"
24.                android:src = "@drawable/image1" />
25.
26.          <TextView
27.                android:id = "@ + id/textView1"
28.                android:layout_width = "match_parent"
29.                android:layout_height = "wrap_content"
30.                android:clickable = "false"
31.                android:gravity = "center"
32.                android:text = "聊聊"
33.                android:textColor = "#3C3737"
34.                android:textSize = "15sp" />
35.    </LinearLayout>
```

将图标背景设置为灰色,使图标更加明显。实现效果如图 4-49 所示。

图 4-49　底部实现效果

3. 顶部布局实现

在 app/src/main/res/layout 文件夹下,创建并编写 top.xml,实现顶部控件。

```
1.  <LinearLayout xmlns:android = "http://schemas.android.com/apk/res/android"
2.         android:layout_width = "match_parent"
3.         android:layout_height = "80dp"
4.         android:background = "#3C3737"
5.         android:gravity = "bottom|center"
6.         android:orientation = "vertical">
7.
8.         <!--    顶部版权方名称 -->
9.         <TextView
10.              android:id = "@ + id/textView"
11.              android:layout_width = "wrap_content"
12.              android:layout_height = "wrap_content"
13.              android:gravity = "center_horizontal"
14.              android:text = "西北工业大学软件学院"
15.              android:textColor = "#ffffff"
16.              android:textSize = "20sp" />
17.
18.        <!--    应用名称 -->
19.        <LinearLayout
20.              android:layout_width = "match_parent"
21.              android:layout_height = "45dp"
22.              android:background = "#877F7F"
23.              android:gravity = "center"
24.              android:orientation = "vertical">
```

```
25.
26.             <TextView
27.                 android:id = "@ + id/textView8"
28.                 android:layout_width = "match_parent"
29.                 android:layout_height = "wrap_content"
30.                 android:gravity = "center_horizontal"
31.                 android:text = "聊聊"
32.                 android:textColor = "#ffffff"
33.                 android:textSize = "20sp" />
34.
35.         </LinearLayout>
```

将图标背景设置为灰色,使图标更加明显。实现效果如图 4-50 所示。

图 4-50　顶部实现效果

4. 页面实现

在 app/src/main/res/layout 文件夹下,创建并编写 fragment_shezhi. xml、fragment_faxian. xml、fragment_tongxun. xml、fragment_wechat. xml,实现 4 个页面的展示。下面只展示其中一个页面的实现,剩下三个类似。实现效果如图 4-51 所示。

```
1.  <LinearLayout xmlns:android = "http://schemas.android.com/apk/res/android"
2.          android:layout_width = "match_parent"
3.          android:layout_height = "match_parent"
4.          android:gravity = "center"
5.          android:orientation = "vertical">
6.
7.          <TextView
8.              android:id = "@ + id/TextView"
9.              android:layout_width = "match_parent"
10.             android:layout_height = "match_parent"
11.             android:gravity = "center"
12.             android:text = "聊天页面,快来和大家聊天吧!
13.             android:textSize = "30sp"
14.             android:textStyle = "bold" />
15. </LinearLayout>
```

在 app/src/main/java/com/example/myWechat 文件夹下,创建并编写 frdFragment. java、contactFragment. java、settingFragment. java、liaoliaoFragment. java 来实现相关逻辑控制。下面只展示其中一个页面的逻辑实现,剩下三个类似。

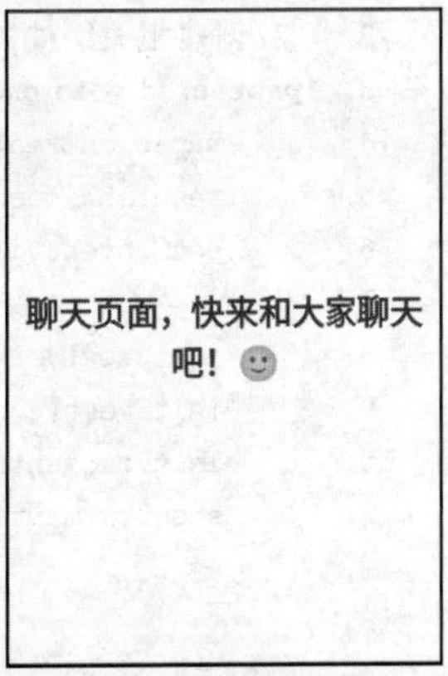

图 4-51　聊天页面实现效果

```
1.  public class liaoliaoFragment extends Fragment {
2.
3.      //参数重命名
4.      private static final String ARG_PARAM1  =  "param1";
5.      private static final String ARG_PARAM2  =  "param2";
6.      //参数名称类型的修改
7.      private String mParam1;
```

```
8.        private String mParam2;
9.        public liaoliaoFragment() {
10.           //必需的空公共构造函数
11.       }
12.
13.       //参数名称类型值的修改
14.       public static liaoliaoFragment newInstance(String param1, String param2{
15.           liaoliaoFragment fragment = new liaoliaoFragment();
16.           Bundle args = new Bundle();
17.           args.putString(ARG_PARAM1, param1);
18.           args.putString(ARG_PARAM2, param2);
19.           fragment.setArguments(args);
20.           return fragment;
21.       }
22.
23.       @Override
24.       public void onCreate(Bundle savedInstanceState) {
25.           super.onCreate(savedInstanceState);
26.           if (getArguments() != null) {
27.               mParam1 = getArguments().getString(ARG_PARAM1);
28.               mParam2 = getArguments().getString(ARG_PARAM2);
29.           }
30.       }
31.
32.       @Override
33.       public View onCreateView(LayoutInflater inflater, ViewGroup container,
34.                                Bundle savedInstanceState) {
35.           //布局填充
36.           return inflater.inflate(R.layout.fragment_wechat, container, false);
37.       }
38.   }
```

5. 初始化实现

修改 app/src/main/java/com/example/myWechat 文件夹下的 MainActivity.java 文件，复写 onCreate()方法，并初始化相关组件。

```
1.  @Override
2.   //创建相关组件
3.  protected void onCreate(Bundle savedInstanceState) {
4.      super.onCreate(savedInstanceState);
5.      requestWindowFeature(Window.FEATURE_NO_TITLE );
6.      setContentView(R.layout.activity_main);
7.
8.      initView() ;
9.      initEvent() ;
10.     initFragment();
11.     showfragment(0);
12. }
13.
14. //初始化分段
15. private void initFragment(){
```

```
16.         fm = getFragmentManager();
17.         FragmentTransaction transaction = fm.beginTransaction();
18.         transaction.add(R.id.id_content,mTab01);
19.         transaction.add(R.id.id_content,mTab02);
20.         transaction.add(R.id.id_content,mTab03);
21.         transaction.add(R.id.id_content,mTab04);
22.         transaction.commit();
23.
24.     }
25.
26.     //初始化事件
27.     private void initEvent(){
28.         mTabliaoliao.setOnClickListener(this);
29.         mTabFrd.setOnClickListener(this);
30.         mTabContacts.setOnClickListener(this);
31.         mTabSettings.setOnClickListener(this);
32.
33.     }
34.
35.     //初始化视图
36.     private void initView(){
37.         mTabliaoliao = (LinearLayout)findViewById(R.id.id_tab_liaoliao);
38.         mTabFrd = (LinearLayout)findViewById(R.id.id_tab_frd);
39.         mTabContacts = (LinearLayout)findViewById(R.id.id_tab_contact);
40.         mTabSettings = (LinearLayout)findViewById(R.id.id_tab_settings);
41.
42.         mImgliaoliao = (ImageButton)findViewById(R.id.id_tab_liaoliao_img );
43.         mImgFrd = (ImageButton)findViewById(R.id.id_tab_frd_img);
44.         mImgContacts = (ImageButton)findViewById(R.id.id_tab_contact_img);
45.         mImgSettings = (ImageButton)findViewById(R.id.id_tab_settings_img);
46.     }
```

6. 页面切换实现

实现页面切换首先要实现对底部4个按钮的监听，当监听到单击时，进行切换页面。利用OnClickListener()实现监听，利用重写OnClick()实现单击时的操作，在MainActivity.java文件中编写showfragment()函数实现4个页面的切换。

```
1.  private void showfragment(int i){
2.      FragmentTransaction transaction = fm.beginTransaction();
3.      hidefragment(transaction);
4.      //把图片设置为亮的
5.      //设置内容区域
6.      switch (i){
7.          case 0:
8.              transaction.show(mTab01);
9.              mImgliaoliao.setImageResource(R.drawable.image1_press);
10.             break;
11.
12.         case 1:
13.             transaction.show(mTab02);
14.             mImgFrd.setImageResource(R.drawable.image2_press);
15.             break;
```

```
16.
17.             case 2:
18.                 transaction.show(mTab03);
19.                 mImgContacts.setImageResource(R.drawable.image3_press);
20.                 break;
21.
22.             case 3:
23.                 transaction.show(mTab04);
24.                 mImgSettings.setImageResource(R.drawable.image4_press);
25.                 break;
26.
27.             default:
28.                 break;
29.         }
30.         transaction.commit();
31.     }
32.
33.     @Override
34.     public void onClick(View v) {
35.         resetImg() ;
36.         switch(v.getId()){
37.             case R.id.id_tab_liaoliao :
38.                 showfragment(0);
39.                 break;
40.
41.             case R.id.id_tab_frd:
42.                 showfragment(1);
43.                 break;
44.
45.             case R.id.id_tab_contact:
46.                 showfragment(2);
47.                 break;
48.
49.             case R.id.id_tab_settings:
50.                 showfragment(3);
51.                 break;
52.
53.             default:
54.                 break;
55.         }
56.     }
```

7. 选中效果实现

实现单击提示需要导入两套图标,包括选中时效果和未选中时效果。如图 4-52 所示,image1.png 为未选中时效果,image1_press.png 为选中时效果。

该实现一共需要更改两个地方,首先将 showfragment()函数中 setImageResource(R.drawable.image)的 image1 替换为选中时图片 image1_press.png,然后编写一个图标重置函数 resetImg(),即可实现选中效果,代码如下。

```
1.  public void resetImg(){
```

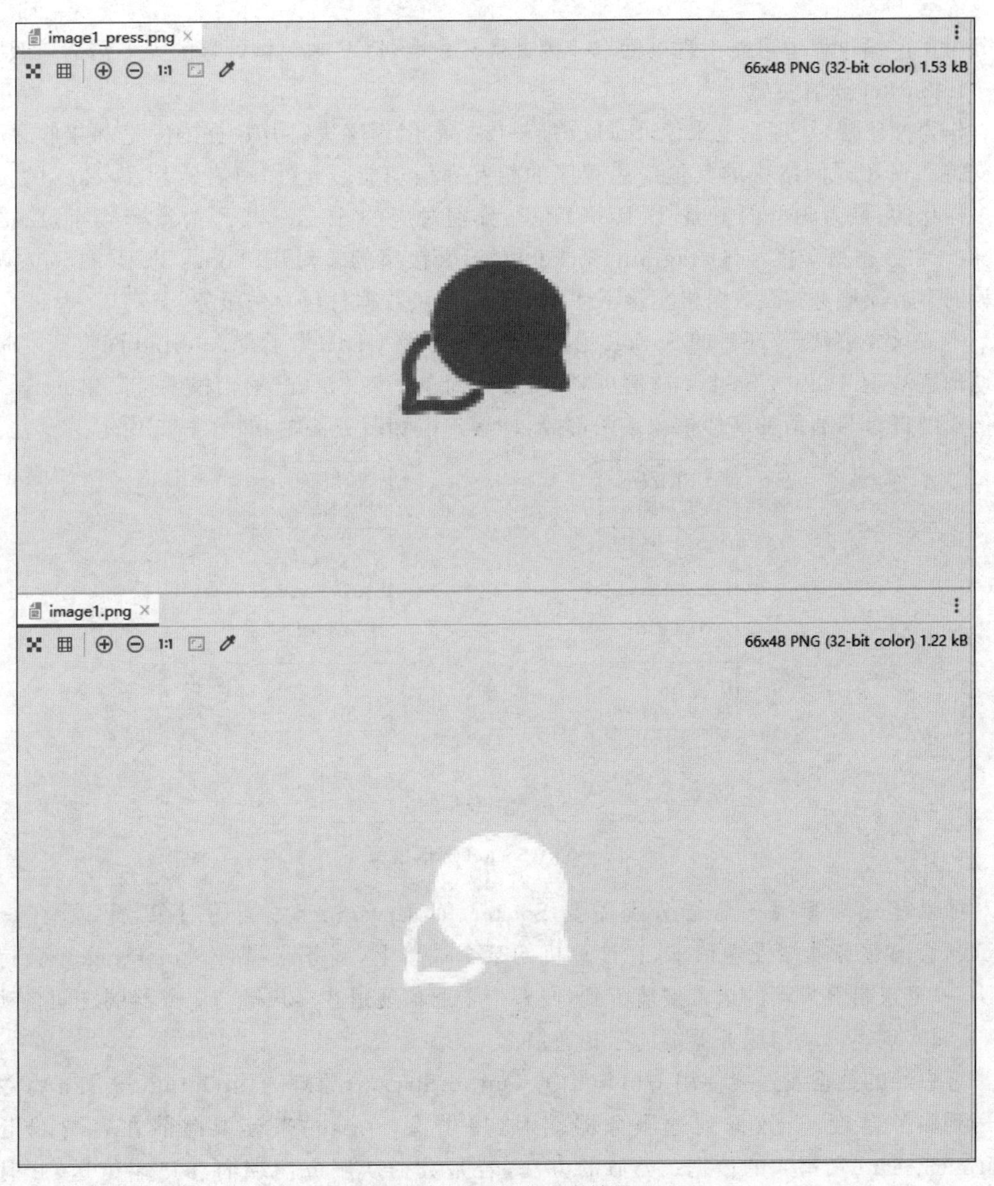

图 4-52　选中/未选中效果

```
2.          mImgliaoliao.setImageResource(R.drawable.image1_press);
3.          mImgFrd.setImageResource(R.drawable.image2_press);
4.          mImgContacts.setImageResource(R.drawable.image3_press);
5.          mImgSettings.setImageResource(R.drawable.image4_press);
6.   }
```

4.6　Android 网络编程

4.6.1　基于 TCP 的网络通信

TCP/IP 是一种可靠的网络协议，它通过在通信的两端各建立一个套接字（Socket）的方法，在两端之间形成网络虚拟链路。IP 只负责在两个客户端之间传输数据，不能处理数据分组在传输过程中可能出现的问题。因此需要配合 TCP 来提供可靠的无差错通信服务。

1. Socket 通信模型

作为抽象层,从理论上来说,Socket 能够支持应用程序进行其数据的发送和接收,同时也支持和在相同网络中的其他应用程序的相互通信功能。此外,可贵的是,Socket 的实现是多样化的,最为典型的就是 TCP 和 UDP,分别对应的 Socket 类型为流套接字(Stream Socket)和数据报套接字(Datagram Socket)。流套接字的端对端协议是 TCP,能够支持可信赖的字节流服务;而数据报套接字使用 UDP,提供数据打包发送服务。

本节只介绍基于 TCP 的 Socket 通信机制,不涉及 UDP,为了在 Android 网络开发时更好地理解基于 TCP 的 Socket 通信机制,需要先简单了解 Socket 通信模型。简单的 Socket 通信模型将参与通信的实体抽象成两部分,即客户端和服务器端,如图 4-53 所示。

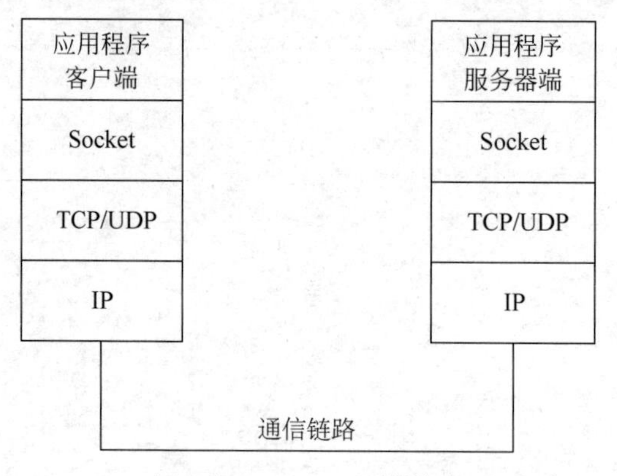

图 4-53　Socket 通信模型

如果客户端和服务器端分别需要 Socket 和 ServerSocket 类的对象,此时,客户端 Socket 会向服务器端发送请求,在计算机的某个端口上,服务器端的 ServerSocket 会持续监听,一旦来自客户端的请求被监听到,便有一个通信通道在客户端与服务器端之间自动建立,从而实现客户端与服务器端的互相通信。

客户端的数据发送要使用 I/O 流中的 OutputStream,原理为用 OutputStream 将数据发送到服务器端,当数据到达服务器端时,用 InputStream 来读取此前在客户端上用 OutputStream 所写入的数据;类似的方法,若是数据从服务器端向客户端传送,此时用 OutputStream 实现数据的写出,当数据到达客户端时,则使用 InputStream 读取此前在服务器端使用 OutputStream 写入的数据,如图 4-54 所示。

在 Android 网络应用开发中,客户端和服务器端可以根据实际需求来设定,通常有以下几种形式。

(1) 使用 Android 模拟器或 Android 真机作为客户端,PC 作为服务器端。

(2) 使用 Android 模拟器或 Android 真机作为服务器端,PC 作为客户端。

(3) 使用两个 Android 模拟器或 Android 真机,一个模拟器或真机作为客户端,另一个模拟器或真机作为服务器端。

接下来介绍这几种通信形式的实现思路及关键源程序。

2. 使用 ServerSocket 和 Socket

按照上述通信模型,实现使用 ServerSocket 创建服务器端,使用 Socket 创建客户端。

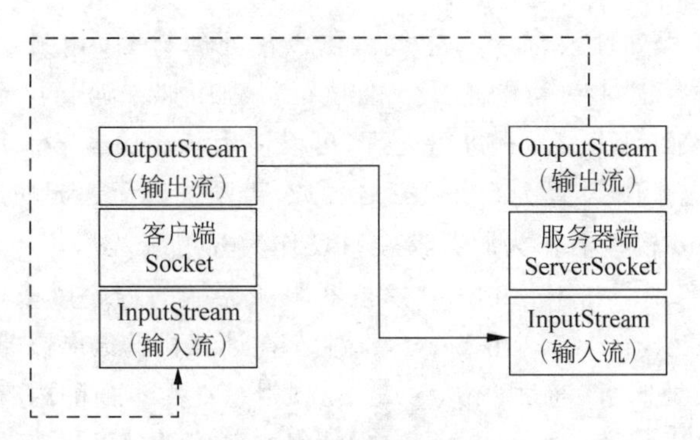

图 4-54　数据传输

下面分三种形式来介绍这一过程。

(1) 使用 Android 模拟器作为客户端，PC 作为服务器端。

在这一形式中，实现了利用服务器端的程序读取计算机 C 盘下的 tcp.txt 文件，并利用 ServerSocket 在计算机的 30000 端口处监听，当 Android 模拟器发送请求时，将 tcp.txt 中的内容显示在 Android 客户端的 TextView 上。这一实现的思路如下。

① 服务器 PC 端使用 ServerSocket 在计算机的 30000 端口处监听，同时读取计算机 C 盘下的 tcp.txt 文件，写入 OutputStream。

② Android 客户端在"启动监听线程"按钮被按下时，启动线程，创建 Socket 并在计算机的 30000 端口处监听，使用 InputStream 读取出服务器端中通过 OutputStream 写入的数据，并显示在 TextView 上。

Android 客户端的运行效果如图 4-55 所示。单击"启动监听线程"按钮，则会在 TextView 中显示计算机 C 盘中 tcp.txt 文件中的内容。

图 4-55　模拟器为客户端，PC 为服务器端

在该实现中，有两点需要注意。

① 在上述第 2 步中，Android 4.0 后不能在 UI 主线程中使用 Socket。虽然可以通过 StrictMode 类在 UI 主线程中执行访问网络、文件操作等，但在实际应用中不推荐这样。开发中，一般遵循将 UI 主线程和工作线程分开的原则。即工作的选择性处理，花费大量时间

的工作全部由工作线程处理，从而 UI 主线程可以仅处理与 UI 相关及用户交互的工作，在工作线程中，决不干涉 UI 主线程的工作。在执行过程中如果遇到更新视图、重绘等 UI 操作，需要一律将其转交给 UI 主线程进行处理，可以使用 post()或 postDelay()方法。

② 建议将 PC 端的 IP 设置为 192.168.1.222，否则代码无法成功运行。

(2) 使用 Android 模拟器作为服务器端，PC 作为客户端。

在这一形式中，实现了利用 Android 模拟器服务器端的程序读取用户在文本框中输入的内容，并写入 OutputStream，利用 ServerSocket 在计算机的 30000 端口处监听，客户端在计算机的 30001 端口处监听，通过 InputStream 将用户在文本框的内容输出。

此时最重要的是进行端口映射，这一实现的思路可以抽象成以下步骤。

① Android 模拟器服务器端启动线程，使用 ServerSocket 在计算机的 30000 端口处监听，同时获取用户端在文本框输入的内容，写入 OutputStream。

② 客户端 PC 在 127.0.0.1 创建 Socket 并在计算机的 30001 端口处监听，用 InputStream 读取此前在服务器端中用 OutputStream 写入的数据，并显示在控制台上。

③ 进行端口映射，假定 Android 模拟器的名称为 emulator-5554，将本机端口 tcp/30001 映射到 Android 模拟器 tcp/30000 端口，需在命令行模式下运行以下指令：adb -s emulator-5554 forward tcp：30001 tcp：30000，通常可执行的 adb.exe 被安装在 sdk 目录的 platform-tools 文件夹中，读者可根据自己开发环境搭建时的情况寻找 adb.exe 这一可执行程序。

Android 模拟器服务器端运行的初始界面如图 4-56 所示。

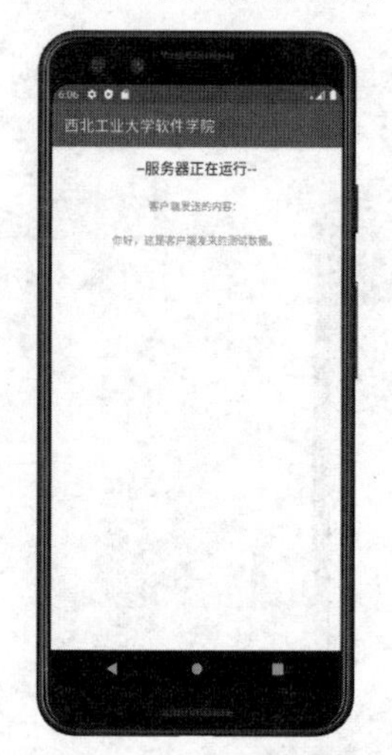

图 4-56　Android 模拟器服务器端运行的初始界面

在 Android 模拟器服务器端，若用户不输入任何文本，直接单击“发送信息”按钮，则会出现提示文字 This is a case for Socket Communication between PC and Android 并发送到客户端 PC 的控制台中显示出来。

(3) 使用 Android 模拟器为服务器和客户端。

在这种情况下，需要启动两个 Android 模拟器：一个作为服务器端；另一个作为客户端。服务器端使用 ServerSocket 监听 30000 端口，客户端在计算机的 30001 端口处监听，并在 TextView 中显示服务器端口发送过来的 This is a String for Test 文本。此时最为重要的事情是要进行端口映射，这一实现的思路可以抽象成以下步骤。

① Android 模拟器服务器端启动线程，使用 ServerSocket 在计算机的 30000 端口处监听，将文本 This is a String for Test 写入 OutputStream。

② Android 模拟器客户端在 10.0.2.2 创建 Socket 并在计算机的 30001 端口处监听，使用 InputStream 读取出此前在服务器端中用 OutputStream 写入的数据，并显示在 TextView 上。

③ 进行端口映射，假定 Android 模拟器服务器端的名称为 emulator-5554，将本机端口 tcp/30001 映射到 Android 模拟器客户端 tcp/30000 端口，需在终端上执行以下指令：adb -s emulator-5554 forward tcp：30001 tcp：30000，通常可执行的 adb.exe 被安装在 sdk 目录的

platform-tools 文件夹中，可根据自己开发环境搭建时的情况寻找 adb. exe 这一可执行程序。

4.6.2 使用 HTTP 访问网络

除了基于 TCP 的 Socket 通信外，Android 对超文本传输协议（Hyper Text Transfer Protocol，HTTP）也提供了相应的服务。通常用户使用 HTTP 访问网页、上传下载文件等。HTTP 工作原理为：客户端向服务器发出一条 HTTP 请求，服务器收到请求后向客户端返回响应数据，客户端对收到的数据进行解析。HttpURLConnection 和 HttpClient 为在 Android 上发送 HTTP 请求的主要方式。其中，作为一种标准 Java 接口，HttpURLConnection 能够完成较为简单的基于 URL 请求。

接下来分别介绍使用 HttpURLConnection 和 HttpClient 接口这两种方式来实现对网络的访问。

1. 使用 HttpURLConnection

在 HTTP 通信中有 POST 和 GET 这两种请求方式，应该知道这两种请求方式的不同点。GET 能够得到静态页面，实现方式为将相应参数附加到 URL 字符串后，再由服务器获取。POST 的参数则与 GET 不同，其位于 HTTP 请求中，从而传递给服务器。

HttpURLConnection 是 URLConnection 类的继承，无论何种类型和长度的数据均能用其发送和接收，且值得一提的是，即使没有预先获取数据流的长度，也能够实现对目标网站发送 GET 或 POST 请求，它的默认方式为 GET 方式。以 URLConnection 为基础，有以下更为便捷的方式。

（1）Int getResponseCode()：获取服务器的响应代码。

（2）String getResponseMessage()：获取服务器的响应消息。

（3）String getRequestMethod()：获取发送请求的方法。

（4）void setRequestMethod(String method)：设置发送请求的方法。

本节将通过三种使用方式，以 HttpURLConnection 为例访问网络。

（1）默认使用 GET 方式获取图片资源并在 ImageView 中显示。

（2）使用 GET 方式获取网页并在 TextView 中显示。

（3）使用 POST 方式获取网页并在 TextView 中显示。

先在 AndroidManifest. xml 文件中添加代码< uses-permission android：name = "android. permission. INTERNET"/>以获得网络访问权限，再运行获得本节示例的初始界面，如图 4-57 所示。

（1）在图 4-57 中单击"获取图片"按钮后，使用 HttpURLConnection 访问网络获取图片资源显示在 ImageView 中，即 oh. jpg 显示在 ImageView 上，TextView 上也显示了 Get Oh. jpg 的提示信息，如图 4-58 所示。

（2）单击 GET 按钮后，使用 HttpURLConnection 访问网络以 GET 方式获取资源并显示在 TextView 中，即在 TextView 中显示 http://192. 168. 1. 222：8088/test/courseStudy. html 对应的网页源程序，如图 4-59 所示。

（3）单击 POST 按钮后，使用 HttpURLConnection 访问网络以 POST 方式获取资源并在 TextView 中显示 http://192. 168. 1. 222：8088/test/programSchool. html 对应的网

页源程序，如图 4-60 所示。

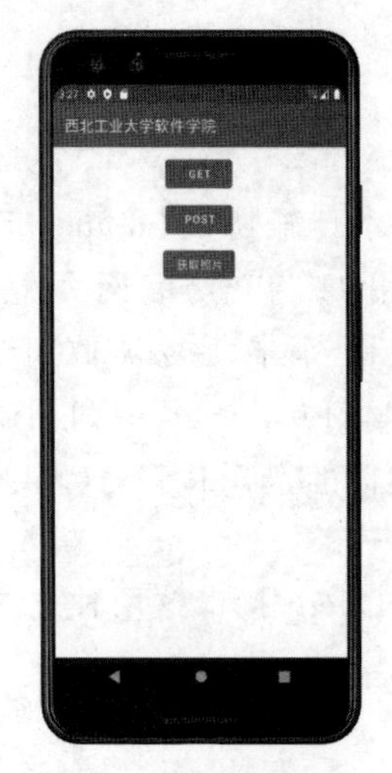

图 4-57　使用 HttpURLConnection 的初始界面

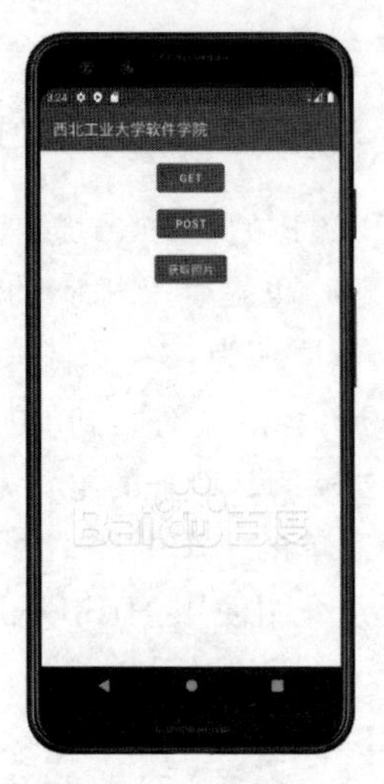

图 4-58　使用 HttpURLConnection 获取网络图片

图 4-59　使用 HttpURLConnection 并以 GET 方式获取资源

图 4-60　使用 HttpURLConnection 并以 POST 方式获取资源

2. 使用 Apache 的 HttpClient

使用 Apache 提供的 HttpClient 接口同样可以进行 HTTP 操作，实际上，HttpClient 封装了 Java 提供的方法。在 HttpURLConnection 中的 I/O 流操作，在接口 HttpClient 中被统一封装成了 HttpPost/HttpGet 和 HttpResponse，这对 GET 和 POST 的操作有所不同。使用 HttpClient 的思路如下。

(1) 创建 HttpGet 或 HttpPost 对象，把要请求的 URL 传入相应的 HttpGet 或 HttpPost 对象，传入方法为构造方法。

(2) 实例化 HttpClient 对象，方法为使用 DefaultHttpClient 类。

(3) 发送 GET 或 POST 请求，方法为调用 execute()方法，返回对象为 HttpResponse。

(4) 返回响应信息，方法为调用 HttpResponse 接口的 getEntity()方法，再处理相应信息。

本节案例使用 Apache 提供的 HttpClient 接口，演示 GET 方式和 POST 方式访问网络，读取资源在 TextView 上显示。

(1) 先在 AndroidManifest. xml 文件中，添加代码< uses-permission android：name＝"android. permission. INTERNET"/>以获得网络访问权限，再运行程序。初始界面如图 4-61 所示。

(2) 单击 GET 按钮后，使用 HttpClient 访问网络以 GET 方式获取资源并在 TextView 中显示 http://192. 168. 1. 222：8088/test/projectDemo. html 对应的网页源程序，如图 4-62 所示。

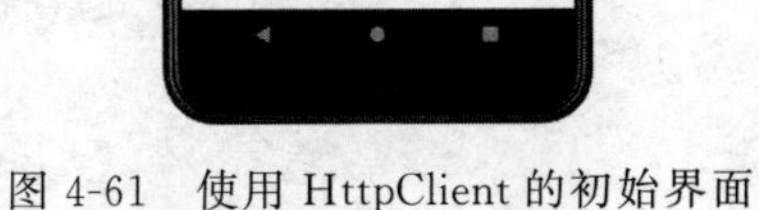

图 4-61　使用 HttpClient 的初始界面

图 4-62　使用 HttpClient 以 GET 方式获取资源

使用 GET 方式调用时需将请求的参数作为 URL 的一部分来传递，但是以这种方式传递参数时，对 URL 长度有限制，要求其长度在 2048 个字符之内。如果 URL 长度超出这一限制，就要使用 POST 方式调用。所以，若参数传递采取的是 POST 方式调用，就要保存此参数，方法为 NameValuePair。

(3) 单击 POST 按钮后，通过 HttpClient 访问网络并以 POST 方式获取资源显示在 TextView 中，即在 TextView 中显示 http://192. 168. 1. 222：8088/test/programSchool. html 对应的网页源程序，如图 4-63 所示。

需要强调的是，由于 HttpClient 存在过多的 API 且难扩展，于是自 Android 6. 0 系统后 HttpClient 被移除。4. 6. 3 节将聚焦于当下流行的网络通信库 OkHttp。

图 4-63　使用 HttpClient 以 POST 方式获取资源

4.6.3　OkHttp 网络框架

1. OkHttp 简介

OkHttp 为开源项目，用于处理网络请求。作为当前 Android 热度最高的网络框架，它的出现几乎替代了 HttpURLConnection 和 Apache HttpClient，更完美地实现了网络通信中的多项功能，并延伸出 Application/NetWork 拦截、HTTP2 协议、数据 ZIP 压缩等功能，其重要性不言而喻。

2. OkHttp 基本原理

OkHttp 的基本原理如图 4-64 所示，其工作流程如下。

（1）通过 OkHttpClient 创建一个 Call，并发起请求；

（2）通过 Dispatcher 对所有的 RealCall（Call 的具体实现类）进行统一管理，并通过 execute()及 enqueue()方法对请求进行处理；

（3）不论是 execute()方法还是 enqueue()方法，均能通过对 RealCall 中的 getResponseWithInterceptorChain()方法的调用，实现在拦截器链中得到返回的结果；

（4）拦截器链中，依次通过 RetryAndFollowUpInterceptor（重定向拦截器）、BridgeInterceptor（桥接拦截器）、CacheInterceptor（缓存拦截器）、ConnectInterceptor（连接拦截器）、CallServerInterceptor（网络拦截器）对请求进行处理。当与服务建立连接后，先获取返回数据，再经过上述拦截器依次处理，最后将结果返回给调用方。

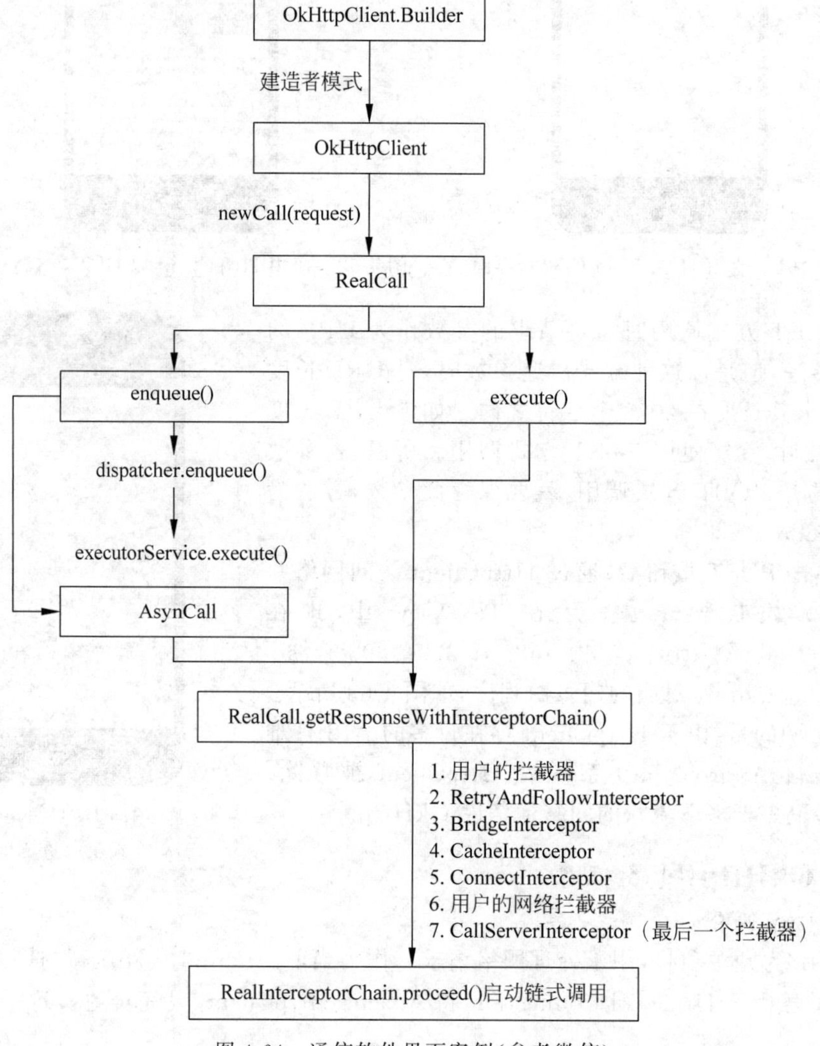

图 4-64　通信软件界面案例(参考微信)

3. OkHttp 的功能与特点

OkHttp 能够完成例如 PUT、DELETE、POST、GET 等请求，上传与下载文件，加载图片并在内部实现自动压缩，支持请求回调、Session 保持，直接返回对象、对象集合等功能。OkHttp 有以下三个显著的特点。

(1) Socket 能够实现最优路线的自动选择，而且能实现自动重连，Socket 连接池满足自动维护功能，允许连接同一主机的所有请求分享一个 Socket。所以，握手次数、请求延迟以及对服务器的请求次数都能够减少。

(2) 基于 Header 的缓存策略减少了重复的网络请求。

(3) 拥有 Interceptor，轻松处理请求与响应。

4. OkHttp3 使用

本节重点为介绍 OkHttp3 的一些功能，包括 GET 请求、POST 请求、文件及图片的上传与下载等，其他扩展功能的实现可以参考相关书籍。在正式开始之前，需要：

(1) 添加 OkHttp3 的依赖。

```
1.  compile 'com.squareup.okhttp3 :okhttp:3.7.0'  //主代码
2.  compile 'com.squareup.okio:okio:1.12.8'       //相关 I/O
```

(2) 添加网络权限。

```
1.  <uses-permission android:name="android.permission.INTERNET"/>  //开启网络服务
```

下面介绍几个主要功能的实现。

(1) 异步 GET 请求。

异步 GET 请求实现的主要步骤有：

① 创建 OkHttpClient 对象。

② 通过 Builder 模式创建 Request 对象。此处必须有 url 参数，可通过 Request.Builder 设置更多的参数，如 header、method 等。

③ 以 Request 的对象构造获取 Call 对象，方式为调用 execute()和 cancel()方法等。

④ 以异步方式执行请求，加入调度队列，方式为调用 call.enqueue()方法。当任务完成后，结果能在 Callback 中显示。

异步 GET 请求的示例代码如下所示。

```
1.   //1.异步 GET 请求步骤①
2.   OkHttpClient okHttpclient = new OkHttpclient();
3.   //2.异步 GET 请求步骤②
4.   Request request = new Request.Builder().url("http://www.baidu.com").method("GET",
     null).build();
5.   //3.异步 GET 请求步骤③
6.   Call call = okHttpclient.newCall(request);
7.   //4.异步 GET 请求步骤④
8.   call.enqueue(new callback() {
9.       //若请求失败，则执行
10.      @Override
11.      public void onFailure(Call call, IOException e){
12.      }
13.      //若请求成功，则执行
```

```
14.        @Override
15.        public void onResponse(Call call,Response response) throws IOException {
16.        }
17.    });
```


需要注意的是：

① 由于异步调用的回调函数在子线程，而在子线程中不能更新 UI，因此需要借助于 runOnUiThread()方法或者 Handler 处理。

② onResponse()方法的回调参数之一是 response。具体来讲，response. body(). string()可以获取返回的字符串，response. body(). bytes()用于获取返回的二进制字节数组，response. body(). byteStream()可以获得返回的 inputStream，以进一步通过 I/O 的方式写文件。

(2) 同步 GET 请求。

同步 GET 请求和异步 GET 请求的前三个步骤是一样的，不一样的为步骤④中方法的调用，同步请求调用 call. execute()方法，在异步请求则应该调用 call. enqueue()方法。示例代码如下。

```
1.  //1.与异步 GET 请求步骤①一致
2.  OkHttpclient okHttpClient = new OkHttpClient();
3.  //2.与异步 GET 请求步骤②一致
4.  Request request = new Request.Builder().url( "http://www.baidu.com" ).method("GET" ,
    null ).build();
5.  //3.与异步 GET 请求步骤③一致
6.  Call call = okHttpclient.newCall(request);
7.  //4.为避免同步调用对主线程的阻塞,因此在子线程进行
8.  new Thread(new Runnable() {
9.              @Override
10.             public void run() {
11.                 try {
12.                     //同步调用,返回 Response,若 IO 异常则抛出
13.                     Response response = call.execute();
14.                 }catch ( IOException e) {
15.                         e.printstackTrace();
16.                 }
17.             }
18. }).start();
```

(3) 异步 POST 请求提交键值对。

与异步 GET 请求类似，实现异步 POST 请求提交键值的 5 个步骤如下。

① 创建 OkHttpClient 对象。

② 调用 build()方法，方式为调用 new FormBody()方法来实现 RequestBody 的创建，其中 FormBody 是 RequestBody 的子类。添加键值对的方法可以采用 add()。

③ 创建 Request 对象，方式为指定 URL 地址并写入 post 的参数，其中参数为 RequestBody。

④ 创建 Call 对象，将 Request 请求对象作为参数。

⑤ 请求加入调度，重写回调方法。

POST 请求的代码示例如下。

```
1.  //1. 异步 POST 请求提交键值对步骤①
2.  OkHttpclient okHttpclient = new OkHttpClient();
3.  //2. 异步 POST 请求提交键值对步骤②
4.  RequestBody requestBody = new FormBody. Builder(). add("username","admin"). add
    ("password","admin").build();
5.  //3. 异步 POST 请求提交键值对步骤③
6.  Request request = new Request.Builder(). url( "url" ). post(requestBody) .build();
7.  //4. 异步 POST 请求提交键值对步骤④
8.  Call call = okHttpclient.newCall(request);
9.  //5. 异步 POST 请求提交键值对步骤⑤
10. call.enqueue(new callback() {
11.         @Override
12.         public void onFailure(Call call,IOException e) {
13.         }
14.         @Override
15.         public void onResponse(Call call,Response response) throws IOException{
16.         }
17. });
```

(4) 异步 POST 请求提交字符串。

异步 POST 请求提交字符串和请求提交键值对所采用的方法总体上是类似的，不同之处在于 RequestBody。构造 RequestBody 的方式需要改变，以满足客户端向服务端的字符串传送。主要代码的示例如下。

```
1.  MediaType mediaType m MediaType.parse("application/json; charset = utf - 8");
    //括号中参数分别表示"类型和字节码"
2.  //字符串
3.  String value = "{username : admin;password : admin}" ;
4.  //1.与异步 POST 请求提交键值对步骤①一致
5.  OkHttpclient okHttpclient = new OkHttpClient();
6.  //2.与异步 POST 请求提交键值对步骤②一致
7.  RequestBody requestBody = RequestBody.create(mediaType,value);
8.  //3.与异步 POST 请求提交键值对步骤③一致
9.  Request request = new Request.Builder(). url( "url" ).post(requestBody).build();
10. //4.与异步 POST 请求提交键值对步骤④一致
11. Call call = okHttpclient.newCall(request);
12. //5.与异步 POST 请求提交键值对步骤⑤一致
13. call.enqueue(new callback() {
14.         @Override
15.         public void onFailure(Call call,IOException e) {
16.         }
17.         @Override
18.         public void onResponse(Call call,Response response) throws IOException{
19.         }
20. });
```

(5) 异步 POST 请求上传文件。

这里的文件可以是图片、TXT 文档、其他文件等，不同之处在于 RequestBody。在上传文件之前，找到 AndroidManifest.xml 中添加代码以添加存储卡的读写权限。

```
1.  <uses - permission android:name = "android.permission.READ_EXTERNAL_STORAGE"/>
```

```
2.  <uses-permission android:name="android.permission.WRITE_EXTERNAL_STORAGE"/>
```

下面以上传图片为例,给出主要代码的示例。

```
1.  //1.与异步 POST 请求提交键值对步骤①一致
2.  OkHttpClient okHttpClient = new OkHttpclient();
3.  //上传的图片
4.  File file = new File(Environment.getExternalStorageDirectory(),"ruanjian.jpg");
5.  //2.与异步 POST 请求提交键值对步骤②一致,application/octet-stream 表示文件是任意二
    //进制数据流
6.  RequestBody requestBody = RequestBody.create(NediaType.parse("application/octet-
    stream"),file);
7.  //3.与异步 POST 请求提交键值对步骤③一致
8.  Request request = new Request.Builder().url( "url").post(requestBody).build();
9.  //4.与异步 POST 请求提交键值对步骤④一致
10. Call call = okHttpclient.newCall(request);
11. //5.与异步 POST 请求提交键值对步骤⑤一致
12. call.enqueue(new callback() {
13.     @override
14.     public void onFailure(call call,IOException e) {}
15.
16.     @override
17.     public void onResponse(Call call,Response response) throws IOException {
18. });
```

(6) 异步 GET 请求下载文件。

异步 GET 请求只要设置好下载地址,就可以方便地进行文件下载。以下载图片为例,主要代码的示例如下。

```
1.  //1.与异步 POST 请求提交键值对步骤①一致
2.  OkHttpclient okHttpclient = new OkHttpclient();
3.  //2.与异步 POST 请求提交键值对步骤③一致
4.  Request request = new Request.Builder().url("https://w.baidu.com/img/bd_logo1.png").
    get().build();
5.  //3.与异步 POST 请求提交键值对步骤④一致
6.  Call call = okHttpclient.newCall(request);
7.  //4.与异步 POST 请求提交键值对步骤⑤一致
8.  call.enqueue(new callback() {
9.      @override
10.     public void onFailure(Call call,IOException e){
11.             Log.e(TAG,"onFailure: " + call.tostring() );
12.     @override
13.      public void onResponse(call call,Response response) throws IOException {
14.             //获取字节流
15.             Inputstream is = response.body ().bytestream();int len = e;
16.             //指定图片下载的存储路径及名称
17.                File file = new File(Environment.getExternalstorageDirectory(),
"baidu.png");Fileoutputstream fos = new Fileoutputstream(file);
18.             byte[] buf = new byte[128];
19.             while((len = is.read(buf) )!= -1){
20.                     fos.write(buf,e,len);
21.                     Log.e(TAG,"onResponse: " + len );
```

```
22.                 }
23.                 fos.flush();
24.                 fos.close();
25.                 is.close();
26.         }
27. });
```

当在回调函数中获取图片的字节流后，就可以保存为一张本地图片。例如，以下代码展示了实现网络图片的下载及在 ImageView 中设置的方法。

```
1.  @Override
2.  public void onResponse(Call call,Response response) throws IOException {
3.          Inputstream is = response.body().bytestream() ;
4.          //通过 BitmapFactory.decodeStream()实现图片的输入流到 Bitmap 的转换
5.          final Bitmap bitmap = BitmapFactory.decodeStream(is);
6.          //在主线程中操作 UI
7.          runOnUiThread(new Runnable() {
8.                  @override
9.                  public void run() {
10.                         //将 Bitmap 设置到 ImageView 中
11.                         imageView.setImageBitmap(bitmap);
12.                 }
13.         });
14.         is.close();
15. }
```

(7) 异步 POST 请求上传 Multipart 文件。

在异步 POST 请求中，当既需要上传文件又需要上传其他类型字段时，就要用到 RequestBody 的一个子类 MuiltipartBody。代码示例如下。

```
1.   //1.与异步 POST 请求提交键值对步骤①一致
2.  OkHttpclient okHttpClient = new OkHttpClient();
3.  //上传的图片
4.  File file = new File(Environment.getExternalStorageDirectory(),"test.png");
5.   //2.与异步 POST 请求提交键值对步骤②一致
6.  RequestBody requestBody = new MultipartBody.Builder()
7.                  //将类型设置为表单
8.                  .setType(MultipartBody . FORM)
9.                  //添加数据
10.                 .addFormDataPart("username" , "user1")
11.                 .addFormDataPart("age" , "20")
12.                 .addFormDataPart("image" ,"test.png",
13. RequestBody .create(MediaType.parse("image/png"),file))
14. .build();
15. //3.与异步 POST 请求提交键值对步骤③一致
16. Request request = new Request.Builder().url("url").post(requestBody).build();
17. //4.与异步 POST 请求提交键值对步骤④一致
18. Call call = okHttpClient.newCall(request);
19. //5.与异步 POST 请求提交键值对步骤⑤一致
20. call.enqueue(new callback() {
21.         @Override
```

```
22.          public void onFailure(call call,IOException e) {}
23.
24.          @Override
25.          public void onResponse(Call call,Response response) throws IOException {}
26.  });
```

需要注意的是：

① 提交表单时可以使用 setType(MultipartBody. FORM)类，须设置表单类型。

② 提交文件的 addFormDataPart()方法，其第一个参数与键值对的键类似，供服务端使用；第二个参数是文件的本地名；第三个参数是 RequestBody 包含待上传文件的路径以及 MidiaType。

5. 利用 OkHttp 获取网络图片

使用 OkHttp 只需要三步即可，下面通过一个示例来看看 OkHttp 的强大之处。

(1) 关联 OkHttp 框架，添加网络权限。

在 app/build. gradle 文件的 dependencies 中加入"implementation("com. squareup. okhttp3：okhttp：3. 5. 0")"的依赖，加入后刷新 gradle 即关联完成。同时，在 AndroidManifest. xml 中加入< uses-permission android：name = "android. permission. INTERNET"/>网络权限。

(2) 创建 OkHttpClient 对象及 Request 设置参数。

```
1.   //1.创建一个 OkHttpClient 对象
2.   OkHttpClient okHttpClient = new OkHttpClient();
3.   //2.创建 Request.Builder 对象,设置参数,请求方式如果是 GET 就不用设置,默认为 GET
4.   Request request = new Request.Builder().url(path).build();
```

(3) 创建 Call 对象，调用 enqueue()方法，开启异步请求。

```
1.   Call call = okHttpClient.newCall(request);
2.   call.enqueue(new Callback() {
3.       @Override
4.       public void onFailure(Call call, IOException e) {
5.
6.       }
7.       @Override
8.       public void onResponse(Call call, Response response) throws IOException {
9.           //得到从网上获取资源,转换为想要的类型
10.          byte[] Picture_bt = response.body().bytes();
11.          //通过 handler 更新 UI
12.          Message message = handler.obtainMessage();
13.          message.obj = Picture_bt;
14.          message.what = SUCCESS;
15.          handler.sendMessage(message);
16.      }
17.  });
```

通过上述操作，即可完成利用 OkHttp 异步获取网络图片，效果如图 4-65 所示。

图 4-65　通信软件界面案例(参考微信)

4.7　本章小结

本章前半部分是采用 Android 进行移动端开发的第一步。通过这部分的学习,读者了解了 Android 的发展历史和现状,掌握了移动端开发的体系架构、关键技术和未来发展的趋势。通过对 Android 平台的基础学习,以及对开发环境的搭建,读者能够更加快速地投入项目中来,提高开发效率。

本章主要介绍了 App 开发环境 Android Studio 环境的搭建。Android Studio 作为一个集成开发环境,依赖于三个开发工具: JDK、SDK、NDK。从创建最简单的 HelloWorld 项目开始,依次介绍了项目创建、项目编译、模拟器创建、在模拟器上运行 App 这一整套开发流程。为了让读者有更理性的认识,又逐步讲解了 App 的工程目录结构、编译配置文件 build.gradle 的使用说明、App 运行配置文件 AndroidManifest.xml 的节点说明、如何在代码中简单操作控件等。之后加入了对于 Android 4 类基本组件 Activity、Service、ContentProvider、BroadcastReceiver 的基本介绍以及相应的调用情况与方法。最后对开发过程中的准备工作做了必要的说明,主要包括如何使用快捷键、如何使用 SVN 进行版本管理、如何安装和使用常见插件、如何导入已经存在的工程、如何新建一个 Activity 页面。

通过本章前半部分的学习,读者应该获得了 Android Studio 的基本操作技能,能够使用自己搭建的 Android Studio 环境创建简单的 App 并在模拟器上运行,并具备进一步提高的学习基础。

本章后半部分主要基于具体案例,介绍了移动应用 Android 的高级编程方法。

首先,介绍了基于监听器的事件处理和基于回调的事件处理两种处理方式,并且在比较两类处理方式的基础上,对于 Handler 消息传递机制有了初步的认识。

然后,从简介、定义、引用等层面,介绍了多种应用资源。

最后,在基于 TCP 的 Socket 通信基础上,介绍了 Android 的网络编程。

Android 通常使用 C/S 架构,较为常见的情况是将 Android 手机作为客户端获取资源,PC 作为服务器端提供资源。随着 Android 手机功能的日益强大,既作为客户端又作为服务器端的模式成为可能。

通过 HTTP 访问网络，有 GET 和 POST 两种主要方式，在实际编程时具有极大的灵活性和交互性。早期 Android 支持的 HttpURLConnection 和 Apache HTTP Client，均可以实现流的上传和下载等功能，满足用户绝大多数的 HTTP 请求需求。然而 6.0 版后，Apache HTTP Client 由于其 API 及扩展问题惨遭淘汰。当前，更高效的 HTTP 使 Android 应用在速度和流量性能上得到大幅提升，典型代表就是 OkHttp 库。虽然在编程方面并不会简洁很多，但是 OkHttp 内部的一些功能能够帮助用户自动、快速、省流地完成一些复杂的操作。

通过本章的学习，读者应当对于 Android 基本网络编程知识有一定掌握，能够熟练在模拟环境中运行相应程序，并进一步具备出现错误时的解决能力。

4.8 课后习题

1. 知识点考查

(1) Android 架构由上到下有哪些层次？各层包含哪些主要内容？

(2) 在计算机系统中，事件和事件处理是什么意思？请列出两种常用的事件处理方式。

(3) 在编写 Android 界面时，你认为哪些控件最常用？试说明其功能和使用方法。

(4) 在基于 TCP 的 Socket 通信中，请选择一种形式尝试在 Android Studio 中实现。①使用 Android 模拟器作为客户端，PC 作为服务器端；②使用 Android 模拟器作为服务器端，PC 作为客户端；③使用 Android 模拟器为服务器和客户端。

(5) 在 OkHttp 中，同步 POST 和异步 POST 有什么区别？异步 POST 请求提交键值包括哪些主要步骤？

2. 拓展阅读

[1] 伍惠宇，李宇翔，郭铁涛，等. Android 系统与 iOS 系统安全现状与趋势研究[J]. 保密科学技术，2020(3)：47-53.

[2] 卿斯汉. Android 安全研究进展[J]. 软件学报，2016，27(1)：45-71.

第5章　物联网网关协议基础

5.1　物联网网关

网关作为一种中间设备，能够促进两个使用不同协议的网络段在数据传输过程中完成协议转换，所有数据在路由之前都需要经过网关。网关通常由路由器和调制解调器组成，在网络边缘实现并管理从该网络内部或外部定向经过的所有数据。除了负责协议转换之外，网关还能够对数据进行主动采集和传输、对数据进行解析以及对数据进行过滤和汇聚、存储有关主机网络内部路径的信息以及其他网络的路径。

如图5-1所示，在物联网中，网关主要存在于网络层。物联网可以简单地划分为三层结构，即感知层、网络层与应用层。感知层是智能物体和感知网络的集合体，主要由RFID芯片、GPS接收设备、传感器、智能测控设备等感知设备组成，用于采集和捕获外界环境或物品的状态信息；网络层则是数据传输的主要载体，其组成部分有各种私有网络、网络管理系统、有线和无线通信网、互联网和云计算平台等，用于信息的传输和通信。

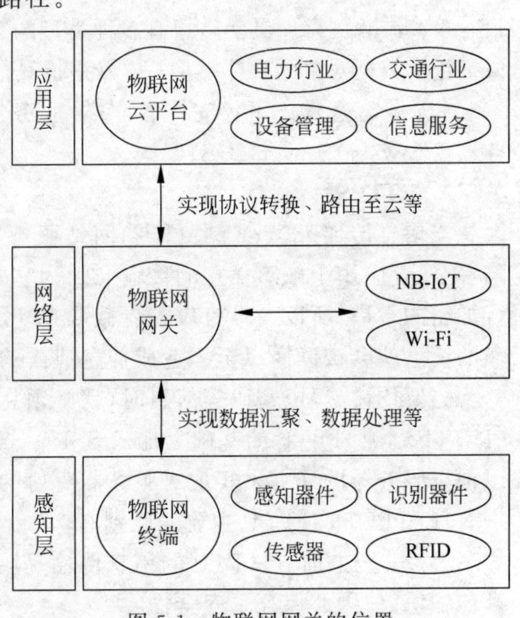

图5-1　物联网网关的位置

物联网网关聚合来自感知层的数据，并在向高层发送之前处理传感器数据、进行协议转换等。物联网网关将物联网中的各种连接类型转换为标准类型，通过在边缘处预处理数据，可以有效地缩短响应时间。此外，物联网网关还承担着作为物联网设备第一道防线的责任，其通过对互联网和其他外部访问进行分析，有效地保障了物联网数据的安全性。

5.2　HTTP

5.2.1　HTTP介绍

1. HTTP基本介绍

HTTP(HyperText Transfer Protocol，超文本传输协议)的发展归功于万维网(World

Wide Web,WWW)协会和Internet工程任务组(Internet Engineering Task Force,IETF)的合作。在同一时期,一系列请求评论(Request For Comments,RFC)文件也被发布了。在这一系列文件中,RFC 1945 定义了 HTTP 1.0 版本,RFC 2616 定义了 HTTP 1.1 版本。HTTP 1.1 版本也是今天使用最普遍的一个版本。

HTTP 是用于从 WWW 服务器传输超文本到本地浏览器的传送协议。它的作用是保障超文本文档在被计算机传输时的正确性和高速度。同时,它也有指定传输文档的功能,例如可以指定传输的部分或者指定内容显示的次序,例如,当内容有文本和图形时,就可以指定图形的显示次序比文本高。

2. HTTP 的特点

HTTP 的主要特点有:

(1) 无连接。每次连接仅处理一个请求,完成请求后即断开。该方式可以节省因频繁建立和关闭连接所需要的资源和时间、提升并行处理能力,但随着网页内容愈加丰富可能造成效率较低。需要指出的是,持续连接策略可以适当弥补该不足。

(2) 无状态。每个请求相对独立,不需要额外的资源记忆处理前序事务的历史信息。该方式可以有效避免连接占用,但也可能造成重复传输。需要指出的是,在实际的网页应用中,常结合 Cookies 等措施提升用户体验。

(3) 灵活可靠。灵活是指有多种类型的数据对象可以被 HTTP 传输,由 Content-Type 字段标记了数据对象的具体类型;可靠是指其依赖于可靠的 TCP,较 UDP 来讲可靠性更强。

(4) 兼容性佳。不仅支持客户端/服务器(Client/Server,C/S)架构,也支持浏览器/服务器(Browser/Server,B/S)架构。

3. HTTPS

当信息传递于 Web 浏览器和网站服务器间时,可以应用 HTTP。HTTP 有一定的缺陷,不适合应用于敏感信息的传输。因为它发送内容的方式是以明文的形式,没有对数据进行加密的举措,所以一旦有攻击者截取 Web 浏览器和网站服务器之间的传输报文,那么传输的消息就会被读懂以至于造成信息泄露的危害。

当要传输卡号、密码等信息时,就必须克服此缺陷,所以安全套接字层超文本传输协议(HTTPS)在 HTTP 的基础上加入 SSL。SSL 拥有加密浏览器和服务器间的通信的功能可以根据服务器的证书来实现对服务器身份的验证。

HTTPS 和 HTTP 主要的区别有:

(1) 安全方面。HTTP 的信息传输是明文的方式,而 HTTPS 的信息传输基于 SSL 加密传输协议,因此保证了安全性。

(2) 花销方面。HTTPS 要申请安全证书,此证书一般需要收费。

(3) 端口方面。两者的连接方式和默认端口不同,HTTP 的默认端口号是 80,HTTPS 的默认端口号是 443。

(4) 主要特点。HTTP 的连接是无状态的,所以它的特点是连接过程简单;HTTPS 的特点是安全性高,原因是其由 SSL+HTTP 所构建,能够实现加密传输和身份认证的网络。

5.2.2 HTTP 的原理

1. 协议架构

如图 5-2 所示,HTTP 承载于 TCP 之上,HTTPS 则是在 TCP 之上增加了 TLS 或 SSL

的协议层。HTTP 和 HTTPS 默认的端口号分别为 80 和 443。

HTTP 是基于 C/S 架构的。作为 HTTP 客户端，浏览器向 HTTP 服务端即 Web 服务器发送请求是需要通过 URL 的。与发布/订阅机制不同，服务器不能向客户端推送消息，除非接收到客户端发送的请求。

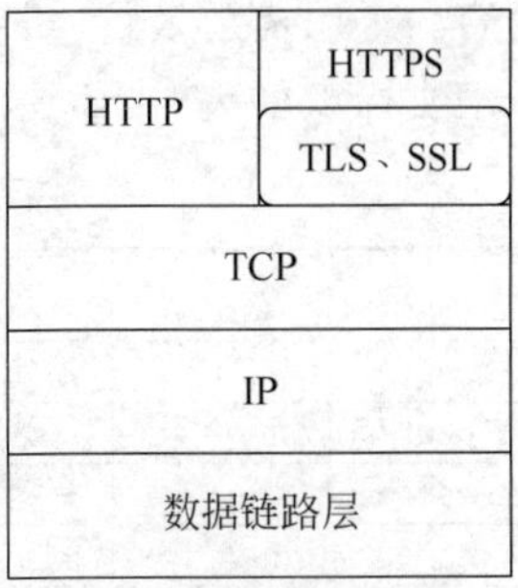

HTTP	HTTPS
	TLS、SSL
TCP	
IP	
数据链路层	

图 5-2　协议架构

2. 工作流程

一个事务的意思是一次 HTTP 操作，要经历的工作过程分为以下几个步骤。

(1) 实现客户机与服务器之间连接的建立；

(2) 完成步骤(1)后，客户机会向服务器发送请求，请求报文的格式为：统一资源定位符(URL)、协议版本号，之后的内容为 MIME 信息，其中有请求修饰符、客户机信息以及其余可能出现的内容；

(3) 当服务器接收到步骤(2)中发送的请求后，就会发出对应的响应信息，响应信息的格式是一个状态行，其中含有信息的协议版本号、一个代码(用于指示成功或错误)，之后的内容为 MIME 信息，例如服务器信息、实体信息以及其余可能出现的内容；

(4) 客户端接收到步骤(3)中的信息后，就会使用浏览器以实现在用户显示屏上的显示，完成以上步骤之后，客户机和服务器之间的连接就会自动断开。

一旦以上步骤中存在错误，那么客户端就会接收到返回的错误信息，输出方式是通过显示器输出。虽然以上步骤较为烦琐，但用户不需要做过多干预，因为上述步骤是由 HTTP 自动进行的，用户要做的事项仅有单击某个超链接，再等待显示屏上的信息显示。

5.2.3 HTTP 请求及响应

1. HTTP 请求

HTTP 的请求消息由请求行、消息报头和请求正文三部分组成，也分别称为请求行、请求头和请求体。

(1) 请求行由请求方法、资源地址(URL)和 HTTP 版本三部分组成，中间使用空格间隔，结尾换行。HTTP 1.1 中共定义了 8 种方法来表明对指定的资源的不同操作方式，所有请求方法区分大小写，应使用大写形式，如表 5-1 所示。

表 5-1　请求方法及功能

方法名称	功　能
GET	用于请求服务器返回指定资源
PUT	用于请求服务器更新指定资源
POST	用于请求服务器新增资源或执行特殊操作； POST 请求可能会导致新资源的建立或已有资源的修改
DELETE	用于请求服务器删除指定资源，如删除对象等
HEAD	用于请求服务器资源头部
OPTIONS	请求查询服务器的性能或与资源相关的选项和需求
TRACE	回显服务器之前收到的请求，主要作用是测试或诊断
CONNECT	HTTP 1.1 中预留给能够将连接改为管道方式的代理服务器

(2) 请求头由多种标识和对应内容组成，标识与对应内容之间使用冒号隔开，每个标识

内容的末尾需要换行。请求头与请求体之间通常需要空一行以表示请求头的结束。常见的请求头标识如表 5-2 所示,在 HTTP 1.1 中,所有的请求头,除 Host 外,都是可选的。

表 5-2 请求头标识

标　识	含　义
Accept	指定可以被客户端接收的内容类型
Accept-Charset	代表能够被浏览器接受的字符编码集
Accept-Encoding	指定能够被浏览器支持的 Web 服务器返回内容压缩编码类型
Accept-Language	浏览器可接受的语言
Accept-Ranges	可以请求网页实体的一个或者多个子范围字段
Authorization	HTTP 授权的授权证书
Cache-Control	指定请求和响应遵循的缓存机制
Connection	表示是否需要持久连接(HTTP 1.1 默认进行持久连接)
Cookie	HTTP 请求发送时,全部保存在该请求域名下的 Cookie 值都会被共同发送到 Web 服务器
Content-Length	请求的内容长度
Content-Type	请求的与实体对应的 MIME 信息
Date	请求发送的日期和时间
Expect	请求的特定的服务器行为
From	发出请求的用户的 E-mail
Host	指定请求的服务器的域名和端口号
If-Match	只有请求内容与实体相匹配才有效
If-Unmodified-Since	只在实体在指定时间之后未被修改才请求成功
Max-Forwards	限制信息通过代理和网关传送的时间
Pragma	用于包含实现特定的指令
Proxy-Authorization	连接到代理的授权证书
Range	只请求实体的一部分,指定范围
User-Agent	User-Agent 的内容包含发出请求的用户信息
Via	通知中间网关或代理服务器地址、通信协议
Warning	关于消息实体的警告信息

(3) 请求体为用户的主要数据,当请求行的请求方法为 GET 时,请求体为空。

2. HTTP 响应

与请求消息格式相对应,HTTP 响应消息也分为状态行、消息报头、响应正文这三部分,即响应行、响应头和响应体。

(1) 响应行由 HTTP 版本、状态码以及状态码的文本描述这三部分组成,中间使用空格来间隔,结尾换行。状态码的文本描述对于该状态码进行了简短的描述。状态码由 3 个数字组成,第一个数字对响应的类别进行了定义,其有 5 种可能取值,分别代表 5 种响应。常见的状态码及对应含义如表 5-3 所示。

① 1xx:指示信息——表示服务器已接收到请求,需要继续处理。

表 5-3 状态码第一个数字为 1

状态码	英文名称	中文描述
100	Continue	继续。表示客户端应继续其请求,服务器已收到请求的一部分,正在等待其余部分

续表

状态码	英文名称	中文描述
101	Switching Protocols	切换协议。客户端请求服务器切换协议,服务器已确认并准备更换。只能切换到更高级的协议,例如,切换到 HTTP 的新版本协议

② 2xx：成功——表示服务器已成功接收、理解、完成客户端的请求,如表 5-4 所示。

表 5-4　状态码第一个数字为 2

状态码	英文名称	中文描述
200	OK	请求成功。服务器已成功处理了请求,一般用于 GET 与 POST 请求
201	Created	已创建。请求成功并且服务器创建了新的资源
202	Accepted	已接受。服务器已经接受请求,但尚未处理完成
203	Non-Authoritative Information	非授权信息。服务器成功处理了请求,但返回的 meta 信息不在原始的服务器中,而是一个副本
204	No Content	无内容。服务器成功处理了请求,但未返回任何内容。在未更新网页的情况下,可确保浏览器继续显示当前文档
205	Reset Content	重置内容。服务器成功处理了请求,但未返回任何内容,用户终端(例如：浏览器)应重置文档视图。可通过此返回码清除浏览器的表单域
206	Partial Content	部分内容。服务器成功处理了部分 GET 请求

③ 3xx：重定向——要完成请求,客户端必须进行更进一步的操作,如表 5-5 所示。

表 5-5　状态码第一个数字为 3

状态码	英文名称	中文描述
301	Moved Permanently	永久移动。客户端请求的资源已被永久地移动到新 URI,服务器返回信息会包括新的 URI,并且浏览器会自动定向到新 URI。今后客户端发送任何新的请求时都应使用新的 URI
302	Found	临时移动。与 301 类似,但资源只是临时被移动。客户端以后发送请求时应继续使用原有 URI
303	See Other	查看其他地址。与 301 类似,表示客户端应当使用 GET 和 POST 请求查看其他的地址
304	Not Modified	未修改。自从上次客户端请求后,所请求的资源未修改过。服务器返回此状态码时,不会返回任何资源。客户端通常会缓存访问过的资源,通过提供的头信息指出客户端希望只返回在指定日期之后修改的资源
305	Use Proxy	使用代理。表示客户端所请求的资源必须通过代理访问
306	Unused	已经被废弃的 HTTP 状态码
307	Temporary Redirect	临时重定向。与 302 类似,客户端应使用 GET 请求重定向

④ 4xx：客户端错误——客户端请求中出现语法错误或者服务器无法实现客户端的请求,如表 5-6 所示。

表 5-6 状态码第一个数字为 4

状态码	英文名称	中文描述
400	Bad Request	客户端请求的语法错误,服务器无法理解
401	Unauthorized	请求要求用户的身份认证,一般出现在需要登录的网页
402	Payment Required	保留,将来使用
403	Forbidden	服务器理解客户端的请求,但是拒绝执行此请求
404	Not Found	服务器找不到客户端所请求的资源(网页)。通过此代码,网站设计人员可对“您所请求的资源无法找到”页面进行个性化设计
405	Method Not Allowed	服务器禁止执行客户端请求中的某些方法
406	Not Acceptable	服务器无法根据客户端请求的内容特性完成请求响应
407	Proxy Authentication Required	请求要求代理的身份认证,与 401 类似,但客户端应当使用代理进行授权
408	Request Time-out	服务器等待客户端发送的请求时间过长,超时
409	Conflict	服务器在处理请求时发生了冲突,在处理客户端的 PUT 请求时,服务器可能会返回此代码,响应中必须包含有关冲突的信息
410	Gone	客户端请求的资源已经不存在。410 不同于 404,如果资源以前存在而现在被永久删除则可使用 410 代码,网站设计人员可通过 301 代码指定资源的新位置
411	Length Required	客户端发送的请求信息缺少 Content-Length,服务器无法处理该请求
412	Precondition Failed	服务器不满足客户端请求信息的某一先决条件
413	Request Entity Too Large	由于请求的实体过大,服务器无法处理,因此拒绝请求。为防止客户端的连续请求,服务器可能会关闭连接。如果服务器只是暂时无法处理,则会包含一个 Retry-After 的响应信息
414	Request-URI Too Large	客户端请求的 URI(通常为网址)过长,服务器无法处理
415	Unsupported Media Type	服务器无法处理请求附带的媒体格式
416	Requested range not satisfiable	客户端请求的范围无效
417	Expectation Failed	服务器无法满足 Expect 的请求头的要求

⑤ 5xx:服务器端错误——客户端的请求合法,但是服务器未能实现,如表 5-7 所示。

表 5-7 状态码的第一个数字为 5

状态码	英文名称	中文描述
500	Internal Server Error	服务器内部出现错误,无法完成请求
501	Not Implemented	服务器不具备完成请求的功能,无法完成请求
502	Bad Gateway	作为网关或代理的服务器,从远端服务器接收到一个无效的请求
503	Service Unavailable	由于超载或系统维护,服务器暂时无法处理客户端的请求。延时的长度可包含在服务器的 Retry-After 头信息中
504	Gateway Time-out	作为网关或代理的服务器,没有及时从远端服务器获取请求
505	HTTP Version not supported	服务器不支持请求的 HTTP 的版本,因而无法完成处理

(2) HTTP 响应头的格式与请求头相同,并且也需要在末尾空一行表示响应头的结束,

常见的响应头标识如表 5-8 所示。

表 5-8 常见的响应头标识

标　识	含　义
Allow	表示服务器支持的请求方法(如 GET、POST 等)
Content-Encoding	表示文档编码的方法
Content-Length	表示文档内容的长度。只有当浏览器使用持久 HTTP 连接时才需要这个数据
Content-Type	表示文档属于什么 MIME 类型。Servlet 中 Content-Type 默认值为 text/plain,但通常需要显式地将该值指定为 text/html
Date	表示消息发送的时间,时间的描述格式由 RFC 822 定义。例如,Date: Sat, 06 May 2017 12:16:56 GMT
Expires	表示文档缓存的保留时间,超过该值会认为文档已经过期,从而不再保留缓存
Last-Modified	表示文档最后一次改动的时间
Location	表示客户应当去哪个位置提取文档
Refresh	表示浏览器应该在多久之后刷新文档,以秒作为单位
Server	服务器名称。Servlet 一般不设置这个值,而是由 Web 服务器自己设置
Set-Cookie	非常重要的 header,它可以将 cookie 发送到客户端浏览器,每写入一个 cookie 都会生成一个 Set-Cookie
WWW-Authenticate	表示在 Authorization 头中应提供的授权信息的类型
P3P	用于跨域设置 Cookie,这样可以解决 iframe 跨域访问 cookie 的问题

(3) 响应体就是服务器返回的资源的内容,即整个 HTML 文件。

5.2.4　示例

HTTP 自从 1990 年问世以来,经过了数次完善和改进,目前数十种编程语言中均封装了便于进行 HTTP 调用的 API,本例使用 Python 模拟发送 HTTP 请求并解析响应内容,简单介绍与 HTTP 有关的部分模块。

1. 模块介绍

urllib 与 urllib2 均是 Python 中用于实现网络请求的标准库。在 Python 3 中,urllib2 不再保留,它的内容迁移到了 urllib 模块中。urllib 的主要作用是从指定的 URL 获取数据以及对 URL 字符串进行格式化处理。

urllib 中包含 4 个模块,分别是 urllib. request、urllib. error、urllib. parse 与 urllib. robotparser。在模拟 HTTP 请求的过程中,主要使用的是 urllib. request 与 urllib. parse 两个模块,其余模块与网络爬虫有关。其中,urllib. request 是 HTTP 请求模块,只需要调用相关的库方法,并给相关方法传入 URL 以及其他额外的参数,就可以实现发送 HTTP 网络请求; urllib. parse 则是一个工具模块,提供了很多 URL 的处理方法,如拆分、解析、合并等。

Python 同时封装了一个名为 http 的库,其中用于开发 HTTP 的模块包括 http. client、http. server、http. cookies 以及 http. cookiejar。其中,http. client 是一个底层的 HTTP 客户端,被更高层的 urllib. request 模块所使用; http. server 包含基于 SocketServer 的基本 HTTP 服务器的类; http. cookies 与 http. cookiejar 用于实现对 Cookie 的管理。

2. 实践过程

1) 发起 HTTP 请求

首先模拟浏览器发起一个 HTTP 请求,使用 urllib. request 模块中的 urlopen()函数,函数原型如下：

```
urllib.request.urlopen(url, data = None, [timeout, ]*, cafile = None, capath = None, context = None)
```

url：String 类型的请求链接，这个是必传参数，其他都是可选参数。

data：bytes 类型的内容。使用 data 参数时，会以 POST 请求方式提交表单。

timeout：请求超时时间，单位是秒。

cafile，capath：CA 证书和 CA 证书的路径，如果使用 HTTPS 则需要用到。

context：本参数必须是 ssl.SSLContext 类型，用来指定 SSL 设置。

该函数也可以单独传入 urllib.request.Request 对象作为参数。该函数返回结果是一个 http.client.HTTPResponse 对象。

使用 urlopen()函数即可实现抓取网页、设置请求超时、提交数据等功能，但如果请求中需要加入请求头、指定请求方式等信息，就必须利用 urllib.request.Request 对象来构建一个请求，将其作为 urllib.request.urlopen()的参数传入，urllib.request.Request 的构造方法如下：

```
urllib.request.Request(url, data = None, headers = {}, origin_req_host = None, unverifiable = False, method = None)
```

url：String 类型的请求链接。这个是必传参数，其他都是可选参数。

data：bytes 类型的内容。使用 data 参数时，会以 POST 请求方式提交表单。

headers：指定发起的 HTTP 请求的头部信息。headers 是一个字典。除了在 Request 的构造函数中添加外，还可以通过调用 Request 的 add_header()方法来添加请求头。

origin_req_host：表示请求方的 host 或者 IP 地址。

unverifiable：表示该请求无法验证，默认值是 False。例如，请求一个网页中的图片时，用户并没有权限来自动抓取图像，此时应将 unverifiable 的值设置为 True。

method：发起 HTTP 请求的方式，如 GET、POST、DELETE、PUT 等。

2）解析响应内容

通过 urllib.request.urlopen()函数成功发送 HTTP 请求之后，便可获取到一个 http.client.HTTPResponse 类型的对象。可以使用变量 resp 接收返回结果，通过对 resp 的解析即可获得需要的内容。以下是对 resp 常用的部分解析操作。

```
#获取 HTTP 版本号，返回 10 表示 HTTP 1.0, 11 表示 HTTP 1.1
resp.version

#获取响应码
resp.status
resp.getcode()

#获取响应描述字符串
resp.reason

#获取实际请求的页面 url(防止重定向时使用)
resp.geturl()
```

```
#获取特定响应头的信息
resp.getheader(name = "Content - Type")

#获取响应头信息,返回二元元组列表
resp.getheaders()

#获取响应头信息,返回字符串
resp.info()

#读取响应体,需进行解码
resp.readline().decode('utf - 8')
resp.read().decode('utf - 8')
```

5.3 MQTT 协议

5.3.1 MQTT 协议介绍

1. MQTT 协议基本介绍

MQTT(Message Queuing Telemetry Transport,消息队列遥测传输)协议是一种消息协议,基于 ISO 标准下的发布/订阅范式,是运行于 TCP/IP 协议栈之上的应用层协议,所以理论上只要应用能支持 TCP/IP 协议栈,那么也同样能够支持 MQTT。它可以支持连接远程设备的实时可靠的消息服务,即使是处在代码量极为稀少和带宽有限的情况下。基于此优势,众多计算能力不足,或者处于低带宽、不可靠网络环境的远程传感器及控制设备可以通过 MQTT 获得良好的性能保障。

2. MQTT 协议的特点

由于 MQTT 低开销和即时性的特点,使得其在物联网领域中得到广泛的应用。此协议的主要特性有:

(1) 发布/订阅的消息模式。拥有一对多的消息发布功能,能实现应用程序耦合的解除,与 HTTP 和 CoAP 采用的请求/响应机制差别较大。

(2) 对负载内容屏蔽的消息传输机制。能够针对不当言论等,对消息订阅者所接收到的内容进行部分屏蔽。

(3) MQTT 协议使用开销很小的小型传输,1 字节控制报头,2 字节心跳报文,以此实现了数据传输和协议交换的最小化,从而减少了网络流量的占用。

(4) 遗言机制(Last Will)和遗嘱机制(Testament)。当客户端异常中断时会自动实现对应的告知,即通知同一主题下发送遗言或遗嘱的设备已经断开了连接。

(5) 对于消息传输,MQTT 提供了以下三种 QoS(Quality of Service,质量服务)。

① 至多一次:此级别有消息丢失或者重复的可能性,在消息发布的过程中,对于底层 TCP/IP 网络是完全的依赖。因为可靠性较低,所以一般应用于对于数据丢失一次读记录敏感度不高的环境。这是因为在这种情况下,将会有第二次发送在不久后到达,例如设备传感器。

② 至少一次:此级别保证消息可以到达,但不能阻止消息重复的情况。

③ 只有一次:保证消息能够到达且只到达一次,适用于消息重复或丢失会导致不正确

结果的应用环境,例如计费系统。

3. 优缺点

作为一款极受欢迎的轻量级传输协议,MQTT 主要具有以下几点优势:

(1) 具有极佳的轻量化性能,适用于绝大多数的受限网络;

(2) 用户能够灵活选择具有给定功能的服务质量;

(3) 经过了 OASIS 技术委员会的标准化;

(4) 协议简洁轻巧,数据冗余量低;

(5) 能在处理器和内存资源有限的嵌入式设备中运行,因为其支持所有平台,所以几乎能将全部联网物品和互联网建立起连接。

但是 MQTT 同时也在以下几方面有待改进:

(1) 基于 TCP 的连接,功耗较高;

(2) 缺乏加密功能;

(3) 服务器端实现难度大,虽然已经有了 C++版本的服务端组件,但是并不开源。

5.3.2 MQTT 协议的原理

1. 协议架构

如图 5-3 所示,MQTT 协议实现的基本组成有消息的发布者(Publisher)、代理(Broker)以及订阅者(Subscriber)三部分。在这几种角色中,客户端为发布者和订阅者,服务器端为代理,发布者也可以担任订阅者的角色。

图 5-3 MQTT 协议的基本组成

MQTT 客户端是一个应用程序或者设备,在客户端中应用 MQTT 协议,其具有以下基本功能:

(1) 建立到服务器的网络连接;

(2) 发布信息,此信息可能会被其他客户端订阅;

(3) 订阅信息,此信息为其他客户端发布的;

(4) 退订或删除信息,此信息属于应用程序发送的;

(5) 实现与服务器之间连接的断开。

"消息代理"是 MQTT 服务器的另一种称谓,其处于消息发布者和订阅者之间,基本功能如下:

(1) 接受网络连接,此网络连接来自客户;

(2) 接收应用信息,此应用信息由客户发布;

(3) 处理订阅和退订请求,此请求来自客户端;

(4) 转发应用消息,转发给符合条件的已订阅客户端;

(5) 关闭来自客户端的网络连接消息传输。

MQTT 能够为客户端与服务器提供一个有序的、无损的、基于字节流的双向传输通道。在其上传输的消息的主要组成部分是主题(Topic)和负载(Payload)。其中,主题即消息的类型，负载即消息的内容。订阅者订阅了某一主题之后，便会收到该主题对应的负载内容。

MQTT 的订阅包含主题筛选器（Topic Filter）和 QoS，若应用数据是借助 MQTT 网络发送的，MQTT 将关联起和其有关的服务质量和主题。

会有一个会话（Session）形成于客户端与服务器成功建立连接后，多个订阅包含于一个会话之中，不同的主题筛选器可以应用于不同的订阅。会话不拘泥于一种连接方式，其可以跨越连续的多个客户端与服务器之间的网络连接，也能够仅存在于一个网络内。

2. 数据包结构

如图 5-4 所示，根据 MQTT 协议，MQTT 数据包的组成部分有以下几个：

(1) 固定头（Fixed Header）：作用为指示数据包类型及其分组类标识，存在于所有 MQTT 数据包中；

(2) 可变头（Variable Header）：可变头是否存在及其具体内容是由数据包类型决定的，与固定头不同的是，可变头并不是存在于所有 MQTT 数据包中，其仅存在于部分 MQTT 数据包中；

(3) 消息体（Payload）：含义为客户端收到的具体内容，同可变头一样，其仅存在于部分 MQTT 数据包中。

固定头(Fixed Header)
可变头(Variable Header)
消息体(Payload)

图 5-4　MQTT 数据包结构

前文中已提到，MQTT 的固定头部只有 1 字节，正是这一特点，实现了数据传输和协议交换的最小化。MQTT 的固定头部结构如图 5-5 所示，主要包含以下 5 部分。

7	6	5	4	3	2	1	0
Topic				DUP Flag	QoS		Retain
Remaining Length							

图 5-5　MQTT 的固定头部结构

(1) Topic：即消息类型，使用 4 位二进制数表示，其中 0 和 15 位置属于保留待用，共 14 种消息事件类型，如表 5-9 所示。

表 5-9　不同消息类型的含义和作用

数值	名　字	含　义	作　用
1	CONNECT	连接服务器	客户端到服务器端的网络连接建立后，客户端发送给服务器端的第一个报文必须是 CONNECT 报文
2	CONNACK	确认连接请求	服务器端发送 CONNACK 报文响应从客户端收到的 CONNECT 报文，服务器端发送给客户端的第一个报文必须是 CONNACK
3	PUBLISH	发布消息	从客户端向服务器端或者服务器端向客户端传输一个应用消息
4	PUBACK	发布确认	对 QoS 1 等级的 PUBLISH 报文的响应
5	PUBREC	发布收到	对 QoS 2 等级的 PUBLISH 报文的响应，它是 QoS 2 等级协议交换的第二个报文
6	PUBREL	发布释放	对 PUBREC 报文的响应，它是 QoS 2 等级协议交换的第三个报文

续表

数值	名　字	含　义	作　用
7	PUBCOMP	发布完成	对 PUBREL 报文的响应,它是 QoS 2 等级协议交换的第四个也是最后一个报文
8	SUBSCRIBE	订阅主题	客户端向服务器端发送 SUBSCRIBE 报文,用于创建一个或多个订阅
9	SUBACK	订阅确认	服务器端向客户端发送 SUBACK 报文,作用是确认其是否已收到且正在处理的 SUBSCRIBE 报文,SUBACK 报文包含一个返回码清单,它们指定了 SUBSCRIBE 请求的每个订阅被授予的最大 QoS 等级
10	UNSUBSCRIBE	取消订阅	客户端发送 UNSUBSCRIBE 报文给服务器端,用于取消订阅主题
11	UNSUBACK	取消订阅确认	服务器端发送 UNSUBACK 报文给客户端,用于确认收到 UNSUBSCRIBE 报文
12	PINGREQ	心跳请求	客户端发送 PINGREQ 报文给服务器端,用于在没有任何其他控制报文从客户端发给服务器时,告知服务器端客户端还“活”着,同时请求服务端发送响应确认它还“活”着,由此使用网络以确认网络连接没有断开
13	PINGRESP	心跳响应	服务器端发送 PINGRESP 报文响应客户端的 PINGREQ 报文,表示服务器端还“活”着
14	DISCONNECT	断开连接	DISCONNECT 报文是客户端发给服务器端的最后一个控制报文,表示客户端正常断开连接

(2) DUP Flag：一个打开标志,保证消息可靠传输,默认为“0”,只占用 1 字节,表示第一次发送。当值为“1”时,表示当前消息先前已经被传送过。

(3) QoS：即服务质量,由 2 位二进制数表示,如表 5-10 所示。

表 5-10　服务质量

数　值	二进制表示	含　义
0	00	至多一次,发完即丢弃
1	01	至少一次,需要确认回复
2	10	只有一次,需要确认回复
3	11	暂无含义,保留待用

(4) Retain：此标识的含义是发布保留,也就是说代表着此次推送的信息会被服务器保留,当出现了新的订阅者时,就将取出最新的一个 Retain＝1 的消息推送,如果没有,则推迟至当前订阅者后释放。

(5) Remaining Length：消息体的总大小是由固定头的第二字节保存的,可以扩展此字段,扩展的最大字节数受限,最大字节数为 4 字节。保存的原理可以概括为长度保存在每一字节中的前 7 位,标识位于最后一位。若长度不足,那么最后一位就会显示为“1”,此时若要保存完整信息,就要采用 2 字节。

由于数据包类型的不一致,可变头的内容也是不相同的。用作数据包的标识是一种较为典型的应用,这时的可变头含有两个字段：主题名称(Topic Name)和数据包标识符(Packet Identifier)。主题名称标识有效数据发布的信息通道,数据包标识符字段则仅出现在 QoS 级别为 1 或 2 的 PUBLISH 数据包中。

消息体的作用是包含 4 种类型数据包的具体消息，这 4 种类型的数据包分别为 CONNECT、SUBSCRIBE、SUBACK、UNSUBSCRIBE，对应的具体介绍如下。

(1) CONNECT，主要的消息体内容为订阅的 Topic、Message、客户端的 ClientID 以及用户名和密码；

(2) SUBSCRIBE，消息体内容为 QoS 及一系列需要订阅的主题；

(3) SUBACK，消息体内容是服务器的确认和回复，对象是 SUBSCRIBE 申请的主题和 QoS；

(4) UNSUBSCRIBE，消息体内容是需要订阅的主题。

5.3.3 示例

MQTT 官方网站(https://mqtt.org/)中提供了基于多种语言的 API 供开发者使用，本例介绍在 Windows 中使用 Python 实现 MQTT 客户端功能的相关知识。在此之前，需要进行环境配置。

1. 环境配置

首先安装 MQTT 代理：EMQ X Broker 安装过程因平台而有差异，参照 https://www.emqx.io/docs/zh/v4.3/getting-started/install.html 官方网站教程即可。成功启动 EMQ 后，可通过浏览器访问 http://localhost：18083 admin/public 进入 EMQ 控制台，在工具→WebSocket 模块方便地进行客户端连接、主题订阅、消息接收、消息发布等测试和调试工作。

在命令行中使用指令 pip install paho-mqtt 安装 MQTT 客户端的支持库 paho-mqtt，其能够让应用程序简单方便地连接到 MQTT 代理进行消息发布、订阅主题和消息接收。出现如图 5-6 所示内容时表示安装成功，本次安装的版本为 paho-mqtt-1.6.1。

```
Successfully built paho-mqtt
Installing collected packages: paho-mqtt
Successfully installed paho-mqtt-1.6.1
```

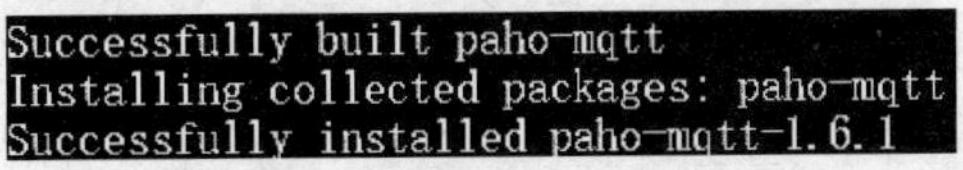

图 5-6 安装成功示意图

2. 创建步骤

创建 MQTT 客户端的一般步骤为：

(1) 创建一个客户端实例；

(2) 使用任一 connect*()方法连接到 MQTT 代理；

(3) 调用任一 loop*()方法保持与 MQTT 代理通信；

(4) 使用 subscribe()方法订阅一个主题并接收消息；

(5) 使用 publish()方法向 MQTT 代理发布消息；

(6) 使用 disconnect()方法中断与 MQTT 代理的连接。

3. 函数介绍

(1) 构造方法。

```
Client(client_id = "", clean_session = True, userdata = None, protocol = MQTTv311, transport = "tcp")
```

client_id：将采用唯一客户端 ID 字符串来实现和 MQTT 代理的连接。若为 0 或者为 None，则分配的 ID 是随机生成的，此时 clean_session 参数一定要是 True。

clean_session：布尔值类型，用来确定客户端类型。如果为 True，当断开连接时，

MQTT 代理将移除该客户端的所有信息；如果为 False，客户端则为持久客户端，当断开连接时，订阅信息和消息队列将被 MQTT 保存；当断开连接时，客户端不会丢弃自己发送的消息。调用 connect()或者 reconnect()方法将导致重新发送消息，只有使用 reinitialise()方法可以将客户端重置为初始状态。

userdata：该参数是用户定义的数据，此数据可以为任意类型，并且将被传递给回调函数，存在一定延迟的更新方法是调用 user_data_set()方法。

protocol：一种 MQTT 协议版本，它是供客户端使用的，可以是 MQTTv31 或 MQTTv311。

transport：一种传输形式，默认为 tcp，但如果想通过套接字传输给 MQTT，那就应该修改成 websocket。

(2) connect * ()函数。例如：

```
connect(host, port = 1883, keepalive = 60, bind_address = "")
```

该函数为阻塞函数，代表客户端连接 MQTT 代理。

host：代表了代理的主机名或 IP 地址。

port：连接服务的端口号，默认为 1883。

keepalive：心跳检测时长。

bind_address：绑定此客户端本地网络的 IP 地址。

```
connect_async(host, port = 1883, keepalive = 60, bind_address = "")
```

connect_async()与 loop_start()函数结合使用以非阻塞的形式进行连接，在调用 loop_start()函数之前，连接不会完成。

(3) loop * ()函数。例如：

```
loop(timeout = 1.0)
```

该函数定期调用处理事件。

timeout：最大阻塞的秒数。

```
loop_start()
loop_stop(force = False)
```

loop_start() / loop_stop()函数实现了网络循环的线程接口，在执行 connect * ()函数之前或者之后调用一次 loop_start()函数，后台会自动运行一个线程调用 loop()函数，这样就释放了主线程去执行其他工作，避免发生阻塞，这个调用也处理重新连接到代理。调用 loop_stop()函数则停止后台线程。

```
loop_forever()
```

通过阻塞式网络循环处理事件，它有自动重连的功能，不会返回，除非客户端调用 disconnect()函数。

(4) subscribe()函数。例如：

```
subscribe(topic, qos = 0)
```

该函数订阅一个或多个主题。

topic：消息发布的主题，不能为 None 或者空字符。

qos：消息的服务质量等级，必须为0、1或2，默认为0。

该方法有三种不同的调用方式：

```
# 1.参数为字符串和整数，订阅 topic1
subscribe("my/topic1", 2)
# 2.参数为字符串和整数元组，订阅 topic2
subscribe(("my/topic2", 1))
# 3.参数为字符串和整数元组的列表，订阅 topic1 和 topic2
# 单次调用多个主题，比多次调用 subscribe()函数更有效
# 下面这行代码相当于先后执行 1 和 2
subscribe([("my/topic1", 2), ("my/topic2", 1)])
```

(5) publish()函数。例如：

```
publish(topic, payload = None, qos = 0, retain = False)
```

该函数表示客户端向 MQTT 代理发送一条消息。

topic：消息发布的主题，不能为 None 或者空字符。

payload：发送的消息内容，如果没有赋值或者赋值为 None，则将使用零长度的消息。传递 int 或者 float 型数据将会被转换为该数字的字符串，如果想发送真正的 int 或者 float 型数据，使用 struct.pack()函数去创建。

qos：消息的服务质量等级，必须为0、1或2。

retain：设置为 True，MQTT 代理保留最后一条消息，以便分发给消息发布后的订阅者。

(6) disconnect()函数。例如：

```
disconnect()
```

该函数表示彻底与 MQTT 代理断开，使用该函数断开连接不会让代理发送遗嘱消息。

5.4 LwM2M 协议

5.4.1 LwM2M 协议介绍

1. LwM2M 协议基本介绍

LwM2M(Lightweight Machine-To-Machine)协议是由 OMA(Open Mobile Alliance)提出并定义的一种适用于资源有限终端设备管理的轻量级物联网协议，可以用于快速部署客户端、服务器模式的物联网业务。

LwM2M 协议为物联网设备的管理和应用建立了一套标准，提供了轻便小巧的安全通信接口及高效的数据模型，以实现 M2M 设备管理和服务支持。

2. LwM2M 协议的特点

LwM2M 协议主要具有以下几个突出的特点。

(1) LwM2M 协议采用了风格更加简洁易懂的 REST 架构，在降低开发复杂性的同时提高了系统的可伸缩性。为了更好地适用于资源有限的终端设备，LwM2M 协议舍弃了传统 HTTP 数据传输的方式，选择了更加轻便的 CoAP 来完成消息和数据传递。

(2) LwM2M 协议定义了一个以资源为基本单位的数据模型，结构紧凑高效，同时又具有极佳的扩展性。

(3) LwM2M 协议支持 C/S 架构,主要的实体有 LwM2M 服务器和 LwM2M 客户端。

5.4.2 LwM2M 协议的原理

1. LwM2M 协议的架构

LwM2M 协议的架构如图 5-7 所示。服务器(LwM2M Server)部署在 M2M 服务供应商处或网络服务供应商处,客户端(LwM2M Client)部署在各个 LwM2M 设备上,LwM2M 引导服务器(Bootstrap Server)或智能卡(Smart Card)用于对客户端完成初始的引导。

这些实体之间定义了 4 个接口。

(1) 引导接口(Bootstrap):用于向 LwM2M 客户端提供注册到 LwM2M 服务器的访问信息、客户端支持的资源信息等必要信息。这些引导信息可以由生产厂家预先存储在设备中,也可以通过 LwM2M 引导服务器或者智能卡提前写入设备。

(2) 客户端注册接口(Client Registration):使 LwM2M 客户端与 LwM2M 服务器互联,将 LwM2M 客户端的相关信息存储在 LwM2M 服务器上。客户端只有在完成注册之后才可以与服务器之间进行通信。

(3) 设备管理与服务实现接口(Device Management and Service Enablement):LwM2M 服务器作为主控方,向客户端发送指令,客户端对指令做出回应并将回应消息发送给服务器。

(4) 信息上报接口(Information Reporting):允许 LwM2M 服务器端向客户端订阅资源信息,客户端接收订阅后按照约定的模式向服务器端报告自己的资源变化情况。

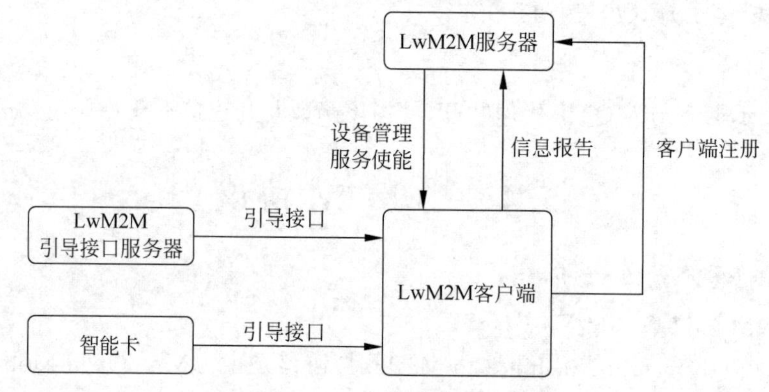

图 5-7 LwM2M 协议的架构

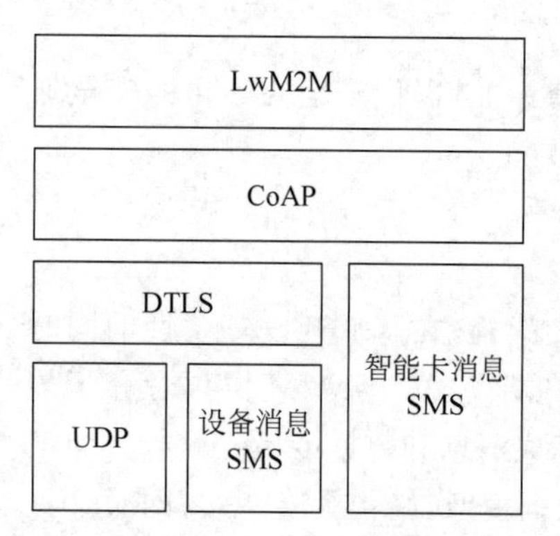

图 5-8 底层协议支撑

LwM2M 属于应用层协议,为了更加适应终端设备的轻量化要求,其使用 CoAP 作为传输层协议。CoAP 使用了基于 UDP 的 DTLS 安全传输协议,与 TCP 相比,其更适合运用在网络资源有限及无法确保设备始终在线的环境里。此外 CoAP 本身的消息结构非常简单,对报文进行了压缩,主要部分可以做到特别小巧,无须占用过多资源,如图 5-8 所示。

2. 数据模型

为了适应资源受限的终端设备,LwM2M 的数据模型同样必须足够简单。LwM2M 协议定义了一个以资源为基本单位的数据模型,所有信息都可以抽象为资源以提供访问。每个资源可以携带数值,可以指向地址,以表示 LwM2M 客户端中每一项可用的信息。LwM2M 客户端可以拥有任意数量的资源。

资源必须存在于对象实例中,对象是逻辑上用于特定目的的一组资源的集合,一个对象可以有多个实例,对象的定义格式如下。

Name (对象名称)	Object ID (对象 ID)	Instances (实例数量)	Mandatory (强制性)	Object URN (对象统一资源名称)

其中,对象 ID 为 16 位无符号整型数据,实例数量可选单一实例(Single)或多个实例(Multiple),强制性可以选择强制(Mandatory)或可选(Optional),URN 格式为 urn:oma:LwM2M:{oma,ext,x}:{Object ID}。

LwM2M 协议预先定义了 8 个对象,如表 5-11 所示。

表 5-11　LwM2M 协议的 8 个对象

对象名称	ID	含　义
Security(安全对象)	0	负载的安全模式,一些算法/密钥,服务器的短 ID 等信息
Server(服务器对象)	1	服务器的短 ID,注册的生命周期,观察的最小/最大周期,绑定模型等信息
Access Control(访问控制对象)	2	每个对象的访问控制权限
Device(设备对象)	3	设备的制造商、型号、序列号、电量、内存等信息
Connectivity Monitoring(连通性监控对象)	4	网络制式、链路质量、IP 地址等信息
Firmware(固件对象)	5	固件包,包的 URI、状态、更新结果等信息
Location(位置对象)	6	经纬度、海拔、时间戳等信息
Connectivity Statistics(连通性统计对象)	7	收集期间的收发数据量,包的大小等信息

与对象相同,一个资源也可以有多个实例,资源的定义格式为:

ID (资源 ID)	Name (资源名称)	Operations (操作类型)	Instances (实例数量)	Mandatory (强制性)	Type (类型)	Description (描述)

其中,操作类型可选 R(Read)、W(Write)或 E(Execute);类型可选 String、Integer、Float、Boolean、Opaque、Time、ObjInk none。

5.4.3　示例

1. 关键代码

LwM2M 协议的主要开源实现有以下几个。

(1) OMA LwM2M DevKit:提供可视化界面与 LwM2M 服务器交互;

(2) Eclipse Leshan:基于 Java 语言,提供了 LwM2M 服务器与 LwM2M 客户端的实现;

(3) Eclipse Wakaama:基于 C 语言,提供了 LwM2M 服务器与 LwM2M 客户端的实现;

(4) AVSystem Anjay：基于C语言，提供了LwM2M客户端的实现。

以下对Wakaama开源协议栈预定义的一些结构体和函数进行介绍。

1) lwm2m_data_t

```
typedef enum                                //枚举类型
{
    LWM2M_TYPE_UNDEFINED = 0,               //对应 0
    LWM2M_TYPE_OBJECT,                      //对应 1
    LWM2M_TYPE_OBJECT_INSTANCE,             //对应 2
    LWM2M_TYPE_MULTIPLE_RESOURCE,           //对应 3
    LWM2M_TYPE_STRING,                      //对应 4
    LWM2M_TYPE_OPAQUE,                      //对应 5
    LWM2M_TYPE_INTEGER,                     //对应 6
    LWM2M_TYPE_FLOAT,                       //对应 7
    LWM2M_TYPE_BOOLEAN,                     //对应 8
    LWM2M_TYPE_OBJECT_LINK                  //对应 9
} lwm2m_data_type_t;
typedef struct _lwm2m_data_t lwm2m_data_t;//用于存储数据

struct _lwm2m_data_t
{
    lwm2m_data_type_t type;                 //数据类型
    uint16_t    id;                         //数据 ID
    union
    {
        bool                asBoolean;      //转换为 bool 类型
        int64_t             asInteger;      //转换为 int64_t 类型
        double              asFloat;        //转换为 double 浮点数类型
        struct
        {
            size_t          length;
            uint8_t *       buffer;
        } asBuffer;                         //转换为 Buffer 类型
        struct
        {
            size_t          count;
            lwm2m_data_t *array;
        } asChildren;                       //转换为数组或对象类型
        struct
        {
            uint16_t objectId;
            uint16_t objectInstanceId;
        } asObjLink;                        //转换为 ObjLink 类型
    } value;
};
```

lwm2m_data_t是协议栈定义的一种标准数据类型，用于存储各种协议中可能用到的数据，其中数据类型与成员之间的对应关系如下。

```
LWM2M_TYPE_OBJECT, LWM2M_TYPE_OBJECT_INSTANCE, LWM2M_TYPE_MULTIPLE_RESOURCE:
value.asChildren
```

```
LWM2M_TYPE_STRING, LWM2M_TYPE_OPAQUE: value.asBuffer
LWM2M_TYPE_INTEGER,LWM2M_TYPE_TIME: value.asInteger
LWM2M_TYPE_FLOAT: value.asFloat
LWM2M_TYPE_BOOLEAN: value.asBoolean
```

2) lwm2m_object_t

```
typedef struct _lwm2m_object_t lwm2m_object_t;
struct _lwm2m_object_t
{
    struct _lwm2m_object_t *    next;              //仅供内部调用
    Uint16_t                    objID;             //当前对象的 ID
    Lwm2m_list_t * instanceList;                   //对象实例的列表
    Lwm2m_read_callback_t       readFunc;          //read()回调函数
    lwm2m_write_callback_t      writeFunc;         //write()回调函数
    lwm2m_execute_callback_t    executeFunc;       //execute()回调函数
    lwm2m_create_callback_t     createFunc;        //create()回调函数
    lwm2m_delete_callback_t     deleteFunc;        //delete()回调函数
    lwm2m_discover_callback_t   discoverFunc;      //discover()回调函数
    void * userData;                          //用户自定义的数据,可存储任意数据类型和大小的指针
};
```

其中,objID 即 Object ID,用于标识当前对象的 ID;instanceList 是对象实例的列表;userData 是用户自定义的数据,可以存储任意数据类型和大小的指针,一般是跟该对象密切相关的信息。

lwm2m_object_t 抽象了客户端实体中的资源,各种资源通过其对应的 URI 进行定位,并在定位之后通过特定的方法对其进行操作,每种方法通常对应一个或一组函数。

LwM2M 定义了资源的标准操作方法,分别对应 6 个事件回调函数(Callback),这些函数在对象收到对应方法请求时会被调用,包括 read()、write()、discover()、create()、delete()、execute(),并且对于特定的标准对象,LwM2M 协议文档规定了每种方法的响应流程。但是对于自定义的对象,可以只实现其中的某种或某几种方法,也可以根据需求自行约定方法的响应方式。6 个回调函数分别如下。

```
typedef uint8_t ( * lwm2m_read_callback_t) (uint16_t instanceId, int * numDataP, lwm2m_data_t
 ** dataArrayP, lwm2m_object_t * objectP);                    //read()回调函数
typedef uint8_t ( * lwm2m_discover_callback_t) (uint16_t instanceId, int * numDataP, lwm2m_
data_t ** dataArrayP, lwm2m_object_t * objectP);              //discover()回调函数
typedef uint8_t ( * lwm2m_write_callback_t) (uint16_t instanceId, int numData, lwm2m_data_t *
dataArray, lwm2m_object_t * objectP);                         //write()回调函数
typedef uint8_t ( * lwm2m_execute_callback_t) (uint16_t instanceId, uint16_t resourceId,
uint8_t * buffer, int length, lwm2m_object_t * objectP); //execute()回调函数
typedef uint8_t ( * lwm2m_create_callback_t) (uint16_t instanceId, int numData, lwm2m_data_t
 * dataArray, lwm2m_object_t * objectP);                      //create()回调函数
typedef uint8_t ( * lwm2m_delete_callback_t) (uint16_t instanceId, lwm2m_object_t *
objectP);                                                     //delete()回调函数
```

这些回调函数根据命名,分别作为实体接收到对应的方法的请求后所触发的动作入口。其中各个参数的含义如下。

instanceId:触发该次事件对象实例的 ID;

dataArrayP：由该次操作返回的数据组成的链表，由用户函数填入，返回给发送方；

numDataP：指出 dataArrayP 中含有的 lwm2m_data_t 数目，由用户函数填入，返回给发送方；

objectP：触发该次事件的 Object 的引用，由协议栈填入；

numData：指明 dataArray 中包含的 lwm2m_data_t 的数目；

dataArray：指向该次事件发生时，接收到的 lwm2m_data_t 数据；

resourceId：触发该次事件的资源 ID；

buffer：指向该次事件发生时，接收到的普通数据；

length：指明 buffer 的长度。

3) lwm2m_context_t

```
typedef struct
{
#ifdef LWM2M_CLIENT_MODE                                        //客户端
    lwm2m_client_state_t state;
    char *                     endpointName;                    //端点名
    char *                     msisdn;                          //用于识别客户的唯一号码
    char *                     altPath;
    lwm2m_server_t *           bootstrapServerList;             //当前服务器列表
    lwm2m_server_t *           serverList;                      //当前连接服务器列表
    lwm2m_object_t *           objectList;                      //当前 object 列表,包含所有管理数据
    lwm2m_observed_t *         observedList;                    //当前 observed 列表
#endif
#ifdef LWM2M_SERVER_MODE                                        //服务器
    lwm2m_client_t *           clientList;                      //所有连接的客户端列表
    lwm2m_result_callback_t    monitorCallback;                 //打印当前状态
    void *                     monitor;                         //指向 lwm2m_context_t 的镜像
#endif
#ifdef LWM2M_BOOTSTRAP_SERVER_MODE                              //启动服务器
    lwm2m_bootstrap_callback_t bootstrapCallback;
    void *                     bootstrap;
#endif
    uint16_t                   nextMID;                         //用于监视 Resource
    lwm2m_transaction_t *      transactionList;                 //业务列表,供代理服务器使用
    void *                     userData;                        //用户自定义的数据
} lwm2m_context_t;
```

lwm2m_context_t 抽象了一个正在运行的服务器、客户端或者启动服务器的实体。其中参数的含义如下。

bootstrapServerList：当前代理服务器列表；

serverList：当前连接服务器列表；

objectList：当前 object 列表，包括所有管理数据；

observedList：当前 observed 列表；

clientList：所有连接客户端列表；

monitorCallback：打印当前状态；

monitor：指向 lwm2m_context_t；

nextMID：供监视 Resource 使用；

transactionList：业务列表，供代理服务器使用。

4）command_desc_t

```
typedef struct
{
    char *              name;       //命令名
    char *              shortDesc;  //命令的简要描述
    char *              longDesc;   //命令的完整描述
    command_handler_t callback;
    void *              userData;   //用户自定义的数据
} command_desc_t;
```

command_desc_t 的功能是处理命令行的操作。当使用命令行输入命令时，callback 会被调用。命令和功能可以根据个人需求添加和修改。最终这些信息都会保存到 lwm2m_context_t 结构体中。

5）lwm2m_client_t

```
typedef struct _lwm2m_client_object_
{
    struct _lwm2m_client_object_ * next;            //与 lwm2m_list_t::next 一致
    uint16_t                       id;              //与 lwm2m_list_t::id 一致
    lwm2m_list_t *                 instanceList;    //实例列表
} lwm2m_client_object_t;

typedef struct _lwm2m_observation_
{
    struct _lwm2m_observation_ *   next;            //与 lwm2m_list_t::next 一致
    uint16_t                       id;              //与 lwm2m_list_t::id 一致
    struct _lwm2m_client_ *        clientP;         //连接的客户端
    lwm2m_uri_t                    uri;             //统一资源标识符
    lwm2m_status_t                 status;
    lwm2m_result_callback_t        callback;
    void *                         userData;        //用户自定义数据
} lwm2m_observation_t;

typedef struct _lwm2m_client_
{
    struct _lwm2m_client_ *        next;            //与 lwm2m_list_t::next 一致
    uint16_t                       internalID;      //与 lwm2m_list_t::id 一致
    char *                         name;            //客户端名
    lwm2m_binding_t                binding;
    char *                         msisdn;          //用于标识客户的唯一号码
    char *                         altPath;
    bool                           supportJSON;
    uint32_t                       lifetime;        //存活时间
    time_t                         endOfLife;       //终止时间
    void *                         sessionH;
    lwm2m_client_object_t *        objectList;
    lwm2m_observation_t *          observationList; //记录对资源的观察情况
```

```
} lwm2m_client_t;
```

lwm2m_client_t 描述了远程客户端的基本信息，其中实体 lwm2m_observation_t 用于在服务器端中记录对应客户端资源的观察情况；sessionH 成员是客户端和服务器的会话记录。

6) lwm2m_server_t

```
typedef struct _lwm2m_server_
{
    struct _lwm2m_server_ * next;           //与 lwm2m_list_t::next 一致
    uint16_t                secObjInstID;   //与 lwm2m_list_t::id 一致
    uint16_t                shortID;        //服务器的 ID, 对于 BootStrap Server,该值可能为 0
    time_t                  lifetime;       //注册的生存时间,以秒为单位
    //填 0 代表默认值 86400 秒,也可用作启动服务器的延迟时间
    time_t                  registration;   //上次注册的时间,以秒为单位
    //或表示启动服务器的客户端延迟时间结束
    lwm2m_binding_t         binding;        //客户端与服务器端的连接方式
    void *                  sessionH;
    lwm2m_status_t          status;
    char *                  location;
    bool                    dirty;
    lwm2m_block1_data_t *   block1Data;     //用于处理 block1 数据的缓冲区
    //应当用 list 替换,以支持服务器的多个 block1 传输
} lwm2m_server_t;
```

lwm2m_server_t 描述了远程服务器实体，这个实体应当只被客户端实体用来记录远端服务器的信息。其中 lwm2m_binding_t 和 lwm2m_status_t 分别记录了与该服务器的通信方式以及与该服务器的通信状态。

2. 流程介绍

使用 LwM2M 完成个人需求，其本质上就是添加一个对象，并完善其对应的一些回调函数，具体流程如下：

(1) 根据源码风格添加 object_objectname. c 文件；

(2) 在 object_objectname. c 文件中添加 objectname_data_t 结构体；

(3) 在 object_objectname. c 文件中添加 prv_res2tlv()函数；

(4) 根据实际需求在 object_objectname. c 文件中添加 prv_ objectname_read()、prv_objectname_write()、prv_objectname_execute()、prv_objectname_create()、prv_objectname_delete()、prv_objectname_discover()等函数，供服务器回调使用；

(5) 在 object_objectname. c 文件添加 display_object_objectname()函数，供打印使用；

(6) 在 object_objectname. c 文件中添加 get_object_objectname()函数，供 userData 初始化；

(7) 在 object_objectname. c 文件中添加 free_object_objectname()函数，供 userData 释放；

(8) 在 object_objectname. c 文件的 main()函数中添加 objArray[LWM2M_objectname_OBJECT_ID]，其中 LWM2M_ objectame _OBJECT_ID 是标识每个 object 唯一 ID 的宏定义；

(9) 在 main 函数中添加 free_object_objectname()函数；

(10) 在 prv_display_objects()函数中添加 display_object_objectname()函数；

(11) 在 lwm2mclient.h 中添加函数声明；

(12) 在 CMakeLists SOURCES 变量中添加 object_objectname.c。

5.5 Modbus 协议

5.5.1 Modbus 协议介绍

1. Modbus 协议基本介绍

Modbus 协议是一种串行通信协议，它广泛应用于工业控制领域。控制器以及其他设备之间可以通过 Modbus 协议实现通信。Modbus 协议定义了一个控制器能识别的消息结构。它对控制器与其他设备之间请求访问和应答回应的过程进行了描述，并对错误检测和记录的规范、报文字段和内容的公共格式做出了明确的规定。按照报文格式的不同，可将其分为 Modbus-RTU、Modbus-ASCII、Modbus-TCP，前两者在串行通信控制网络中应用较多，例如 RS-485、RS-232 等，而后者主要应用于基于以太网 TCP/IP 通信的控制网络中。

2. Modbus 协议的特点

Modbus 协议属于应用层协议，凭借着其开放性、高可靠性、高效简单性、免费等优点，成为了工业领域通信协议的业界标准，是工业现场电子设备之间常用的连接方式。其主要具有以下几个特点。

(1) Modbus 通信结构为一对多的主从查询模式，即主从(Master-Slave)模式。主控设备方作为主节点，将其所使用的协议称为 Modbus Master；被控设备方作为从节点，将其使用的协议称为 Modbus Slave。

(2) Modbus 网络上从节点可以有多个，但主节点有且只有一个。主节点按照通信协议对从节点发出通信请求，从节点收到主节点的请求后，响应后再向主节点回复应答消息。

(3) Modbus 协议是一个标准的、开放的协议，用户可以免费使用。目前，共有超过 400 家厂家、超过 600 种产品支持 Modbus 协议。

(4) Modbus 对如 RS-232、RS-485 等电气接口支持良好，其还可以在各种介质上传输，如双绞线、光纤、无线等。

(5) Modbus 的帧格式简单、紧凑且通俗易懂。这使得用户可以很容易地上手使用，也使得厂商开发变得更简单。

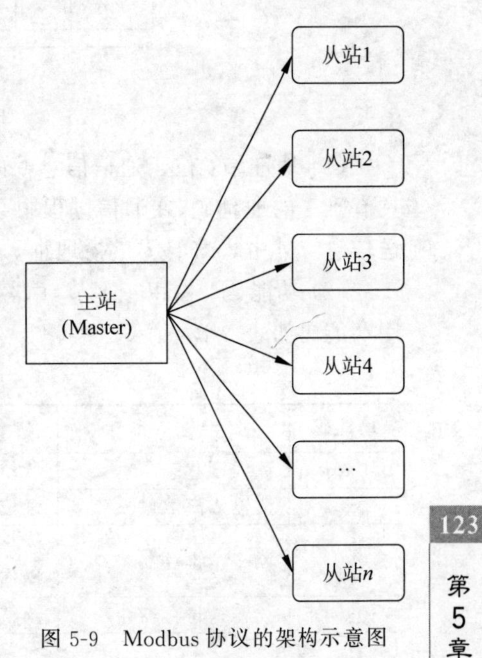

图 5-9　Modbus 协议的架构示意图

5.5.2 Modbus 协议的原理

1. Modbus 协议的架构

Modbus 的工作方式是请求/应答。如图 5-9 所示，在 Modbus 架构中，主站(Master)只有一个，从站

(Slave)有多个,每次通信都是由主站向从站先发送指令,形式可以是向所有从站的广播或是向特定从站的单播。然后从站对指令进行响应,并按要求应答,或者报告异常。当主站没有向从站发送请求时,从站不会自己发出数据,并且从站和从站之间不能直接通信。

在使用TCP通信时,主站为客户端,主动建立连接;从站为服务器端,等待连接。此过程中主站与从站之间的关系如图5-10所示。

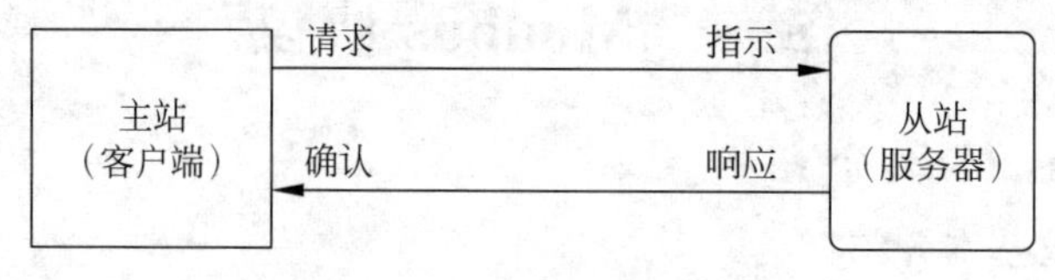

图5-10　TCP通信中主从站关系

Modbus消息服务在TCP/IP网络上连接的设备之间提供客户机/服务器通信,主要有4种类型消息。

(1) 请求:客户端在网络上发送用于启动事务的消息;

(2) 确认:客户端接收到的响应消息;

(3) 指示:服务器收到的请求消息;

(4) 响应:服务器发送的响应消息。

2. 数据单元

Modbus协议定义了一个简单协议数据单元(PDU),它与基础通信层无关。在特定总线或网络上,Modbus协议映射能够在应用数据单元(ADU)上引入一些附加域。

如图5-11所示,应用数据单元由以下4部分组成。

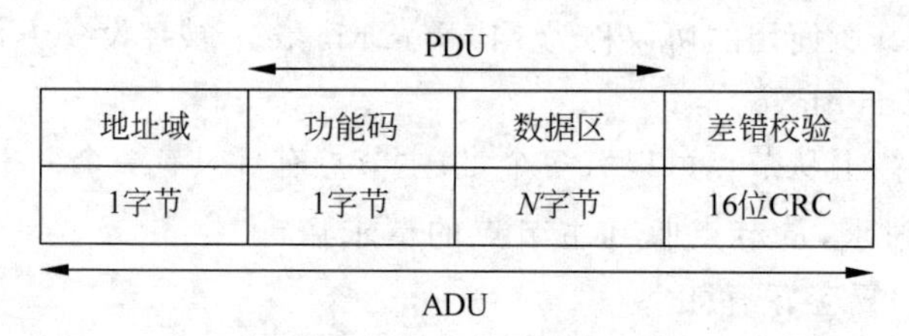

图5-11　数据单元示意图

(1) 地址域:位于通信信息帧的第一字节,可以是0x00～0xFF范围内的值。每个从站具有唯一的地址码,在通信过程中会对地址码进行检查,只有地址码符合的从站才能响应回送信息。其中,0xFF为广播地址。

(2) 功能码:占用1字节,由客户端发起请求,用于向服务器指示将执行哪种操作。常用功能码如表5-12所示。

表5-12　常用功能码

功能码	名　　称	功　　能
0x01	读线圈状态	读位(读 N 位)—读从机线圈寄存器,位操作
0x02	读输入离散量	读位(读 N 位)—读离散输入寄存器,位操作
0x03	读多个寄存器	读整型、字符型、状态字、浮点型(读 N 个字)—读保持寄存器,字节操作
0x04	读输入寄存器	读整型、状态字、浮点型(读 N 个字)—读输入寄存器,字节操作

续表

功能码	名　　称	功　　能
0x05	写单个线圈	写位(写1位)—写线圈寄存器,位操作
0x06	写单个保持寄存器	写整型、字符型、状态字、浮点型(写1个字)—写保持寄存器,字节操作
0x0F	写多个线圈	写位(写 N 位)—强置一串连续逻辑线圈的通断
0x10	写多个保持寄存器	写整型、字符型、状态字、浮点型(写 N 个字)—把具体的二进制值装入一串连续的保持寄存器

(3) 数据区：数据区的内容为二进制数,可以是数据开关量或模拟量的输入/输出,也可以是寄存器、参考地址等。这些数据的参考地址在综合控制装置中均从1开始,但在通信过程中参考地址则是从0开始,所以读写地址 N 时使用的实际地址数据为 $N-1$。

(4) 差错校验码：差错校验区域使用循环冗余码(CRC),包含2字节。用于检验通信数据传送过程中的信息是否有误,错误的数据可以放弃,这样增加了系统的安全和效率。发送设备会计算一次CRC,并将其放置于发送信息帧的尾部。接收设备在接收消息之后,再根据接收到的信息重新计算一次CRC,比较计算得到的CRC是否与接收到的CRC相符。如果两者不相符,则表明出错,该信息应当放弃。

5.5.3 示例

Python中封装了三个与Modbus开发相关的库：modbus_tk、pymodbus以及MinimalModbus。其中,modbus_tk支持完整Modbus协议栈的实现,支持Modbus-TCP与Modbus-RTU两种格式；pymodbus使用twisted(一个Python的异步库)实现了Modbus的完整协议,因而支持异步通信；MinimalModbus则只支持Modbus-RTU的格式。

modbus_tk的下载地址为https://pypi.org/project/modbus_tk/,以下使用modbus_tk模拟一个Modbus Master,对Modbus Slave进行操控。

1. 导入功能包

```
import modbus_tk.modbus_tcp as mt
import modbus_tk.defines as md
```

2. 建立连接

与远程Slave建立连接,监听502端口,并设置超时时间为5秒。

```
master = mt.TcpMaster("192.168.2.20", 502)  //IP地址和端口
master.set_timeout(5.0)                     //超时时间,单位为秒
```

3. 具体操控

之后即可通过execute()方法进行具体操控,该方法原型如下。

```
execute(slave, function_code, starting_address, quantity_of_x, output_value)
```

该方法中各参数的含义如下。

slave：Slave的编号,范围为1～247,为0时表示广播所有的Slave；

function_code：功能码；

starting_address：开始地址；

quantity_of_x：寄存器/线圈的数量；

output_value：一个整数或可迭代的值,例如一个整数数组。

常见操作如下。

```
#取到的所有寄存器的值
val = master.execute(slave = 1, function_code = md.READ_HOLDING_REGISTERS, starting_address = 1,
quantity_of_x = 3, output_value = 5)
#获取第一个寄存器的值
val[0]
#从地址 0 开始,读取 16 个保持寄存器
master.execute(1, md.READ_HOLDING_REGISTERS, 0, 16)
#从地址 0 开始,读取 16 个输入寄存器
master.execute(1, md.READ_INPUT_REGISTERS, 0, 16)
#从地址 0 开始,读取 16 个线圈寄存器
master.execute(1, md.READ_COILS, 0, 16)
#从地址 0 开始,读取 16 个离散输入寄存器
master.execute(1, md.READ_DISCRETE_INPUTS, 0, 16)
#单个读写寄存器操作
#从地址 0 开始,向保持寄存器写入内容 21
master.execute(1, md.WRITE_SINGLE_REGISTER, 0, output_value = 21)
master.execute(1, md.READ_HOLDING_REGISTERS, 0, 1)
#从地址 0 开始,向线圈寄存器写入内容 0(位操作)
master.execute(1, md.WRITE_SINGLE_COIL, 0, output_value = 0)
master.execute(1, md.READ_COILS, 0, 1)
#多个寄存器读写操作
#从地址 0 开始,向 4 个保持寄存器依次写入内容 20,21,22,23
master.execute(1, md.WRITE_MULTIPLE_REGISTERS, 0, output_value = [20,21,22,23])
master.execute(1, md.READ_HOLDING_REGISTERS, 0, 4)
#从地址 0 开始,将 4 个线圈寄存器全部写入 0
master.execute(1, md.WRITE_MULTIPLE_COILS, 0, output_value = [0,0,0,0])
master.execute(1, md.READ_COILS, 0, 4)
```

5.6 本章小结

本章首先介绍了物联网网关在网络层次中的位置及应用场景,在此基础上,从协议简介、协议特点、基本原理、重要性质等几方面针对物联网中常见的几种网关协议 MQTT、HTTP、LwM2M、Modbus 进行了介绍,并对每一种网关协议给出了进行编程实践的案例指导。

5.7 课后习题

1. 知识点考查

(1) 典型的物联网网关协议有哪些？它们的特点是什么？

(2) MQTT 在传输层采用哪种协议,为什么？请仿照 MQTT 客户端的创建方法,通过查找资料,尝试建立简单的 MQTT 服务器。

(3) HTTPS 中的 S 指什么？它与 HTTP 主要有什么区别？

(4) LwM2M 主要是针对什么应用场景设计的?

(5) Modbus 协议采用了什么架构?

2. 拓展阅读

[1] 于海飞,张爱军. 基于 MQTT 的多协议物联网网关设计与实现[J]. 国外电子测量技术,2019,38(11):45-51.

[2] 曾灶荣,陈德基,肖杨. 基于区块链和 MQTT 的物联网通信协议[J]. 电子技术,2022,51(5):15-19.

[3] 叶欣,陈文艺,赵健. 基于 Matlab 物联网网关的 Modbus 协议实现[J]. 测控技术,2013,32(2):77-80.

第三单元
物联网云端系统开发与案例分析

第6章 物联网云平台基础

6.1 物联网云平台概述

6.1.1 背景介绍

自1999年凯文·阿什顿(Kevin Ashton)首次提出物联网(IoT)这一专有名词后,物联网经历了快速的变革,在2016年成为行业新风口。近年来,物联网设备的种类和数量呈指数增长,无疑已经成为一项全球公认能够推动现代生活方式变革的主流技术。

在4G时代之前,在物联网的技术工程方面,硬件和软件平台之间存在明显"隔阂",大部分平台都专注于硬件,只有少数提供物联网软件平台。但随着近几年大数据和云端的发展,越来越多的公司开始在软件平台上着手,以期望在竞争中占据更大的优势。

现在正是物联网高速发展的时期,物联网领域被越来越多的企业关注。诸多知名企业,例如华为、阿里巴巴、腾讯、亚马逊、谷歌和微软等都相继投入物联网云平台的开发。平台的服务对象包括社会和政府,提供了商业及智慧城市的基础项目等服务。

在物联网应用方案内,IoT云平台起到了极其关键的作用。2020年,国家电网河南电力公司通过电网数字化平台的创建,完成了监控并计算光伏新能源和风电新能源参与电力平衡的目标,其中起到关键作用的就是华为云。同样也是在2020年,浙江良渚古城遗址为保障游客的旅游体验和安全,采取措施实时监控人员及安全通道状况。这样数字化和智能化的监管,是阿里云物联网助力实现的。

物联网云平台是一种云计算的产物,是物联网体系结构中的重要一环,起到了承上启下的作用,物联网设备通过它拥有了集中聚集点,它有着良好的设备管理、安全服务、应用扩展和业务开发等能力。同时,对云平台的开发和应用,减少了物联网应用搭建和后期升级开发的成本,因此可以实现低成本且高性能的平台搭建,有助于万物互联的实现。

6.1.2 物联网云平台的体系架构与设计要点

1. 物联网云平台架构

根据功能和逻辑关系,典型的物联网云平台架构如图6-1所示,可以分为连接管理平台(Connectivity Management Platform,CMP)、设备管理平台(Device Management Platform,DMP)、应用使能平台(Application Enablement Platform,AEP)和业务分析平台(Business Analytics Platform,BAP)4个子平台,下面分模块对其进行介绍。

1) CMP

CMP的作用为终端连接的管理和维护,它是基于蜂窝和LTE等运营商网络的。CMP

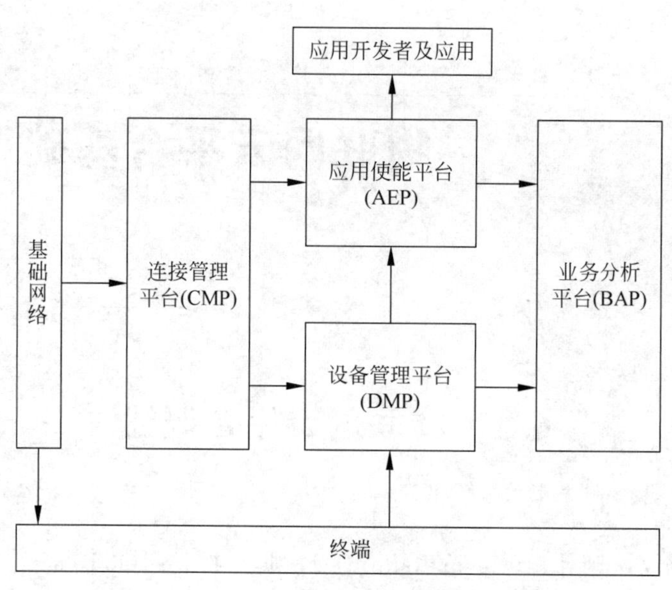

图 6-1　物联网云平台架构

的功能包括号码/IP/Mac 资源管理、SIM 卡控制、网络资源的使用管理、计费管理、故障管理等。

很多运营商都会选择和专业的 CMP 供应商合作，而非自己建设 CMP，这是因为在物联网的连接中，有着很大数量的设备连接，而且单个设备连接每位用户平均收入值低(人连线客户平均收入值的 3%～5%)。Jasper、沃达丰和爱立信是全球主要的 CMP 供应商。在这些主要的供应商中，和全球运营商合作最多的是 Jasper，中国联通的合作者也是它，二者通过宜通世纪展开合作。

2) DMP

DMP 的收费方式是全价收费，它通常会被整合于一个解决方案中，此方案为端到端的全套设备管理解决方案。DMP 有协议解析、信息跟踪、设备管理、远程升级、在线调试等功能。例如，中移物联网云平台 One NET 是一个基于 IaaS 平台的 PaaS 平台，它所提供的云服务是全天候的，可以实现设备与云端之间通道的建立，功能包括面向大连接、对数据进行收集和监控等。由于很多 DMP 供应商同时也供应通信模块及设备，拥有连接设备、通信模块、网关等产品和设备管理平台，所以他们具有提供设备管理整套解决方案的能力。

3) AEP

AEP 是一个快速平台，能够实现物联网应用开发、部署和管理。它可以极大减少软件开发的复杂性，降低开发门槛，从而使得物联网开发的效率得到提升，能够提供可视化或编码开发工具、业务逻辑引擎、云 API、应用服务器等给开发人员，此外，通常还能提供计算、存储、网络访问环境等。典型的 AEP 供应商包括 PTC Thing worx、Able cloud、AWS IoT、Watson IoT Platform 等。

4) BAP

BAP 的作用有人工智能、数据分析等，可以通过分析挖掘数据，从而促成功能跃迁，再反作用于行业应用。BAP 的控制大多是由企业负责的，是因为有很多数据及业务场景会被涉及。目前来说，BAT 还处于发展阶段，若能够突破人工智能技术和数据感知层搭建的进度限制，那么 BAT 才有望进入成熟状态。

当前主流的物联网云平台，如阿里云 IoT、腾讯云 IoT 以及华为云 IoT 等，主要是基于设备管理和应用使能子平台，并根据企业的应用场景，将以上 4 种子平台进行一定整合的结果。

2. 物联网云平台架构设计的基本原则

物联网云平台需要完成三个“面向”的任务：面向终端用户，能够进行良好的设备支持；面向外部系统，能够完成及时的信息交互；面向企业应用，能够实现高效的数据处理。

1）终端的设备支持

物联网云平台的数据窗口由后台管理、移动 App 管理以及 PC 端管理组成。其中，后台管理一般由后端工程师实现，通过物联网云平台管理功能，为爱好者和开发者提供良好的二次开发环境。移动端管理一般由 Android 工程师负责，可以针对不同的场景进行组合控制，通过定时控制、一键控制等功能，使用户享受更加智能的体验。PC 端管理一般由前端工程师完成，通过用户、设备、应用场景、任务管理等模块，辅助智能设备制造商和开发者实现的功能有注册登录、修改密码等。

设备模块的功能有模板和设备的创建、设备通道的生成和数据的显示以及对于设备所有者进行增删改查；应用场景模块为一种设备组，可以提供给用户进行绑定，达到一键绑定多个设备的功能；任务管理模块的功能有设备对任务的定时、例行以及触发等设置，让设备能够拥有一些特殊功能。

2）外部的信息交互

IoT 云平台是一个为开发者提供硬件开发所需信息的平台，如当智能设备与物联网云平台之间相互通信时，所订阅和发布的主题信息等；借由该平台，开发者也能把智能设备的设备信息传送到移动 App 端，这样移动 App 就可以绑定设备。物联网云平台的功能有存储和显示设备所有数据以及为移动 App 提供接口以获取设备上传信息和发出控制设备信息。手机 App 与物联网云平台之间的交互是通过 HTTP 实现的。然而，物联网云平台与智能硬件之间的通信是通过 HTTP 或 MQTT 协议实现的。物联网云平台实现了设备上传数据的接收，并通过 MongoDB 存储数据，这一方式为用户查询提供了方便。

3）应用的数据处理

通过订阅通道，IoT 云平台能够获取各种数据，数据可以属于不同设备数据类型，获取数据后还可以实现对数据的整理。开发人员可以查看正在上传数据的智能设备，如果在某些设备上出现传输预警或上传了触发事件的信息，开发者能够实现对设备的预先设置，同时，使用者的移动 App 还会收到来自于云平台的预警信息，通过预警信息的输入或者上传信息，可以实现对设备的直接设置。

3. 架构化的优点与常用架构

采用架构思想设计物联网云平台，具有以下优点：

(1) 简化物联网云平台的开发体系结构，减少用户开发项目的工作量，用户无须构建复杂的网络，无须重新构造主机处理器代码，无须开发后台软件，无须学习专门的编程或脚本语言，且开发难度较低，项目失败的风险更小。

(2) 加快将产品上市的物联网云平台架构，使用户节省开发时间，加快连接设备和移动应用程序的开发。它能将设备和手机应用连接起来，并且能够独立地连接到云中的抽象端点,从而在系统集成阶段减少了许多问题。

(3) 与企业内部模式相比,成本低,物联网云平台体系结构按需获取平台处理能力,降低建设成本。

以当前流行的基于 MVC 的云计算平台体系结构为例。该架构将单个应用分为模型(模型)、视图(视图)和控制器(控制器)三个基本模块,而这三个模块通过最小的耦合实现了工作的协同,因此应用获得了较高的可扩展性和可维护性。虽然直接发送请求到数据库,并且采用 HTML 显示的方式开发得比较迅速,但是由于数据页面的分离不能直接反映出商业模型或模型的重用性,而且产品设计的弹性强度很小,很难满足用户的可变性需求。MVC 要求应用层次化,虽然需要额外的工作量,但产品结构清晰,使得产品应用能通过模型体现。

6.1.3 物联网云平台的主要功能与核心技术

物联网云平台的特征是将物联网和云计算技术融合在一起,设备上的数据信息会被它上传到云,因此就可以获得更高性能的计算分析能力,从而设备应用就能有更高的活力。

对于典型的物联网系统,能够把它分为感知层、网络层、应用层这几个层次,在其他的一些层次结构中,有的应用层会进一步被分成平台服务层和应用服务层这两个层次。前者的作用是实现对终端设备和资产的“管、控、营”一体化。通过网络传输层连接感知控制层,它可以向下提供网络服务器和连接端口,除了向下的作用,它还可以向上提供数据传输和控制接口给应用服务层,而且还有为业务提供可靠便捷的通用服务能力,例如应用整合、数据流转、云 API 等。其他层次在前述章节中已然提及,此处不再赘述。下面介绍物联网云平台一些主要的功能以及它的核心技术。

1. 物联网云平台的主要功能

物联网云平台根据设备模板批量生产设备,设备根据自己的数据通道上传到云,云平台通过数据通道发出指令控制设备。在该过程中,涉及的主要功能有:

1) 设备管理

设备即 IoT 中的 T,是整个物联网的基础。为方便设备管理,云平台中引入设备模板的概念。设备模板的作用是把物联设备的共性提取出来,然后根据提取出的共性,将设备的特征抽象为各种类型,再对此类设备的模板进行进一步的定义。由此,在物联网云平台上就可以实现设备的批量生产。

2) 场景功能

场景功能包括场景定义、设备组合定义、设备组合下的设备列表定义等。应用场景的设置,使定制设备组功能成为现实。开发者可以灵活地根据场景进行设备集成、集中监控、App 一键控制等功能。

3) 通信功能

物联网云平台可以通过 HTTP 或 MQTT 协议来实现消息传递。考虑硬件设备和网络情况的限制,基于发布/订阅范式的 MQTT 协议应用愈发广泛。

4) 数据可视化

物联网云平台可以在设备的不同时间段显示各种数据,如空调开关、温度、预警信息、运行时间等数据。

5）海量数据处理

考虑物联网产生的数据量较大，一般采 MySQL 或 MongoDB 数据库。其中，MongoDB 由于其大容量、分布式的特点正得到越来越广泛的应用。

6）任务调度

任务调度是通过规定设备的定时、间隔、例行和触发等来实现的实时操作。

(1) 定时任务。实现对任务的定时，让任务的开启或关闭是根据所设定好的时间进行的，可以进行定时的任务包括对设备进行开关、温度、亮度等设定。

(2) 间隔时间任务。例如，每隔 20 分钟，对智能鱼缸进行温度数据采集。其中，20 分钟是间隔时间条件，温度采集是设备动作，这些操作的整体代表了一个间隔时间任务。

(3) 例行时间任务。例行时间的意思是重复时间周期中的相同时间点，设备会在设置的例行时间内自动执行任务。闹钟就是其中的一个例子，例如工作日上午 7 点启动闹钟。

(4) 启动任务。实现对任务的启动，启动的条件是设备受到某个之前设置过的触发条件，从而开始动作的执行。

7）安全和权限管理

物联网云平台对于安全的管理可以简单分为用户侧安全和平台侧安全。平台侧安全主要从感知层、传输层和应用层三个层次进行针对性的管理，7.3 节对此进行了详细的介绍。对于用户侧安全，物联网云平台则主要通过用户管理、角色管理和部门管理来限定用户的操作权限，从而对平台的安全进行保障。

2. 物联网云平台的核心技术

1）Restful API

因为在 Restful API 中，前端和后端、后端和移动端都是分离的，所以端间的交互需要借助 API 的调用来实现。因此，为了使物联网云平台的二次开发过程得到简化，并让其解决方案更加高效方便，需要提供完整的 API 调用文档。

2）MQTT 协议

MQTT 协议在电源数量、电池电量等方面具有优势，更加适用于多资源敏感的物联网场景。使用中需要自行构建、维护和扩展代理服务器，以便使 MQTT 协议和云应用程序相互连接。

3）MongoDB

MongoDB 具有分布式、高并发、易扩展等特点，为物联网中海量数据的存储和处理提供了保障。

4）安全机制

物联网云平台的安全由多种技术保证，例如平台采用一种基于 Token 的认证机制，在每次 HTTP 请求中都包含用户登录和身份信息的 Token 值用于头请求。

(1) Token 头请求。基于 Token 的认证机制，在每次 HTTP 请求中都包含了用于头请求的用户登录和身份信息的 Token 值。

(2) Redis 存储 Token。使用 Redis 存储 Token 信息，实现基于内存和持久性的日志类型。同时，通过 Redis 认证可以快速读写用户的 Token 信息，保证 Token 的信息安全。

(3) 支持主从复制。主机自动将数据同步到从机，可进行读写分离。

6.2 典型的物联网云平台

6.2.1 阿里云物联网平台

1. 阿里云物联网平台简介

阿里云物联网平台为一体化平台，它将数据安全通信、设备管理及消息订阅等能力进行了集成。向下的功能有能够连接海量设备，并且可以采集到设备的数据，再将数据上传到云端；向下的功能有能够提供云端API，有了云端API，服务端就能够把指令下发到设备端，从而远程控制就能被实现。

阿里云旗下的物联网平台为用户设备提供可靠、高质量并且安全的通信连接能力。一方面为主机设备连接云端API；另一方面与用户海量的设备相连。它把用户设备采集的数据向上发送到云端，接下来服务端口以利用云端API调用的方式再向用户设备向下发送指令，达到对用户设备远程控制的目的。图6-2是物联网云平台消息的通信流程。

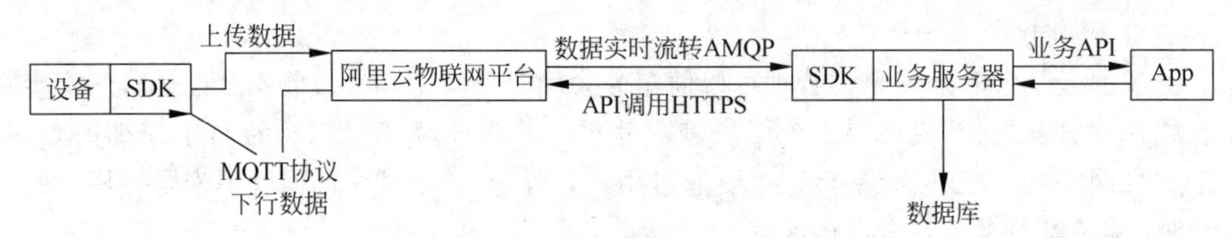

图6-2 物联网云平台消息的通信流程

设计完成一套完整的设备消息通信流程，需要包括设备端的设备开发、云端服务器的开发(云端SDK的配置)、数据库的创建以及手机App的开发等多个步骤。

消息通信链路则包括上行数据链路和下行指令链路。

(1) 上行数据链路是设备端通过MQTT协议与物联网云平台建立长连接的上行数据链路，并通过设备(指定Topic和Payload的Publish)向上报告数据到物联网云平台。

(2) 下行指令链路是ECS业务服务器利用基于HTTPS基础上的API接口Pub，向Topic输送指令，并向物联网云平台发送数据，继而物联网云平台利用MQTT协议，通过指定Topic和Payload的Publish来输送数据，将数据传送到设备端。

2. 平台功能

物联网云平台主要具备设备接入、设备管理、规则引擎等功能，为各类物联网应用和平台管理者提供方便。

1) 设备接入

大量设备能够通过物联网云平台可与云连接，设备和云端的双向通信是借助IoT Hub实现的，而且通信的稳定性和可靠性能够得到保证，除了上述功能外，其余的功能如下。

(1) 设备开发：提供SDK设备端和驱动等，使不同网关、设备较简单地与阿里云连接。

(2) 设备网络接入：提供各种网络设备接入方案，如2G、3G、4G、5G、NB-IoT和LoRa WAN，以解决企业异构网络管理设备接入的痛点。

(3) 设备通信协议访问：提供多种协议的设备端SDK，例如MQTT、CoAP、HTTP、HTTPS等。它能同时满足较长连接和较短连接的需求，对于前者，其能够保证实时性；对于后者，其能够保证低功耗。

(4) 不同语言或者平台的SDK功能：对多种平台的设备端代码进行开源，指导多平台使用相同或相似的代码，使企业可以在不同的平台上访问设备。

2) 设备管理

能够实现的功能为完整的设备生命周期管理，例如支持数据解析、功能定义、空中下载技术(Over-The-Air Technology，OTA)升级、联机调试、远程配置、实时监控以及对于设备的注册删除及分组等功能，这些功能的具体实现如下。

(1) 设备物模型使得应用开发得到简化；

(2) 若发生设备下线更改，会进行通知，因此设备的状态会得到实时的传送；

(3) 数据能够被存储，用户可以文件对文件进行上传操作，大容量数据存储以及实时存取能够得到实现；

(4) 可以实现OTA升级，通过远程终端实现设备的升级；

(5) 针对目前存在的当无线网络不稳定、通信的可靠性得不到保障的痛点，提供了一种机制，实现设备影子缓存，让设备得以与应用分离。

3) 安全能力

物联网云平台具有多重防护，为设备和云端数据提供有效保障。物联网云平台安全保障方法分为以下几种：身份认证、通信、规则引擎以及功能项说明。下面分别简单介绍这些方法。

(1) 身份认证安全防护。它的安全管理机制为芯片级安全存储方案(ID^2)及设备密钥，通过此机制设备密钥被破解的难度极高，因此显著提升了安全级别。

设备认证机制包括一机一密和一型一密这两种机制。二者的适用场景不同，前者适用的是具有提前进行大批量分配设备证书的能力；而后者适用的情况是设备证书不能保证被烧录到对应设备上，此时的生产场景是批量生产。因为一机一密机制的每一个设备芯片都能被烧录上设备证书，所以设备被攻破的安全风险能得到减少，有着很高的安全级别。而在一型一密机制中，设备预烧产品证书(包括产品密钥Product Key和产品机密Product Secret)获取设备证书(包括设备机密Device Secret、设备名称Device Name和产品密钥Product Key)的方式是在认证时动态获取的，因此安全级别普通。

(2) 通信安全防护。适用设备的特性为有充足的硬件资源并且对功耗的敏感性不高，它支持的数据传输通道有TLS(MQTT、HTTPS)和DTLS(CoAP)。通过通信安全防护，数据的机密性和完整性可以得到保障，具有较高的安全级别；能够保障设备与云端之间通信的安全，方式是应用设备权限管理机制；能够有效避免设备越权等问题的发生，方式是设备级别的通信资源(主题等)隔离。

(3) 规则引擎安全防护。属于某产品的全部设备中的单个或多个类型消息都会被服务器端订阅，获取订阅的消息的方式是借助消息队列(AMQP)客户端或消息服务(MNS)客户端；依据配置的数据流转规则，指定主题消息的指定字段就可以通过物联网云平台流转到目的地，然后对其进行存储和计算处理；通过配置简单规则，就可以使得设备数据到其他设备的无缝流转得到实现，完成了设备之间的规则联动。

(4) 功能项说明安全防护。

① 数据转发到AMQP服务端，通过AMQP客户端监听消费组，订阅消费组服务端能够获取消息；

② 数据转发到消息队列 Rocket MQ,应用消费设备数据的稳定性和可靠性能够得到保障;

③ 数据转发至消息服务,消费设备数据的可信度和稳定性能够得到保障;

④ 数据转发到表格存储,提供设备数据采集和结构化存储的联合方案;

⑤ 数据转发到 Data Hub,提供设备数据采集和大数据计算的联合方案;

⑥ 数据转发到云数据库 RDS,提供设备数据采集和关系数据库存储的联合方案;

⑦ 数据转发到时序数据库,提供设备数据采集和时序数据存储的联合方案;

⑧ 数据转发至函数计算,提供设备数据采集和事件计算的联合方案。

3. 平台架构

构建物联网应用的基础是将设备与物联网云平台连接,因此数据的实时通信能够得到实现,同时,后者可以实现设备数据的流转,将数据流转至其他阿里云产品内,以实现数据的存储及处理。本节将按照图 6-3 所示阿里云物联网平台产品架构针对每个部分进行说明。

图 6-3 阿里云物联网平台产品架构①

(1) IoT SDK。

每当提供 IoT SDK 的物联网云平台,其中用户设备生成 SDK 之后,就可以安全地访问物联网云平台,用户也就能进行设备管理、数据互通等操作,但是用户需要注意,可以生成 IoT SDK 的设备必须支持 TCP/IP。

(2) 设备接入。

物联网云平台提供各类设备端 SDK、设备认证方式,支持 MQTT、CoAP、HTTP 等多种协议,因此能够保证设备上云的高速度。在设备上云后和云端的双向数据交流是借助 IoT Hub 实现的,并且数据交流具有稳定性和可靠性。IoT Hub 具有下列特性。

① 高性能扩展: 拓展方式为线性动态扩展,在同一时间连接的设备数量可以达到十亿。

① 图 6-3 引自阿里云物联网平台的官方介绍。

② 全链路加密：在数据传输过程中，安全性能够保证，整个通信链路的加密方式是RSA和AES。

③ 消息实时到达：通过握手时间的减少来达成消息实时到达的目的。方式是一旦设备与IoT Hub之间的数据通道成功建立，那么两者会保持长连接。

④ 支持数据透传：因为IoT Hub可以把数据转移到自己的服务器中，转移方式是二进制透传，而且对于数据做不保存的处理，所以数据的安全可控性能够得到保证。

⑤ 支持多种通信模式：RRPC与PUB/SUB都属于IoT Hub支持的通信模式，以满足用户在不同场景下的需求。其中，PUB/SUB是基于主题进行的消息路由。

(3) 消息通信。

通过配置规则实现设备、服务器和物联网云平台之间具体消息的同步、转换、场景连接、广播通信以及RRPC通信等功能，并实现通信信息的存储、同步、过滤、转换等。在以上提到的消息通信方式和通信消息功能中，场景联动和通信消息的转化相对较难以理解，因此在此对场景联动以及通信消息的转化进行简单介绍。

① 场景联动为在规则引擎里的一种开发自动化业务逻辑的编程方式，能够实现可视化的编程，简单来说就是用户可以使用可视化的编程对设备设定规则，并且将其设定在云端或是边缘区域。而每个场景联动规则又由触发器、执行条件以及执行动作构成，这里可以联想条件函数，当触发器指定事件发生时，系统会判定执行条件是否符合，如果符合则执行动作，如果不符合则不会执行。

② 通信消息的转化首先不能将其脱离实际设备来分析，而是应将设备、服务器、物联网云平台与通信消息转化进行相互联系。可以得知：通信消息多由设备本身或是服务器传出，而物联网云平台则是众多服务器的载体，因而通信信息转化实际发生于设备或服务器与云平台之间。要想了解通信信息的转化，可以根据简单的例子来理解。如果用户选择A而非B，则说明用户对A有某种倾向，那么服务器则根据其选择来进一步试探用户偏好。换句话来说就是将用户对A的某种未知偏好转化为一种已知的偏好。

(4) 设备管理。

物联网云平台为用户提供功能丰富的设备管理服务，包括生命周期、设备分发、设备分组、设备影子、设备拓扑、物模型、数据解析、数据存储等。设备管理服务中的生命周期服务能够参与设备的全生命周期，参与的方式是设备智能连接和数字化管理，其主要功能有：实现故障发生频率的降低，方式是对设备进行预防性修理；实现服务成本的减少，方式是通过远程监控完成程序的上下载；有助于完成精确营销创造，通过分析大数据，可以将数据增值服务提供给用户，创新精益管理也能够得到实现。

(5) 监控运维。

物联网云平台支持OTA升级、在线调试、日志服务、远程配置、实时监控、远程维护等功能。用户所最为熟知的是移动设备软件以及系统的升级，即OTA升级；在线调试则是在设备端开发完成后，从控制台下发指令到设备端进行功能测试；而日志服务包括可在推送指令后在实时日志中观看操作日志、设备出现问题以及其他正常时段的日志等。

(6) 数据分析。

物联网开发者所需要的数据智能分析服务可以通过阿里云的数据分析得到实现。该服务的功能是依靠对物联网数据特点的分析而实现的，通过它的海量数据的存储备份、资产管理、数据服务和报表分析等功能，企业用户可以完成对物联网数据价值的充分挖掘。

(7) 安全认证和权限策略。

在 IoT 中，安全毫无疑问是一个重要的话题。阿里云物联网平台有多重防护的功能，能够实现对设备和云端数据安全的保障。

物联网云平台会为联网的 MQTT 设备分配唯一密钥信息，设备使用密钥信息进行身份验证连接物联网云平台。针对不同安全等级和产线烧录的要求，物联网云平台为开发者提供了多种设备认证方式，同时授权粒度精确到设备级别，任何设备只能在自己的主题发布、订阅消息。服务端也必须凭借阿里云访问密钥才能对账号下所属的主题进行操作。

4. 平台特点

(1) 简单广泛的设备接入能力：在设备端提供 SDK，通过快速高效连接，实现设备上云；具有广泛的设备兼容性，支持全球各地、异构网络、多协议设备等；设备规模可以自动、稳定地扩充，达到上亿级规模，且设备到平台的消息处理时延在 50 毫秒内。

(2) 支持私有协议数据解析：支持云上脚本托管，实现了自定义协议解析。

(3) 强大的高并发能力：数百万并发容量，可以水平扩展架构。内核消息处理系统采用无状态架构，没有单点依赖，消息发送失败可以自动重试。

(4) 可操作性强：即开即用，在控制台设备 SDK、云 SDK 之间可以结合使用；设备管理一致性，设备实时监控，与阿里云产品无缝连接，可以方便地构建物联网复杂应用；支持物模型，不需要定制数据格式，解决了数据结构化问题，便于进行数据分析和可视化；具备完整的监视和报警配置，方便对平台和业务的异常情况进行及时感知。

(5) 安全可靠：防护 2.0 版本(三级保护)，提供多重保护，保证设备数据安全；接入层采用高抗 IP 技术，防止 DDoS 攻击；装备认证保证了设备的安全性和唯一性；支持 TLS 加密设备的数据传输链，保证数据不被篡改；内核密钥和数据加密存储器防窃取；云盾护卫和权限检查确保云安全。

5. 应用场景

物联网云平台支持大量设备稳定连接、实时在线使用，支持云调用 API 低延时发布指令，提高了用户对各个场景的体验，同时方便了用户的生活。下面是典型的物联网云平台应用场景。

(1) 共享充电宝。

设备一旦进入物联网云平台，就会把充电宝的电量和借出状态等信息实时上报到云端。使用者扫码后，云端发出低延迟时间的指令给充电宝，使其弹出，供用户使用。与此同时，企业运营人员也能实时了解充电宝的运行情况，防止出现借出后不能使用的情况，如图 6-4 所示。

(2) 智能音箱。

播报音箱需要接入物联网云平台，待用户扫码完成支付后，用户所选音乐将通过音箱实时播放，如图 6-5 所示。

(3) 智能家居。

智能家用电器中的智能插座是一个物联网云平台的例子，客户可以远程查看智能插座的使用状况，还可以控制插座开关，降低由于大功率的电器而造成危险的可能性。

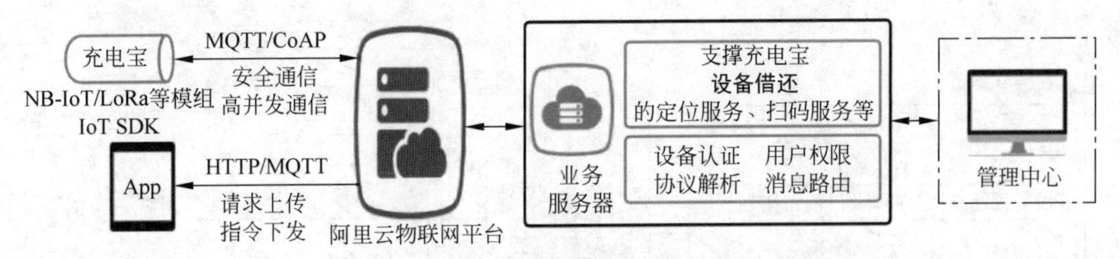

图 6-4 共享充电宝应用示意

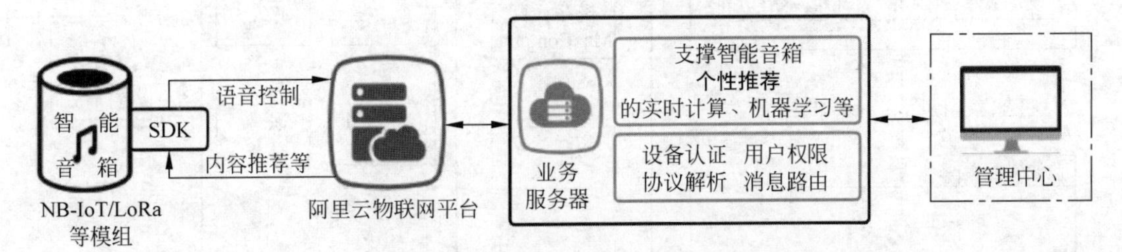

图 6-5 智能音箱应用示意

同时，用户可以使用一机一密的方式稳定接入海量设备，防止黑客对设备批量进行攻击，如图 6-6 所示。

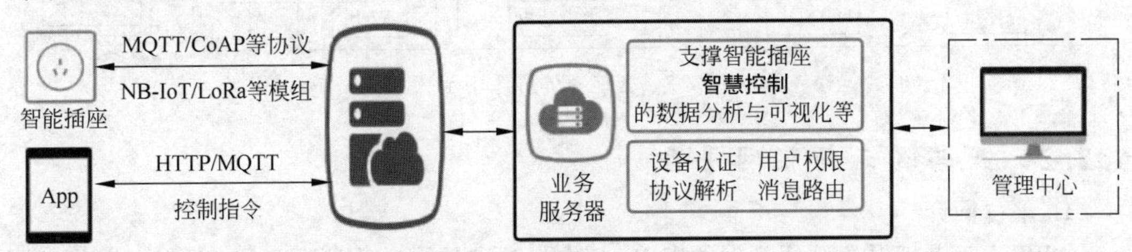

图 6-6 智能家居应用示意

（4）智慧农业。

农业中利用通信网络和多种传感器，对农业大棚相关的数据进行实时监控。通过 RS-485 总线将传感器连接到网关，再通过网关与物联网云平台相连，达到在云平台上体现问题并且处理问题的目的，如图 6-7 所示。

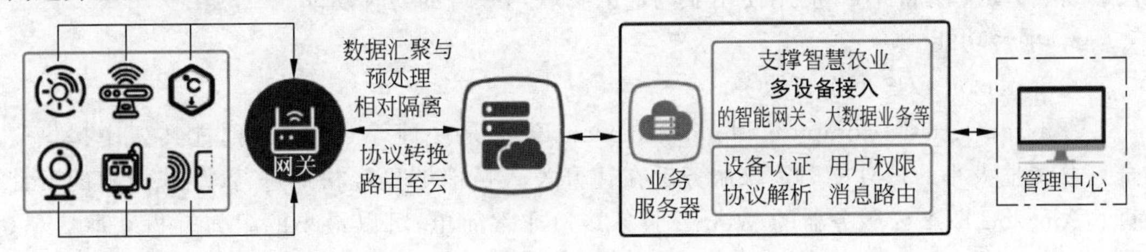

图 6-7 智慧农业应用示意

（5）智能媒体屏。

媒体屏连接物联网云平台后，云端能实时感知设备状态并进行管理，同时通过智能化的内容运营，使媒体屏内容实时更新。由此，不仅实现了智能的精细化运营，也大幅降低了人工维护的成本、提高了效益，如图 6-8 所示。

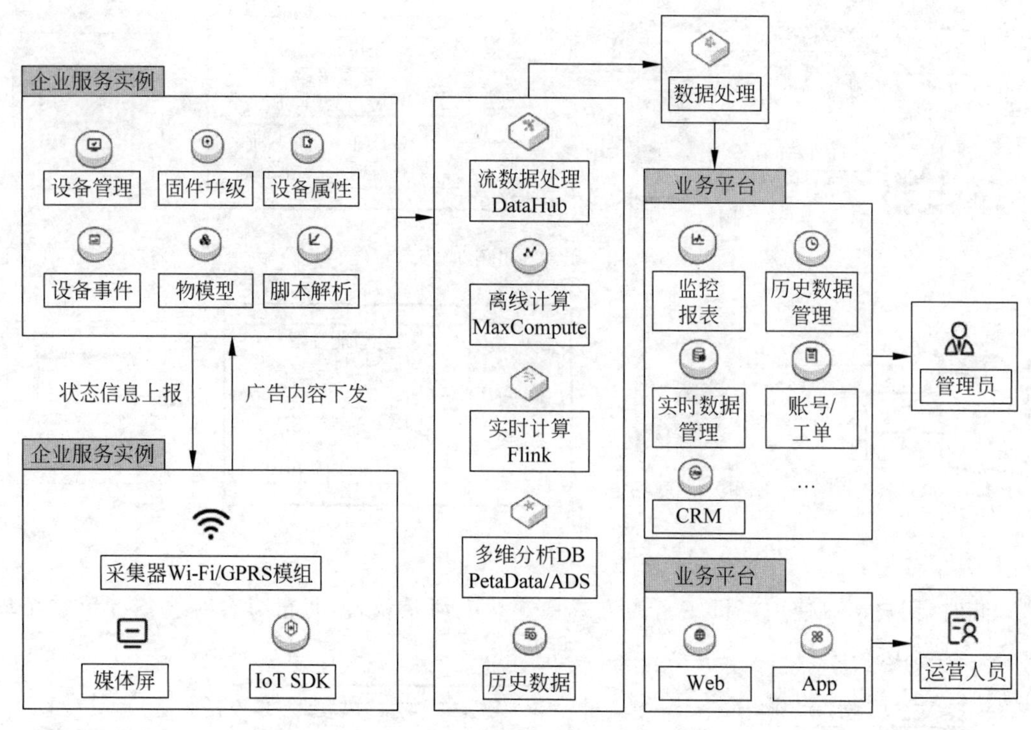

图 6-8　智能媒体屏应用示意

6.2.2　亚马逊云物联网平台

1. 平台简介

AWS IoT 是亚马逊公司开发的以 PaaS 作为基础的一个物联网云平台，它可以将不同种类的设备连接到 AWS 云，用云中的应用程序与联网设备进行交互、联系，方便用户使用亚马逊网络服务(Amazon Web Services，AWS)。同时，用户能通过使用 AWS 构建 IoT 应用程序，收集、处理和分析设备联网时生成的数据并对其进行过滤、分析等操作，全程不需要任何基础设施的管理。AWS IoT 为用户提供了软件开发包，让开发者能够方便地通过联网设备、移动应用和 Web 应用使用亚马逊云物联网平台的各种功能。

2. 平台功能

1) Amazon EC2 网页云服务

Amazon Elastic Compute Cloud(Amazon EC2)是一种 Web 云服务，能在云中提供安全且可调整大小的计算能力。该服务旨在让开发人员能够更轻松地进行 Web 规模的云计算。Amazon EC2 云服务器的 Web 云服务接口非常简单，可以最小的阻力轻松获取容量，随之配置容量。使用该服务，将能完全控制计算资源，并能在亚马逊成熟且行之有效的计算环境中运行。

Amazon EC2 云服务器提供最广泛、最深入的计算平台，可选择处理器、存储、联网、操作系统和购买模式。此功能提供最快的云处理器，是唯一的 400Gb/s 以太网网络云。它还拥有最强大的针对机器学习培训和图形工作负载的 GPU 云服务器实例，以及云中每次推理成本最低的云服务器实例。与其他任何云相比，AWS 能运行更多的 SAP、HPC、机器学习和 Windows 工作负载。Amazon EC2 云服务器的特点如下。

(1) 可靠、可扩展、按需支配型基础设施。在几分钟(而不是几小时或几天)内增加或减少容量。SLA 承诺为每个 Amazon EC2 云服务器区域提供 99.99%的可用性。每个区域至少由三个可用区组成。Gartner 已将 AWS 区域/AZ 模型,视为一种值得推荐运行方式,适用于要求高可用性的企业应用程序。

(2) 保护应用程序安全。使用 AWS Nitro 系统,虚拟化资源会卸载到专用硬件和软件中,从而最大限度减少攻击面。锁定安全模式可禁止管理访问,从而消除人为错误和篡改的可能性。AWS 支持 89 项安全标准和合规性认证,包括 PCI-DSS、HIPAA/HITECH、FedRAMP、GDPR、FIPS 140-2 和 NIST 800-171,这比任何其他云提供商都更具意义。

(3) 拥有优化成本的灵活选项。仅按需支付所需的计算资源。有了基于 AWS Graviton2 的云服务器实例或基于 AMD 的云服务器实例,性价比实现大幅提升。Amazon EC2 云服务器 Spot 可以用于大数据、容器、Web 云服务和 CI/CD 等具有容错能力的工作负载,从而降低成本或提高性能。AWS 优惠政策提供高达 72%的 Amazon EC2 云服务器实例使用价格,不分云服务器实例系列、大小、操作系统、租期或 AWS 区域。

(4) 易于迁移和构建应用程序。可以通过 AWS 迁移工具、AWS Managed Services 或 Amazon Lightsail 快速入门。AWS 专业服务、AWS Support 和 AWS Training and Certification 全程为用户提供帮助。成千上万 APN 合作伙伴帮助公司构建、推广和销售其 AWS 产品。

2) Amazon Simple Storage Service 对象存储服务

Amazon Simple Storage Service(Amazon S3)是一种对象存储服务,提供行业领先的可扩展性、数据可用性、安全性等。这意味着各种规模和行业的客户都可以使用 Amazon S3 来存储并保护各种用例(如数据湖、网站、移动应用程序、备份和还原、存档、企业应用程序、IoT 设备和大数据分析)的数据,容量不限。Amazon S3 提供了易于使用的管理功能,因此用户可以组织数据并配置精细调整过的使用权限控制,从而满足特定的业务、组织和合规性要求。Amazon S3 可达到 99.999 999 999%(11 个 9)的持久性,并为全球各地的公司存储数百万个应用程序的数据。Amazon S3 是专为从任意位置存储和检索任意数量的数据而构建的对象存储。接下来介绍 Amazon S3 的特点。

(1) 行业领先的性能、可扩展性、可用性和持久性。扩展或缩减用户存储资源,以满足不断变化的需求,无须前期投资或资源采购周期。Amazon S3 可达到 99.999 999 999%(11 个 9)的数据持久性,因为 Amazon S3 会自动创建并存储跨多个系统的所有 Amazon S3 对象的副本。这意味着用户的数据在需要时可用,并可抵御故障、错误和威胁。Amazon S3 还能自动实现强有力的写后读一致性,既不会产生成本,又不会对性能或可用性产生影响。

(2) 丰富且经济高效的存储类。通过跨越所有 Amazon S3 存储类(以相应速率支持不同数据使用级别)存储数据,在不牺牲性能的情况下节省成本。用户可以使用 Amazon S3 存储类分析,来发现哪些数据应根据使用规律移动到成本较低的存储类,然后配置 Amazon S3 生命周期策略,进而执行传输。用户还能将那些使用规律变幻不定或未知的数据,存储在 Amazon S3 智能分层中,该技术会根据使用规律的变化,为对象分层并自动想办法节省成本。使用 Amazon S3 Outposts 存储类,用户可以满足数据驻留要求,并使用 Outposts 上的 Amazon S3 将数据本地存储在用户的 Outposts 环境中。

(3) 高安全性、合规性和审核功能。将用户的数据存储在 Amazon S3 中,并使用加密功能和使用权限管理工具,避免数据在未经授权的情况下被盗用。Amazon S3 是唯一可在存储桶或账户级别,屏蔽所有对用户对象进行公有访问的对象存储服务。Amazon S3 能维护合规计划(如 PCI-DSS、HIPAA/HITECH、FedRAMP、欧盟数据保护指令和 FISMA),从而帮助用户满足法规要求。Amazon S3 与 Amazon Macie 集成,可用于发现并保护敏感数据。AWS 还支持很多审计功能,可用于监控对 Amazon S3 资源的访问请求。

(4) 轻松管理数据和使用权限控制。Amazon S3 为用户提供强大的功能来管理访问、成本、复制和数据保护。Amazon S3 接入点功能使用共享数据集,使用户可以通过特定权限来轻松管理应用程序的数据访问。Amazon S3 复制功能可管理区域内或其他区域的数据复制。Amazon S3 批量操作可帮助管理涵盖数十亿个对象的大规模更改。Amazon S3 Storage Lens 提供了对对象存储使用量和活动趋势的组织范围可见性。由于 Amazon S3 可与 AWS Lambda 配合使用,用户可以记录活动、设定提醒并自动执行工作流程,而无须管理其他基础设施。

(5) 就地查询和请求时处理。使用就地查询服务,在用户的 Amazon S3 对象中运行大数据分析。使用 Amazon Athena 借助标准 SQL 表达式查询 Amazon S3 数据,并使用 Amazon Redshift Spectrum 分析存储在 AWS 数据仓库和 Amazon S3 资源中的数据。用户还可使用 Amazon S3 Select 检索对象数据的子集,而无须浪费时间检索整个对象,从而将查询性能大幅提升。借助 Amazon S3 Object Lambda,用户可以将自己的代码添加到 Amazon S3 GET 请求中,以便在数据返回到应用程序时修改和处理数据。这可用于筛选某些行、动态调整图像大小、隐去或遮蔽机密数据,或者以其他方式修改数据。用户的自定义代码按需执行,无须创建和存储数据的衍生副本,也不需要对应用程序进行更改。

(6) 云存储服务。通过与 AWS 合作伙伴网络(APN,最大的技术和咨询云服务提供商社群)合作,在 Amazon S3 中存储并保护用户的数据。APN 可识别将数据传输到 Amazon S3 的迁移合作伙伴,以及那些为主存储、备份和还原、存档和灾难恢复提供 Amazon S3 集成式解决方案的存储合作伙伴。用户还可直接从 AWS Marketplace 购买 AWS 集成式解决方案。

3) Amazon Aurora 数据库服务

Amazon Aurora 是一种与 MySQL 和 PostgreSQL 兼容的关系数据库,专为云而打造,既具有传统企业数据库的性能和可用性,又具有开源数据库的简单性和成本效益。Amazon Aurora 的速度最高可以达到标准 MySQL 数据库的 5 倍、标准 PostgreSQL 数据库的 3 倍。它可以实现商用数据库的安全性、可用性和可靠性,而成本只有商用数据库的 1/10。Amazon Aurora 由亚马逊关系数据库服务(Amazon Relational Database Service,RDS)完全托管,RDS 可以自动执行各种耗时的管理任务,例如硬件预置以及数据库设置、修补和备份。

Amazon Aurora 采用一种有容错能力并且可以自我修复的分布式存储系统,这一系统可以把每个数据库实例扩展到最高 128TB。它具备高性能和高可用性,支持最多 15 个低延迟读取副本、时间点恢复、持续备份到 Amazon S3,还支持跨三个可用区(AZ)复制。用户可以访问 Amazon RDS 管理控制台,创建第一个 Aurora 数据库实例并开始迁移 MySQL 和 PostgreSQL 数据库。下面介绍 Amazon Aurora 的特点。

(1) 高性能和可扩展性。其吞吐量最高可以达到标准 MySQL 的 5 倍、标准

PostgreSQL 的 3 倍。这种性能与商用数据库相当，而成本只有商用数据库的 1/10。用户可以根据需要，轻松地将数据库部署从较小的实例类型扩展到较大的实例类型，或者让 Aurora Serverless 自动为用户处理扩展。要提高读取容量和性能，用户可以跨 3 个可用区添加最多 15 个低延迟读取副本。Amazon Aurora 可以在需要时自动增加存储，每个数据库实例最高 128TB。

(2) 高可用性和持久性。Amazon Aurora 旨在提供高于 99.99% 的可用性，可跨 3 个可用区复制 6 份数据，并能将数据持续备份到 Amazon S3 中。它能以透明的方式从物理存储故障中恢复，实际故障转移用时通常不超过 30 秒。用户也可以在几秒内回溯到以前的时间点，以从用户错误中恢复。使用全球数据库，单个 Aurora 数据库可以跨越多个 AWS 区域，从而实现快速本地读取和快速灾难恢复。

(3) 高度安全。Amazon Aurora 可以为用户的数据库提供多个级别的安全性，其中包括使用 Amazon VPC 进行网络隔离、使用用户通过 AWS Key Management Service(KMS) 创建和控制的密钥执行静态加密，以及使用 SSL 对动态数据进行加密。在加密的 Amazon Aurora 实例上，底层存储中的数据会被加密，在同一个集群中的自动备份、快照和副本也会被加密。

(4) 与 MySQL 和 PostgreSQL 兼容。Amazon Aurora 数据库引擎可与现有的 MySQL 和 PostgreSQL 开源数据库完全兼容，还会定期实现对新版本的兼容性。这意味着用户可以使用 MySQL 或 PostgreSQL 导入/导出工具或者快照，将 MySQL 或 PostgreSQL 数据库轻松迁移到 Aurora。这也意味着用户用于现有数据库的代码、应用程序、驱动程序和工具能够与 Amazon Aurora 配合使用，只需对其进行少量更改或不需要更改。

(5) 完全托管。Amazon Aurora 由 Amazon Relational Database Service(RDS) 完全托管，用户再也无须担心硬件预置、软件修补、设置、配置或备份等数据库管理任务。Aurora 会自动持续监控用户的数据库并将其备份到 Amazon S3，因此可以实现精细的时间点恢复。用户可以使用 Amazon Cloud Watch 增强监控功能或者 Performance Insights 这种可以帮用户快速检测性能问题并且易于使用的工具来监控数据库的性能。

(6) 迁移支持。Amazon Aurora 可与 MySQL 和 PostgreSQL 兼容，是一种将数据库迁移到云的出色工具。如果用户要从 MySQL 或 PostgreSQL 迁移，可以参阅迁移文档，查看可以使用的工具和选项列表。如果用户要从商用数据库引擎迁移，可以使用 AWS Database Migration Service 来实现安全迁移并尽可能缩短停机时间。

4) AWS Lambda 计算服务

AWS Lambda 是一种无服务器的计算服务，让用户无须预置或管理服务器，创建可感知工作负载的集群扩展逻辑、维护事件集成或管理运行时，即可运行代码。借助 AWS Lambda，用户几乎可以为任何类型的应用程序或后端服务运行代码，而且完全无须管理。只需将用户的代码以 ZIP 文件或容器映像的形式上传，AWS Lambda 便会自动、精确地分配计算执行能力，并根据传入的请求或事件运行用户的代码，以适应任何规模的流量。用户可以将用户的代码设置为自动从 200 多个 AWS 服务和 SaaS 应用程序触发，或者直接从任何 Web 或移动应用程序调用。用户可以使用自己喜欢的语言(Node.js、Python、Go、Java 等)编写 AWS Lambda 函数，并使用无服务器和容器工具(例如 AWS SAM 或 Docker CLI) 来构建、测试和部署用户的函数。下面介绍 AWS Lambda 的特点。

（1）无须管理服务器。AWS Lambda 可以自动运行用户的代码，而用户无须配置或管理基础设施。只需编写代码，并以 ZIP 文件或容器镜像的形式上传到 AWS Lambda。

（2）持续扩展。AWS Lambda 可通过运行代码以响应每个事件来自动扩展用户的应用程序。用户的代码将并行运行并逐个处理每个触发器，按照工作负载的大小精密扩展，从每天几个请求扩展到每秒数千个请求。

（3）通过毫秒计量优化成本。使用 AWS Lambda 时，用户只需按使用的计算时间付费，因此用户永远不会为过度预置的基础设施付费。按代码执行时间（以每毫秒为单位）和代码触发次数收费。使用 Compute Savings Plan，用户可以额外节省高达 17%的费用。

（4）任意规模都能获得一致的超高性能。借助 AWS Lambda，用户可以通过为函数选择合适的内存大小来优化代码执行时间。用户还可以启用"预配置并发"使函数保持初始化状态，并准备好在两位数毫秒内进行响应。

5）Amazon Virtual Private Cloud 虚拟私有云服务

Amazon Virtual Private Cloud（Amazon VPC）是一个让用户能够在自己定义的逻辑隔离的虚拟网络中启动 AWS 资源的服务。用户可以完全掌控自己的虚拟联网环境，包括选择自己的 IP 地址范围、创建子网以及配置路由表和网络网关。用户可以将 IPv4 和 IPv6 都用于 VPC 中的大多数资源，从而有助于确保安全、轻松地访问资源和应用程序。

作为 AWS 的基础服务之一，Amazon VPC 使得自定义 VPC 的网络配置变得容易。用户可以为 Web 服务器创建一个能访问互联网的公有子网。用户还可以将后端系统（如数据库或应用程序服务器）安置在无 Internet 访问的私有子网中。Amazon VPC 让用户可以使用安全组和网络访问控制列表等多种安全层，帮助对各个子网中 Amazon EC2 实例的访问进行控制。下面介绍 Amazon VPC 的特点。

（1）保护和受监控的网络连接。Amazon VPC 提供了高级安全功能，使用户可以在实例和子网级别执行入站和出站过滤。此外，用户还可以在 Amazon S3 中存储数据并限制访问，使得只能从 Amazon VPC 中的实例访问这些数据。Amazon VPC 还具有监控功能，可让用户执行带外监控和内联流量检查等功能，从而帮助用户筛选和保护流量。

（2）简单设置和使用。利用 Amazon VPC 的简单设置，用户可以花更少的时间在设置、管理和验证上，这样，用户可以集中精力构建在 Amazon VPC 中运行的应用程序。用户可以使用 AWS 管理控制台或命令行界面（Command Line Interface，CLI）轻松创建 VPC。从常用网络设置中选择并找到最适合用户的需求的匹配后，Amazon VPC 会自动创建所需的子网、IP 范围、路由表和安全组。配置网络后，用户可以利用 Reachability Analyzer 轻松验证网络。

（3）可自定义虚拟网络。Amazon VPC 使用户可以选择自己的 IP 地址范围，创建自己的子网以及配置通往任何可用网关的路由表，从而帮助用户控制虚拟网络环境。用户可以通过 Web 服务器创建一个面向公众的子网来自定义网络配置，将后端系统（如数据库或应用程序服务器）安置在私有子网中。利用 Amazon VPC，用户可以确保将 Amazon VPC 配置为适合用户的特定业务需求。

6）Amazon Lightsail 虚拟专用服务器服务

Amazon Lightsail 是一款易于使用的虚拟专用服务器（VPS），它为用户提供构建应用程序或网站所需的一切，并提供经济高效的每月计划。无论用户是初次使用云还是希望通过使用信赖的 AWS 基础设施快速开始使用云，都能满足用户的需求。

Amazon Lightsail 是较简单的工作负载、快速部署和 AWS 入门的理想选择。它旨在帮助用户从小规模开始,然后随着用户的发展而扩展。下面介绍 Amazon Lightsail 的特点。

(1) 简化的配置。托管的环境中,Amazon Lightsail 会自动配置网络和安全环境,启动服务器时无须再进行这些操作。

(2) 安全的网络。Amazon Lightsail 服务器在用户信任的 AWS 网络上运行,可让用户以安全方式轻松配置网络,包括 IP 地址、DNS、防火墙等。

(3) 强大的 API。使用简单灵活的 Amazon Lightsail API 扩展应用程序或将其与外部应用程序集成。

(4) 高可用性存储。每个 Amazon Lightsail 服务器都配备有基于 SSD 的高性能持久性存储。

(5) 高扩展性服务。随着用户的想法的发展,Amazon Lightsail 负载均衡器可以轻松应对增加的流量和更重的工作负载。此外,用户可以通过在项目中使用其他 AWS 服务来充分利用 AWS。

7) Amazon Sage Maker 机器学习服务

Amazon Sage Maker 通过整合专门为机器学习(ML)构建的广泛功能集,帮助数据科学家和开发人员快速准备、构建、训练和部署高质量的 ML 模型。

最全面的 ML 服务,使用专用工具为机器学习开发的每个步骤加速创新,包括标签、数据准备、功能工程、统计偏差检测、自动机器学习、训练、调优、托管、可解释性、监控和工作流。下面介绍 Amazon Sage Maker 的特点。

(1) 自动构建、训练和调优模型。Amazon Sage Maker Autopilot 选择最佳的预测算法,并自动构建、训练和调优机器学习模型,而不会损失任何可见性或控制力。

(2) 最多可节省 70%的数据标记成本。Amazon Sage Maker Ground Truth 使用户可以更轻松地为各种使用案例(包括 3D 点云、视频、图像和文本)更准确地标记训练数据集。

(3) 准备 ML 数据的最快、最简单的方法。Amazon Sage Maker Data Wrangler 可将准备 ML 数据所需的时间从数周缩短至几分钟。只需单击几下,用户就可以完成数据准备工作流的每个步骤,包括数据选择、清理、浏览和可视化。

(4) ML 专用功能库。Amazon Sage Maker Feature Store 提供一个存储库,用于存储、更新、检索和共享 ML 功能。Sage Maker Feature Store 为 ML 模型提供一个一致的功能视图,使得生成高度准确预测的模型容易很多。

(5) 更快地训练高质量模型。Amazon Sage Maker 提供内置调试程序和分析工具,使用户可以在将模型推向生产之前,确定并减少模型中的训练错误和性能瓶颈。

(6) 一键式部署到云。Amazon Sage Maker 可以轻松在生产环境中一键式部署用户的受训模型,以便用户开始针对实时或批量数据生成预测。

(7) 提高边缘设备上模型的质量。Amazon Sage Maker Edge Manager 可帮助用户优化、保护、监控和维护边缘设备群上的机器学习模型,以确保部署在边缘设备上的模型正常运行。

3. 平台架构

亚马逊云物联网平台主要组件如图 6-9 所示。以下分别介绍各部分服务组件。

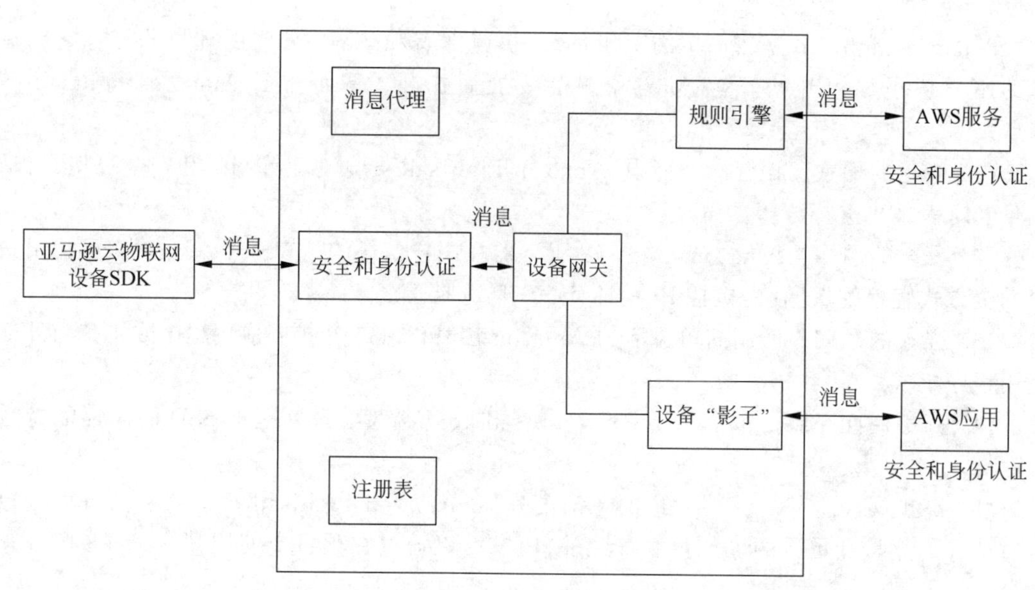

图 6-9　亚马逊云物联网平台组件结构

1）规则引擎

(1) 简介。规则引擎针对业务代码与业务规则相互分离问题，实现 IoT 应用程序的构建，从而与其他 AWS 服务一起，全面收集、处理和分析互联设备生成的数据，并根据分析结果执行相关操作。

(2) 运行机制。在此过程中，规则引擎会根据用户定义的业务规则，对发布到 AWS IoT 上的消息进行评估和转换，最后将处理后的消息传输到其他设备或云服务中，无须用户对任何基础设置进行管理。规则引擎可对单个或多个设备的数据应用该规则，并行实现一种或多种操作。规则引擎提供多种数据转换的功能，并且可以通过 AWS Lambda 实现更多的功能。在使用 AWS Lambda 中，可以执行 Java、Node. js 或 Python 代码，以便能更加灵活地处理设备数据。规则引擎可以将消息路由到 AWS 终端节点，也能在外部终端节点使用 AWS Lambda 等进行连接。

(3) 应用要点。用户可以利用 AWS 管理控制台、AWS 命令行界面或 AWS IoT 应用编程接口(API)创建规则，对各种设备的数据应用该规则。用户可以在管理控制台中直接创建规则，或使用类似 SQL 的语法编写规则。同时，根据不同的消息内容，用户可以创建不同表示形式的规则。当然，用户也可以在不干预实体设备的情况下更新规则，降低更新以及维护大量设备所花费的成本。规则的使用，使用户的设备能够与 AWS 服务进行充分交互，减少管理的成本。

用户可以利用规则来完成以下任务：从设备接收或过滤数据；将从设备所接收的数据写入 Amazon Dynamo 数据库中；将文件保存到 Amazon S3；使用 Amazon SNS 向所有用户推送通知；将数据发布到 Amazon SQS 队列上；使用 Lambda 提取数据；使用 Amazon Kinesis 处理来自设备的消息；将数据发送到 Amazon Elasticsearch Service；捕获 Cloud Watch 指标；更改 Cloud Watch 警报；从 MQTT 服务器发送数据到 Amazon Machine Learning，实现基于 Zon ML 模型的预测；在 AWS IoT 执行上述操作之前，用户必须授予其访问 AWS 资源执行操作的资格，否则用户将承担使用 AWS 服务的费用。

2）消息代理

(1) 简介。AWS IoT 消息代理采用发布/订阅服务，为设备和 AWS IoT 应用程序互相发布和接收消息提供安全保障的一种通信机制。

(2) 运行机制。当客户端设备与 AWS IoT 进行通信时，客户端会发送某一主题消息，进而消息代理会将该消息发送给所有注册并选择接收该主题消息的客户端。在这个过程中，发送消息的行为称为"发布"，注册接收该主题消息的行为则被称为"订阅"。

(3) 应用要点。消息代理包含所有客户端的会话列表和每个客户端对于主题消息的订阅。当发布某个主消息时，消息代理首先会对所有的会话进行检查，之后找出该主题的会话，然后代理将其转发给当前连接该客户端的所有会话。消息代理支持直接使用 MQTT 协议或是 WebSocket 上的 MQTT 协议，借此进行消息的发布以及订阅。另外，消息代理也支持使用 HTTP REST 接口来发布消息。

3）设备网关

(1) 简介。设备网关使用发布/订阅模型交互消息，实现一对一以及一对多的通信模式。

(2) 运行机制。AWS IoT 设备网关可以帮助实现设备与亚马逊云物联网平台间安全、高效的通信，使设备之间能够互相连通，不受所使用协议的限制。通过一对多的通信模式，AWS IoT 支持互联设备向具有特定主题的多个订阅用户广播发出数据。

(3) 应用要点。设备网关支持专用协议和传统协议，如 MQTT 协议、HTTP。AWS IoT 设备网关可以随着设备数量增长而自动扩展，同时其具有能在全球范围内保证低延迟和高吞吐量的特性。

4）安全和身份认证

(1) 简介。每个连接的设备必须具有访问消息代理或设备影子服务资格的证书，以确保 AWS 云中数据的安全性。

(2) 运行机制。为了保证设备证书的私密性，将其安全地发送到消息代理，AWS IoT 采用了传输层安全协议(Transport Layer Security，TLS)。当 AWS IoT 和其他设备、AWS 服务之间互相传输数据时，AWS 安全机制可以确保数据的安全。用户负责管理 AWS IoT 中的设备证书，为每个设备分配唯一的身份，用以获得管理设备或设备组的许可。设备根据 AWS IoT 连接模型，通过安全的连接以及用户所选不同身份建立连接。AWS IoT 规则引擎根据用户定义的规则，将设备数据转发到其他设备和其他 AWS 服务上，使用 AWS 访问管理系统来实现数据的安全传输。AWS IoT 消息代理程序会对用户的所有操作进行身份认证和授权。消息代理将负责对用户设备进行认证，以便在遵守用户制定的设备访问权限之际，能安全地获取设备数据。

(3) 应用要点。AWS IoT 支持 4 种身份认证，分别是 IAM 身份认证、Amazon Cognito 身份认证、X.509 证书和自定义身份验证。用户可以在移动应用程序、Web 应用程序或桌面应用程序中，通过 AWS IoT CLI 命令使用上述 4 种身份认证方式。每种设备使用身份认证方式各有不同，其中 AWS IoT 设备使用 X.509 证书，移动应用程序使用 Amazon Cognito 身份认证，Web 和桌面应用程序使用 IAM 身份认证，CLI 命令使用 IAM 身份认证。

5）注册表

(1) 简介。AWS IoT 的事件注册表，用于帮助用户管理跟设备相关的资源。

(2) 运行机制。事件可以是物理设备,也可以是逻辑实体,例如某些应用程序或物理实体的实例。注册表为每个设备分配了唯一身份,借此以元数据的形式描述设备的功能,同时它允许用户不花费额外费用观察设备元数据。

(3) 应用要点。用户需在一定时间内访问或更新一次注册表项,以免表中元数据过期。

6) 设备"影子"

(1) 简介。AWS IoT 为每个设备创建永久性的虚拟版本或"影子",用以存储设备的最新状态、期望状态等信息,以确保在 AWS 云中能持久地提供设备表征。

(2) 运行机制。设备处于离线状态时,设备影子也会为每台设备保留其离线前最新报告的状态和期望状态。基于此服务,应用程序或其他设备可以随时读取来自该设备的消息,并与其进行交互,应用程序可以设置设备未来某时刻的期望状态。AWS IoT 会将设备的期望状态和当前报告的状态进行比较,找出差异并且指导设备消除差异。用户可以通过 API 或规则引擎来检索设备的最后报告状态或设置期望状态。

(3) 应用要点。使用 AWS IoT 设备 SDK,可以实现用户设备状态与其"影子"状态的同步,并通过"影子"设置期望状态。设备的"影子"功能可以让用户在一段时间内免费存储设备的状态,但需要用户每隔一段时间更新一次设备"影子",以免其设备状态过期。

4. 平台特点

(1) 海量数据。AWS IoT 支持应用于多种设备和海量数据的处理,可以帮助保留企业在全球范围内存储、分析互联设备生成的数据,对这些数据进行处理,并在保证数据安全的条件下,将数据传输至 AWS 终端节点和其他设备。按照用户定义的规则,用户可以使用 AWS IoT 对设备数据进行快速筛选、转换和处理,还能根据需要实时对规则进行更新,应用在新的设备和应用程序功能上。

(2) 多种协议。AWS IoT 支持 HTTP、WebSocket 和 MQTT 等协议,最大程度地压缩代码所用空间,降低带宽需求。AWS IoT 同时也支持其他行业标准和自定义协议功能,这也保证了不同协议的设备同样可能互相通信。

(3) 安全认证。AWS IoT 提供所有连接点的身份验证和各个服务端、客户端之间的加密服务,利用可靠标识来实现设备和 AWS IoT 之间的数据交换。而用户可以通过应用权限保护功能,设置设备和应用程序上的访问权限,保证用户的隐私。

(4) 设备影子。AWS IoT 保存设备的最新状态,通过为每个联网设备和设备状态信息创建虚拟版本或"影子"的方式,可以对设备状态进行实时读取或设置,因此对应用程序而言,设备似乎始终处于在线状态。但是,即使设备处于断开状态,应用程序依然可以读取设备的状态,同时允许用户对设备状态进行设置,且在设备连接后加载出用户所设置的设备状态。

6.2.3 华为云物联网平台

1. 平台简介

华为云建立于 2011 年,是国内领先的云服务平台,尤其是在云计算和物联网方面,其服务对象已经遍及全世界 170 多个国家和地区。华为云专注于公有云服务,采用按需付费的商业模式,为用户提供稳定、安全、弹性伸缩的数据服务能力,让云计算技术真正地为普通大众服务。

华为云是华为的云服务品牌，用在线的方式将华为30多年在ICT基础设施领域的技术积累和产品解决方案开放给客户，致力于提供稳定可靠、安全可信、可持续创新的云服务，做智能世界的“黑土地”，推进实现“用得起、用得好、用得放心”的普惠AI。华为云作为底座，为华为全栈全场景AI战略提供强大的算力平台和更易用的开发平台。

IoT业务的快速发展需要终端接入解耦、能力开放、安全可靠的平台作为支持。华为给用户提供了一个接入独立、安全可靠、开放灵活的通信平台——华为云物联网平台，帮助企业和行业用户应用实现快速集成，构建物联网端到端整体解决方案。

与生态合作伙伴共同推进物联网、车联网、智慧城市、智慧园区、电力等多个行业的战略目标，是华为在物联网领域的战略目标。作为物联网战略的核心层，华为云物联网平台面向工业用户和设备厂商，提供万物互联平台，通过开放的API向下接入各种传感器、终端和网关，为客户提供快速的集成化服务。提供丰富的设备管理功能，如设备生命周期管理、设备状态监测、OTA升级、规则引擎等，帮助用户对访问设备进行可视化管理。

2. 平台功能

华为云物联网平台提供安全、可靠的全连接设备管理，推动产业变革，构建物联网生态。下面重点介绍华为云物联网平台的功能。

(1) 大量设备的连接管理。华为云物联网平台可以屏蔽接入协议的异同，解耦应用和设备，为上层应用提供统一格式的数据，简化终端厂商开发内容，使应用提供商专注于自己的业务开发。通过HTTPS+MQTT、LwM2M、CoAP、本地MQTT等协议，华为云物联网平台支持设备接入该平台，并提供系列Agent Lite、Agent Tiny、NB-IoT模块等，便于终端快速集成设备。

(2) 产品模型。确定一种设备和它所提供的服务能力的特征信息，描述这种设备是什么、可以做什么以及如何控制它。在设备型号注册成功后，所有符合此设备型号的智能设备都能快捷地访问平台，使用同一规则引擎。

(3) 设备访问权限。物联网云平台和设备之间的消息传输支持多种安全协议，包括HTTPS、MQTT、DTL。连接到物联网云平台之前，需要先在物联网平台开立账户，物联网云平台会将设备接入时需要的设备ID、PSK码、密钥等信息返回。实际设备访问时，需要携带云平台所分配的信息，以便物联网云平台认证设备的身份，从而防止设备的非法访问。

(4) 设备存取授权。任何应用存取设备都有严格的权限控制，每个用户、应用只能在有访问权的资源上运行。一种应用可以为另一种应用授予访问权限，但授权不传递，应用A授权给应用B，应用B授权给应用C，与应用C给应用C授权不同。智能城市建设中存在着消防、水务等多种行业应用，城市管理者可将消防应用和水务统一授权给城市管理统一应用，以实现消防和水务的跨行业联动。

(5) 设备“影子”。设备“影子”中总是存储设备的最新状态。用户可以脱机修改设备属性，而不管设备是否在线。在联机状态下，设备“影子”直接同步配置到设备；脱机时，设备“影子”将指令存储起来，等上线后同步到设备上。设备“影子”存在的情况下，应用不必担心网络不稳定，设备“影子”能保证配置不丢失。因此，设备无须长时间联机，可以延长设备电池的寿命，降低设备维护成本。

(6) 设备远程管理。物联网云平台支持通过空中下载(Over the Air, OTA)升级设备的软件和固件，即客户可通过自定义升级的计划和策略对设备进行升级，大大提高了用户对海量设备的升级效率。与此同时，物联网云平台还提供了可视化的软件固件包管理界面，使用户可以轻松地管理不同设备、不同版本、不同升级路径的软固件包。

(7) 使能灵活开放的应用。华为云物联网平台为汽车联网、智慧园区等领域提供了商业组件、大数据分析工具等行业组件。提供 Ocean Booster 服务的华为云物联网平台，可在线实现无码化的业务编排，第三方应用开发者通过图形化拖曳的方式，快速完成行业套件业务流的制作和发布，实现应用的快速开发和上线。该平台提供开放给第三方应用开发者的海量 API，开放设备管理、数据管理、数据分析和规则引擎等功能，帮助快速孵化行业应用。程序开发人员通过调用 API 来实现对设备的增、删、改、查、采集、发出命令和推送信息。

(8) 精确高效的大数据分析。在华为云物联网平台上，整合大数据分析服务，可以对物联网领域的大数据进行实时、离线分析处理。通过将采集到的车辆位置、车辆运行数据、车辆设备等数据进行实时分析，获得车辆的遥测信息以及最终上报的位置信息，从而实现大数据的实时处理，大大提高行车效率。API 开放分析结果能有效地提高汽车制造商对车辆的管理水平，提升驾驶员的驾驶体验。

(9) 全面安全防护。互联网的本质决定了物联网安全的重要性，其对信息、网络、数据、生命财产、国家政治、经济安全的威胁无处不在。互联网时代、海量设备接入、丰富的应用类型以及用户隐私保护都对物联网安全提出了更高的要求。华为云物联网平台提供了全面的安全保障，具体包括以下内容。

① 业务层的安全性。具有身份认证、商业认证、防止抵赖、防止重放等安全保护措施，以保证业务层的完整性和保密性。

② 平台层的安全性。具有业务环境安全保护措施，如软件完整性校验、操作系统加固、数据库加固、容器加固；具备组网隔离、安全组、防 DoS 攻击、IDS(Intrusion Detection System、入侵检测系统)等组网部署安全保护措施；具备账户管理、日志管理等运维安全保护措施；具备个人数据保护等数据安全保护措施。

③ 接入层的安全性。具有身份认证、传输加密、防篡改、防欺诈等安全保护措施。

④ 终端层的安全性。采用轻量级安全协议，适合低功耗、弱处理能力的终端需求。在功能较弱的终端被恶意攻击者劫持后，从平台端对终端进行异常检测和隔离，以弥补终端功能的不足。

3. 平台架构

华为云物联网平台以物联网、云计算、大数据等核心技术为基础，构建统一、开放的物联网云平台。提供多种安全可靠的接入方式，支持多个协议的设备接入，并提供日常管理、数据管理和操作管理等功能。华为云物联网平台通过海量设备数据采集和大数据分析，为设备厂商或行业客户提供统一的数据格式和有价值的分析数据，帮助用户创造更大的价值。

以华为云物联网平台为基础的物联网系统主要分为终端设备、接入网络、设备访问、设备管理、物联网应用以及与华为云其他服务之间的数据互通和协作，如图 6-10 所示。

1) 终端装置

支持多种智能终端的接入，华为云物联网平台可直接连接到物联网平台，或者通过网关与物联网平台连接。

2) 接入网络

华为云物联网平台接入网络支持无线网络和固定网络。

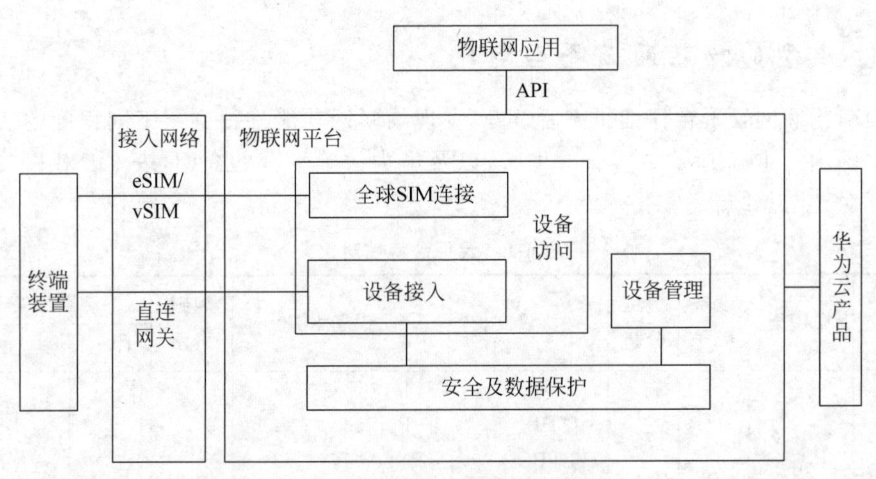

图 6-10　华为云物联网平台架构

3）设备访问

华为云物联网平台的设备接入功能包括多样化的接入方式、接入协议和系列接入组件，支持通过数据转发规则与华为云其他业务实现互通。

4）设备管理

从定义产品模型、获取设备数据、发布设备命令、远程监控等几方面入手，华为云物联网平台实现设备管理功能。

5）物联网应用

支持开放 API 和多语言 SDK 形式的开放平台，华为云物联网平台能够帮助行业客户快速构建行业应用。汽车联网、智慧城市、智慧园区、第三方应用等都是典型应用领域。

6）华为云产品

在华为云物联网平台采集到设备数据后，为了更好地存储和处理设备数据，支持与华为云其他云服务互通、协作。将设备数据转存到对象存储服务（Object Storage Service，OBS），以实现更持久的数据存储；将数据转存到数据访问服务（Data Ingestion Service，DIS），使数据能够更有效地在应用服务器之间传输和分发。

4. 特点

（1）安全可信的万物互联：与业界主流芯片模组合作，提供硬件级可信防护；多种认证方式和加密协议实现数据全链路安全；数据隐私保护符合欧盟 GDPR 标准，小时级异常行为检测实现主动安全防御。

（2）全栈全场景服务：芯、端、边、管、云全栈覆盖，支持多云部署；与海思芯片、模组及操作系统合作，预置华为 IoT 平台接入能力，芯云协同，极简接入，设备上电即上云；业界最强的 IoT 连接平台，提供低功耗、低时延、高安全、高可信、高并发的优质体验。

（3）高效的物联网智能：支持基于昇腾 AI 芯片的边缘硬件，IoT 边缘智能与云端 EI 智能协同，实现统一智能决策；整合行业数据分析实践，提供所见即所得的图形化建模引擎，实现数据价值快速变现。

（4）开放的物联网生态：预置 300＋行业物模型，与 20＋主流芯片及模组预集成，提供物联网在线开发、测试、发布及应用托管一站式服务平台，加速生态伙伴商用部署；主导 AIoT（人工智能物联网）联盟，参与制定 20＋行业标准，避免产业碎片化。

6.2.4 典型的物联网云平台对比

对当前物联网云平台仔细研究后，可以发现物联网功能都得到了不同程度的实现。前面包含对国内外主流平台、AWS、阿里云，以及华为云等平台的介绍，表6-1对相关平台特性进行了对比与总结。

表6-1 云平台特性对比

功能	物模型	设备影子	数据分析	协议支持	设备SDK	规则引擎	性能参考		
							CPU	磁盘	网络
阿里云	有	有	有	MQTT HTTP(S) LWM2M CoAP等	Java Python Node.js PHP .NET Go等	12种	较好	较好	较好
亚马逊云	有	有	有	MQTT HTTP(S)等	Java Python .NET Ruby Rust等	15种	较好	一般	较好
华为云	有	有	有	MQTT HTTP(S) LWM2M CoAP等	C++ Java Python Node.js PHP .NET Go等	20种	好	较好	较好

此外，如百度云、腾讯云及电信AEP等云平台也逐渐被大众所熟知，此处限于篇幅，故不做详细介绍。但是仍然可以看出，越来越多的平台已经能够为用户提供较为成熟的设备管理系统，这也是当前物联网云平台受大众喜爱的一个原因。

这些平台还有一些其他的相同点：一是利用ReatAPI进行集成；二是支持以MQTT协议作为数据收集手段；三是使用SSL对链接进行加密。此外，平台能对生成的物联网数据进行计算和可视化分析，大多数平台也都具备了实时分析功能——即物联网框架必须具备的功能。在视觉界面方面，它们提供了Web门户的模式以及数据可视化分析功能。

6.3 物联网云平台的安全问题

伴随着智能家居、数字医疗、车联网等技术的发展，物联网技术的应用在生活中愈发普及，其隐含的安全问题也受到更多研究者的重视。当前，有关物联网安全的研究如火如荼，然而，许多研究成果不能完全解决物联网发展中的安全问题。

本节从物联网体系结构层次入手，分层次讨论其安全性问题和目前的研究现状。

6.3.1 物联网层次安全问题

物联网的安全问题无处不在。本节集中于感知层(Perception Layer)、网络层(Network Layer)和应用层(Application Layer)三方面。

1. 感知层安全问题及研究现状

感知层安全问题主要集中在感知层设备物理安全、系统安全及其对传输层通信的基本保障等方面。

(1) 与以往传统计算机相比,感知层设备在物理安全性方面面临着更大威胁。传感器在农业与工业环境中分布甚广,若传感器处于正常运行状态,则可能会在很长一段时间内无人监管,此时会被攻击者直接捕获;对小型家用及医疗用智能设备而言,攻击者较易进行侧信道分析。同时智能医疗设备、穿戴设备以及智能家居设备会比传统个人计算机采集到更多敏感隐私数据。例如,有研究者使用侧通道对手表内加速度传感器采集到的数据进行分析,成功地预测出了使用者的按键行为。另外,研究人员通过侧通道对智能插座耗电量进行分析,并将结果输入计算机上的运行程序来完成耗电量预测。

(2) 感知层设备的安全系统十分薄弱。学术界在对海量嵌入式设备系统固件进行分析的基础上,找到了很多可被利用的高风险系统漏洞。有研究人员提出在嵌入式系统上构建轻量级可信执行环境以保护自身系统安全性的方案,但该方案计算量较大且适用范围受限。也有研究人员为小型嵌入式设备系统设计测试框架。然而无论是静态测试还是漏洞检测方法都无法对嵌入式设备进行实时、动态的防护。

(3) 感知层设备要对通信网络的安全给予基本保证,主要涉及通信密钥的生成、设备身份认证和数据追溯等方面。另外,受感知层设备资源所限,传统加密、认证等密码算法被直接部署在传感器等小型嵌入式设备中,将严重降低设备的处理效率及功耗。有研究团队基于设备本身的独特物理特性提出了一种认证和密钥生成协议物理不可克隆功能(Physical Unclonable Functions, PUF)。该协议既节约了单独存储密钥所需的设备资源,又有效地防止了侧信道分析。不仅如此,其他研究团队还通过穿戴设备获取使用者人体生物特征,如步态和滑动屏幕等,来实现设备和用户的双重身份验证。

以上三方面的安全需求是相互依赖的,任何一方面的漏洞都可能引发安全问题。因此,在进行安全设计的过程中,要全面考虑感知层设备各方面的安全要求及其相互之间的联系,设计出行之有效的安全防御策略。

2. 网络层的安全问题及研究进展

网络层承担着将感知层收集到的信息进行安全、高效传输的任务。所以,网络层的安全性主要涉及各种各样的网络设施,如小型传感器网络还涵盖因特网、移动通信网以及部分专业网络等(例如国家电力网、广播网)。

许多轻量级算法及协议不会进行设备电量及网络带宽占用情况的检测,所以传感器网络安全也是近年来物联网安全领域研究的热点问题之一。传感器网络的节点资源是有限的,所以在传感器网络中,其节点资源并不充足,无法确保各节点在物理上是安全的。攻击者可以直接抓取传感器节点以便进行更深一步的物理分析来获取节点的通信密钥等。尤其是一旦攻击者控制某个传感网关节点,整个传感器网络将彻底丧失安全性。

尽管在这一阶段,通信网络受到的仍然是传统的网络攻击(例如,重放、中间商攻击、假冒攻击等)。然而,仅能够防御这些常规网络攻击还远远不够,物联网发展到今天,网络通信协议层出不穷。数据在不同的网络中传输时,会涉及身份认证、密钥协商、数据机密性与完整性保护等多方问题。由此带来的安全威胁也会愈加凸显,这必将引起研究人员的高度重视。

3. 应用层的安全性问题及研究现状

应用层要对传输层采集到的数据做最后处理与运用,同时在数据处理与运用过程中也要采取相应措施保障数据安全。

在应用程序使用云数据智能处理平台的数据统计分析时,需要避免泄露用户隐私信息。在这一阶段,学术界主要利用同态加密算法来处理这一问题。对同态加密后的数据进行处理可以得到一个输出,再对该输出进行解密,解密出的数据与未经加密的原始数据经过处理所获得的结果相同。但全同态加密算法的效率仍需提高,一些同态加密算法在加密数据处理过程中受到了很大限制。此外,不仅要保护用户隐私,还需提升服务器的处理效率。一些研究者建议可针对应用程序中数据不同的使用情况以及数据敏感性的差异程度,采用不同的数据处理方式。若需要阻止心率和其他医疗数据被篡改,可采用 Hash 算法;在不泄露用户特定信息的情况下对用户的电力消耗进行统计,可采用同态加密算法进行加密;对无须统计的隐私数据,可采用数据混淆算法。与此同时,因为云服务器中存储了海量用户数据,所以云服务器在存储、审计、恢复和共享等方面需要更加安全的防护措施。

6.3.2 物联网安全威胁

物联网安全问题总结如下。

1. 业务控制、管理和认证

由于物联网设备有可能处于先布后联的情况,且物联网节点一般都无人监管,因此如何实现物联网设备远程签约鉴权以及如何分配与控制业务信息成为了安全技术难点。

物联网中认证凭证种类繁多,难以直接套用已有密码协议解决全部安全认证问题。例如,服务器与节点之间多对多的认证、节点与终端之间的一对多的认证等。同样,物联网终端设备因其不具一般性,对一些特殊应用很难直接使用现成协议。

尽管传统认证有层次区分,却没能做到层次间互相独立。网络层负责网络层身份识别,应用层负责应用层身份识别,二者是相互独立的,但是大多数时候物联网业务应用和网络通信是互为表里的,所以很难单独存在。

另外,因为物联网规模大、种类多,所以要求有一个功能强大、安全统一的管理平台,独立的平台很容易淹没在各种物联网应用中,物联网的安全信息如何管理将成为一个全新的课题,这也会使得网络和业务平台相互分离,造成信任关系受损甚至断裂,从而引发又一轮的安全问题。

2. 信息安全及隐私保护

在将来的物联网关系中,每个人乃至每件物品都会随时随地地连接到网络,且能够随时随地地被他人感知,这就会产生很多关乎个人隐私的问题(例如个人的出行路线、消费习惯、个人的位置信息、健康状况、企业的产品信息等)。如何在此环境下保证信息的安全与隐蔽,避免个人信息、业务信息及财产信息遗失或者被其他人窃取,将是物联网发展到一定阶段时所要攻破的主要难关之一。

在物联网的发展进程中，信息安全与隐私保护必须列入考虑范围，如何针对不同情景设计出不同层次的隐私保护技术也必将是物联网安全技术的一个热点话题。

3. 大数据的处理

物联网作为一个新型网络共享平台，其发展建设涉及海量的信息处理和安全问题。当前的基础建设，从无线网络运营商到数据中心，包括中间的所有节点，都仍然无法承载 IoT 系统成为主流后所产生的大量数据流。其中涉及的不只是从设备到云端的数据传输管道，还包括在云端进行的所有数据处理与存储的技术。目前的数据中心架构尚无能力处理那些将产生且需被处理的异质性大数据。

6.3.3 物联网安全展望

信息安全能力开放已成为一种全新的业务模式和安全趋势。

物联网业务信息安全问题涉及两个领域：一是内部业务平台的信息安全保障，即如何解决企业信息化的信息安全问题；二是将第三方用户纳入信息安全保障范围的信息安全服务，向用户或第三方信息服务提供商开放针对用户和业务的安全服务。

这两个领域的内涵和外延各不相同，对安全体系的建设要求也不同。内部业务平台的信息安全保障是从传统的信息安全角度出发，专注于解决业务平台本身的安全问题；而信息安全服务则是在确保用户所选业务平台安全的同时，还需要考虑用户信息业务服务所处环境的安全保障以及不同服务提供商提供的信息业务服务的安全保障。

从信息安全服务角度来看，信息安全服务将信息安全由内因成本模式向具有服务能力的业务模式转变，其重要性与独特性已不仅仅停留在技术领域，还在于对盈利模式建立过程中思维方式的突破，以及商业模式和服务模式的建立。

6.4 基于云平台的物联网软件开发趋势

6.4.1 软件开发趋势

本节以一个图标作为开始（见图 6-11）。这个图标是应用容器引擎 Docker 的图标，可以抽象为两部分：拟态为鲸鱼的货轮和放置在货轮上的集装箱。利用集装箱进行货物运输的方式，已经成为当代运输航运业不可或缺的重要运输方式。

图 6-11 Docker 图标

那么在集装箱出现之前的传统世界运输方式是怎样的呢？

1. 传统软件开发架构

1）传统运输方式与传统软件开发的类比

在运输业的早期，无论是船舶运输，还是公路或者铁路运输，都需要工人将货物一件件地搬运至运输载具上，并且一般不会对货物进行详细的区分；当到达目的地后，又需要工人将货物一件件地搬运下来。

以“勇士号”货轮为例，在某一次运输过程中，该货轮的装载货物总量达到了接近 20 万件，这些货物包括食物、机器零件、生活用品，甚至还有 50 余辆汽车。码头的装卸工人耗费在装船与卸货上的时间总计达到 10 天，而整个航行也仅耗时 10 天半。

传统软件开发同早期的运输方式相似，通常只是将所有的功能在一个工程中实现，而不太关注功能或组件的划分。在将二者做抽象类比之前，需要先行了解传统软件开发的一些基础知识。

2）传统软件开发架构

传统的软件开发架构又可称为单体开发架构，即典型的三级架构：表示层＋中间业务逻辑层＋数据访问层，如图 6-12 所示。

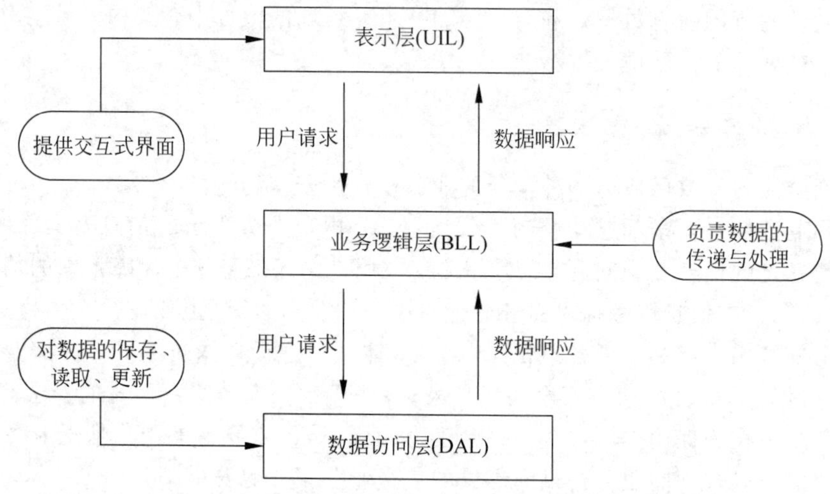

图 6-12　传统软件开发的三级架构

（1）表示层（User Interface Layer，UIL）是直接与用户进行交互的层面，简单来说就是展现给用户的界面，即用户在使用某软件或者某系统直观的所见所得。用户使用浏览器、手机 App 或者 PC 应用进行逻辑业务的请求，同时表示层也需要将用户的请求结果显示出来。

（2）业务逻辑层（Business Logic Layer，BLL）是系统架构中的核心部分，又可以称为桥梁层，在数据交换中起到了承上启下的作用。业务逻辑层主要承担了两项任务：一是在接收到来自表示层的用户请求后，如果该请求只涉及逻辑业务，那么逻辑层进行相应的处理，并将结果返回给表示层；二是如果该请求还涉及数据处理业务，逻辑层则需要将该请求发送到数据层进行处理，并将来自数据层的反馈结果交付给表示层。

（3）数据访问层（Data Access Layer，DAL）负责数据库的访问请求操作，主要由数据库服务器组成。数据访问层在接收到来自逻辑层的请求后，根据请求对数据库进行增、删、改、查等操作，并将处理结果返回给逻辑层。

以一个在线商城应用为例，采用传统软件开发架构时，其结构如图 6-13 所示。

用户在自己的用户端界面（即表示层）进行自身的信息修改管理、地址控制，进行订单的查询查看，也可以查询对应订单的物流信息；业务逻辑层则根据用户的操作指令，进行相应的逻辑控制与数据处理，将数据更新至数据访问层；数据访问层对数据进行更新后，返回相应的数据，业务逻辑层进行再次处理后，将数据展现在用户端界面上。例如，用户在用户端界面浏览商品（此时的商品信息也是业务逻辑层自商品数据库请求所得），选定商品后下单，业务逻辑层生成订单，并将订单信息更新至数据库，同时返回订单生成信息给用户，用户即可进入相应的可视化页面查看已经生成的订单。

现在，可以将传统运输方式与传统软件开发进行类比，类比示例见图 6-14。表示层向

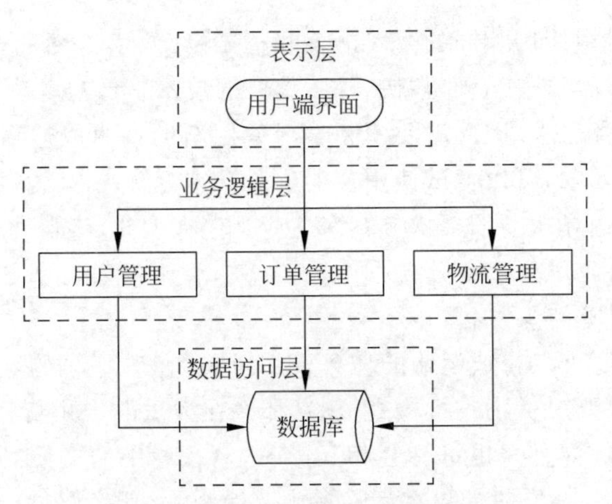

图 6-13　使用三层架构的在线商城应用

业务逻辑层请求消息的过程，可以看作码头搬运工人向货轮装载货物，工人只需要负责搬运工作即可，同样表示层也不需要关注业务逻辑层的实现；业务逻辑层向数据层进行请求的过程，就是卸货的过程，工人同样只负责卸货过程即可，不需要关注货轮内装载的具体货物，同样数据层也不需要关注业务逻辑层的实现。

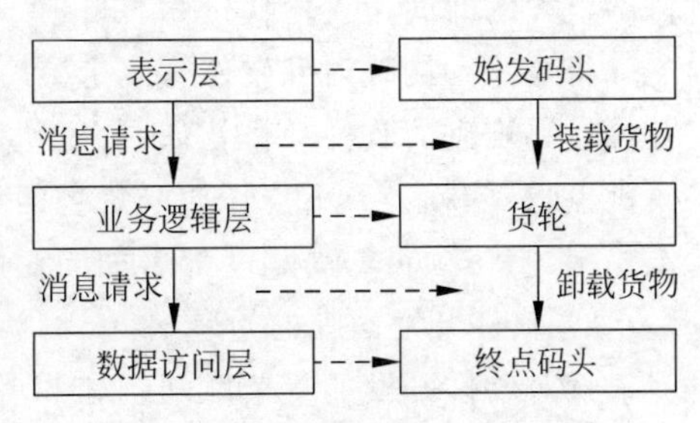

图 6-14　传统运输方式与传统软件开发的类比

3）传统软件开发法的优缺点

这种架构在项目开发早期容易进行开发、测试和部署，结构也比较清晰，应用可以轻松地运行起来。但是随着需求的不断增加，团队中开发人员数量也在增加，代码库愈加膨胀，这时候应用就变得越来越臃肿，使得开发效率大幅降低，运维成本也在逐步提高。这种将所有功能集中在一个项目之内的开发架构，给大型应用的开发带来了巨大的阻碍。

（1）复杂性问题。当单体应用的代码量来到十万、百万甚至是更高量级时，三级架构就难以满足高效开发的需要了。伴随着超高的代码量，诸多不同功能的代码模块杂糅在一起，会导致代码模块之间的边界变得模糊，各个模块之间的依赖关系也将不可避免地产生混乱；同时，不同开发人员的参差不齐的代码质量会影响应用的维护难度，不利于版本的更新及部署。可想而知，整个项目非常复杂。每次修改代码都心惊胆战，甚至添加一个简单的功能，或者修改一个缺陷都会带来隐含的缺陷。当缺陷被触发后，进行缺陷修复的时间成本与人力成本也是难以估计的。为应对复杂性问题，可以尝试使用组件化开发进行解决。

（2）部署频率问题。由于单体应用具有高度集成的特点，每一次版本迭代过程中功能变更、功能添加、功能删除和缺陷修复都将要求对整个应用进行重新建设和部署。构建与部署所需时间随代码增加而延长。面对超高代码量单体应用，全量构建和全量部署的方式费时费力、影响范围广、风险大，这将导致单体应用的在线部署次数减少。而且部署次数减少又会造成在两次发布间功能变更增多、缺陷修复增多、出错率相对较高等问题。为了处理部署次数减少，可设法采用服务化开发的方法。

（3）阻碍技术创新问题。单体应用程序通常使用统一的技术平台或方案解决所有的问题，团队的每位成员必须使用相同的开发语言和框架，很难引入新的框架或新的技术平台。然而当前的软件开发环境迭代是非常快速的，单一的技术平台与解决方案具有局限性，难以应对不同场景下的业务需求，因此需要不断学习使用新的技术以应对新的困难与挑战。为应对阻碍技术创新的问题，可以尝试使用容器化开发进行解决。

这些问题促使我们寻找新的架构方案来适应当前大型化、集群化软件应用开发的趋势。

2. 组件化（模块化）开发

1）“勇士号”的困境

“勇士号”货轮确实可以完成运输的任务，但是还存在着不小的问题。由于货物采取在货仓堆放的方式，如果要对货物进行检查核验，那么在大量的堆积货物中想找到目标货物的难度将非常大；同时货物之间也可能会相互影响，航行途中的颠簸则会导致货物的相互挤压而导致货物损坏；除此之外，如果在运输途中有途经站，那么取货与装载新的货物同样要付出很大的时间与人力代价。

将这些问题映射到软件开发上，就是软件开发的复杂性问题和部署频率问题。一个由各种代码堆砌的软件项目就如同大量货物的堆放，工程模块的边界模糊如同货物之间界限模糊，项目依赖关系不清晰如同货物的无序堆放，代码质量参差不齐如同货物的质量硬度各不相同，整体项目的高难度部署如同对巨量无序堆放的货物进行装卸。

2）软件开发面临的问题

针对软件开发的复杂性问题和部署频率问题，从代码的角度可以从三个方向进行优化，即低耦合、高内聚、可复用。

（1）耦合是一个软件结构内不同模块之间互连程度的度量。模块之间的关联越紧密，耦合越强，模块的独立性越差。模块之间的耦合程度取决于模块之间接口的复杂性、调用方式和传输的信息。对于一个完整的系统，模块应尽可能独立存在。换句话说，让每个模块尽可能独立地完成一个特定的子功能，模块之间的接口应尽可能少和简单。而单体开发所有的功能和模块都在同一项目内，容易相互影响、相互纠缠，提升了软件内部的逻辑复杂性；同时，部分代码的更改可能会对整个项目造成负面影响，如某一部分代码进行了更改，但是更改是存在隐性错误的，如果在整个项目运行时触发该隐性错误，那么就可能导致整个项目的崩溃；同时，过高的耦合度意味着仅对某部分代码进行更改可能是不足的，需要对关联模块也进行更改，增加项目更新的时间成本与人力耗费，将不利于应用的部署迭代。

（2）内聚顾名思义就是指事物内部的聚合度与紧密度。在软件开发领域，“内聚”就是指某模块或者某功能内部各个组成部分之间的聚合程度。那么“低内聚”就代表着某模块或功能块中的各组成部分的联系不够紧密；与此对应，“高内聚”就代表着某模块或功能块中的各组成部分的联系是非常紧密的，往往这些组成部分的依赖、功用也是相契合或相似的。如果某个项目的设计呈现低内聚的状态，那么该项目的代码结构将会是松散的、繁杂的，不利于指定模块或功能的测试，同时也会影响到应用的迭代更新。

（3）重用也可以称为复用，主要体现在对相似或相同代码块的重复利用上。无重用或无复用意味着大量的代码冗余，显然增加了无效的代码开发与程序复杂度。在软件开发的过程中，应当追求代码的高复用，从而提高开发效率，也易于针对性测试和纠错。

3）可行的解决方案

为实现软件上的低耦合、高内聚、可复用的三大优化目标，组件化的软件工程

(Component-based Software Engineering)与模块化编程(Modular Programming)应运而生。其中,模块化主要实现低耦合与高内聚的优化目标,组件化主要实现可重用的优化目标。

组件化与模块化的目的都是尽可能实现可重用。其中,组件化是通过将项目中的内容划分为若干独立组件实现重用,并减少耦合,划分标准为分离关注点;可以将分离关注点简单理解为重复代码,组件化就是把重复代码单列出来进行抽象封装成独立组件,进而在后续开发中重复调用这些组件,以达到代码复用的目的。将组件生动的抽象为积木,多个积木可以拼成一个积木组,多个组件可以组成组件库,方便调用以及复用;组件之间也可以相互嵌套,小组件组合成大组件。

模块化的划分标准更容易理解,就是以基础功能为单元进行拆分,这些独立的功能块就形成了各个模块,模块与功能之间的关系是一一对应、单一映射的。在此以一个简单的示例进行说明:一个网站的静态资源可以划分为一个模块,网站的登录功能也是一个模块,网站的后台管理功能同样也是一个模块。模块就像是有特定功能的积木块(如微信的聊天、朋友圈、公众号等功能),将这些积木块组合起来,就可以形成一个完整的业务框架。

总体来讲,模块化和组件化有着相同的设计理念,都是对复杂的项目进行合理的拆分,最终的目标都是实现对项目的重用与解耦。一个实际的应用实例见图 6-15,该实例来自购物平台“京东”的精选频道实际截图。

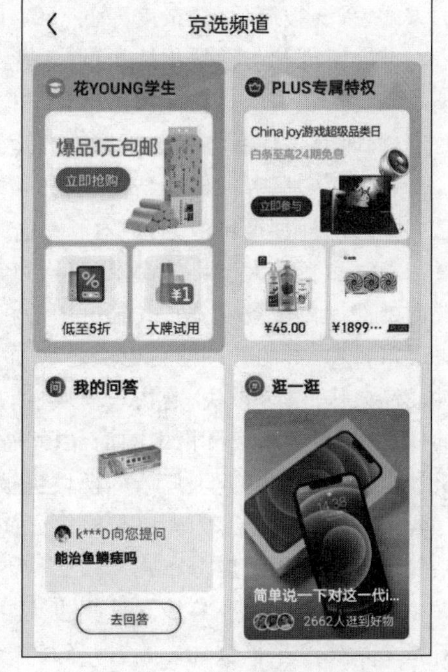

图 6-15 实例分析

如图 6-15 所示,“京选频道”页调用了“花YUONG 学生”“PLUS 专属特权”“我的问答”“逛一逛”四个模块,这些模块调用了同一个组件在“京选频道”页来展示自己的模块。利用组件化开发思维的同时也提升了部署效率,降低了开发成本。开发人员在对系统进行升级维护时,不需要重构整个系统,仅需要对指定组件进行更新部署,就可以达到更新系统的目的。

3. 服务化开发

1)“勇士号”的进阶

借助组件化的思维,可以对“勇士号”进行升级改造。可以对货仓进行区域划分,如按照货物的用途进行划分,食物放在专门存放食物的区域,生活用品放在专门存放生活用品的区域,机器零件也存放在对应的区域。工人只需要按照所要装卸货物的品类就可以很方便地对货物进行一件件的搬运,这样就可以有效降低在存取或更新货物时的人力与时间成本。

那么能否在这个基础上继续优化呢?答案是肯定的。此时思维可以从运输载具上发散开来,不仅可以对运输载具本身进行优化,同时也可以对码头的装卸过程进行优化。可以将码头工人按照体力等级进行分类,如体力较差的工人服务于小商品,体力中等的人服务于普通商品,体力好的人服务于较重的金属机器零件;也可以按照货物的品类对工人进行分类，每类工人只负责一种或特定几种商品的搬运。这些都可以进一步提升货物的装载效率。

那么对应在软件开发中，就是服务化开发架构。将一个庞杂的工程按照特定规则拆分成多个服务，这些服务就如同服务特定货物搬运的工人，每类工人只负责特定的目标搬运，每个服务也主要完成部分软件任务。

2）服务化架构

相较于传统的软件开发架构，服务化架构通过采用服务拆分、关系解耦、应用分层和独立部署的方法，具有如较低的代码重复度、更加合理的代码量、更加容易维护、可以实现高速地部署更新工作、能够有效降低测试耗费、拥有优秀的可扩展性、服务更加稳定、模块与模块之间的耦合性也更低等优势。使用这种面向服务的体系结构，能够让开发者更加轻松地构建、部署与迭代应用，提升产品交付效率。

所谓的服务，是一种可以独立运行并允许外部使用其功能的形式。服务化架构的本质就是分解，它将复杂度很高的项目应用分解成若干服务项目，如果其中的某项服务发生故障，并不会影响到其他服务，进而避免使得整个系统崩溃。若不对系统进行服务化处理，系统的复杂度会很高，并且每一次的迭代更新都会对整个系统产生关联影响；若采用服务化的方式，系统被简化，复杂度降低，每个服务只负责对应的上游和下游服务。

结合组件化与模块化架构，服务化架构就是将各个组件或者模块分散到各个服务中，对整个系统实现解耦。在保留组件化与模块化架构优势的基础上，增强了项目的部署和更新效率，同时合适的服务拆分可以降低运维成本。

说到面向服务的体系结构，则必须提到分布式体系结构。分布式是一组独立的计算机，它们一起向外部提供服务，但对于系统的用户来说，它就像一台提供服务的计算机。分布式意味着对昂贵的大型机的需求降低，可以将更为廉价的普通计算机组成大规模的计算机集群向外部提供服务。分布式集群中的机器数量越多，其计算资源、存储资源、调度资源也将更丰富，该集群的处理能力也随之增加。以电子商务网站为例，一般将电子商务网站横向分为商品模块、订单模块、购物车模块、消息模块、支付模块等，可以在不同的机器上部署不同的模块，如将电子商务网站的商品模块单独部署在一台机器上，支付模块单独部署在另一个机器上，其他的购物车、订单等模块也被独立部署在不同的机器上。在分布式系统中，通过远程服务调用(RPC)为模块与模块之间提供通信，以此为基础提供服务。面向服务的体系结构可以很好地适应分布式体系结构。

由于分布式由各自独立计算机集群向外提供服务，就能够做到避免由于单个节点错误对整个系统产生扩散性影响，即当某个节点产生错误时，仅当前节点不能继续使用，但是系统中其他节点不会因此受到波及，以此规避可能出现的网络承载能力的崩溃和系统瘫痪等重大事故。除此之外，分布式与服务化相紧密结合的架构也带来了很好的拓展性，当开发人员需要部署新的功能服务时，只需要将该服务部署到新的分布式网络节点上即可，不需要再对整个系统进行重构。

基于服务化架构思维，又衍生出来两种架构，面向服务架构(Service-Oriented Architecture，SOA)和微服务(Micro Service)架构。

3）SOA

SOA 可以说是一种设计原则(模式/方法)，用于在计算环境中设计、开发、部署和管理离散逻辑单元。一些来自面向对象架构与构件设计的原则，如面向对象的封装原则、自我包含原则等都被 SOA 保存了下来；SOA 同样需要遵守如灵活扩展、耦合度合适、复用性较高的常见原则。在此列出较为具有代表意义的设计原则。

(1) 明晰服务定义。在对服务进行请求调用时，需要遵从服务之间的约束，这就要求对每一个服务的定义必须是清晰的，具有长期稳定性的。当服务被发布之后，则只允许在约束内进行使用，不可以进行肆意的更改。同时，明晰的服务定义有助于服务使用者进行规范使用，避免使用者的混淆，也需要做好使用者与服务内核的隔离，避免私有数据的泄露。

(2) 封装与模块独立化。服务借用了封装的思想，将高稳定度、高重复性的功能或者组件进行了封装，使得封装后的功能实体具有完全的独立性，不仅可以独自进行服务部署，还可以独立实现应用的内部管理和自恢复功能。

(3) 粗粒度。在 SOA 中，由于服务之间主要是通过消息交互的方式进行通信，因此对服务的划分有着粗粒度的要求，如果粒度过细，服务数量过多，就会造成消息通信量巨大，进而影响整个系统的高效运行。

(4) 低耦合。服务使用者仅关注如何使用服务，至于服务的具体技术、硬件位置、内部数据等都不是使用者关注的，因此需要降低服务与服务之间的联系，尽可能做到即插即用。

(5) 明确的策略性说明。策略性说明是致力于保证服务约束全面和服务关系明确的说明书，不仅包括技术方面的内容，如服务对安全性的需求，还包括与业务层面的内容，如服务耗费、服务等级的要求。明确的策略性说明会减少服务使用者的疑惑，提高业务的交接效率。

以上原则主要用来增加系统的复用能力、降低开发与维护的开销，最终达到增加敏捷开发、高速交付的目的。一个典型的 SOA 模型如图 6-16 所示。

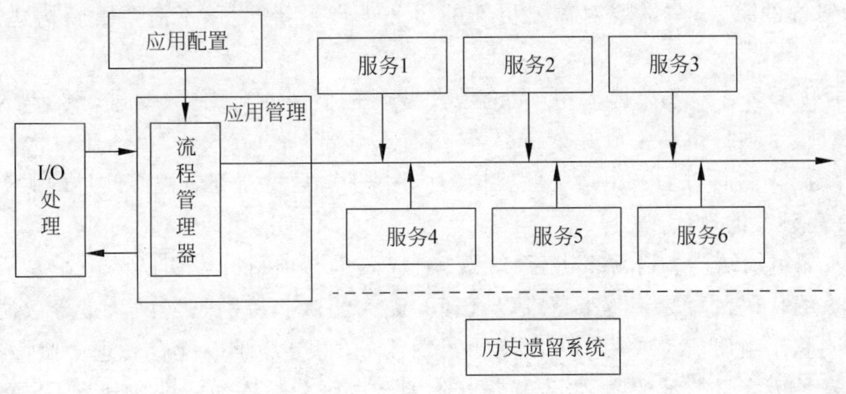

图 6-16 SOA 模型

SOA 具有松耦合的特殊性，即将每个功能都封装为独立的服务，这些服务被部署在分布式集群上，使用服务总线进行连接并完成信息交流与协同作业，也可以使用流程管理器进行互联。这种特性让使用者不必关注服务的实现与部署情况，只需要关注自身的业务逻辑即可，可以有效地提升开发效率。

4) 微服务架构

微服务架构相较于 SOA，虽然基本思想也是将各个功能封装为离散的服务，并将这些服务部署在分布式集群上，从而达到方案解耦的目的，但是对服务的划分则更加彻底。微服务架构的彻底体现在使用组件化与服务化的思想，对整个系统进行彻底的划分。这些被划分后的服务彼此之间是离散部署的，同样其运行状态也是独立的、互不干扰的，但是通过恰当的通信方式，如普遍采用的 RESTful API 等轻量级通信技术，就可以实现彼此的协作与配合，并向外部提供服务。

在构建实际生成环境时，要根据实际业务的需求来选择、组织服务；在进行服务部署、管理时，需要遵从业务逻辑，搭配最适宜的编程语言，使用合适的工具组件，尽可能地发挥微服务架构的优势。

微服务能被主流软件厂商青睐，源于其拥有与众不同的特点优势，可以归纳如下。

（1）技术异构性。技术异构性其实就是指允许在一个项目或系统中使用不同的语言、框架来实现。由离散部署的服务实现的微服务架构自然也拥有技术异构性，服务与服务之间都是相对独立的，只要保障服务之间可以正常通信互联，那么每个服务自身的实现是不受约束的，只要能够达到项目的要求即可。例如开发一个电子商城，那么就可以在订单模块调用以文本表格存储为基础的相应服务，在商品展示模块调用以图片视频存储为基础的相应服务，在好友社交模块调用以图数据存储为基础的相应服务等，通过这种方式最大化、最高效地利用每一个服务，从而简化开发流程、提升业务效率。而且当某项服务的技术需要更新时，并不会影响其他服务的正常运行，有利于产品的更新迭代。

（2）弹性。弹性也可以看作容错，主要是指在项目中的某个或某些组成出现错误时，整个项目会遭受多大的影响，系统中一部分出现故障会引起多大问题。与部分出错整体故障的单体架构相比，微服务架构则有着良好的弹性，每个服务内部都可以独立进行降级、修复等操作，即使单个服务故障，也不会影响其他项服务。

（3）扩展。在对单体架构的系统进行更新时，经常需要对整个项目进行更新；但是对于微服务架构的系统，只需要对需要更新的服务进行更新即可，不需要重新构建部署整个系统。

（4）简化部署。对于单体应用，无论是大型还是小型的应用，只要进行代码的修改，那么就必须对整个项目重新生成并重新部署，这种整体部署的方式耗时长，难度大，会导致迭代频率的降低。然而对于采用微服务架构的应用来说，只重新部署被修改过的服务即可，难度小，允许高频次的迭代。

（5）匹配组织结构。通常来讲，系统规模、代码量与项目开发团队的大小是成正比的，越来越庞大的代码量意味着越来越难以管理的庞大团队。特别是当团队是分散协作时，不同地点的团队小组肩负着或相同或不同的开发任务，将更加难以配合管理。微服务架构则正好匹配这种庞大且分散的团队组织结构，将团队以服务粒度为标准划分为不同的小组，将注意力聚焦在当前服务上，可以有效地提升系统开发的效率，降低团队内部的沟通成本。

（6）可组合性。单体化应用可以提供给用户使用的往往只是一个可视化应用界面，但在微服务架构的系统中，每一个服务都可以向外部提供接口，使用者也可以通过组合不同的服务来构建自己的应用。

（7）可替代性。对于一个单体应用，每次删除代码都必须非常谨慎，要确保避免不会引起应用中其他部分的故障。但是对于微服务架构的应用，可以随时地对服务进行修改更新，也可以删除或者添加服务。

从以上来看，SOA与微服务架构的基础思想是一致的，只是二者的发力点有所区别。SOA的发力点就是对于服务的重用，看重企业服务总线的作用。而微服务架构却不只是服务重用，在快速交付方面更加有优势；同时内置网络路由、消息传递等功能，使得其内部通信更为轻量级。两者的对比可见表6-2所示。

表6-2　微服务架构与SOA对比

类　别	微服务架构	SOA
拆分度	尽可能对服务进行拆分	归属于整体的服务尽可能在一起
业务划分	对任务进行横向划分	对任务进行多层次的水平划分
组织形式	单一组织负责	特定组织负责特定层级
粒度	细粒度	粗粒度
可解释性	少量文字即可解释	需要大量文字进行解释
类比	独立子公司	大公司中的业务单元
组件	小型组件	存在复杂组件
业务逻辑	每个服务都存在业务逻辑	跨业务领域的业务逻辑
通信方式	轻量级通信方式，如HTTP	企业服务总线(ESB)

自然，这些差异自然影响到其实现，在实现方面的主要差异如表6-3所示。

表6-3　微服务架构与SOA实现对比

类　别	微服务架构	SOA
实施方式	团队级的自底向上开展	企业级的自顶向下开展
服务粒度	多个细粒度服务组成系统	多个子系统组成粗粒度服务
服务架构	无集中式总线	企业服务总线
集成方式	集成简单(HTTP/REST)	集成复杂(ESB/WS/SOAP)
服务部署	服务可单独部署	服务相互依赖，部署复杂

5）微服务架构带来的问题

虽然前面介绍了微服务架构很多方面的优势，但微服务架构并不能解决所有问题。下面分析在使用微服务架构时可能面临的一些挑战。

(1) 分布式系统的复杂度。

微服务架构的底层部署逻辑是离散的、分布的，不同的服务部署在不同的机器上，这样的部署方式自然是要比单体应用在一台机器上进行部署要复杂。同时，由于微服务架构的各个服务之间是通过网络通信进行连接的，这就势必带来网络带宽压力的增加，会对可靠性造成负面的作用。还需要额外关注数据的一致性问题，这些额外的成本也需要被认真考虑。

(2) 运维成本。

单体应用一般采取集中部署的方式，统一配置、同时监控，方便运维人员对日志的管理收集。但是由于服务化架构的应用是由多个服务组合而成的，而且每个服务都需要单独进行部署，其配置和监控工作也是分开的。当服务的数量持续增加时，面对海量的服务无疑需要更多的运维成本。

(3) 部署自动化。

一般来讲，手动部署难以应对大规模的服务化架构。大型互联网公司的开发部门，在一天之内的部署次数可达几十、上百甚至更多。此时，构建能够自动化处理和部署任务的应用，可以将开发人员从烦琐的部署工作中解放出来。需要说明的是，单体应用可以不采用部署自动化的理念。这是因为在实际操作中,单体应用的迭代周期比较长,甚至往往以周或月为单位,所以手动部署在大多情况下也能够应对。

(4) 组织结构。

目前常见的软件开发团队一般都会划分为几个不同职能的部门,例如开发部门只负责代码编写、业务逻辑的具体实现,测试部门针对开发部门的代码进行相应的测试、保证代码符合项目要求,运维部门负责项目的部署和后期维护等,通过一系列的配合完成项目的提交。对于面向微服务的开发团队不仅面对以上的挑战,还对团队内部的合作提出了更高的要求。

"服务化"其实不只是对系统进行工程上的划分,也是对开发团队组织结构的重新划分。开发团队要根据项目的实际情况,适时地对团队架构做出调整,以适应不同的开发环境和开发流程。能否适配好系统架构与团队架构的关系,将会很大程度地影响开发进度与交付效率。

(5) 服务间依赖测试。

因为服务化架构应用是由多个可独立部署的服务组合而成,所以需要进行服务间的依赖测试,以保证服务之间可以正常通信、正常协作。若服务的数量急剧增加,那么如何厘清服务之间的关系,在尽可能保证整个系统稳定运行的前提下清理冗余的服务,将成为开发人员不可避免的挑战。

(6) 服务间依赖管理。

服务间依赖管理可以看作服务间依赖测试的后续工作。仅选取、使用服务是不够的,还需要做好服务之间的依赖关系管理,将依赖关系清晰地展现出来,无论是后期开发,还是部署、维护,一幅明晰的依赖关系图可以极大地方便开发人员进行工作。

(7) 服务化的部署端与粒度划分限制。

组件化或者模块化不仅可以应用在服务端(云),也同样适用于终端设备;然而服务化架构则更倾向于在云端进行部署,尽可能多地将组件、资源等转化成云端服务。而且当服务划分的粒度太小,划分后的服务必然变得臃肿琐碎,就会造成运维测试成本巨大,所以在实际应用中把握好服务的划分粒度也非常重要。

4. 容器化开发(Kubernetes 构建)

1) 集装箱与容器化

以上对于货运的优化都是建立在货物彼此独立的基础上进行的,那么可以考虑把货物看作一个整体来进行进一步的优化。只需要将同类或者高同质化的货物在运输之前就批量放入一个个箱子中,搬运统一规模的箱子进行装卸货的操作自然要比单独搬运货物更加方便。这些箱子也就是集装箱。

通过使用集装箱,将货物的装卸搬运简化为对一个个集装箱的放置,如同搭积木一样。码头的装卸装置不需要了解集装箱内的货物到底是什么,只需要将集装箱放到指定的地方即可;同时,无论是何种载具都可以利用起重机对集装箱进行操作,实现流程的自动化。

与集装箱类似,在软件开发中,可以使用容器化技术来提高开发和运维的效率并降低成本。首先,将具有不同功能的系统应用与服务看作不同类型的货物,然后将这些由应用、服务组成的"货物"放入容器这个"集装箱"当中,最后将这些特殊的"集装箱"装载到"货轮"上。这个"货轮"就是容器实际运行的软硬件环境,如物理主机或分布式集群。在主机集群中,

"集装箱"们按照特定的规则,例如功能划分、基础组件、环境依赖等约束,被分门别类地部署在"货轮"的不同区域。

2）虚拟化技术

在讲解容器化开发之前,需要对虚拟化技术进行简单阐述。常见的虚拟化技术应用有VMware、VirtualBox、Hyper-V等,用户可以从这些虚拟化应用中构建自己的虚拟机,该虚拟机与物理主机的系统是相互隔离的,拥有独立的虚拟化后的CPU计算资源、内存资源与存储资源,而且包含完整的系统内核,可以达到与物理主机几乎相同的使用体验。

在此需要先对Hypervisor这一概念进行解释:Hypervisor又叫"虚拟机管理程序",是一个中间层软件,主要功能是让若干不同的操作系统共同运行在一台物理设备上。例如,在VMware虚拟机工具中创建虚拟机时,VMware会根据用户设定的资源数量自动将硬件资源进行虚拟化,并将操作系统进行挂载,最终构建出一个具有完整功能的虚拟机。但是此时的虚拟机并不能成功运行,还需要Hypervisor的支持,Hypervisor此时就承担虚拟机系统与宿主系统的桥接工作。也就是说,虚拟机本身的硬件资源是虚拟的,但是可以通过Hypervisor向宿主机进行申请,从而实现系统的正常使用。一个典型的虚拟机架构如图6-17所示。

容器化技术与虚拟化技术最终要达到的目的具有很高的相似性,即二者都希望实现一整套被隔离起来的、不受外部环境影响的独立运行单位,而且这个单位应当有着良好的迁移性。如VMware这一虚拟机工具,就会提供"克隆"与"导出"的功能,其中"克隆"功能可以对当前宿主机上存在的虚拟机进行克隆操作,并允许将克隆的虚拟机部署在此宿主机上;"导出"功能可以将当前宿主机上的虚拟机进行打包,打包后的虚拟机可以在其他任意安装VMware的宿主机上运行,从而实现良好的迁移性。容器也是类似的,某个完成部署的容器也可以被打包为镜像,并且很容易在其他主机上重新部署。容器和虚拟机都是较为独立的运行单元,但虚拟机相较于容器,将独立得更为彻底。

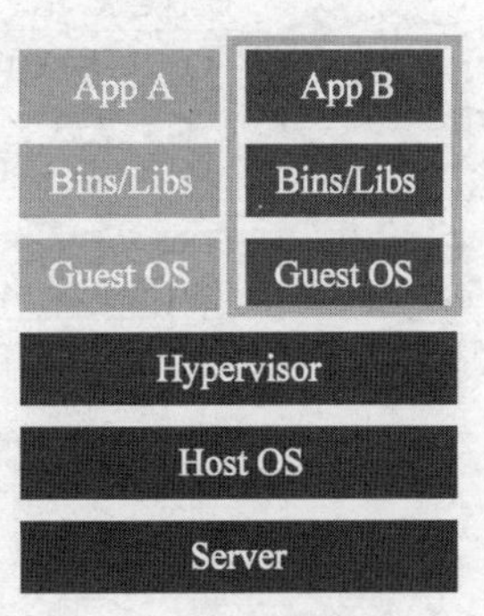

图6-17　典型的虚拟机架构

在创建虚拟机时,需要提供即将被安装的系统镜像,但是在创建容器时,系统镜像却并不需要必须被提供。这是由于容器实质上是运行在一个现存的操作系统之上的,本身并不会内置操作系统内核,在运行时会借用宿主机的操作系统内核来进行相应的操作。这就意味着,对于部署在同一台主机上的若干容器应用,它们共享同一个操作系统内核,共享该主机的硬件计算资源。正是这种弱抽象层的特性,使得容器应用的启动效率会很高,拥有极强的恢复能力。

在打包导出虚拟机时,由于需要将操作系统也进行打包,那么打包后的实体规模必然也是更为庞大的,也将因此影响其迁移、创建的效率。而不需要操作系统的容器在打包时自然就更为轻便,其打包后的实体将更为小巧灵活,特别符合当前敏捷开发的需要。除此之外,容器的轻便特性也降低了其对硬件资源的要求,开发人员可以在同一台主机上比虚拟部署更多的容器应用。有一个问题也需要注意:对容器进行迁移时,目的主机的操作系统必须与该容器是兼容的,否则容器可能将不会被成功启用。

容器技术相较于传统的开发模式有以下明显的优势。

(1) 持续部署。基于同一容器进行构建的应用,在克隆并部署在集群之后,它们的生命周期是一致的,也更加标准化,这样也就避免了软硬件环境不同对应用造成意料之外的影响。在实际运用中,开发者可以直接对容器镜像进行迁移,能够在很大程度上降低不同部署环境带来的负面影响,并且标准化的容器应用也更适合使用自动化的方式来进行持续的部署与分发。

(2) 跨云平台支持。容器现在已经得到了较为广泛的应用,有着良好的适配性,包括Google、微软、IBM等公司均推出相应的容器化云平台项目。使用者尝试构建容器化应用时,可以自由选择云平台,甚至用户可以根据自身项目的需求为承担不同服务功能的容器独立选择更适配的云平台。其带来的最大好处之一就是其适配性,越来越多的云平台都支持容器,用户在使用时也无须担心受到云平台的捆绑,同时也让应用多平台混合部署成为可能。这些平台极大充裕了容器的生态系统,如图6-18所示。

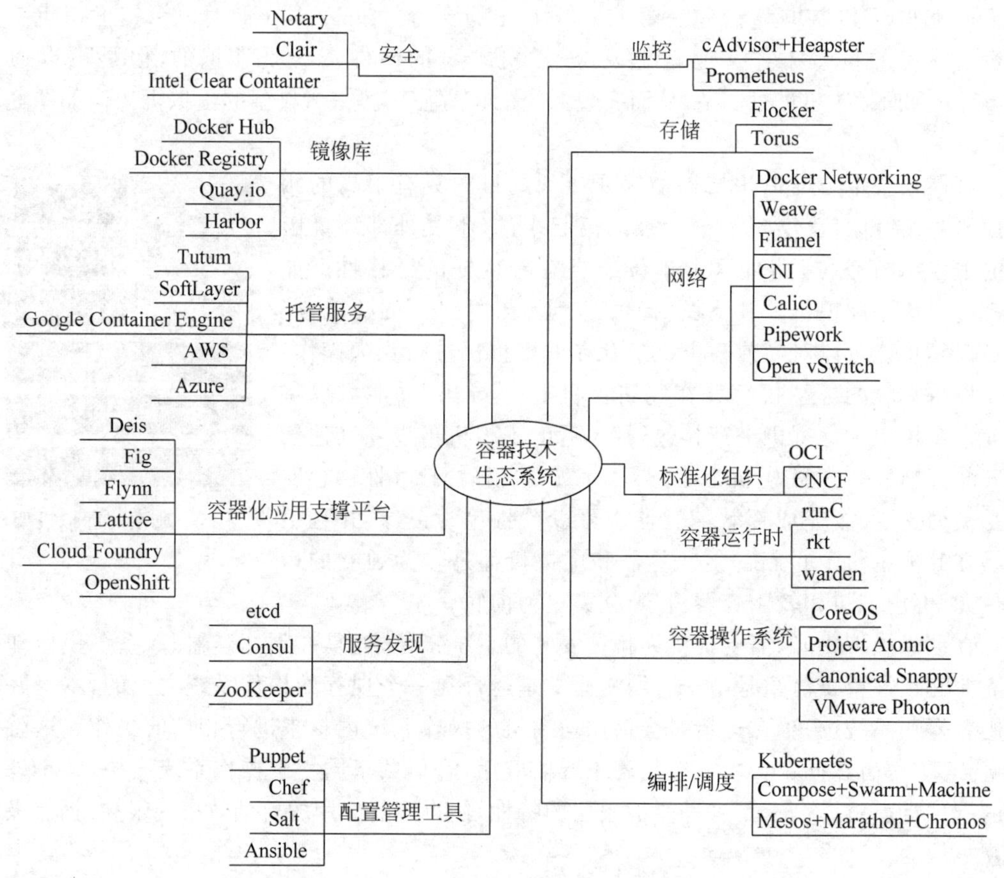

图6-18　容器技术的生态系统

(3) 分布式版本控制。目前较为流行的Git就是典型的分布式版本控制系统(Distributed Version Control System,DVCS),这种版本控制的方式不仅仅是对文件快照进行管理操作,还可以把整个代码仓库甚至运行环境都进行镜像管理。与虚拟机镜像相比,小巧灵活、易迁移的容器镜像更加符合分布式版本控制的要求,当某一容器出现故障时,直接用相应的容器镜像进行回滚即可,这种故障修复的速度甚至可以比拟普通应用启用的速度。

(4) 高效资源与环境隔离。在一台宿主机上只需要一个底层操作系统,这就使得主机不需要额外的硬件资源开销，同时避免了多系统共存带来的高负荷影响。而且由于容器与容器之间是独立的，运行环境相互隔离，底层操作系统内就可以对每个容器进行更加精准的管理，即使某个容器出现故障，也只需要对该容器占用的软硬件资源进行中断，并不会影响其他容器的正常运行。

(5) 跨平台。最早期的容器存在于 Linux 2.6 的内核中，但此时并不具备跨平台的特性。随着容器技术的不断发展，时至今日，容器技术的生态系统已经非常丰富，提供容器支持的云服务厂商也越来越多，容器技术标准也得到了完善。只要遵循相应的技术标准，用户便可以很轻松地做到将在某个平台构建容器化应用迁移到其他云平台上，为用户提供了选择的自由。

(6) 易用。Docker 是目前应用最为广泛的容器技术工具，一个典型的 Docker 模型如图 6-19 所示，多个容器应用通过 Docker 引擎实现对操作系统内核的共享和硬件资源的调度。Docker 的原意是“码头工人”，其图标也在本章开始进行了展示：抽象为鲸鱼的货轮和放置在货轮上的集装箱。Docker 就如同码头工人一样，对一个个集装箱——容器进行管理部署。Docker 的入门并不困难，使用者可以在较短时间内对 Docker 进行部署，其也拥有较为详细的文档说明，可帮助使用者进行后续工作。这种易用性会吸引更多的更多开发人员来尝试使用 Docker，关注容器技术，使得容器化技术的生态环境越来越完善。

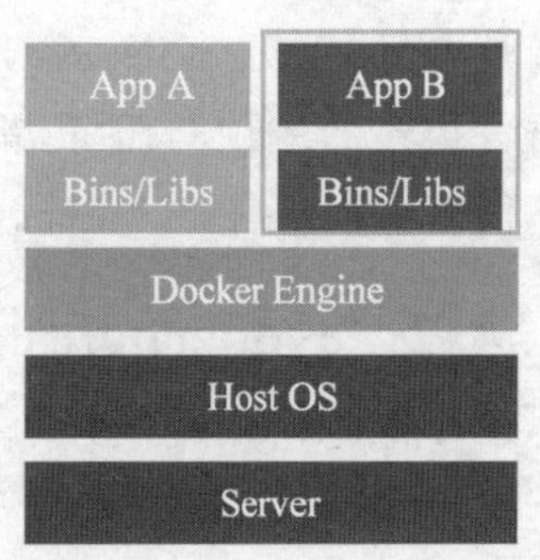

图 6-19　典型的 Docker 模型

(7) 应用镜像仓库。Docker 官方构建了一个镜像仓库，组织和管理形式类似于 GitHub，其上已累积了成千上万的镜像。每个用户都可以从这些镜像仓库中下载使用所需的服务镜像，并进行自由搭配，很方便地构建出自己的系统应用。除了 Docker 官方，国内的腾讯也推出了自己的应用镜像仓库 TCR。应用镜像仓库中的海量镜像，能够极大程度降低开发人员的工作难度，提升产品更新迭代效率。

3) Kubernetes

Docker 有着非常多的优势，例如丰富的应用镜像仓库、完善的社区、易学易用，也可以轻松地对单个或者小规模的容器集群进行管理。但是随着需求的不断迭代，Docker 已经越来越难以适应当下超大规模集群的容器应用部署现状。要想让数量不断膨胀的容器应用能够正常运作，需要更好的管理工具和编排系统对大规模的容器进行控制，以保证整体运行环境的稳定。而 Docker 由于是以单个主机为单位进行部署的，那么会导致主机之间的通信困难，而实际的运行环境往往要求是多主机、多服务器协作，这时就需要 Kubernetes（常简称为 K8S）进行容器的编排管理工作。

Kubernetes 的设计初衷就是方便对大规模容器进行编排和管理，其前身是 Borg 这一源自谷歌的闭源容器编排系统。Kubernetes 最大的作用是管理大规模的容器集群，无论这些集群是由哪个云服务商提供的，还是来自私有云平台，又或者是公有云平台，甚至是由多属性云平台混合组成的。Kubernetes 的自动化部署方案也是具有领先地位的，开发人员可以将一些部署工作交给 Kubernetes 进行处理，把容器应用交付给 Kubernetes 进行编排管理，让开发人员将更多的注意力放在容器集群的组织管理上，降低开发人员的工作难度，非常符合有快速交付需求的项目。

其次，Kubernetes 自身设计了优秀的负载均衡机制，也有着良好的故障应对插件和系统性能测试插件(Chaos-Mesh)，这些设计思路让开发人员在实际的系统搭建时，不需要关注整个服务集群的性能能否做到稳定运行，也不需要关注服务框架的复杂度，还不需要关注部署环节的各种问题，而可以大胆地将视野从操作系统相关的内部代码移开，只需要把注意力放在自己的业务逻辑层面上，完善业务流程即可。Kubernetes 带来的业务流程简化，可以减少超过 30%的项目成本，使得开发人员可以将更多的精力放在产品迭代更新上。同时，由于 Kubernetes 优秀的自动化设计，对于运维人员也能够提供有效的助力。

此外，Kubernetes 还有着十分优秀的兼容性。Kubernetes 不会限制开发人员使用某种语言进行应用的构建，无论该开发人员擅长的是 C++编程语言，还是 Python 编程语言，又或者是编写 Kubernetes 的 Golang 编程语言，都可以很好地适用 Kubernetes。这些不同编程语言构建的应用与服务，都被允许使用 Kubernetes，只需要使用通信进行互联即可。其实不仅是编程语言，Kubernetes 对中间件也有着良好的兼容性，具有良好的开放性。

6.4.2 Kubernetes 与物联网云平台

1. Kubernetes 简介

1) 背景与功能

Kubernetes 开源于 2014 年，是谷歌采用 Golang 编程语言编写的容器编排系统，主要功能包括：

(1) 以容器为基本单位进行部署、管理与维护；

(2) 内置负载均衡功能，可以实现服务发现；

(3) 实现对不同地区、不同服务主机的调度；

(4) 能够进行自我管理，拥有良好的服务数量弹性；

(5) 支持“有”“无”两种状态的服务；

(6) 兼容多种数据卷类型，如 nfs、hostpath 等；

(7) 拥有丰富的插件，可以方便地进行扩展。

Kubernetes 为了方便用户的学习使用，还推出了轻量级的 minikube，方便入门和小型容器集群的部署。

2) Kubernetes 与 PaaS

在了解 Kubernetes 之前，先介绍平台即服务(Platform as a Service，PaaS)。顾名思义，PaaS 是将包括硬件资源、操作系统内核与应用部署托管等底层资源的服务器平台作为服务提供给客户使用，用户只需要对自身的业务应用逻辑进行组织即可，方便进行业务的无缝拓展，不需要分心于底层硬件、系统资源等的使用与调度。

PaaS 最先被 Rackspace 的两位非在职工程师提出。他们开发了 Mosso 这一 PaaS 平台，向用户提供具有分布式特点与可扩展特性的.NET 应用开发环境，让用户将注意力聚焦在业务逻辑层面，降低应用服务的运维成本。目前的主流 PaaS 产品中，闭源产品提供商有 Amazon、Oracle、微软、Azure 等，开源产品提供商有 EMC/CloudFoundry、Red Hat OpenShift、A-L CloudBand NFV Lab(Gigaspace Cloudify)等。现行的主流 PaaS 平台，其底层的实现方式主要有两种，分别是基于虚拟机的虚拟化技术和基于容器的虚拟化技术，两种技术的架构如图 6-20 和图 6-21 所示。

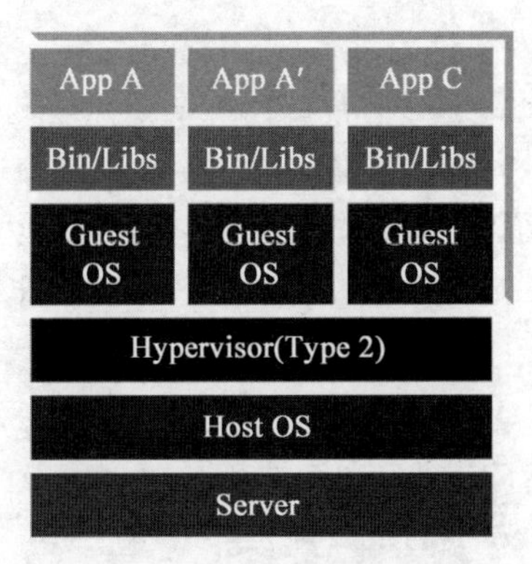

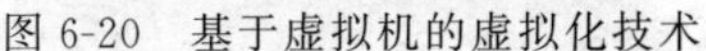

图 6-20 基于虚拟机的虚拟化技术

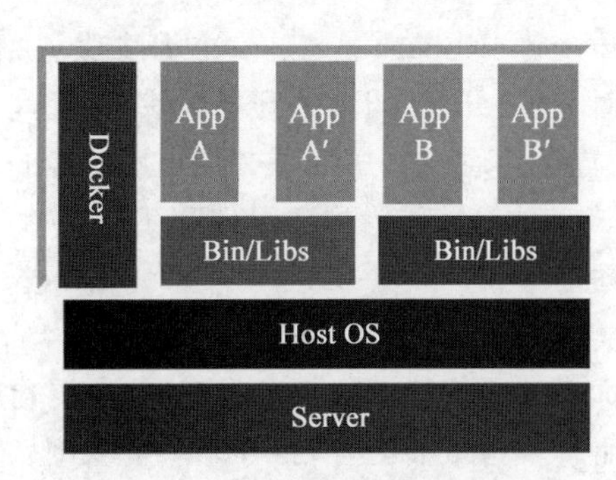

图 6-21 基于容器的虚拟化技术

如果将 PaaS 看作服务，那么 Kubernetes 就是提供服务的平台，Kubernetes 为用户提供了充分的自由去选择不同的功能应用。

Kubernetes 对应用程序的类型有着极为优秀的兼容性。它不插手应用程序框架，也不限制支持的语言（如 Java、Python、Ruby 等），只要应用符合其使用规则即可。Kubernetes 也对工作负载有着极为优秀的兼容性，只要该应用能够在 Container 中成功部署运行码，那么无论该应用的状态如何、数据处理负载能力如何，都将可以成功在 Kubernetes 中使用。

Kubernetes 对用户秉持开放的态度，允许自行选择日志系统、监控系统与警报系统，不关注用户要使用到的编程语言与操作系统内核等底层软件资源。虽然内置负载均衡等插件，但是更多处在软件层面，用户使用时对更底层的硬件配置、机器维护、应用管理等进一步配置即可。Kubernetes 拥有许多方便开发人员使用的组件以简单工作流程，如自定义资源管理方式的 Label、软硬件资源对应描述信息的 Annotation，以及可以提供状态检查功能的扩展工具等。

Kubernetes 不提供额外的应用，但依旧允许包括如消息中间件这种内置的中间件、Spark 等数据处理框架、Oracle 等数据库或 Ceph 集群存储系统等应用的使用，并且不需要额外的配置。Kubernetes 不提供单击即部署的服务市场，既不承担构建应用程序的工作，又不会对应用程序的部署工作进行直接管理，但是用户可以在 Kubernetes 上构建需要的持续集成(CI)工作流。

除此之外，为了方便开发人员与使用者的协同开发与使用，Kubernetes 在二者共同使用的 API 上构建了其控制器。基于此，Kubernetes 的控制插件和调度插件都可以由用户自行实现并部署，而且也允许用户自由组合 Kubernetes 中的诸多扩展插件，以最大程度地增强系统的泛化能力。正是由于这种极具开放性的设计，用户可以很轻松地在 Kubernetes 上构建、部署多样化的应用程序。

需要注意的是，Kubernetes 不仅仅是一个“编排系统”，它消除了编排的需要。Kubernetes 通过声明式的 API 和一系列独立、可组合的控制器保证了应用总是在期望的状态，而用户并不需要关心中间状态是如何转换的。这使得整个系统更容易使用，而且更强大、更可靠、更具弹性和可扩展性。

正是因为其兼容、开放、弹性等特点，当前已经有很多主流的 PaaS 运行在 Kubernetes 上，如 Openshift、Deis 和 Eldarion 等。用户也可以在此基础上构建自己的 PaaS，或者只使用 Kubernetes 管理容器应用。

总体来说，Kubernetes 是一个提供服务、管理服务的平台。Kubernetes 能够很好地适应当前对“敏捷开发”的软件开发现状，而且其诸多内置的功能性插件可以应对日益复杂的程序工作流。通常，一个成功的应用编排系统需要有较强的自动化能力，这也是 Kubernetes 被设计作为构建组件和工具的生态系统平台，以便更轻松地部署、扩展和管理应用程序的原因。

2. Kubernetes 对物联网的支撑效应

前面讲述了传统的软件开发架构、容器化技术的发展、容器编排系统 Kubernetes，本节将重点解释 Kubernetes K8S 在未来物联网软件开发中的重要地位。

1）物联网的挑战与容器

快速扩张的物联网设备集群，带来了超大的数据流，也给物联网的云组织方式带来了独特的挑战。这些挑战主要包括以下几方面。

(1) 连通性。组织希望物联网设备能够不间断地工作，然而，这可不容易。无线连接可能很复杂，特别是随着无线标准和相关技术的不断发展，确保这些设备在为许多智能产品和传统 IT 资产提供服务的网络上的可用性尤其具有挑战性。

(2) 连续性。一旦确保物联网设备连接到网络，组织就需要确保这些产品有足够的能量来实现其预期目的。这在更专业的环境中非常重要。例如，需要确保为其工业环境服务的物联网设备具有足够长的电池寿命，而不需要每隔几个月更换一次。否则，该组织的工业流程可能会受到干扰，可能会影响公共安全。另一个例子是，必须确保像心脏起搏器这样的医疗设备能够为它们的主人服务。

(3) 网络安全。传统的数字安全解决方案倾向于为网络和云端提供覆盖，但它们对端点和空中传送(Over The Air，OTA)漏洞的防护效果较差。如上所述，无线协议非常复杂，许多公司设计智能产品的目的是加快上市速度，而不是安全性。这些因素加在一起，为恶意行为提供了危害组织物联网设备的机会。然后，黑客可以使用这些产品访问更大范围的网络和/或窃取组织的数据。

而容器则成为了可行的解决方案。正如 Docker 所解释的，容器是软件的标准化单元，其中包含应用程序的代码及其所有依赖关系。因此，无论底层基础设施或主机操作系统如何，容器都能够在计算环境中运行。

正是这种可移植性使容器成为解决上述 IoT 挑战的理想解决方案。正如 CRN 所解释的，容器可以在客户机和服务器上运行，它们允许管理员将修复作为容器镜像推出。它们使组织更容易为所有物联网实现所依赖的终端设备开发软件和管理更新。

容器通过启用微服务模型，不仅能够支持组织当前的物联网设备，还能够促进组织扩展其物联网环境的能力。在这个模型中，组织可以跨松散耦合和独立的单元在云中部署设备、软件和其他资源。这种模块化方法允许组织快速部署和管理更复杂的应用程序，同时比虚拟机消耗更少的计算资源。

2）物联网与 Kubernetes

物联网已经并正在产生海量数据。随着 5G 网络的部署，这些数据将呈指数级增长，管理和使用这些数据是一个挑战。一种更有效的方法是基于单一目标，集中于来自独立信息源的更小的片段，并通过自动化流程管理一切。

例如，在闹市，红绿灯摄像头和道路传感器可以跟踪某一街区某一点的车辆计数。如果通过的车辆数量达到一个阈值，则可以解析该信息并将其发送到网络链的更高一级，从而可以在云端做出决定，改变交通路线或改变交通灯的开关时间。

一方面，Kubernetes 编排系统可以实现这一点，它将分布式处理能力存储在软件容器中，这些软件容器是自动化的、可重复的软件单元，总是以相同的方式执行。将容器与传感器耦合，并管理它们的交互，是将处理能力提升到网络边缘的关键。另一方面，Kubernetes 将网络上设备的操作分解为独立的功能单元，由此，这些智能城市的摄像头在监控拥塞的同时还可以做其他事情，如寻找闯红灯、非法转弯的车辆，甚至观察行人等，每个功能都可以在面向服务的体系结构(Service-Oriented Architecture，SOA)中单独管理。

如果以管理类型流程图的形式查看 SOA，则每个容器将负责某些关键任务。首先，容器根据在网络边缘收集或处理的数据，向链上更高的容器报告关键信息位。然后，这些容器将对收集的数据执行新功能，发送相关报告。最后，一个具有更多管理功能的容器，将收集足够的数据，以做出可靠的决定或执行一个行动。

随着物联网规模越大、功能越强大，系统对精确管理的需求就越大。管理越来越多的物联网设备的关键就是处理好这些设备产生的数据。除了管理分布式系统中的容器和容器集群外，Kubernetes 还能够扩展大型部署。

例如，一个城市开发了一个非常高效的交通管理系统，该系统配备了大量传感器和有效的分析软件，通过 5G 网络连接，由 Kubernetes 管理。如果有人想把这个系统推广到其他 100 个城市，就需要生产大量相同的产品，这些产品在其他任何城市都能像在自己的城市一样工作。如果这些相同的产品被当作单独的系统，它们就会开始漂移，每个都可能以自己的方式运行。

总而言之，物联网的扩张规模是难以想象的，随之而来的是容器规模的快速膨胀。一方面，使用 Kubernetes 这样的容器编排系统对容器集群进行统筹管理则成为了必要；另一方面，Kubernetes 可以将正确的信息以尽可能接近实时的方式，发送到正确的地方。

6.4.3 Kubernetes 的结构与机理

1. Kubernetes 架构原理

Kubernetes 是谷歌 Borg 容器编排系统的开源版本，在了解 Kubernetes 之前，需要对 Borg 进行简单介绍。

1) Borg 架构

Borg 诞生至今已有十余年的历史，从谷歌于 2015 年发表的 *Large-scale cluster management at Google with Borg* 一文中可以看到这样一条信息：A representative Borg workload can be found in a publicly-available month-long trace from May 2011，which has been extensively analyzed. 即可以在 2011 年 5 月公开可用的长达一个月的被广泛分析的跟踪中找到具有代表性的 Borg 工作负载。这代表着在 2011 年之前，谷歌已经在规模地使用 Borg 进行自身的容器编排管理。至今，Borg 仍然在谷歌内部被规模地使用，管理谷歌公司的相关核心业务容器。依据 Kubernetes 的主要开发者 Tim Hockin 所说，谷歌将在未来持续使用 Borg，以保证对保证特定业务的服务支撑。

Borg 主要由 4 部分组成，分别是负责对当前集群进行维护、数据留存、整体调配的集群管理器 BorgMaster，承担运行实际应用责任的容器节点 Borglet，对应用任务分配按照特定约束进行自动调度的调度器 Scheduler，以及通过命令行的方式与 Borg 集群进行控制的工具 Borgcfg，提交的基本单位是 Config File，常见的是 yaml 文件。Borg 架构如图 6-22 所示。

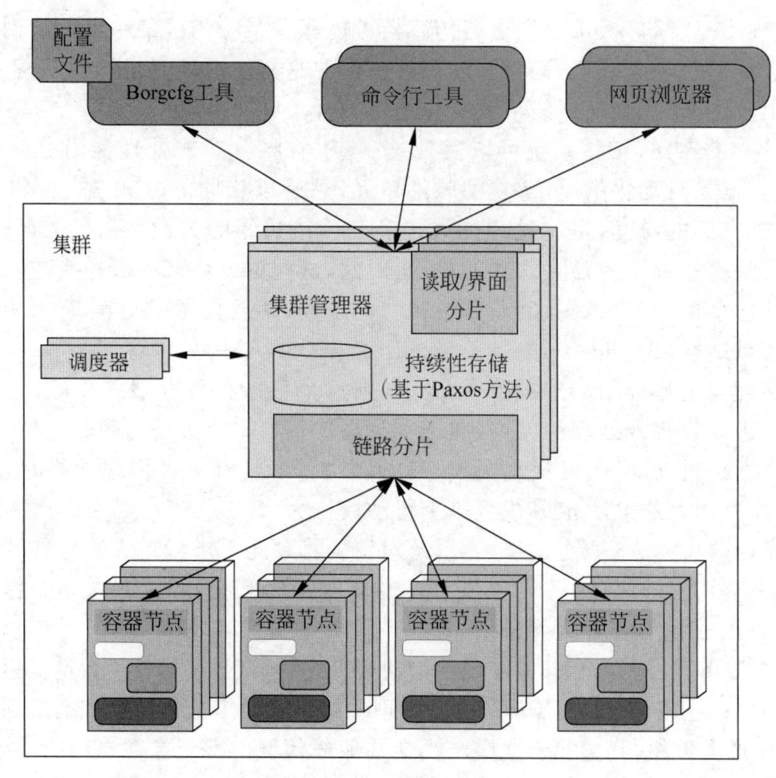

图 6-22　Brog 架构

2) Kubernetes 架构

Kubernetes 与 Borg 都是容器编排系统,并且有着相同的作用单位: 容器。Kubernetes 致力于将开发人员从烦琐的容器编排部署、频繁的网络负载均衡、存储设备的维护更新、虚拟计算资源的划分调度中解脱出来,将这些与业务无关的任务尽可能交付给 Kubernetes 自动完成,从而让开发人员更好地针对运行在容器中的实际生产应用进行设计、实现、优化与更新迭代。

Kubernetes 能够被主流开发人员钟爱是有着其内在优势的。首先,Kubernetes 作为一个容器编排系统具有良好的稳定性,同时能够很好地兼容不同云服务提供商的云产品,方便开发人员进行适合自身项目的云平台; 其次,Kubernetes 拥有强大的集群管理性能,支持负载均衡以维持集群的整体稳定,支持故障发现修复以提高集群的抗故障能力,支持服务发现以更好地对自动部署服务提供支撑,支持多层安全防护以增强集群的抗风险能力,支持弹性资源调度以满足不同容器的不同资源需求,支持服务回滚及在线扩容以提升集群的容错能力与扩展性能; 最后,Kubernetes 可以提供从开发、测试、部署到运维的全套技术支持,并提供相应的工具进行管理。

Kubernetes 有着与 Borg 类似的架构。如,二者都有命令行交互工具,在 Borg 中是 Borgcfg,在 Kubernetes 中是 kubectl; 二者都存在调度器,在 Borg 中是 Scheduler,在 Kubernetes 中是 kube-scheduler; 二者都有基础的容器调度单元,在 Borg 中是 Borglet,在 Kubernetes 中是 pod; 二者都拥有集群管理器,在 Borg 中是 BorgMaster,在 Kubernetes 中是 kube-controller-manager,等等。Kubernetes 的整体架构如图 6-23 所示。

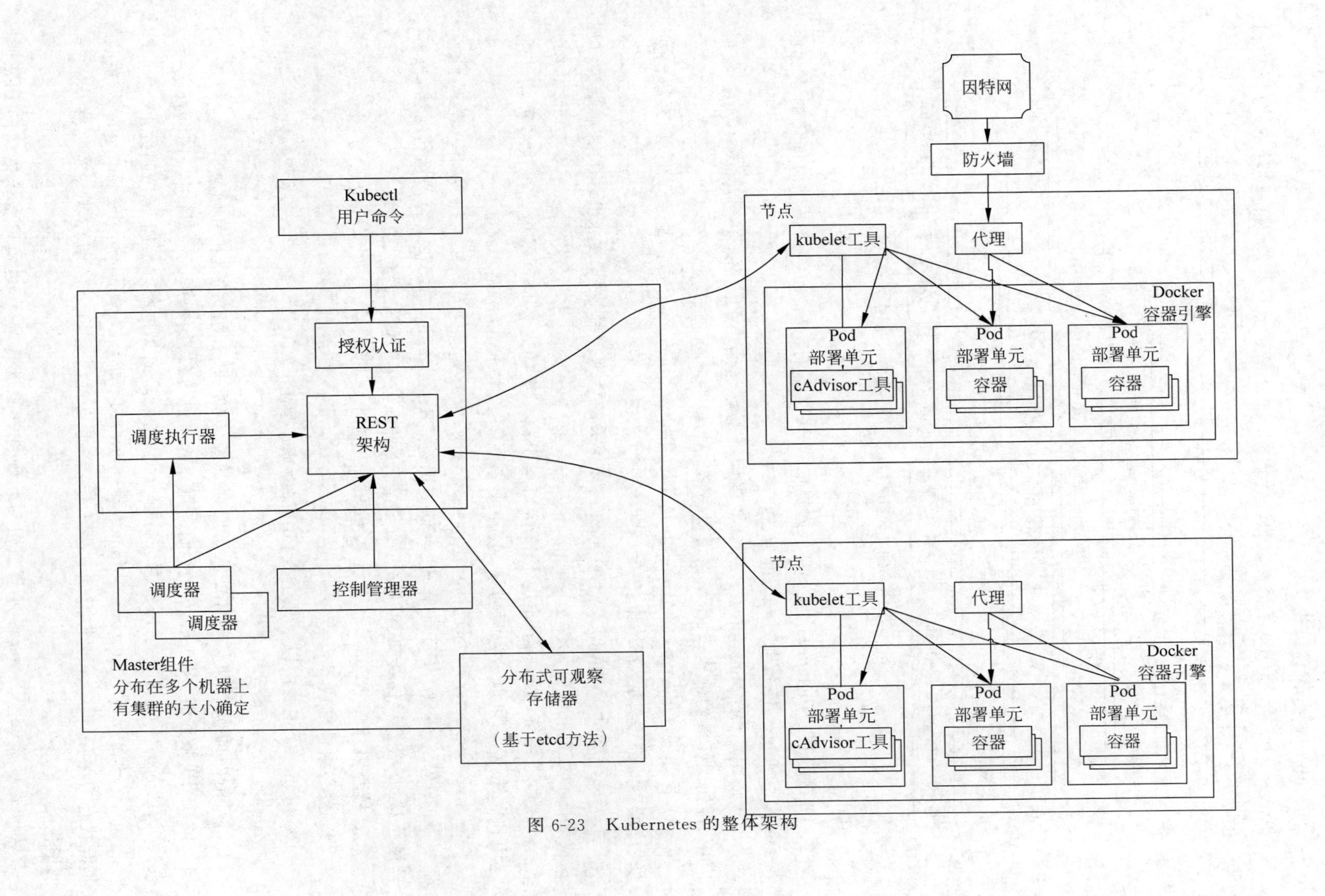

图 6-23　Kubernetes 的整体架构

3）Kubernetes 设计思想

Kubernetes 与 Linux 有着类似的设计思想，都是基于分层架构进行设计的，分层架构示意图如图 6-24 所示。

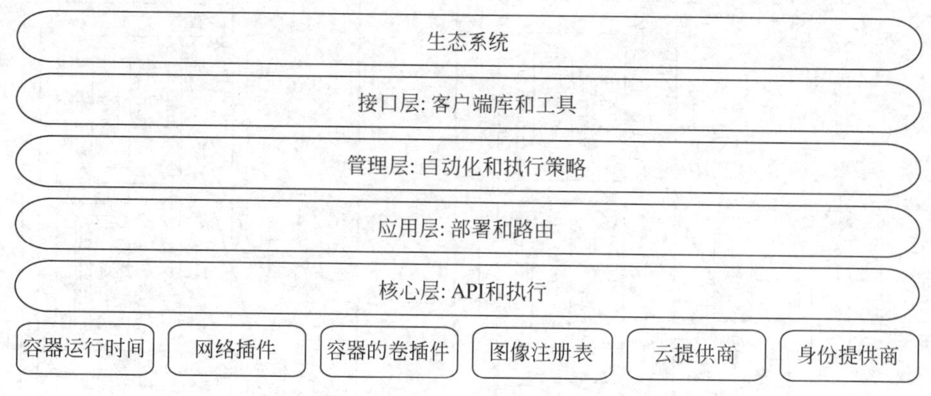

图 6-24　Kubernetes 分层架构示意图

其中：

（1）核心层（Nucleus）：向外部承担提供 API 暴露的功能，向内部提供插件化的运行环境，是 Kubernetes 体系中的内核部分。

（2）应用层（Application Layer）：主要承担部署与路由的责任，包括对单个应用、集群应用、批处理任务的部署，对网络请求进行解析和发现新创建服务。

（3）管理层（Governance Layer）：负责对整个 Kubernetes 系统进行管理，如系统的扩展、持续容器部署、网络环境维护等。

（4）接口层（Interface Layer）：主要包含相关的管理控制工具，如 kubectl、客户端等，以及代码库和集群联合。

（5）生态系统（Ecosystem）：位于接口层更高一级的向整个容器集群提供各种功能的应用和插件，总体可以分为两部分：Kubernetes 外部与 Kubernetes 内部。

另外，Kubernetes 外部包括日志的创建生成、服务集群的全时段监控、从单个容器到容器集群的配置管理、CI/CD、工作流、存储应用等；Kubernetes 内部包括容器运行时接口、容器网络接口、容器存储接口、镜像仓库、云平台提供商、集群内部管理等。

2. 核心组件

1）核心组件构成

Kubernetes 主要由以下几个核心组件组成（见图 6-25）。

其中：

（1）etcd：负责将集群整体的状态留存下来，方便进行集群的维护和回滚。

（2）API 服务器（API Server）：面向用户提供的接口，用户可以通过该接口对集群进行授权、认证等操作，并对软硬件资源进行划分调度操作，向集群添加 API 与访问约束。

（3）控制管理器（Controller Manager）：与 ectd 不同，kube-controller-manager 不负责集群状态的保存，但是承担集群的管理工作，在必要时依据 etcd 的留存状态对集群及逆行回滚恢复。

（4）调度器（Scheduler）：不仅负责对软硬件资源进行调度，也负责将新创建的 Pod 调

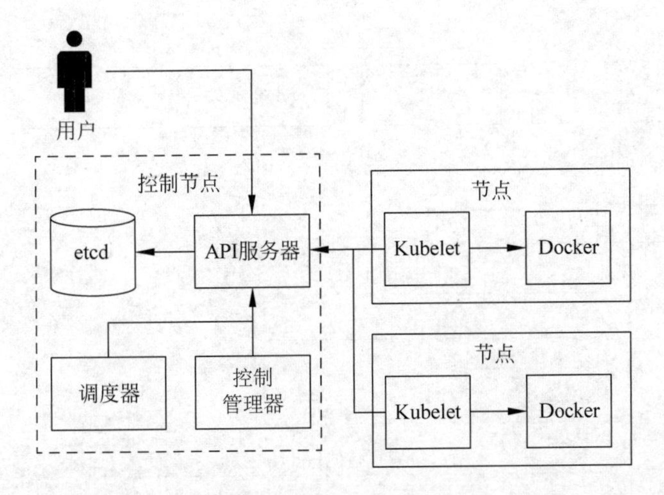

图 6-25　Kubernetes 核心组件

度至合适的物理设备上。

(5) Kubelet：负责对每个容器进行管理维护，同时也管理数据卷与容器网络接口。

2) 组件通信

Kubernetes 多组件之间的通信原理如下。

(1) API Server 会对 etcd 的行为进行管理，控制 etcd 进行状态存储等操作，并且拥有对 etcd 进行直接控制权限的有且只有 API Server。

(2) 集群内部所有组件与外部用户之间进行通信都需要通过 API Server 提供的 REST API。

(3) API Server 提供的 watch API 会检测整个集群中的资源分配与利用情况，并对资源做出适时的反馈调整，同时对资源更新有影响的操作都必须经过 REST API。

(4) API Server 还拥有调用其他组件 API 的权限，如，可以使用 kubelet 的 API 指定是否使用托管功能来提高通信的稳定性。

例如典型的创建 Pod 的流程如图 6-26 所示

创建过程如下。

(1) 用户使用 API Server 提供的 REST API 创建 Pod。

(2) API Server 再把该创建的 Pod 状态告知 etcd 进行存储。

(3) Scheduler 的服务发现功能会一直巡视集群，若发现该 Pod 还未指定容器节点，则将该 Pod 进行调度，并更新该 Pod 的状态。

(4) kubelet 接收到被调度的 Pod 后，将 Pod 交付给 Docker 或其他容器运行时运行。

(5) Docker 将 Pod 状态返回给 kubelet，并由 kubelet 更新该 Pod 的状态至 API Server。

3. 资源对象

Kubernetes 有一个非常生动的特性，即在 Kubernetes 中学习到的大部分概念都可以被生动地理解为资源对象，无论是调度的基本单位 Pod、部署的基本单位 Node、功能的基本单位 Service 等。将这些概念抽象为资源对象之后，就可以弱化各个组件、层次的关联细节，将这些资源对象进行简单的调用组合即可简化开发思维。下面对重要的资源对象进行简要的

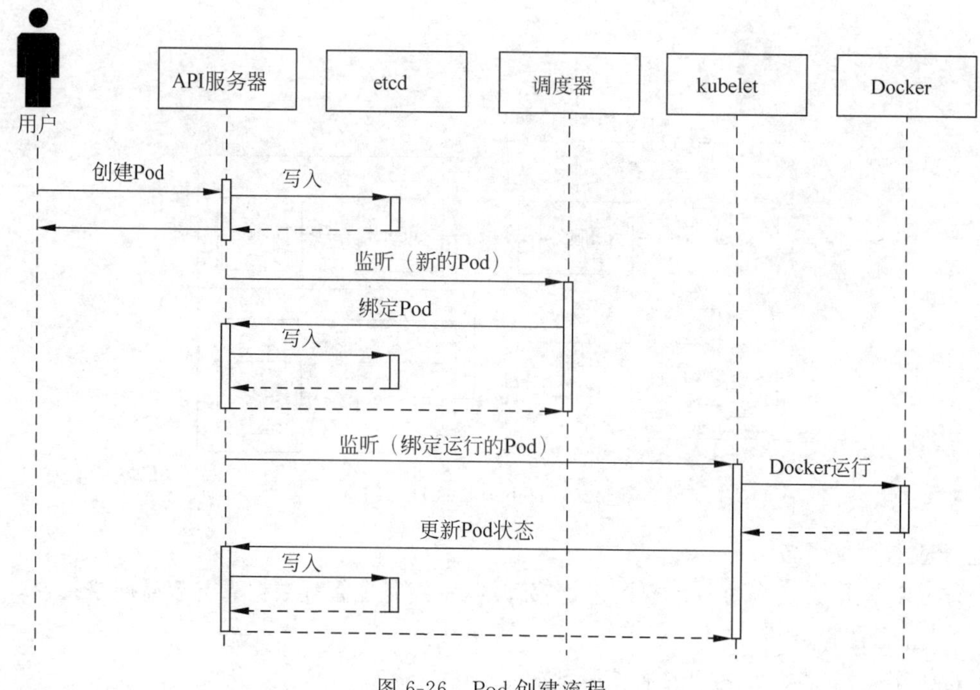

图 6-26　Pod 创建流程

介绍。

1）Master

Master 是 Kubernetes 集群中最为重要的资源对象，肩负着管理和控制整个集群的重担。Master 在部署的时候，至少需要占用一个独立的服务器，在超大规模的容器集群中，需要三个甚至更多的服务器来部署 Master 这一个独立的资源对象。并且 Master 在任意的 Kubernets 集群中都是不可或缺的，绝大多数的运行指令都需要交付给 Master，并由 Master 具体执行，因此只要 Master 节点发生故障，将会导致整个容器集群的崩溃。在实际的应用部署中，务必保持 Master 可以稳定、持久、安全地运行。

在 Master 上运行着以下关键进程。

（1）Kubernetes API Server(kube-Api Server)：Kubernetes 向外部提供的用于对集群进行控制的唯一入口进程，只有通过这个进程才能对集群内部的资源进行管理。

（2）Kubernetes Controller Manager(kube-controller-manager)：在 Kubernetes 中担任"大总管"的角色，负责自动化的管理集群中的全部资源对象。

（3）Kubernetes Scheduler(kube-scheduler)：在 Kubernetes 中担任"调度员"的角色，不仅负责软硬件资源的调度，还负责 Pod 的调度。

除此之外，由于 etcd 保存了资源对象的状态和数据，因此也应该被部署在 Master 上。

2）Node

在 Kubernetes 集群中，所有的非部署 Master 节点的机器都叫作 Node。Node 可以直接部署在物理主机上，也可以部署在虚拟机上，是 Kubernetes 集群中的基本工作负载单位。每个 Node 上部署的容器数量或工作负载由 Master 进行控制，其本身不具备划分工作负载的能力。Node 的状态会被 etcd 持续存储，若某个 Node 产生故障，Master 会自行决策，将该 Node 上的工作负载回滚到其他可用的 Node 上，从而保证集群整体的稳定运行。

在每个 Node 上都运行着以下关键进程。

(1) kubelet：直接与 Master 进行协作，负责对应 Pod 的整个生命周期，也承担指定的容器网络接口和存储卷的作用。

(2) kube-proxy：主要负责负载均衡功能的使用，同时提供服务发现的作用。

(3) Docker Engine(docker)：或其他容器运行引擎，主要承担在当前物理主机上创建与管理容器。

由于 Master 自身承担着管理整个集群的重担，因此不应轻易变动。与 Master 不同，Node 由于容易恢复、创建销毁简单，因此被允许在集群中以在线的方式动态调整。当然，能够进行动态部署的 Node 必须具有完备的功能，保证以上进程正常配置，且可以正常使用。一般情况下，每个 Node 对应一个 kubelet，将 Node 添加到集群的过程，其实就是 kubelet 向 Master 提交注册的过程。当 Node 成功被添加到集群之后，kubelet 就会担任"联络员"的角色，定时与 Master 进行交互，并提交运行状态等相关信息；然后 Master 就会依据这些运行状态信息进行资源调度，保障集群的高效、稳定运行。如果 kubelet 超出了约定的交互时间却仍未进行交互，那么该 kubelet 对应的 Node 就会被标记为故障，而后触发负载转移的操作，将该 Node 上的工作负载转移至其他正常的 Node 上。

3) Pod

Pod 是 Kubernetes 中极为重要的资源对象，是最基本的容器调度单元。与直观印象不同，Pod 虽是最基本的调度单元，但一个 Pod 中事实上是存在多个容器的，包括一个根容器 Pause 和若干有强相关性的业务容器，如图 6-27 所示。

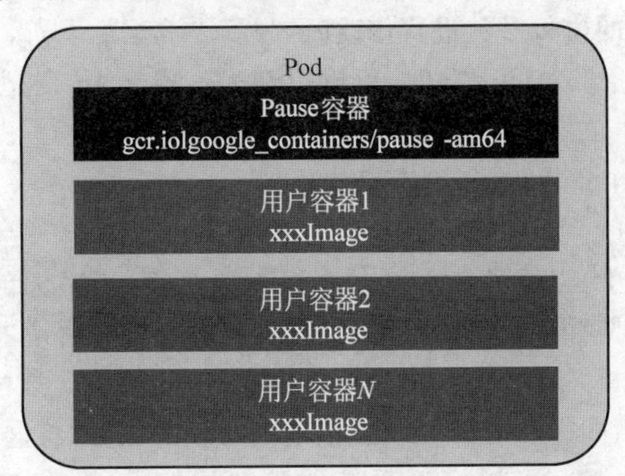

图 6-27　Pod 架构

Kubernetes 之所以设计出 Pod 这一个具有特色的资源对象，主要基于以下两点考虑。

(1) 如果单纯地将若干强相关换的容器划分一组进行管理，确实可以提升整个集群的管理效率，但是就会引来新的问题，即"整体性"问题。例如，当该组容器的某个容器产生故障时，是应该判断为整组故障或者判断为 N/M 的故障率？为了避免引发这种疑惑，引入高稳定性的根容器来简化。根容器与该 Pod 中的其他业务容器在业务上不存在关联，它只负责监控与表达该 Pod 的整体状态。

(2) 由于容器化架构的特点，容器与容器之间是通过通信进行互联的，因此在理论上需要为每个 Pod 分配一个 IP 地址。如果让部署在同一 Pod 上的若干强相关的业务容器共享一个面向外部的 IP，同时这些业务容器之间采用更加快速的内部通信方式，这种做法可以很好地降低网络IP爆炸带来的冗余网络负载，增强强相关业务之间的互联协作。

总体来讲，Kubernetes会向所有Pod指定IP，而且该IP地址是唯一的，这种IP地址被称为Pod IP。虽然Pod IP是被内部多个容器共享的，但是不会影响Pod与Pod之间的正常通信。Pod内部的容器之间可以通过文件共享、信道管理等方式进行高效通信；Pod与Pod之间的通信则类似正常的TCP/IP网络架构，通常会使用到Open vSwitch或其他虚拟网络通信技术。

4）Deployment

Deployment最早出现于2016年的v1.2版本的Kubernetes中，主要功能是对Pod的编排工作进行协调与优化。在Deployment未被引入之前，Kubernetes使用副本控制（Replication Controller）的方式进行容器编排，而Deployment基于副本集（Replica Set，RS）进行实现。

使用副本控制技术可以完成Pod的部署编排工作，但是这种方式并不支持对Pod的实际部署状态进行监控，仅能知晓Pod最终是否部署成功，不能对部署过程中的详细步骤进行监控，如Pod是否都创建完成、具体调度情况、容器绑定等步骤。使用副本集的方式就可以完成对整个部署流程的监控，从而更好地把握每个容器的实时状态。

Deployment通常被使用在下列场景中。

（1）为保证整体业务的稳定，在创建Pod时，也会同时创建其副本，方便产生错误时进行回滚修复，而创建副本的工作就是由Deployment进行的。

（2）当Deployment出现异常情况时，可以覆盖为早期的可用版本。

（3）当需要对Pod的模板参数进行修改时，为不影响新的发布，可以中断Deployment。

（4）当集群的工作负载急剧上升时，可以更新Deployment以适应新的工作环境，集群控制器会根据Deployment的实时状态判断Pod的发布情况。

（5）监控部署的整个流程、更新副本集的版本。

5）Service

在实际的生产环境中，以铁路12306的春运抢票为例，当某天的列车票务信息刷新之后，众多购票者会在短时间内向票务管理服务器发起海量的订票请求，服务器在收到请求之后还需要对请求进行解析并在数据库中进行更新操作，这种超大规模的请求是单个Pod难以负荷的，必须使用一组同样功能的Pod提供请求处理的服务，将这种提供相同服务的Pod称为Service。通过Service，可以实现系统的负载均衡功能，降低系统的故障率；同时Service也提供服务发现的功能，以便于对系统集群进行扩展更新。

每个Service中的所有Pod都将被分配同一个标签，kube-proxy以Pod IP和相对应的标签为标准码，对Pod进行调度以实现负载均衡的功能。

Service有如下4种类型。

（1）ClusterIP：Service默认将ClusterIP作为初始类型，仅允许在集群内部进行通信与互联。

（2）NodePort：将ClusterIP分配到的IP与静态端口相结合，NodePort可以实现将自身的服务向集群外部提供。

（3）LoadBalancer：将Kubernetes提供的内置负载均衡器置换为Cloud Provider提供的负载均衡器，此负载均衡器要求能够连接到NodePort与ClusterIP，从而实现服务暴露的功能。

(4) ExternalName：在 v1.7 版本的 K8S 中被添加，通过将服务进行映射，实现内部命名与域名的转换适配，并向外部提供服务。

Pod 可以被动态地添加到 Kubernetes 集群中，以 Pod 为单位组成的 Service 也同样支持被动态地添加到 Kubernetes 集群中，仅要求被动态添加的 Service 不绑定标签，在添加完成后由集群控制中心进行标签的分配工作。

6) Job

Job 与批处理命令类似，都是处理批量化操作，不同的是批处理命令的运行单元是命令行，Job 的运行单元是短生命周期的单次任务，可以实现创建单个 Pod 或若干 Pod 的创建工作。

Kubernetes 支持以下几种 Job。

(1) 顺序 Job：按照任务序列，对 Pod 依次进行创建。

(2) 指定批次 Job：在前期对要创建的 Pod 数量(依据 completions 字段进行指定)进行设定，这种类型会在指定数量的 Pod 被全部创建完成后中止。

(3) 并行 Job：同时进行若干数量(依据 Parallelism 字段进行指定)的 Pod 创建任务，该类型的 Job 在任意一个 Pod 被成功创建后就会判定为成功。

依据 completions 字段与 Parallelism 字段的不同设定，可将 Job 进行以下模式的划分(见表 6-4)。

表 6-4　Job 类型的划分

Jod 类型	使用示例	行　为	completions	Parallelism
一次性 Job	数据库迁移	创建一个 Pod 直至其成功结束	1	1
固定结束次数的 Job	处理工作队列的 Pod	依次创建一个 Pod 运行，直至 completions 个成功结束	2+	1
固定结束次数的并行 Job	多个 Pod 同时处理工作队列	依次创建多个 Pod 运行，直至 completions 个成功结束	2+	2+
并行 Job	多个 Pod 同时处理工作队列	创建一个或多个 Pod，直至有一个成功结束	1	2+

7) Namespace

Namespace 主要用来进行用户的管理，将归属于某一用户的资源对象(如 Pod、Service、Deployment 等)进行聚合抽象打包，例如将用户 A 所用到的资源对象都放在命名为 userA 的命名空间下，则标示着该组资源对象应为用户 A 独立占用；类似的集群自身的管理用户所占用的资源会被放在 kubesystem 的命名空间中。

Kubernetes 就是通过这种不同命名空间的引用来达到用户隔离的效果，避免资源跨区域的侵占导致的资源分配不均、负载负荷不平衡。

8) Ingress

外部用户想要对集群内部的服务进行访问、申请等操作，需要调用 Kubernetes 集群中的专用访问 API：Ingress，通常使用 HTTP 进行访问请求。Ingress 能够实现与外部互联的基础是它会将集群与集群相关的网络服务与网络路由进行暴露，并对网络流量进行控制。

下面是一个将所有流量都发送到同一 Service 的简单 Ingress 示例，如图 6-28 所示。

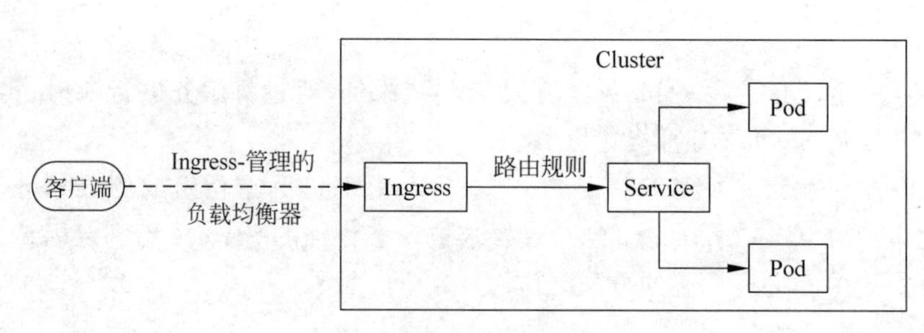

图 6-28 Ingress 示例

从图 6-28 中可以看出,用户要访问集群内部的服务时,需要通过 Ingress 进行处理。Ingress 会将其对应的服务集群抽象地封装为一个虚拟主机,并在其内部对访问链接、网络负载能力、中止协议进行配置,方便用户进行服务的请求调用。但是需要注意,Ingress 虽然可以向外部提供访问服务,但是并不会暴露设定好的端口或者其他网络协议,即仅暴露服务、隐藏网络内核。

9) Endpoint Slices

在了解 Endpoints API 之前,先对 Endpoints 进行解释。Endpoints 是被存储在 etcd 中的资源对象,它包含的每组信息与 Service 是一一对应的关系,负责记录 Service 中的状态信息。Service 的服务暴露功能也是通过 Endpoints 实现的,即 Service 中的每一个 Pod 都会记录在 Endpoints 之中,当某一 Pod 被添加或删除,其对应的信息也会在 Endpoints 中被添加或删除。其提供了一种简单而直接的用于 Kubernetes 跟踪网络端点的方法。

然而随着集群的不断扩大,海量的 Pod 信息全部汇聚在 Endpoints 中,使得与 Endpoints 相关的网络负荷迅速增加,仅通过 Endpoints 对所有 Pod 进行服务暴露越来越困难。为应对这一情况,Kubernetes 提出了 Endpoint Slice 这一概念,即端点切片。

Endpoint Slice 是划分为具有特定约束的 Endpoints 组,具体的划分规则由用户设定和集群管理器协同作用,不同的 Endpoint Slice 可以对网络流量进行分流,降低集群的网络负荷。每个 Endpoint Slice 的端口、协议等都是特定的,避免信息混乱引起的网络不稳定,也有利于服务的更新。

10) Volume

Volume(存储卷)可以简单理解为在一个 Pod 中部署的容器组的共同存储访问空间,每个容器都可以对该存储空间进行访问、读、写操作。

Volume 主要承担两种重要责任。首先,因为该存储空间是共享的,所以当某个容器崩溃时,其在存储空间上的数据并不会丢失;当此崩溃的容器被修复重启后,仅该容器的状态被重置为初始状态,所有的数据可以重新从 Volume 中读取,极大地方便了服务的重建,更好地维持服务提供的稳定性。其次,容器与容器之间直接通过共享的存储空间进行通信,是比采用网络通信更加高效、快速的通信方式,能够实现强关联服务的高速协作,同时也不需要占用集群的网络流量。

Volume 可被分为两种类型:第一种类型是与 Pod 拥有相同生命周期的 Volume,当 Pod 被中止时,对应的 Volume 也会被销毁;第二种类型是长生命周期的 Volume,即使 Pod 被中止,对应的 Volume 仍旧会存在,常用在有短期服务请求但是需要持久化数据存储的业务中。

4. 调度策略

在 Kubernetes 中,调度是指将 Pod 放置到合适的 Node 上,然后对应 Node 上的 Kubelet 才能够运行这些 Pod。

1) Kubernetes 调度器

Kubernetes 的默认调度器是 kube-scheduler。kube-scheduler 会一直监控集群中的 Pod,如果出现新的 Pod,kube-scheduler 会查询集群中是否存在适合的 Node 节点部署该 Pod,如果存在,则将该 Pod 部署到相应 Node 节点上;如果不存在,则 kube-scheduler 将保持此 Pod 的状态并持续轮询,直到有合适的 Node 分配给此 Pod。

kube-scheduler 虽然是默认调度器,但 Kubernetes 仍然允许用户自行编写更符合自身项目要求的调度器替换默认的 kube-scheduler。

在进行 Pod 调度时需要注意,Pod 在对软硬件资源有约束外,还对如数据分配、工作负载耦合性因素等进行约束;同时 Pod 内部可能存在多个容器,因此不仅需要满足 Pod 的总体约束,还需要满足每一个内部容器的条件约束,任意层次的约束不被满足就不可以进行下一步的调度过程。

2) Kubernetes 调度流程

现给出一个简单的 Kubernetes 集群,如图 6-29 所示。该集群由单个 kube-Api Server、两个部署了 kubelet 的节点(分别为 Node1、Node2)、一个 controllers 和调度器 kube-scheduler 组成。现在向该集群部署一个 Pod,此时需要经历的调度流程有以下几个过程。

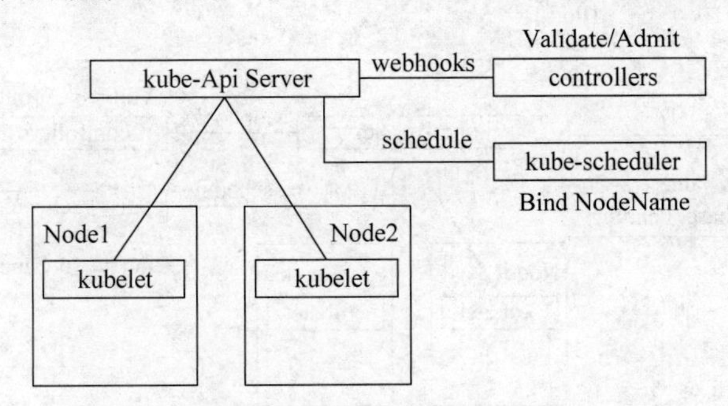

图 6-29 Kubernetes 集群示例

在 Kubernetes 中,发起提交需要有一个 yaml 文件来指定相关信息,在此,定义图 6-30 中的 Pod1 为该 yaml 文件。首先,将 Pod1 这个 yaml 文件提交给 kube-Api Server。

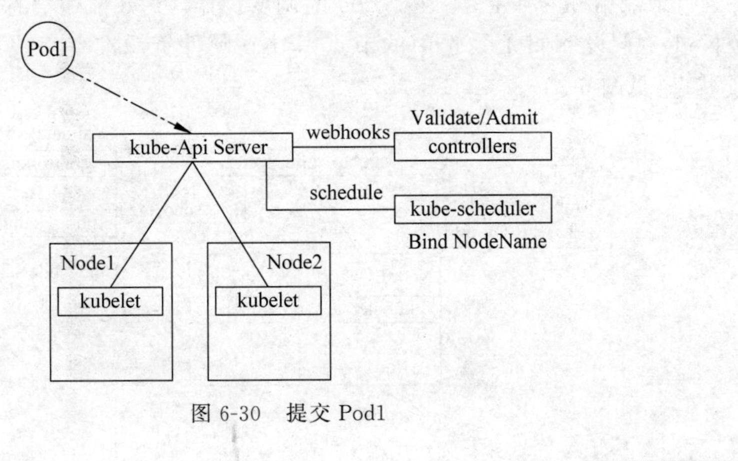

图 6-30 提交 Pod1

kube-Api Server 在接收到 Pod1 后，会将该创建的请求信息“Pod1 * ”发送给 webhook controllers，由 webhook controllers 对该请求进行相应的校验，然后将校验结果返回给 kube-Api Server，流程示意如图 6-31 所示。

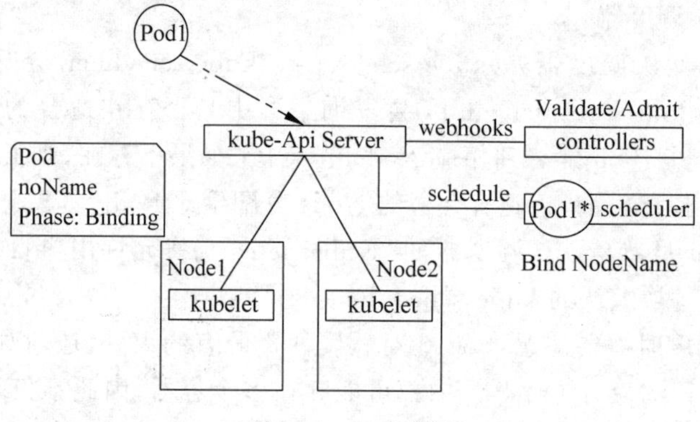

图 6-31　Pod 验证

kube-Api Server 依据接收到校验结果，在该 Kubernetes 集群添加一个 Pod，但是此 pod 的 nodeName 是不存在的，其 phase 状态也被初始化为 Pending(见图 6-32)。该 Pod 一旦被成功添加，那么它将暴露在 kube-scheduler 与 kubelet 的监视中，同时 kube-scheduler 会根据 nodeName 是否存在来判定该 Pod 是否被调度。

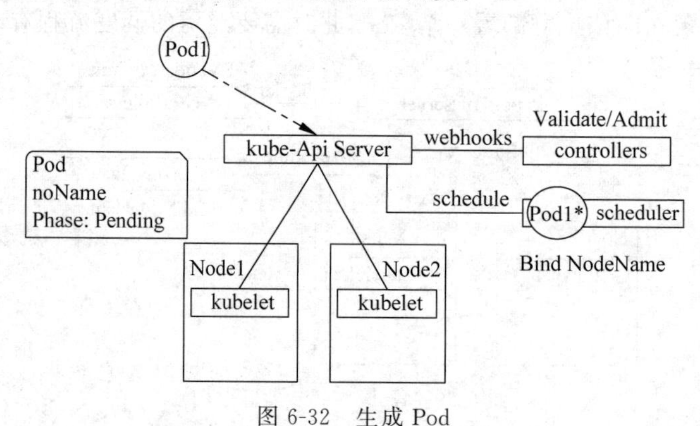

图 6-32　生成 Pod

此时，kube-scheduler 会依据相应的过滤算法与打分算法，挑选出最适合的节点分配给 Pod，并进行节点名称的绑定，完成对 Pod 的调度操作。Pod 描述信息中的 nodeName 就会更新为 Node1(假设 Node1 为选中的节点)，在软硬件资源准备完成后 phase 也会更新为 Runing 状态(见图 6-33)。

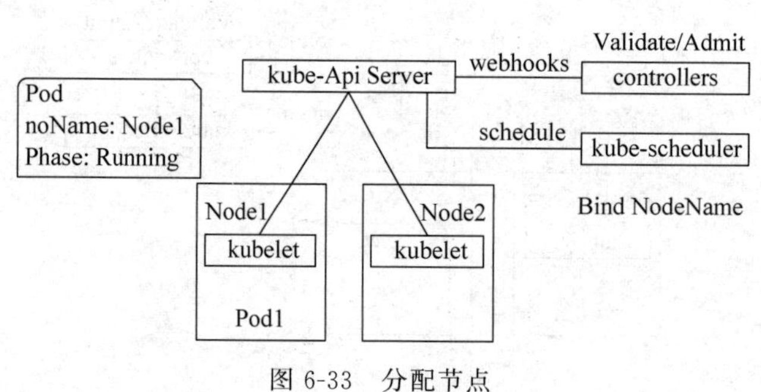

图 6-33　分配节点

3）调度框架

Kubernetes 允许诸多种类的可插入式框架，用于简化调度器工作流程的调度框架(Scheduling Framework)就是其中之一。调度框架采取“插件化”的方式，在调度器代码块中嵌入调度插件，在保证调度器核心代码安全、简洁的同时，也能够兼容用户自行编写的调度插件，使得系统调度拥有更加强大的适配性。其中，调度插件主要可以分为两种：一种是可以对调度策略做出调整改变的调度插件；另一种是仅提供调度信息的调度插件。

在使用调度框架进行 Pod 调度时，可以划分成两个阶段：第一个阶段是调度阶段，主要对等待调度的 Pod 队列中的每一个 Pod 进行顺序决策，为每一个待调度 Pod 指定要部署的节点；第二个阶段是绑定阶段，因为不需要再对 Pod 队列进行处理，所以允许并行地对 Pod 进行绑定操作，将 Pod 与指定的节点进行绑定。

一个典型的 Pod 插件化调度流程如图 6-34 所示。

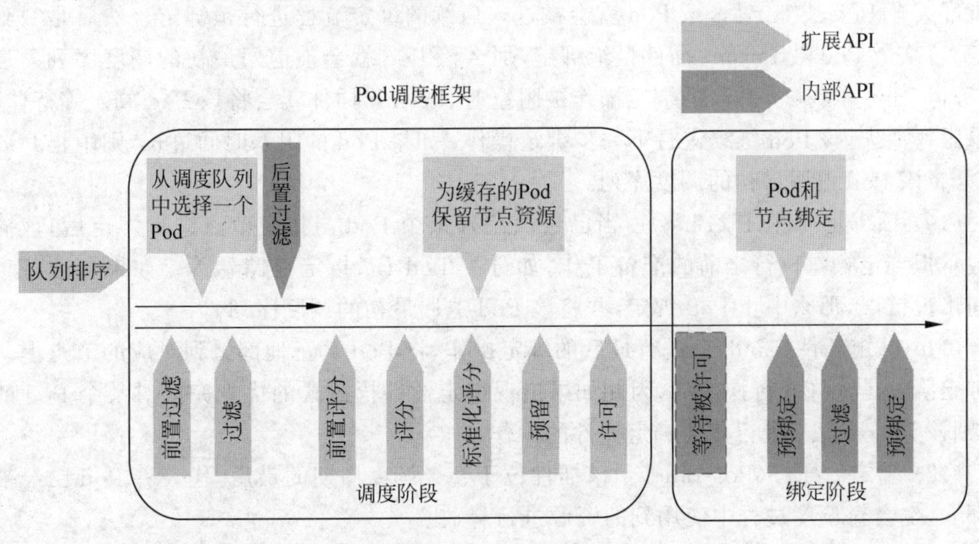

图 6-34 Pod 调度

其中，主要插件及其功能如下。

(1) 队列排序插件(QueueSort)。该插件主要是对待调度的 Pod 队列进行排序，从而确定进入调度阶段的 Pod 的先后顺序，通常运行在调度过程的第一步。

(2) 前置过滤插件(PreFilter)。按照排序后的 Pod 队列，先后对每一个 Pod 继续过滤，验证每一个 Pod 的需求能否被集群满足，如果不能满足，则将中止该 Pod 的调度流程，并向集群控制器返回相应的信息。

(3) 过滤插件(Filter)。该插件会依据当前 Pod 的需求轮询所有节点，并标记出所有不满足需求的节点，只有满足 Pod 需求的节点才会继续进行下一步的调度流程。

(4) 后置插件(PostFilter)。该插件通常不会被调用，只有出现存在满足 Pod 部署需求的节点，但该节点被占用或暂时不可用的情况下才会被启用。此时，后置插件会将对应的 Pod 优先级置为抢占式，如果出现可用的节点，后置插件会直接将该 Pod 送入后续流程进行调度，不需要将该 Pod 放入初始的 Pod 队列中。

(5) 前置评分插件(PreScore)。该插件本身并不执行评分的操作，而是根据集群的默认配置或者用户指定配置来生成一个评分池，后续的评分插件可以共享该评分池的数据。用于执行"前置评分"工作，即生成一个可共享状态供评分插件使用。如果评分池生成错误，则中止调度。

(6) 评分插件(Score)。该插件对所有满足当前 Pod 调度需求的节点进行打分，打分规则会结合集群默认配置和用户配置，最终给出每个节点的排名。

(7) 标准化评分插件(NormalizeScore)。该插件可以在给出每个可用节点的排名之前使用，主要用于修改评分插件对节点的打分，从而达到调整节点排名的目的。

(8) 预留插件(Reserve)。该插件的目的是避免多个 Pod 竞争同一个节点的情况。当多个 Pod 都处于等待绑定的阶段时，若某个节点为特定的 Pod 预留了足够的资源，Reserve 插件就会将对应的 Pod 直接绑定至当前节点。

(9) 许可插件(Permit)。该插件主要承担三项任务。首先是"批准"任务，当 Permit 插件批准某个 Pod 被绑定后，该 Pod 就会被送入后续的绑定流程进行预绑定。然后是"拒绝"任务，若某个 Pod 被 Permit 插件拒绝绑定，那么该 Pod 就会被退回最初的调度序列。最后是"等待"任务，当某个 Pod 的绑定操作被阻塞时，Permit 插件就会将该 Pod 放入等待队列，如果阻塞消失，该 Pod 继续进行下一步绑定操作；如果 Pod 的阻塞时间过长，则中止 Pod 绑定，并将该 Pod 退回最初的调度序列。

(10) 预绑定插件(PreBind)。当已经决定好某个 Pod 与指定节点进行绑定后，该插件就会承担绑定操作执行之前的准备工作，如分配 Pod IP、指定存储卷等。如果在准备工作期间出现错误，那么中止 Pod 绑定，并将该 Pod 退回最初的调度序列。

(11) 绑定插件(Bind)。进行最后的绑定操作，将 Pod 真正地部署到对应的节点上。由于绑定阶段是允许并行操作的，因此如果出现绑定插件抢占式的优先完成对某个 Pod 的绑定，则该 Pod 可以不进行其他绑定插件的操作。

(12) 绑定后插件(PostBind)。该插件位于整个调度周期的最后，代表着 Pod 已经被成功部署，也会对调度过程中使用到的资源进行释放。

需要说明的是，由于 Kubernetes 本身的搭建较为繁杂，需要比较复杂的认证过程，并且配置过程也不容易实现，同时也会伴随着较高的错误率，因此，对于初学者而言，建议选择 Kubernetes 的精简版本——minikube 学习和使用。

minikube 基于 Golang 语言进行开发，可以帮助开发者迅速在不同的操作系统上部署 Kubernetes 集群，能够很好地应对不同生产环境的需求，同时也方便初学者对 Kubernetes 的入门学习与进阶使用。

6.5 本章小结

本章讲述了物联网的云开发基础相关内容。首先了解了物联网云平台的相关背景，介绍了物联网云平台的体系架构与设计要求、物联网云平台的主要功能与核心技术。接着以阿里云物联网云平台为例介绍了典型的物联网云平台，并引出了有关物联网云平台的安全问题的讨论。最后，简单讨论了基于云平台的物联网软件开发技术发展趋势，包括软件开发趋势、Kubernets 与物联网云平台、Kubernets 的结构与机理等。

6.6 课后习题

1. 知识点考查

(1) 一个典型的物联网云平台包括哪几个子平台?

(2) 物联网云平台的主要功能有哪些? 选取其中一点,通过阅读教材和查找材料,小结该功能实现中的核心技术有哪些。

(3) 假设现需开发一个产品级的物联网智能家居系统,请问选择哪一款物联网云平台作为云端服务的支撑比较好? 为什么?

(4) 物联网的感知层安全主要考虑哪些问题?

(5) 在物联网云平台的设计中,采用架构思想有哪些优点?

2. 拓展阅读

[1] 2021 物联网创新案例 TOP50[J]. 互联网周刊,2021(22): 28-36.

[2] 杨毅宇,周威,赵尚儒,等. 物联网安全研究综述: 威胁、检测与防御[J]. 通信学报,2021,42(8): 188-205.

第7章　物联网的操作系统

7.1　物联网操作系统简介

物联网操作系统是支撑物联网大规模发展的核心系统软件，与传统的个人计算机或个人智能终端上的操作系统不同，物联网操作系统具有独特的特征。

物联网操作系统由以下几个大的子系统组成，分别为物联网操作系统内核、外围功能组件、物联网协调框架、公共智能引擎、集成开发环境等，如图 7-1 所示。通过互相配合，这些子系统共同组成了一个完整的面向各式各样物联网应用场景的软件基础平台。这些子系统除了作为操作系统组成成分以外，它们之间还有一定的层次依赖关系，例如外围功能组件依赖于物联网操作系统内核、物联网协同框架依赖于外围功能组件等。

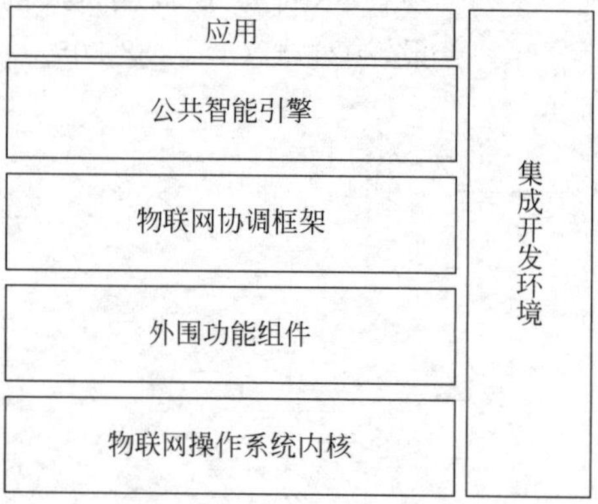

应用
公共智能引擎
物联网协调框架
外围功能组件
物联网操作系统内核
集成开发环境

图 7-1　物联网操作系统体系结构

1. 物联网操作系统的特点

物联网操作系统的特点一般指的是其内核的特点。以主流的物联网操作系统为例，物联网操作系统内核的特点可以总结为以下四点。

1）可扩展性

物联网操作系统在不断发展的同时，也在不断更新、引入一些先进的设计方法，一旦操作系统内核固化，无法顺利地扩展业务模块，那这个操作系统的发展必然会受到极大的掣肘。为了适应不同物联网应用场景，物联网操作系统必须具有较高的可扩展性。

2）实时性

物联网大量应用在一些实时性要求很高的系统中（如智能汽车），这类系统应用环境对动作时间有严格的限制，所以物联网操作系统必须要能实时响应外部一切可能发生的情况并正确处理。

3）可靠性

在物联网的应用场景中，大量的终端节点统一运行、协调规划，物联网系统的大规模特性天然要求物联网系统必须具有很高的可靠度，同时大量底层数据的传输、处理都需要经过安全性的处理以避免安全漏洞的出现。

4）低功耗

在物联网应用背景下，海量终端设备协调工作，网络节点众多，这时功耗也成为必须考虑的一个因素。在物联网系统的整体设计过程中,需要考虑引入节能模式供用户选择。

2. 几种常见的物联网操作系统

随着企业的需求日益增长,当下开源的物联网操作系统不断涌现,本文在此介绍三种目前使用量排名靠前的开源物联网操作系统:AliOS Things、Huawei LiteOS 和 RT-Thread。

1) AliOS Things

AliOS Things 由阿里巴巴于 2017 年推出,它是一款面向 IoT 领域的轻量级开源物联网嵌入式操作系统。自它诞生以来,它一直专注于搭建云端一体化 IoT 基础设备。该系统支持将终端设备连接到阿里云 Link,并具备云端一体、安全防护、支持多种服务组件等关键能力,在智能家居、智慧城市、新出行等领域应用广泛。

AliOS Things 的架构如图 7-2 所示,可以适用于分层架构和组件化架构。

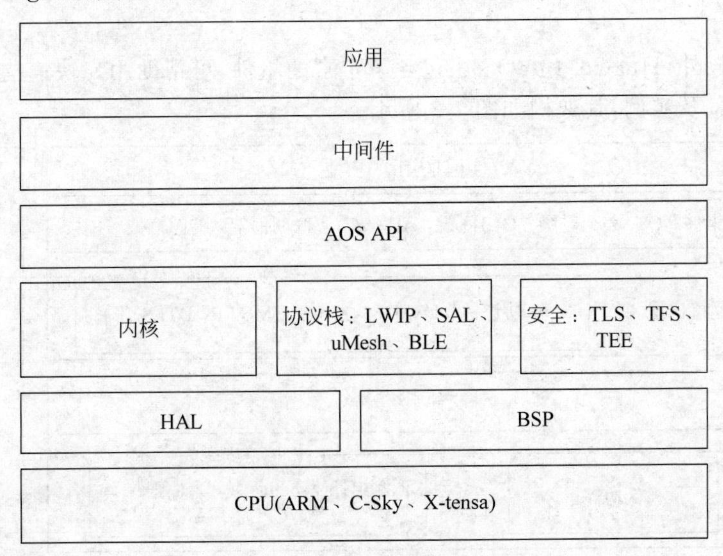

图 7-2 AliOS Things 的架构

从底部到顶部,AliOS Things 包括:

① 板级支持包(BSP)[①]:主要由 SoC 供应商开发和维护。

② 硬件抽象层(HAL)[②]:如 Wi-Fi 和 UART。

③ 内核:包括 Rhino 实时操作系统内核,Yloop、VFS、KV(键值)对存储。

④ 协议栈:包括 TCP/IP 协议栈(LWIP)、uMesh 网络协议栈等。

⑤ 安全:包括 TLS(安全传输层协议)、TFS(可信服务框架)、TEE(可信运行环境)。

⑥ AOS API:提供可供应用软件和中间件使用的 API。

⑦ 中间件:包括常见的物联网组件和阿里巴巴增值服务中间件。

⑧ 应用:阿里自主开发的示例代码,以及通过完备测试的应用程序。

该系统具有以下特点。

① 组件化能力:功能强大且呈现组件化特点,开发人员可以根据实际需求使用相关组件,节省了开发成本与时间。

① 板级支持包,位于主板硬件与操作系统之间,常用于初始化底层硬件并引导操作系统。

② 硬件抽象层,位于操作系统与硬件电路之间的接口层,隐藏了不同平台的硬件接口细节。

② 安全防护：提供系统与芯片级安全保护，支持可信运行环境，为应用安全开发保驾护航。

③ 应用开发模板：提供大量应用开发模板，开发人员可以根据应用场景自行选择并进行升级开发，简化开发流程。

④ 统一的硬件适配层：提供统一的硬件 HAL 适配，可以更方便地移植应用代码。

2）Huawei LiteOS

Huawei LiteOS 是华为针对物联网领域推出的一款轻量级物联网操作系统，是华为物联网战略的重要组成部分。基于物联网领域业务特征，它设计了领域性技术栈，通过该技术栈，Huawei LiteOS 为开发者提供了"一站式"的完整软件平台，有效地降低了用户使用该系统的开发门槛、缩短了项目的开发周期，其广泛应用于可穿戴设备、智能家居、车联网、LPWA 等领域。

除基础内核外，Huawei LiteOS 还包含了丰富的组件，可帮助用户快速构建物联网相关领域的应用场景及实例，其架构如图 7-3 所示。

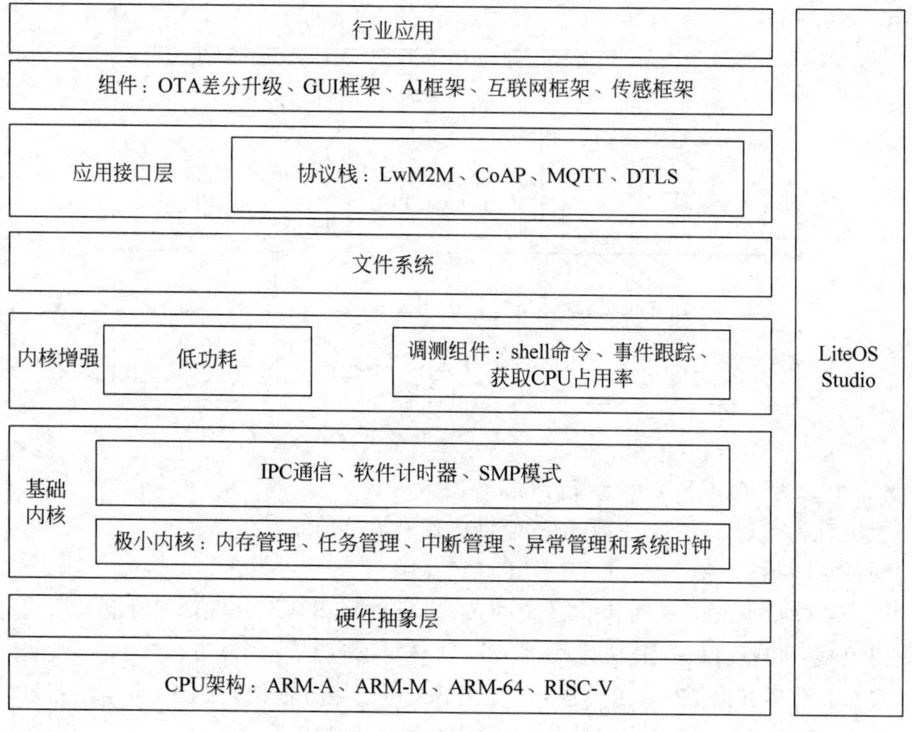

图 7-3　Huawei LiteOS 架构

该系统主要包含以下组成部分。

(1) 基础内核：包括不可裁剪的极小内核和可裁剪的其他模块。极小内核包含内存管理、任务管理、中断管理、异常管理和系统时钟。可裁剪的模块包括信号量、互斥锁、队列管理、事件管理、软件定时器等。

(2) 内核增强：在内核基础功能上，进一步提供增强功能，包括 C++支持、调测组件等。调测组件提供了强大的问题定位及调测能力，包括 shell 命令、事件跟踪、获取 CPU 占用率等。

(3) 文件系统：提供一套轻量级的文件系统接口以支持文件系统的基本功能。

(4) 系统库接口：提供一系列系统库接口以提升操作系统的可移植性及兼容性，包括 Libc、Libm、POSIX① 以及 CMSIS② 适配层接口。

(5) 协议栈：提供丰富的网络协议栈以支持多种网络功能，如 CoAP、LwM2M③、MQTT 等。

(6) 组件：构建于上述组件之上的一系列业务组件或框架，以支持更丰富的用户场景，包括 OTA④、GUI、AI、传感框架等。

该系统具有以下特点。

(1) 低功耗框架：LiteOS 是轻量级的物联网操作系统，最小内核仅为 6KB，具备快速启动、低功耗等优势，Tickless⑤ 机制可以使传感器数据采集时的功耗显著降低。

(2) OpenCPU 架构：针对 LiteOS 小内核架构，为了满足其硬件资源受限的需求，OpenCPU 架构将 MCU 和通信模组二合一，可以应用在 LPWA 场景下的水表、气表、车检器等，使终端体积和终端成本显著降低。

(3) 安全性设计：构建低功耗安全传输机制，支持双向认证、FOTA 固件差分升级、DTLS⑥ 和 DTLS+等。

(4) SOTA 远程升级：通过差分方式，SOTA 远程升级使得升级包的容量大大降低，在低带宽网络环境、使用电池进行供电环境下适应性更好。

3) RT-Thread

RT-Thread 于 2011 年 1 月发布了 0.4 版本，是一款国内开源免费嵌入式操作系统，由熊谱翔先生带领并集合社区合制而成。对于目前主流的编译工具 GCC、keil、IAR 等，该操作系统均支持。它的工具链也比较完善，对 POSIX、CMSIS、C++应用环境、JavaScript 执行环境等各类标准接口的支持性也较好，开发者可以很方便地移植各类应用程序。RT-Thread 的全称是 Real Time-Thread。顾名思义，它是一个嵌入式实时多线程操作系统，支持多任务是它的基本属性之一。需要注意的是，RT-Thread 允许多个任务同时运行，但这并不意味着处理器在同一时刻真的会执行多个任务，只是因为每个任务执行时间都很短再加上任务之间切换很快，在用户看来多个任务是同时进行的。

RT-Thread 不仅是一个实时内核，其中间层组件也十分丰富，其架构如图 7-4 所示。

该系统包括以下几部分。

(1) 内核层：RT-Thread 的核心部分就是 RT-Thread 内核，它包括了内核系统中对象的实现，例如多线程及其调度、信号量、邮箱、消息队列、内存管理、定时器等。除 RT-Thread 内核外，内核层还包括与硬件密切相关的 libcpu/BSP（芯片移植相关文件/板级支持包），其主要由外设驱动和 CPU 移植构成。

(2) 组件和服务层：位于 RT-Thread 内核之上的是各种组件和服务，例如虚拟文件系

---

① 可移植操作系统接口，定义了操作系统需要为应用程序提供的 API 标准。
② 微控制器软件接口标准，定义了与处理器和外设之间的简单一致的软件接口。
③ 轻量级 M2M，轻量级的、标准通用的物联网设备管理协议。
④ 空中下载技术，通过通信空中接口对移动终端远程管理的技术。
⑤ 一种通用的低功耗方法，采用更精确的动态时钟中断节省系统开销。
⑥ 数据包传输层安全性协议，保证数据包传输过程的安全可靠。

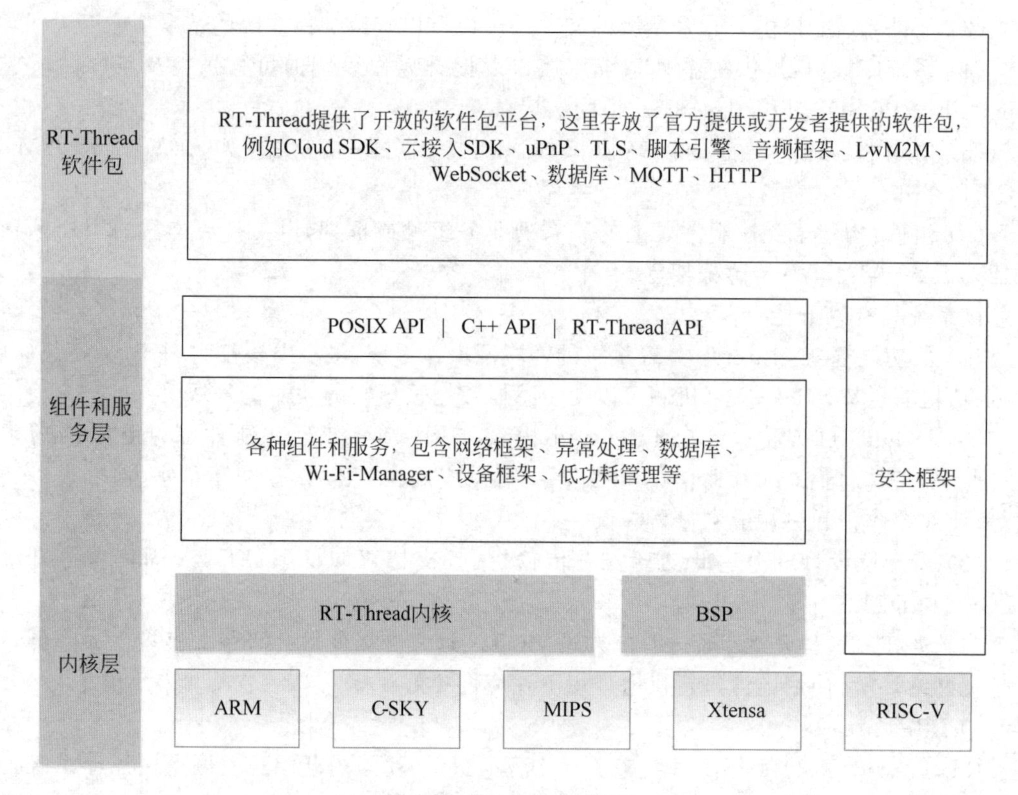

图 7-4　RT-Thread 架构

统、FinSH① 命令行界面、网络框架、设备框架等。RT-Thread 采用了模块化设计，单个组件内部内聚性高，不同组件之间耦合性低。

(3) RT-Thread 软件包：RT-Thread 软件包指的是运行在 RT-Thread 物联网操作系统平台上的通用软件组件。这些组件面向不同的应用领域，一般由描述信息、源代码或库文件组成。RT-Thread 提供了一个开放的软件包平台，该平台存放了由官方提供的软件包，开发者也可以将自定义的软件包上传到该平台，这使开发者在可重用软件包方面有了更多选择。

该系统具有以下特点。

(1) 得益于 RT-Thread 采用了面向对象的设计方法，并将其应用到实时系统设计中，RT-Thread 具有代码易读、架构清晰、系统模块化、可裁剪性优异的特点。针对软硬件资源受限的微控制器系统，可以裁剪出一个仅需要 3KB Flash、1.2KB RAM 内存资源的极简版内核 NANO。

(2) 相较于 Linux 操作系统，RT-Thread 具有体积小、成本低、功耗低、启动快速、实时性高、占用资源少的优势，所以其非常适用于各种资源受限的场合。

7.1.1　操作系统设备管理

现代物联网操作系统发展迅速，由于物联网系统的碎片化和规模化，针对物联网操作系

① RT-Thread 的命令行组件，提供了一套供用户使用的命令接口。

统的云平台也迅速发展壮大。通常，物联网操作系统云平台几乎都是向上集成了各种行业应用，向下接入了各种传感器、终端、网关等底层终端设备来帮助用户实现终端的快速接入和管理。在物联网云平台的设备管理中，最主要的能力包含设备接入、设备模板、设备"影子"、数据采集、命令下发、设备升级管理等。按照开发流程，下文将从设备接入、设备模板的定义和设备"影子"，到设备数据采集、命令下发，再到设备升级管理、设备安全，以逐级上升的顺序展开，如图 7-5 所示。

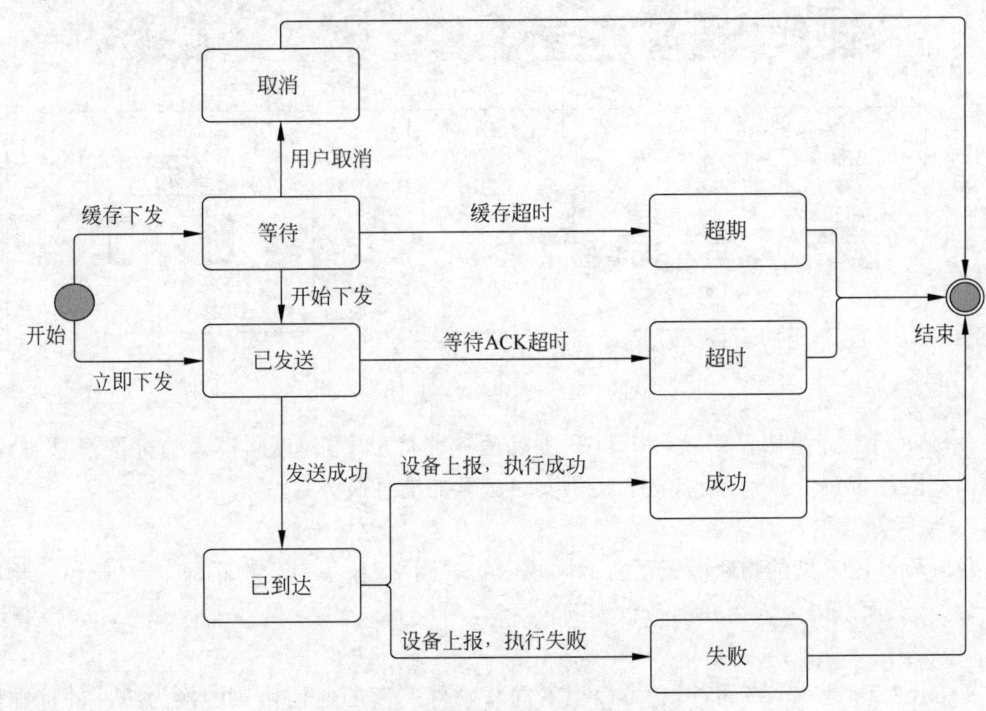

图 7-5　物联网操作系统的设备管理

1. 设备接入

由于终端设备种类的繁多和通信协议的差异化，难以实现有效管理海量设备的接入，而物联网云平台很好地解决了这个难题。如图 7-6 所示，以华为的物联网云平台为例，它可以向下兼容不同通信协议，屏蔽了底层协议的差异，具有较低的耦合度；它向上又为行业应用提供统一的 API 调用，开发者只需要关注 API 的调用规则，不需要关注底层的实现，这样便可以把更多的精力放在业务逻辑的处理上。

1）设备原生协议接入

物联网云平台支持通过多种协议进行设备接入，这种方式是设备直接接入平台。底层设备还可以通过接入网关接入平台，这种方式有效地解决了不同接入协议的差异和硬件设备的差异。

目前物联网平台已支持多种设备原生协议的接入，主要包括以下两类。

(1) LwM2M 原生协议接入：LwM2M 协议是一种由开发移动联盟制定的轻量级、标准通用的物联网设备管理协议，可用于快速部署 C/S 模式的物联网业务。LwM2M 协议为物联网设备的管理建立了一套标准，提供了轻量的安全通信机制，实现了高效的设备管理应用。

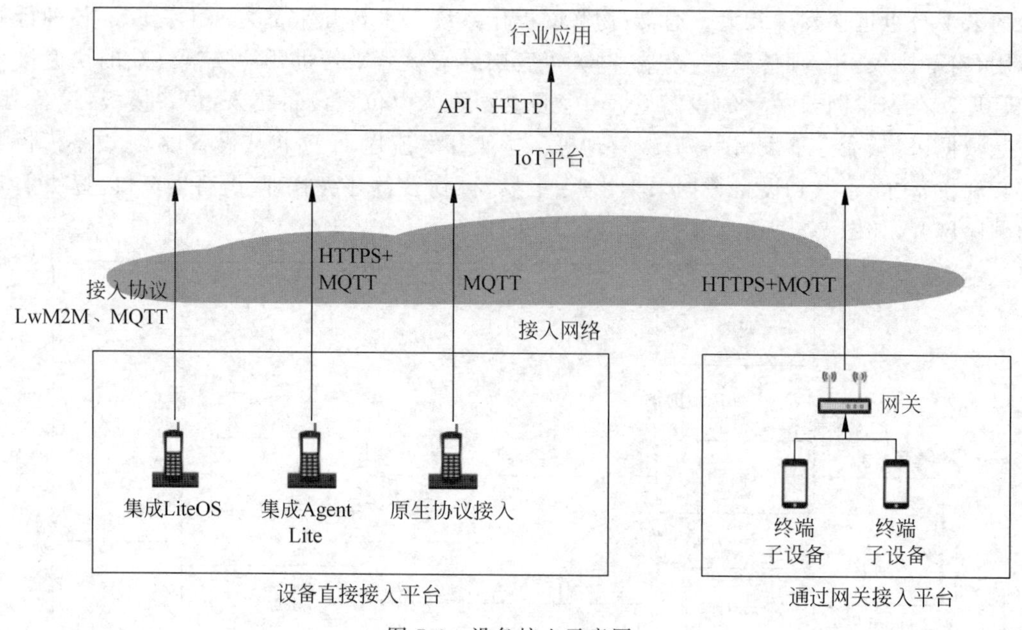

图 7-6 设备接入示意图

(2) MQTT 原生协议接入：MQTT 协议是一种基于发布/订阅模式的标准消息协议，能够以有限的带宽资源，为设备接入提供实时可靠的消息服务。

2) 物联网云平台的设备接入实例

现阶段国内常见的物联网云平台有阿里云物联网平台、华为云物联网平台、腾讯云物联网平台等，下面以华为云物联网平台为例。

(1) 基于 Agent Lite 接入。

Agent Lite 是一个中间件，它可以把不同软硬件厂商的通信协议转换为统一的标准协议，实现不同网络连接之间协同转换。基于 Agent Lite，使用不同接入协议的终端设备均可以方便地接入物联网平台。根据 Agent Lite 接入集成方式的不同，可以把设备分为直连设备和非直连设备，如表 7-1 所示。

表 7-1 基于 Agent Lite 的设备接入

接入方式	接入方式描述
非直连设备	面向不具备 IP 能力的终端设备，只支持近场通信（如 Z-Wave、ZigBee）时，在网关上集成华为 Agent Lite SDK，终端设备作为子设备连接到网关，并通过网关使用 HTTPS＋MQTT 协议快速接入物联网平台
直连设备	面向运算、存储能力较强的具备 IP 能力的硬件设备，在硬件上直接集成华为 Agent Lite SDK，通过 HTTPS＋MQTT 协议快速接入物联网平台

(2) 基于 Agent Tiny 接入。

Agent Tiny 与 Agent Lite 类似，也是一个负责底层网络接入协议协同转换的中间件，但是 Agent Tiny 更加轻量化，适用于终端设备计算资源有限、功耗较低的情况。基于 Agent Tiny，云平台向下解决了协议的差异化问题，向上给应用开发人员提供了统一的调用接口，层次明晰。

2. 设备模板的定义

1）设备模板

设备模板是对设备属性和服务的抽象概括，它定义了一组设备的开发模范，描述了设备具有的能力和特性。设备模板与设备实例之间的关系类似于类与对象的关系，开发人员一旦定义好一套模板，用户便可以选择设备模板进行快速设备注册开发。设备模板也可以由用户根据实际需要自行定义，使用时导入相应模板即可。

2）模板文件

模板文件(Profile)包括产品信息、服务能力、维护能力等，它定义了一类设备的共同特性和属性，是设备的抽象模型，如图 7-7 所示。

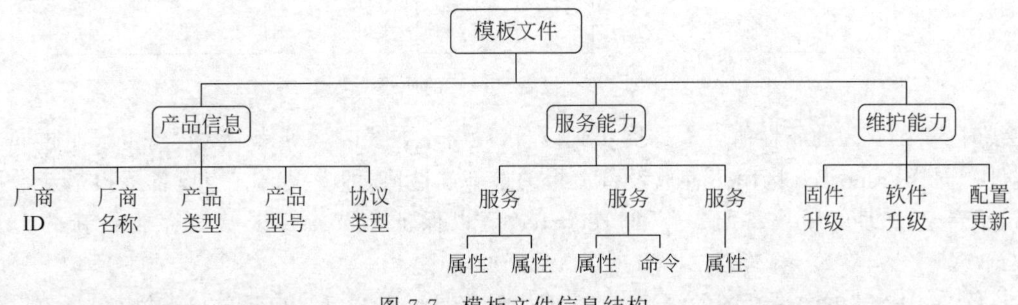

图 7-7 模板文件信息结构

其中：

(1) 产品信息描述一类设备的基本信息，包含厂商 ID、厂商名称、产品类型、产品型号、协议类型等。

(2) 服务能力描述一类设备具备的业务能力，包含不同类型的服务以及服务所具备的属性、命令等。

(3) 维护能力表述一类设备具备的维护能力，包含固件升级、软件升级、配置更新等。

3）导入设备模板

用户创建设备实例时依赖于设备模板，对应导入设备模板的方式有如下三种。

(1) 库模型导入：为了用户的使用方便，物联网平台往往默认提供了一些标准设备模板，这些设备模板可能各自具有不同的应用场景，用户可以根据自己使用的场合进行筛选。

(2) 本地导入：当用户具有了完整的正确的本地设备模板时，用户完全可以直接利用本地模板导入。

(3) 在线创建：物联网平台给用户在线创建设备模板的权利，创建设备模板时可以选择已有的系统模板，在此基础上进行二次开发创建。用户也可以不使用任何已有的模板，直接完全自定义设备模板。

3. 设备"影子"

设备"影子"的原理如图 7-8 所示。它是设备属性的一个简单镜像，利用 JSON 格式存储了设备的上报状态和应用的期望状态。设备"影子"可以看作设备的一个本地缓存对象，时刻保留着设备的最新属性，每个设备对应唯一的一个设备"影子"。设备与设备"影子"之间可以彼此同步信息，这取决于设备的状态。

设备"影子"有两个存储区域：desired 区和 reported 区。desired 区用于存储设备属性的配置信息，即期望值。当需要修改设备的属性时可以修改设备"影子"的 desired 区，设备

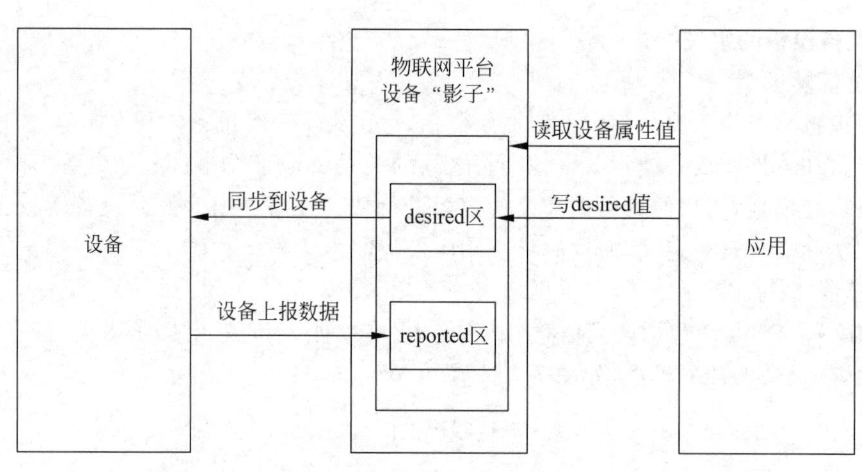

图 7-8　设备“影子”的原理

在线时 desired 区的属性值会立即同步到设备，设备不在线时就等待下次设备上线时再同步属性。同样，reported 区用于存放设备上报的最新属性值，即上报值。当设备上报最新数据后，平台会立即更新设备“影子”的 reported 区以保证 reported 区始终存放最新的上传数据。

设备“影子”更像是设备的缓冲副本，无论设备是否在线，用户都可以通过应用修改设备属性到设备“影子”、获取设备状态。

1）修改设备属性

如果设备在线，设备“影子”直接与设备同步设备属性；设备离线时，设备“影子”会暂时存放命令，待设备上线后将命令与设备进行同步，这样设备能及时高效地接收平台命令，上线立刻执行。

2）获取设备状态

由于设备“影子”始终存放着设备的最新状态信息，应用可以直接从设备“影子”中获取设备的状态信息和属性信息。

总而言之，物联网平台提供设备“影子”功能，在云端通过一个 JSON 文件持久化存储设备上报的状态属性值和应用系统的期望值。每个设备有且只有一个设备“影子”，设备可以通过 MQTT 协议获取应用系统的期望值和上报设备状态，应用系统通过 HTTPS 获取设备状态和设置设备期望值。

4. 设备数据采集

设备接入物联网平台后，最主要的任务便是数据的采集和上传，如图 7-9 所示。

图 7-9　设备数据流

终端设备种类繁多，数据采集的方式也各有差异，如常见的传感器、摄像头、红外线、超声波等，设备会按照用户制定的规则和要求进行数据采集、上传。数据上传后物联网平台并不能直接使用，还需要将上传的二进制流信息经过解编码进行解析得出真实数据。

物联网平台还可以订阅消息，当用户从物联网平台订阅消息时，应用会告知物联网平台用户希望接收的消息数据类型等，物联网平台根据要求向用户推送消息通知。

5. 命令下发

物联网平台想要管理设备服务必须能够给终端设备下发命令，设备接收到平台的命令并执行，就实现了平台对设备的统一管控。命令下发分为平台下发命令和设备接收命令两步。

1）平台下发命令

平台向设备下发命令有两种方式：立即下发和缓存下发。两者的最大区别在于命令下发时命令是立即执行（不论成功与否）还是延迟执行（保证命令不丢失）。流程如图 7-10 所示。

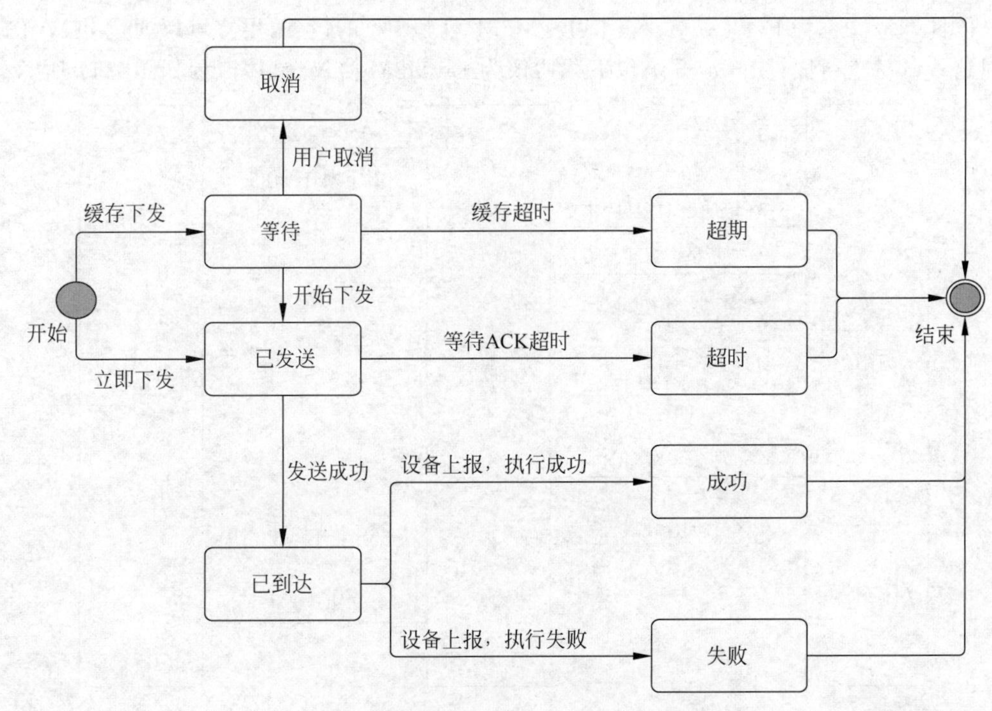

图 7-10 平台下发命令的两种方式及流程

（1）立即下发。

平台收到命令后，不管设备是否在线，都会立即将命令下发给设备。如果设备当前不在线或者设备没有收到命令，那么本次下发失败。对于本应用的设备和被授予权限的其他应用的设备，均可以使用该方式对这些设备下发命令。立即下发方式适合于对命令的实时性有要求的场景。

（2）缓存下发。

平台收到命令后，先将命令缓存起来，等到设备上线或设备上报数据时，再将命令下发给设备。如果存在单个设备有多条缓存的命令需要下发，则按照缓存的先后次序进行排队下发。与立即下发方式一样，缓存下发方式同样支持给本应用的设备和被授予权限的其他应用的设备下发命令。缓存下发方式适合于对命令的实时性要求不高的场景。

2）设备接收命令

如果平台采用立即下发方式，设备可直接从平台接收命令并执行。如果平台采用缓存下发方式，当设备在线时，平台串行地给设备下发命令，即缓存的命令按照缓存的先后次序依次下发。

命令下发可以把用户跟设备连接起来，通过命令下发，平台在用户和终端设备之间起到了黏合剂的作用，用户通过平台给设备下发命令，实现用户对终端设备的远程控制访问。

6. 设备升级管理

随着物联网技术发展，一个技术变得极为重要，即 OTA 技术。物联网平台支持通过 OTA 方式进行设备软硬件升级，智能设备可以通过该方式来进行系统漏洞修复、实现系统升级。物联网平台支持通过 OTA 方式对终端设备固件和软件进行有效的升级管理。

1）固件升级

固件升级又称为 FOTA，对于支持 LwM2M 和 CoPA 的设备，用户可以通过 OTA 的方式对这些设备进行固件升级，升级包下载协议为 LwM2M 协议，具体流程如图 7-11 所示。

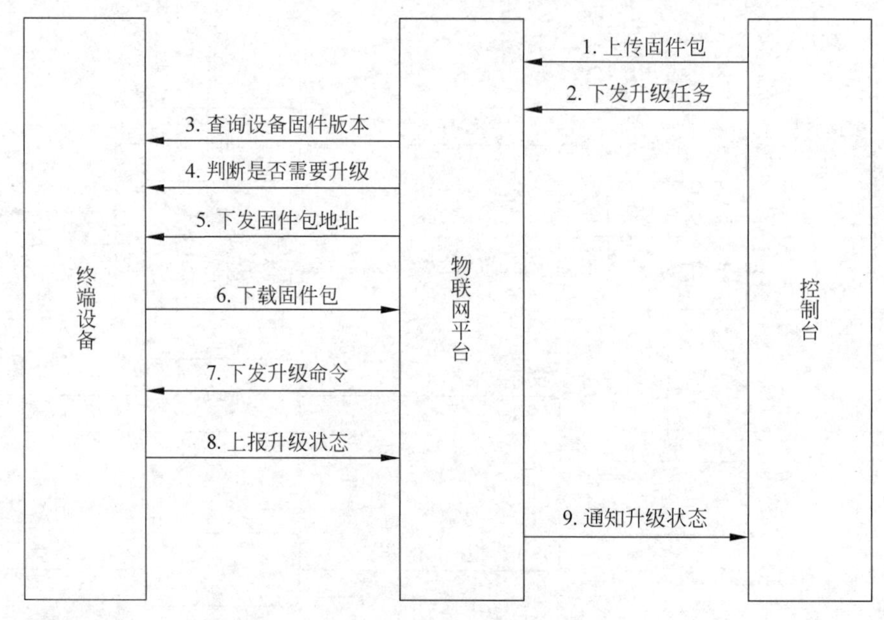

图 7-11　固件升级流程

设备固件升级是物联网通信服务的重要组成部分。当物联网终端设备有新功能或者需要修复漏洞时，设备可以通过设备固件升级服务快速地进行固件升级。

2）软件升级

根据实现功能的不同，一般可以将软件分为两类：系统软件和应用软件。系统软件用于实现设备最基本的功能，如编译工具、系统文件管理等。应用软件则会根据设备的类型、特点不同，提供不同的功能，如采集数据、数据分析处理等。

软件升级又称为 SOTA，对于支持 LwM2M 和 CoPA 的设备，用户可以通过 OTA 的方式对这些设备进行软件升级，升级包下载协议为 PCP，具体流程如图 7-12 所示。

7. 设备安全

与传统 IT 网络相比，物联网安全在终端、网络、云平台等方面都提出了更高的要求。设备安全在设备管理模块中也是不可忽视的一部分，安全管理相对复杂，下面将介绍最简单的一种安全鉴别方式：一机一密。

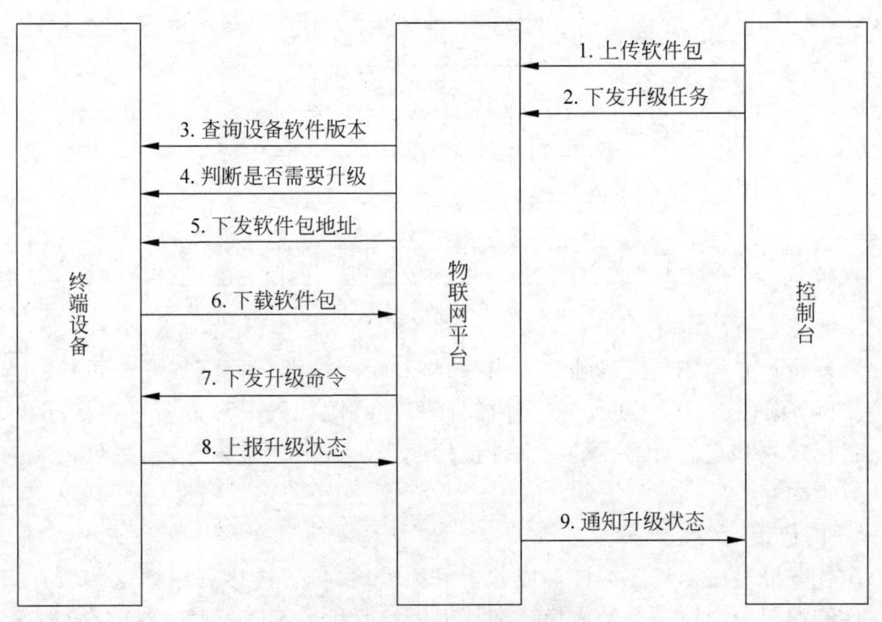

图 7-12　软件升级流程

一机一密是指对于每个 MQTT 设备，平台都会提供一个设备密钥，并且预先将设备 ID 和设备密钥烧录到每个设备中。当设备与物联网平台建立连接时，物联网平台会对设备携带的设备 ID 和密钥进行验证，验证通过才允许设备接入，才能进行数据双向交互。为了便于理解，可以将这种携带密钥的安全认证方式与浏览器中的 Cookie 技术类比记忆。用户访问服务器时，服务器会给浏览器一个 Cookie，当用户下一次访问该服务器时携带这个 Cookie，这样服务器就能正确辨认用户身份了。

关于安全处理的方式还有许多，例如可以根据网络的安全程度不同采用不同的传输手段，例如物联网云平台内部网络比较安全，可以使用明文传输，而设备接入网安全度较低，数据交互采用密文传输以保证数据完整性与机密性。用户还可以给物联网系统添加日志监控功能，一旦系统遇到攻击，可以根据日志信息追溯攻击途径与系统漏洞。诸如此类还有病毒检测、异常 shell 检测等各种手段，这里不再一一列举。

7.1.2　操作系统存储管理

存储器是计算机用来存储程序和数据的硬件设备，现代计算机广泛采用以存储器为中心的计算机体系。为了保证程序具有良好的多并发性能，人们往往会追求存储器的高速度和大容量，但受限于实际情况，实际采用的是一种折中的方案即存储器分层模型，如图 7-13 所示。存储器主要分为内存和外存(又称辅存)，如何高效地管理存储器资源就是本节要讨论的主题，本节将从内存管理、辅存管理两大方面简要概括存储管理的相关内容。

1. 内存管理

内存是计算机中程序实际执行必备的资源，程序一旦执行就需要立即放入内存，由 CPU 调度执行。内存是计算机宝贵的系统资源，由于内存的容量很小，无法满足大量用户程序的同时装入，因此如何对内存进行划分和分配空间显得尤为重要，这就是内存管理的主要内容。

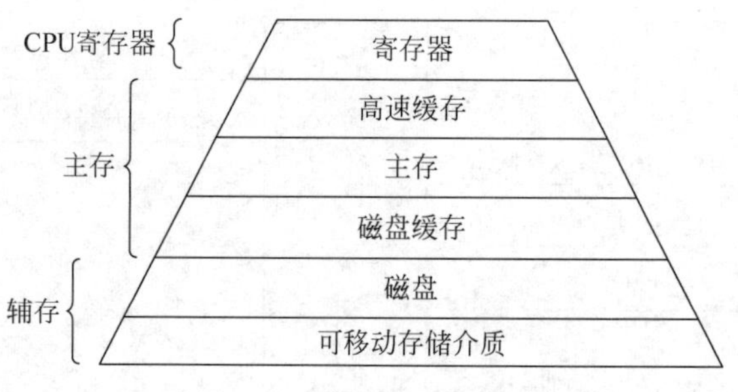

图 7-13 存储器分层模型

程序若要执行必须先要正确地装入内存，将一个程序源代码变成一个可执行程序需要经历三个步骤：编译、链接、装入。首先由编译程序将源代码编译成若干目标模块，然后链接程序把目标模块和它们所需要的库文件链接起来形成一个装入模块，最后由装入程序把装入模块放入内存。

1）程序的链接

用户源代码经过编译程序编译形成若干目标模块，接着链接程序把这些目标模块和对应的库文件链接起来形成一个装入模块。根据链接时机的不同，可把链接分成如下三种。

(1) 静态链接：无论程序是否开始执行，都把目标模块和所需要的库函数链接起来形成一个完整的、不变的装入模块。

(2) 装入时动态链接：在把目标模块装入内存中时，不会一次性将目标模块和所需要的库函数链接起来，而是采用边装入边链接的方式。如果在装入某一个目标模块时发现需要调用外部模块，则由装入程序找到对应的外部模块并装入内存。

(3) 运行时动态链接：在程序执行时才对目标模块进行链接，即当程序执行时发现需要某一个目标模块时才把它装入链接起来。以这种方式进行链接，凡是程序执行过程中不需要使用的目标模块都不会被装入和链接，大大减少了程序装入的时间，同时节省了大量内存资源。

2）程序的装入

将装入模块装入内存时，也有三种方式，分别为绝对装入、可重定位装入和动态运行时装入。

(1) 绝对装入：如果在程序编译的过程中，事先就确定了程序装入内存的实际位置，那么编译程序就会根据程序的实际位置修改程序中的相对地址，这样产生的目标模块就会具有绝对地址。在把程序装入内存时，装入程序也会根据该模块实际在内存中的地址进行装入。

(2) 可重定位装入：程序在编译后，会生成目标代码。目标代码的起始地址通常从0地址开始，程序的执行也是以0地址为起始地址完成的。但是由于多道程序的并发执行和内存地址的唯一性，系统无法采用0地址作为所有程序的起始地址，因此根据装入模块在内存中的位置在装入时对程序指令和数据进行修改以及地址变换，便是可重定位装入。

(3) 动态运行时装入：在装入模块被成功装入内存后，装入程序不会立即进行地址转换。只有在程序将要执行时，装入程序才会将装入模块的相对地址修改为绝对地址。这种方式推迟了地址转换，方便了程序在内存空间的移动，灵活性更高。

3）内存连续分配

内存连续分配是指操作系统在为程序分配内存时，会为该程序分配一块连续的内存空间。根据分配方式的不同，可以将内存连续分配方式分为 4 种，分别为单一连续分配、固定分区分配、动态分区分配以及动态重定位分区分配。

(1) 单一连续分配。

这是一种最简单的内存分配方案，仅仅适用于单用户单任务的特殊场合，操作系统把内存分为两大部分：低地址区域为 OS 区，用户无法访问、修改 OS 区的任何内容；高地址区域为用户程序区，这是用户程序所在的内区区域。单一连续分配所分配的内存就是整个用户程序区。

(2) 固定分区分配。

固定分区式分配是多道程序分配内存最简单的一种方案，顾名思义就是把内存分为固定大小的若干内存块，每个内存块中可以存放一道作业，于是多道作业可以并发执行。固定分区分配需要进行分区划分和内存分配两步。

首先是分区划分。一般有两种形式。第一，分区大小相等。此种形式灵活性太差，当程序过大时无法装入内存分区，程序迟迟得不到执行；当程序过小时内存块中又有大量空间没有得到充分利用，内存浪费严重。第二，分区大小不等。为了解决分区大小固定带来的灵活性差的问题，根据程序执行的实际情况，可以把内存划分为大量的小内存块、适量的中等内存块、少量的大内存块，这样便可以根据程序的实际大小分配对应的内存块。

然后是内存分配。为了方便进行内存的分配，在内存中建立一个分区使用表用来查看内存的使用情况，分区使用表有分区号、分区大小、起始地址、使用状态等字段。当程序申请进行内存分配时，系统查看分区使用表使用情况，找到一份大小合适、未分配的分区分配给程序使用，并修改该分区状态为已分配；若没有符合条件的分区则内存分配失败。

(3) 动态分区分配。

动态分区分配是根据程序的实际内存需要，动态地为之分配内存空间。系统中会配置空闲分区表和空闲分区链两种数据结构，来描述空闲分区和已分配分区的使用情况。在程序装入内存时，如果内存中有可供选择的多个空闲块，操作系统必须确定给程序分配哪一个内存块，即动态分区的分配策略。下面简单介绍 4 种常见的算法。

第一，首次适应算法。该算法采用空闲分区链按地址递增的顺序依次查找每一份分区大小和使用情况，当分区大小合适并且分区未使用时，便可以将此分区划分出对应大小的内存空间给程序使用，剩下的内存空间成为一个新的未分配分区；如果一直到空闲分区链的尾部都没有找到可供使用的分区，则本次分区分配失败。

首次适应算法由于都是按地址递增的顺序查找空闲分区，因此保留了高地址空间的大分区，这对于以后到来的大作业分配有利。然而这也带来了许多不利，低地址空间不断被查询划分以至于在内存的低地址空间存在许多难以利用的极小分区，同时也带来了查找的开销。

第二，循环首次适应算法。该算法是在首次适应算法的基础上演化的，与首次适应算法不同的是，每次当程序提出内存申请时，系统不会从空闲分区链的头部依次查找，而是从上一次分配分区的下一个空闲分区开始查找，这样无疑节省了查找的开销，并且可以充分利用内存中的所有空闲分区，但也正是这种无差别的查找利用使得内存中很难有大空闲分区，对于大作业的内存分配不利。

第三，最佳适应算法。该算法以尽量满足程序内存的最小要求为出发点，每当给程序分配内存时，系统会查找能满足程序所需内存、容量最小的空闲分区，这便是“最佳”的含义。为了提高查找的效率，空闲分区链会按照容量从小到大进行分区排序，这样第一个符合要求的分区就是所期待的“最佳”分区。最佳适应算法一方面看确实减少了内存的浪费，但是另一方面它也使得内存中存在许多难以利用的内存碎片。

第四，最坏适应算法。该算法与最佳适应算法类似，只不过最坏适应算法会找到满足程序内存要求的最大空闲分区，每当给程序分配内存时，系统会查找能满足程序所需内存、容量最大的空闲分区，这便是“最坏”的含义。为了提高查找的效率，空闲分区链会按照容量从大到小进行分区排序，这样第一个符合要求的分区就是所期待的“最坏”分区。最坏适应算法一方面确实大大减少了内存碎片的出现，但是另一方面它也使得内存中难以保留大的空闲分区。

(4) 动态重定位分区分配。

动态重定位分区分配算法与动态分区分配算法类似，唯一不同的就是动态重定位分区分配算法引入了紧凑的操作，也就是当内存分配时如果找不到符合要求的空闲分区，系统会对内存中的空闲分区进行紧凑形成一个连续空闲区。

4) 内存非连续分配

内存的连续分配难以避免内存碎片的问题，而内存碎片的累积会降低存储器的利用效率，造成宝贵内存资源的浪费，因此内存非连续分配的方式应运而生。内存非连续分配即进程不一定再需要一块连续的内存空间，而是可以离散化地分布在不连续的若干内存块，这就是内存非连续分配的思想。内存非连续分配方式分为基本分页和基本分段两种方式。

对于基本分页管理，主要有以下概念。

(1) 页面。

在基本分页管理中，一段程序可以被划分为若干大小相等的单元，每个这样的单元被称为页面或页，每个页面都有自己的编号，与数组元素类似，编号都是从 0 开始的。同样，用户内存也被划分为若干与页面大小相等的内存块，这样在为程序分配内存时，便可以把程序的不同页离散化地放入不同的内存块中。

(2) 页表。

在基本分页管理中，程序的每个页面都离散化地分布在不同的内存块中，而在程序执行过程中需要正确找到每个页面对应的内存块，因此系统会为每个进程建立一张页表，页表中记录了每个页面实际装入的内存块号，这样便得到了一个从页号到块号的映射表，如图 7-14 所示。

(3) 地址变换。

在具备了页表的基础上，把程序要访问的逻辑地址转换为实际的物理地址只需要三步：首先分页系统会根据传入的逻辑地址从中拿出页号与进程对应的页表长度比较，如果页号大于或等于页表长度，则认为程序访问的逻辑地址超出程序的范围，抛出越界中断；如果页号小于页表长度，则根据页号去页表中查询该页对应的内存块号；最后把内存块号与逻辑地址中的页内地址拼接形成物理地址，如图 7-15 所示。

由于引入了页表机制，每执行一条指令，我们都访问两次内存即先访问页表拿到内存块号，再根据内存块号去访问内存，这样会大大降低内存的访问速度，同时降低程序并发度。为了提高内存地址转换速度，在地址变换机构中引入了一种高速缓冲寄存器，称为快表，如图 7-16 所示。借鉴了缓存的思想，快表存放了程序最近访问的若干页表项，这样程序后面

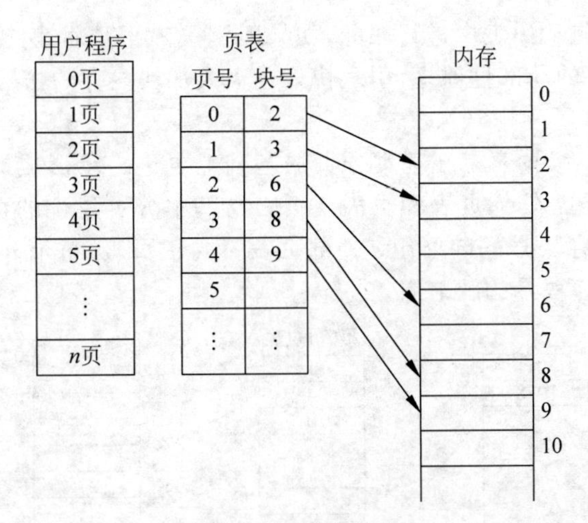

图 7-14　页表结构

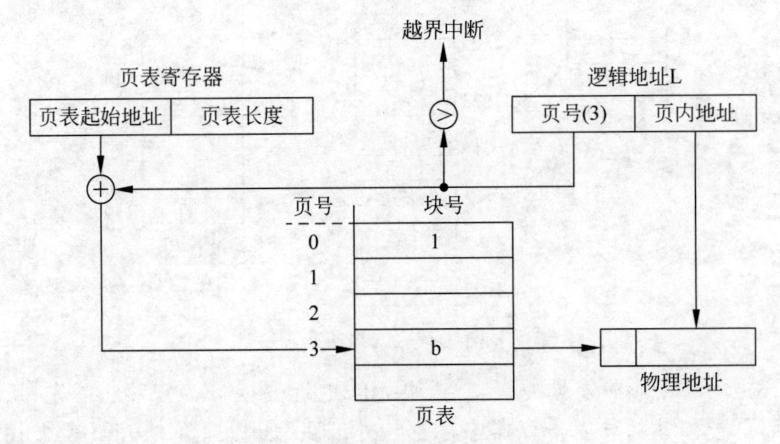

图 7-15　分页管理的地址变换

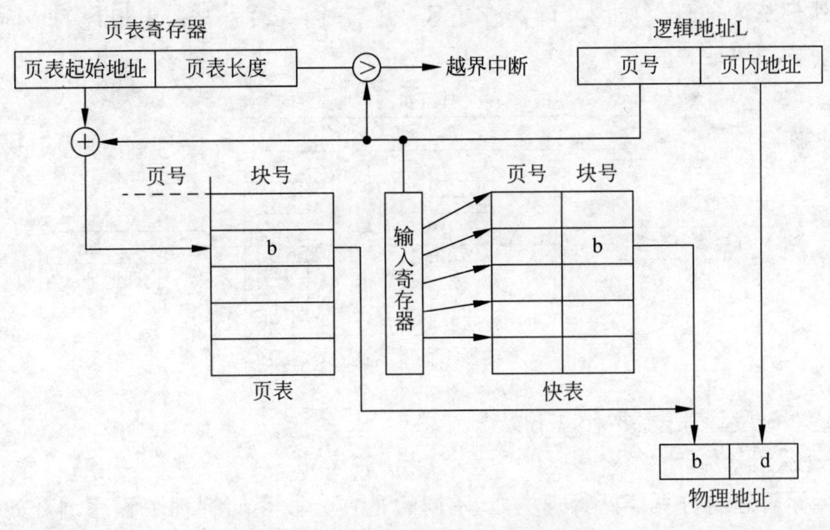

图 7-16　具有快表的地址变换结构

的每一次访问都可以先从快表中进行匹配,如果匹配失败再从页表中匹配。由于快表的匹配速度很快,考虑程序的局部性原理,引入快表会大大加快内存的访问速度。

(4) 二级页表。

如图 7-17 所示,二级页表是在基本分页的基础上再进一步形成的,唯一的不同就是二级页表的页表包含两层:外部页表和页表。页表与基本分页讨论的页表相同,每个页表项都是进程的页号与内存块号的映射组;外部页表不同于页表,每个外部页表项都是外部页号与页表所在实际内存块号的映射组。

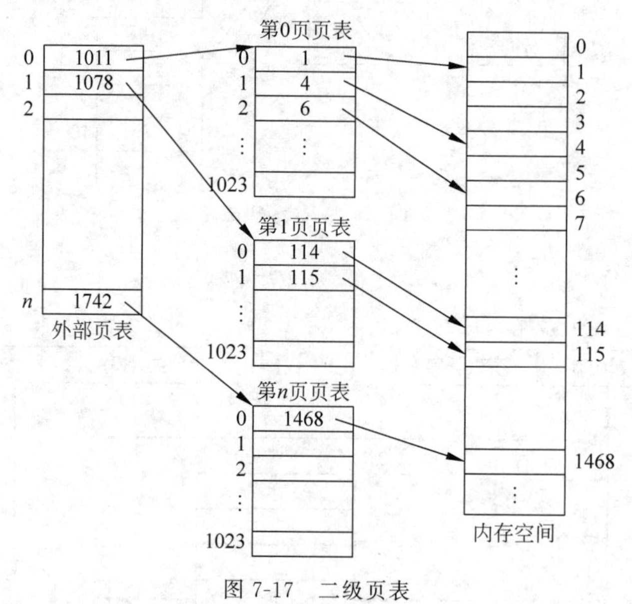

图 7-17 二级页表

如图 7-18 所示,与基本分页类似,二级页表的地址变换分为三步:首先,系统根据逻辑地址中的外部页号和外部页表寄存器中存放的外部页表地址,在外部页表中找到外部页号对应的页表内存块号;然后,系统根据逻辑地址中的外部页内地址与页表的内存块号,在页表中找到外部页内地址对应的实际内存块号;最后,内存块号与逻辑地址的页内地址拼接便可以得到物理地址。

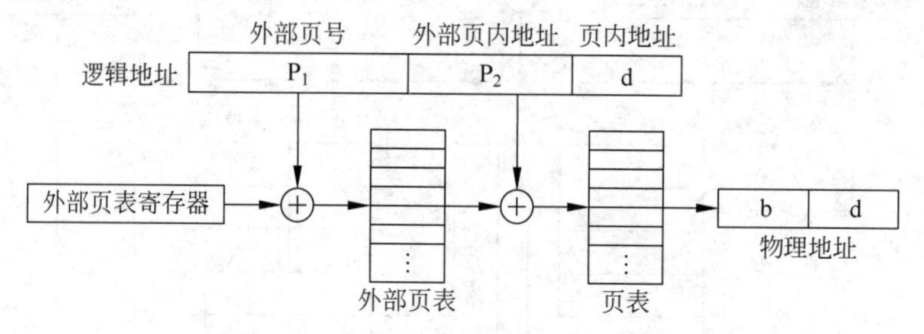

图 7-18 二级页表的地址变换机构

对于基本分段管理,主要有以下概念。

(1) 分段。

分段存储管理与分页存储管理类似,不同的是在分段存储管理中程序划分的标准发生改变,不再是固定大小的页面,而是大小可变的逻辑段。每个段都是信息相对完整、功能相对完善的一个逻辑信息组,如函数、类等,同样段号也是从 0 开始编址的,段长取决于逻辑组的信息长度。

(2) 段表。

在基本分段管理中，程序的每个段都离散化地分布在内存中，而在程序执行过程中需要正确找到每个段对应的内存起始地址，因此系统会为每个进程建立一张段表，段表包含段的长度和段的起始地址两个字段，这样便得到了一个从段号到内存段基址的映射表，如图 7-19 所示。

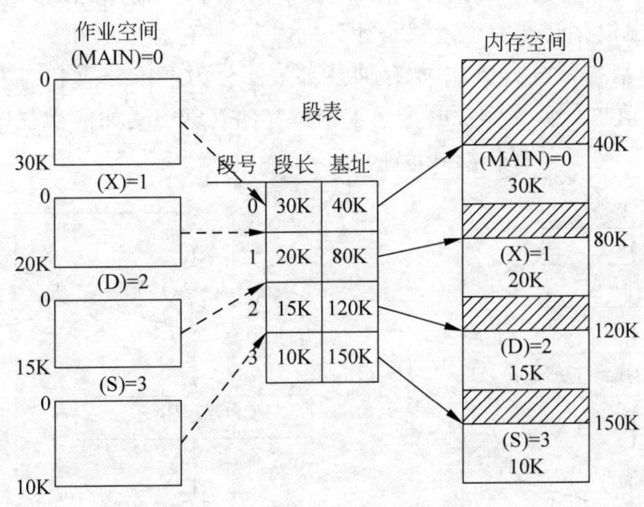

图 7-19 段表结构

(3) 地址变换。

在基本分段管理的地址变换中逻辑地址转换为物理地址需要经历两次比较查询和一次拼接：首先系统把逻辑地址中的段号与段表长度比较，如果段号大于或等于段表长度则抛出越界中断，否则根据段号在段表中找到对应的段长和基址；然后系统把逻辑地址中的位移量与段长比较，如果位移量大于或等于段长则同样抛出越界中断，否则把得到的基址与位移量拼接得到物理地址，如图 7-20 所示。

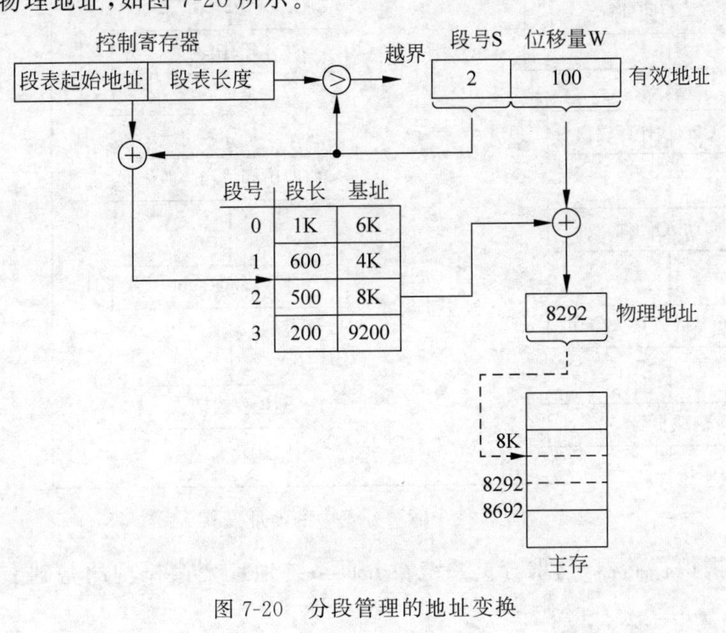

图 7-20 分段管理的地址变换

5）虚拟内存

前面的所有内存管理方式都必须要求将一个作业全部装入内存才能执行，这样对大作业显然不利，一个比较明显的解决方案就是升级硬件，扩大内存的实际物理容量，除此以外还可以从逻辑上扩充内存容量，这便是虚拟内存的含义。

虚拟存储器也是存储器的一种，具有普通存储器没有的请求调入和页面/段置换功能，能从逻辑上提高内存的容量。虚拟存储器不仅局限于内存，辅存也成为虚拟存储器的重要组成部分，可以说虚拟存储器的容量就是计算机内存、辅存容量之和。

与基本分页和基本分段类似，虚拟存储技术主要分为请求分页和请求分段两种存储管理方式，图7-21以请求分页为例说明了请求分页存储管理中是如何实现地址变换的。

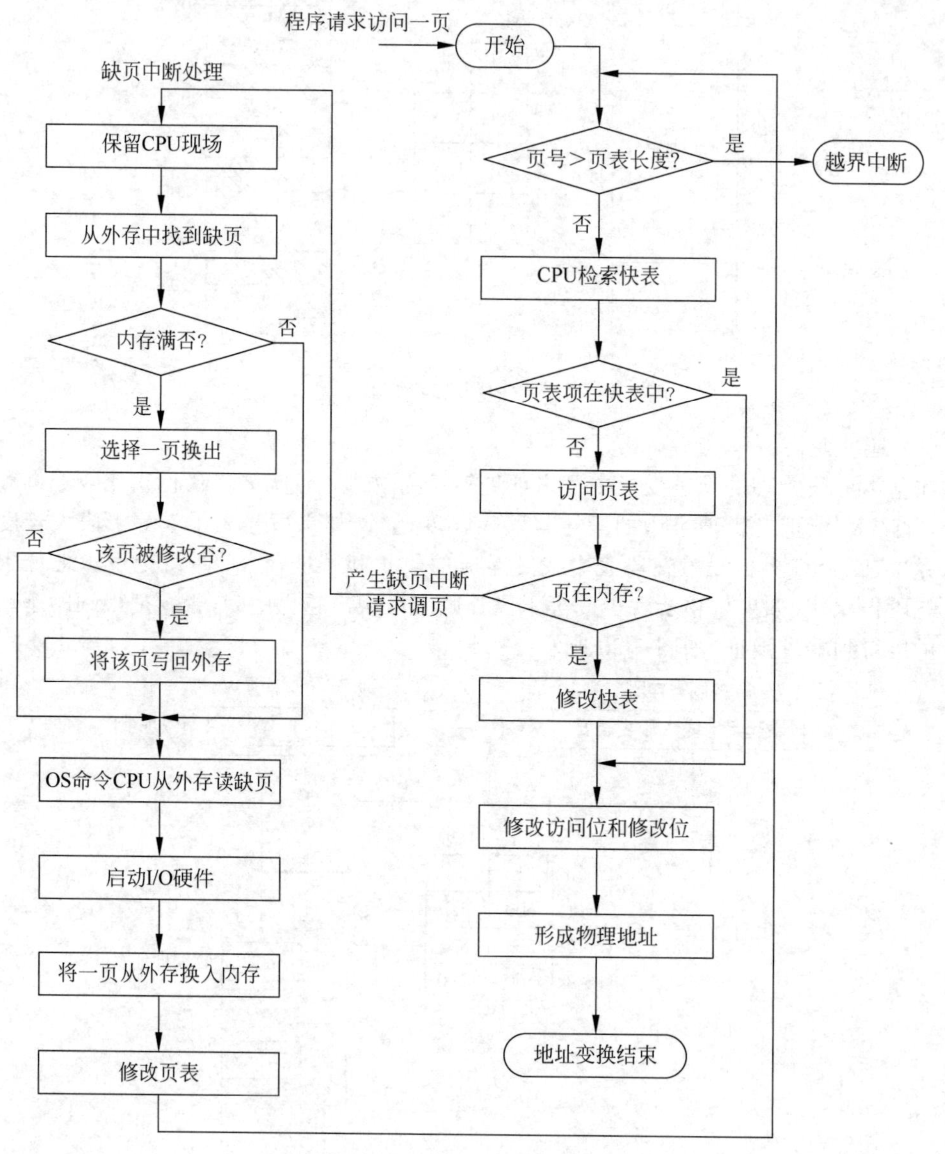

图7-21　请求分页中的地址变换

为了实现虚拟存储器，请求分页系统在分页系统地址变换机构的基础上增加了某些功能，形成了请求分页系统地址变换机构。增加的功能主要有产生和处理缺页中断，以及从内存中换出一页等。图 7-21 展示了请求分页系统中的地址变换过程。当需要进行地址变换时，系统首先会去检索快表，查找所要访问的页是否存在。如果该页的页表项就在快表中，系统便直接对页表项中的访问位进行修改。对于写指令，还需要将修改位置改成"1"，然后通过对页表项中给出的物理块号和页内地址进行计算得到物理地址。至此，地址变换过程结束。

如果该页的页表项不在快表中，这时系统应该到内存中查找页表，再根据找到的页表项中的状态位来判断该页是否已经被调入内存。如果该页已经被调入内存，系统会将此页的页表项写入快表。如果快表出现已满状况，应当按照某种算法，确定出要调出的某一页的页表项，先将其调出快表，然后将该页的页表项写入快表。如果该页尚未被调入内存，这时应产生一次缺页中断，请求操作系统从外存把该页调入内存。

请求分页管理系统是在基本分页系统的基础上引入缺页中断和页面置换形成的，其页表和地址变换机构与基本分页系统类似。当页面存在于内存时，请求分页地址变换与基本分页相同；当在内存中找不到该页时会产生缺页中断，此时 CPU 保留现场信息，从外存找到缺页并调入内存。如果内存已满，利用页面置换算法换出一页，同时需要根据换出页是否被修改决定是否将该页写回外存。接着修改页表，恢复现场，返回原点继续访问内存。

在虚拟存储管理系统中，逻辑地址转换为物理地址的过程中可能会发生所需页面不在内存中的情况，这时会产生缺页中断，导致系统从外存调入所需页面，当内存已满时还需要进行页面的置换。在虚拟存储技术中页面置换算法关系到系统的性能，下面介绍几种常见的页面置换算法。

(1) 最佳置换算法。

最佳置换算法选择换出的页面是未来最长时间不被访问的页面，这种页面放在内存中会浪费内存的利用空间，然而无法预知程序下一次访问哪一个页面，更无法知道未来最久未使用的页面，因此该算法只能是理论上有效，实际无法进行，只能作为其他置换算法的评价参照。

(2) 先进先出页面置换算法。

先进先出页面置换算法会优先置换最早放入内存的页面，该算法认为最先进入内存的页面驻留了足够长时间，应该淘汰该页面，因此可以看出这是一个"公平"的算法，但是最先进入内存的页面有可能是经常使用的页面，例如包含全局变量、库函数的页面。

(3) LRU 置换算法。

LRU 置换算法即最近最久未使用页面置换算法，是对最佳置换算法的近似，它参考过去一段时间的页面使用情况进行页面置换。受限于最佳置换算法实际不可预测未来页面使用情况，LRU 置换算法用过去最近最久未使用替代未来最近最久未使用，因此 LRU 置换算法针对的页面是过去最近很久未使用的页面，这在实际上具有可操作性。

(4) 简单的 Clock 置换算法。

简单的 Clock 置换算法是对 LRU 置换算法的近似算法，相对于 LRU 置换算法，Clock 置换算法不需要太多的硬件支持，实现更加方便。采用简单的 Clock 置换算法时，页表项需要增加访问位和指针，页面按照指针前后链接形成一个循环队列，开始页面的访问位都是为 0。当访问某一页面时，将该页面的访问位置为 1；当需要淘汰页面时需要检查页面的访问位,如果访问位为0则置换,否则将该页面访问位重新置为0,依次进行。

6) LiteOS内核的内存管理

内存管理是所有操作系统中重要的一部分,负责管理计算机系统的内存资源,进行内存的划分、分配和回收等。LiteOS内存管理和大多数OS类似,也是通过对内存的申请分配和回收释放,提高内存资源的利用率,解决内存分配的内存碎片问题。

LiteOS的内存管理可以分为静态内存管理和动态内存管理。

(1) 静态内存管理。

静态内存管理方式在内存中开辟了静态内存池,可以把静态内存池看作一个容量固定的静态数组,静态内存池中存在若干大小相等的内存块和一个内存控制块,控制块集中管理内存的分配和回收。

静态内存非常简单,使用的场景也比较有限,这里不做过多的说明。

(2) 动态内存管理。

动态内存管理是根据程序的实际内存需要,动态地为之分配一块连续的内存块。当用户不再需要使用该内存块时,系统会自动回收内存块,为其他程序的内存申请提供更大的内存空间,提高内存的利用率。相应地,动态内存管理在提供了高灵活性分配的同时,还存在一个无法跨越的难题,就是内存碎片问题。

LiteOS动态内存管理支持DLINK和BEST LITTLE两种动态内存管理算法。

(1) DLINK动态内存管理算法。

算法的内存管理结构如图7-22所示,共分三部分。

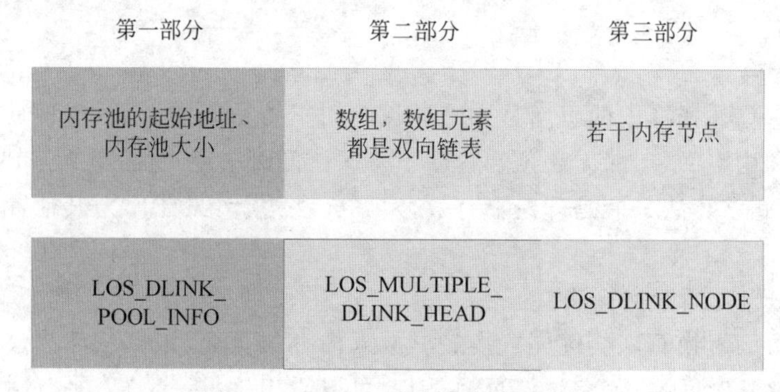

图7-22　DLINK动态内存管理结构

第一部分存放了堆内存池的起始地址和内存池的容量大小。

第二部分是一个链表数组,数组的每个元素都是一个双向链表,所有空闲节点的节点控制头都会分类挂载在不同的双向链表。当程序申请内存块时,系统会根据程序申请内存的大小选择一个大小合适的链表,从中选取一个空闲节点作为分配内存块,当内存块使用完毕,系统也会把内存块回收到对应的链表上。

第三部分是内存池的主要部分,是用于存放各节点的实际内存区。

(2) BEST LITTLE动态内存管理算法。

LiteOS的动态内存管理与动态分区管理中的最佳适应算法类似,其内存管理结构如图7-23所示,共分三部分。

第一部分是内存池的头部,管理整个内存池,它包含了内存池节点的头指针和尾指针、

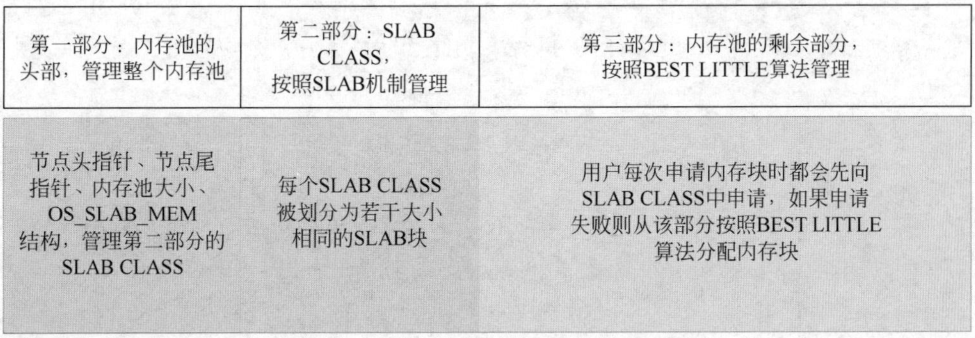

第一部分：内存池的头部，管理整个内存池	第二部分：SLAB CLASS，按照SLAB机制管理	第三部分：内存池的剩余部分，按照BEST LITTLE算法管理
节点头指针、节点尾指针、内存池大小、OS_SLAB_MEM结构，管理第二部分的SLAB CLASS	每个SLAB CLASS被划分为若干大小相同的SLAB块	用户每次申请内存块时都会先向SLAB CLASS中申请，如果申请失败则从该部分按照BEST LITTLE算法分配内存块

图 7-23　BEST LITTLE 动态内存管理结构

内存池大小、若干 OS_SLAB_MEM 结构。

第二部分是 SLAB CLASS，这部分内存按照 SLAB 机制管理分配，其中每个 SLAB CLASS 既是从动态内存池分配出来的一个内存块，又被 OS_SLAB_MEM 结构管理，内部被划分为大小相同的 SLAB 块，用于向用户分配固定大小的内存块。

第三部分则是内存池的剩余部分，这部分按照 BEST LITTLE 动态内存管理算法管理分配，其中每一个内存块都有一个 LOS_HEAP_NODE 结构并前后链接，当用户申请动态内存时，内存管理先向 SLAB CLASS 申请，申请失败再从这部分内存空间按照最佳适应算法分配。

内存的分配都是按照满足内存要求的最小内存块的标准进行分配，相对于最佳适应算法，BEST LITTLE 动态内存管理算法引入了 SLAB 机制，内存中设置了若干固定大小的内存块，有效地减少了内存碎片的出现。SLAB 机制可以配置一定数量的 SLAB CLASS 和设定每个 CLASS 的容量大小。

BEST LITTLE 动态内存管理中，每当进程申请内存时，系统会优先考虑从满足申请要求大小的 SLAB CLASS 中选择内存块，SLAB CLASS 中内存块的申请和回收都是以整个内存块为基本单元，这样可以大大减少内存碎片的出现。如果对应的 SLAB CLASS 已分配完内存块，系统则从内存池剩余部分按照最佳适应算法申请分配。释放内存块时，系统会先检查释放的内存块是否属于 SLAB CLASS，如果是 SLAB CLASS 的内存块，则归还给相应的 SALB CLASS，否则归还回内存池中。

2. Linux 内核的虚存管理

1）虚拟内存寻址

Linux 的虚存管理使用三级页表结构，主要包含页目录、页中间目录和页表。

(1) 页目录：每个进程在内存中都存在一个页目录，它占据了一页的大小。页目录的每项都是全局目录号与页中间目录所在内存块号的映射。

(2) 页中间目录：页中间目录可能有多页，页中间目录的每个页表项都是中间目录号与页表所在内存块号的映射。

(3) 页表：页表可能有多页，页表的每个页表项都是页号与内存块号的映射。与三级页表机制所对应，Linux 中的逻辑地址被看作由 4 个字段构成，从左到右依次是全局页目录索引、页中间目录索引、页表索引、页内地址偏移量，如图 7-24 所示。

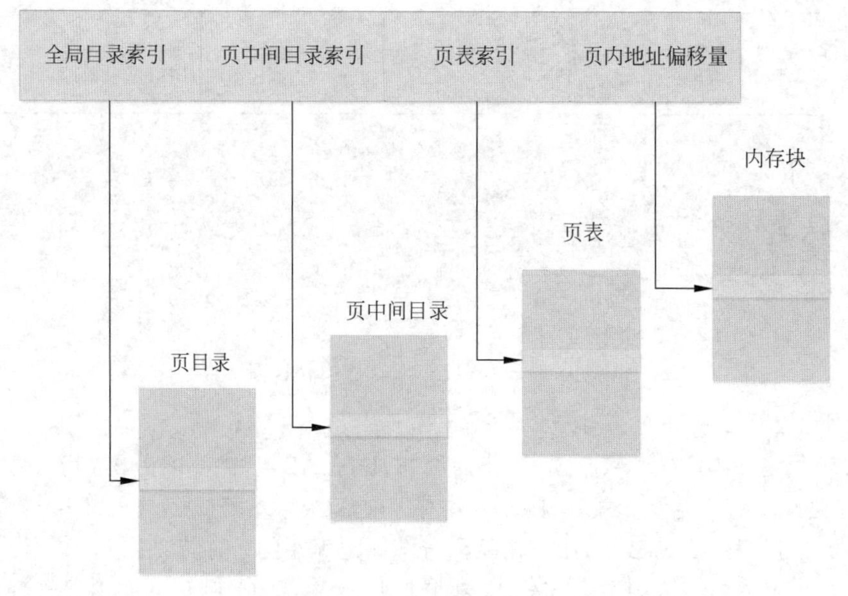

图 7-24　Linux 虚拟内存地址

2）页面分配

Linux 的页面分配使用了伙伴系统，由 Linux 内核为虚存的使用维护了一定的大小固定的内存块组，每组可以包含 1、2、4、8、16 个内存块，当进程提出内存申请时从内存块组中选择一个合适的内存块，当内存释放时将内存块返还给内存块组，内存的分配与释放的过程中系统会利用伙伴系统进行内存块的分割与合并。

3）页面置换

Linux 的页面置换算法使用了简单的 Clock 算法，内存中进程的页表项含有使用位。开始每一页表项的使用位初始化为 0，每当页面被访问一次，对应页面使用位加 1。页面置换的依据就是页表项中的使用位，Linux 会定时周期性扫描页表，并且每扫描一次使用位减 1，在所有页面循环扫描时查看对应使用位是否为 0，如果使用位为 0 则认为该页面"很久"未使用，可以用于置换。

3. 外存管理

存储器按照三层模型划分为寄存器、内存、外存（又称辅存），而寄存器不是存储管理的内容，因此可以把存储器简单划分为内存和外存。前面说到了内存的相关内容，了解了内存是计算机系统中宝贵的资源，容量有限、价格昂贵，但是访问速度较快；外存则容量较大、价格低廉，但是相对而言速度较慢。因此，在计算机系统中，内存和外存有不同的用途，内存一般用来存放运行的程序和数据，外存则用来存储大量数据文件，是数据后台储备设备。

1）常见的外存设备简介

（1）硬盘。现代计算机系统最重要的外存设备，硬盘也叫硬磁盘，由多个磁性的圆盘组成。硬盘可分为机械硬盘（HDD）和固态硬盘（SSD）。机械硬盘即传统的普通硬盘，主要由盘片、磁头、盘片转轴及控制电机、磁头控制器、数据转换器、接口、缓存等组成；固态硬盘则是用固态电子存储芯片阵列制成的硬盘，其内部分为存储单元和控制单元。通常固态硬盘的读写速度高于机械硬盘。

(2) 软盘。软盘是计算机最早使用的一种可移动外部存储介质，在 U 盘出现以前曾大量使用，软盘的读写操作需要通过软盘驱动完成。现在软盘已基本不使用。

(3) 光盘。光盘是利用光存储技术进行信息存储的存储介质，它利用激光在特殊介质上写入信息或读出信息。

(4) U 盘。U 盘也被称为闪盘，它不需要硬件物理驱动，真正做到了即插即用。U 盘的即插即用特性再加上其存储容量大、便于携带的优势，现已取代了软盘。

2) 磁盘调度

在外部存储器中，最主要也是最重要的一种硬件资源便是磁盘存储器，磁盘分为软磁盘(也叫软盘)、硬磁盘(也叫硬盘)两种，现在广泛使用的便是硬盘。硬盘由于其具有较大的存储容量，再加上其随机存取的特点，计算机系统常常使用硬盘存放大量的数据文件。计算机系统在执行程序或者数据计算时涉及对磁盘的访问，因此，如何提高磁盘访问的速度和磁盘的可靠性愈发重要。

磁盘是存放程序和数据的设备，在多道程序系统中被多个进程共享使用，在并发访问时需要保证的是尽可能减少平均磁盘访问时间。在磁盘访问的开销中，相当大一部分时间用在了磁头寻道上，因此，减少平均寻道时间成为提高磁盘访问速度的重要手段。下面介绍几种简单的磁盘调度算法。

(1) 先来先服务算法。

先来先服务算法是一种最简单的磁盘调度算法，它仅考虑进程访问磁盘的先后次序，先申请访问磁盘的进程获得优先访问权，算法简单高效，并且相对公平，不会出现进程迟迟得不到磁盘访问权导致发生进程饥饿的情况。然而公平的同时没有考虑提高磁盘访问速度，先来先服务算法可能导致平均寻道时间很长，效率较低，仅适合并发度不高的场景。

(2) 最短寻道时间优先算法。

最短寻道时间优先算法是一种“暂时”的最优算法，它每次都会选择一个要求访问磁道与当前磁头所在磁道距离最近的进程，这种是局部的最优算法，但是无法保证平均寻道时间最短，所以称为暂时性的最优算法。最短寻道时间优先算法在某种情况下与扫描算法效果类似。

(3) 扫描算法。

扫描算法顾名思义就是一种通过循环来回扫描形成寻道次序的算法，它不仅考虑将要访问磁道与当前磁道的距离，还考虑磁头移动方向。可以把扫描算法形容成一种“固执”的算法，它会沿着磁头方向一直移动寻找与当前磁道距离最近的访问磁道，直到没有可访问磁道才改变方向，重复这个过程。扫描算法在一轮轮的扫描中不会遗漏任何一个申请访问磁道进程，避免了进程饥饿现象。

(4) 循环扫描算法。

循环扫描算法是对扫描算法的优化，扫描算法来回扫描磁道，有效地减少了进程饥饿现象，但是应该注意到扫描算法不是一种相对公平的算法，当磁头从里向外移动经过某一个访问磁道后，一个新的进程又提出访问该磁道的要求，这样一来，本次磁道申请只能等到磁头从里向外、从外向里扫描完所有要访问的磁道才能回应这个磁道申请，进程等待时间过长。为了解决这个问题，提出了循环扫描算法，也就是磁头只能单方向地移动，当遇到最外磁道时立刻回到最里访问磁道，如此循环。

3) RAID

RAID(独立磁盘冗余阵列)是1987年由美国加利福尼亚大学伯克利分校提出的一种提高磁盘速度的技术,RAID的基本思想是将多个容量较小、相对廉价的磁盘进行适当组合形成一个大容量、高性能的磁盘系统,RAID通过数据条带化、镜像使用、数据校验等手段提高磁盘系统的性能、可靠性和扩展性。

根据不同的技术策略,可以把RAID分为若干级别。

(1) RAID的分级。

RAID 0级:本级功能有限,仅仅具有并行交叉存取能力,可以有效提高磁盘的读写效率,但是由于功能过于单一,缺乏数据校验的能力,导致一旦某一个磁盘数据损坏,整个磁盘系统的数据就无法正确使用,可靠度很低。

RAID 1级:本级相对RAID 0级加入了磁盘镜像功能,有效避免了磁盘数据的丢失或损坏,提高了磁盘系统的可靠性。当磁盘系统中有4个磁盘时,可以利用其中的2个磁盘作为镜像盘,防止数据损坏,但是这样也使得磁盘系统的利用率只有50%。

RAID 2级:本级利用海明码实现数据校验冗余功能,在RAID 2级中,数据按位存储,每个磁盘存储一位数据编码,数据存储宽度决定了磁盘数量。

RAID 3级:本级具有并行存取功能和数据校验功能,与RAID 1级不同,本级使用奇偶校验盘完成数据校验,因此相对于RAID 1级的镜像磁盘,它仅需要1块冗余磁盘,磁盘系统的利用率较高。

RAID 4级:本级与RAID 3级类似,只是RAID 4级按照块的方式组织数据,按块存储的特点保证了块的完整性,可靠性更高。

RAID 5级:本级具有独立传输信息功能,即每个磁盘驱动都具有独立的数据通道以进行独立读写,与上面各级不同的是,RAID 5级不再使用数据校验盘,而是把校验信息离散地分布在各个磁盘。

RAID 6级和RAID 7级:RAID 6级和RAID 7级都是对RAID 5级的升级,相对于RAID 5级加入了一个异步数据校验盘,可进行独立的数据访问,具有较高的数据传输速率。

(2) RAID的优势。

① 可靠性高。RAID存在数据冗余的问题,但也正是数据的冗余存储使得磁盘系统的数据容错率高。某一个磁盘的数据的损坏或丢失不影响磁盘系统的整体可靠性,它可以利用镜像或者数据校验盘等多种方式恢复数据,因此RAID最大的一个特点就是其带来的高可靠性。

② 磁盘访问速度快。RAID广泛使用了并行交叉存储的方式,先把某一个磁盘块中的数据分为若干子数据块,然后把这些子数据块分别放到不同磁盘的相同位置上。这样当进程需要访问该数据时,可以同时并行访问若干磁盘中的子数据块,数据的传输方式由串行变成并行,磁盘访问速度大大提高。

③ 性价比高。RAID的设计初心便是将多个容量较小、相对廉价的磁盘进行适当组合形成一个大容量、高性能的磁盘系统,通过RAID技术,只需要较低的成本即可获得具有高可靠度的大容量磁盘系统,性价比很高。

7.1.3 操作系统文件管理

本节介绍操作系统的文件管理。由于操作系统的内存空间有限，且其中的数据在系统断电后便会丢失，因此大量的信息无法长期保存于内存中。现代操作系统为解决这个问题，通常以文件形式将大量使用频率不高的数据存放于外存中，待需要使用时再将数据调入内存。

本节介绍操作系统负责管理文件的部分——文件管理系统。首先，介绍文件与文件系统的基本概念；然后，介绍典型的文件组织结构，并在此基础上从文件目录、文件分配以及文件共享等角度介绍文件管理功能；最后，当前主流的云操作系统，如华为云等均以 Linux 为内核，因此加入对 Linux 的文件系统及其特点的介绍。

1. 文件与文件系统

文件作为一种抽象机制，将信息存储于硬盘等存储器上，当断电时信息不会丢失。而为了便于管理文件，文件系统则将数据组织成文件，并提供各种文件操作接口。

(1) 数据层次。

基于文件系统的概念，将文件进行划分，对内部成分进行剖析，最终将文件内部的数据层次分为三层，从小到大依次为数据项、记录、文件。

① 数据项是最基本的数据单元。分为两类：基本数据项和组合数据项。基本数据项即原子数据，描述对象某个属性；组合数据项是包含多个基本数据项的数据项。

② 记录是一组相关联数据项的集合，描述对象某一方面的属性。

③ 文件是具有文件名的一组相关联记录的集合，作为文件系统中最大的数据层次，受文件系统的直接管理。

以上三个数据层次的关系可以概括为：一个文件可对应若干记录，一个记录可对应若干数据项。

(2) 文件属性。

文件属性指的是一些描述文件的信息。利用文件属性将文件进行分类，有利于文件的存取与传输。同时，文件系统利用文件属性对文件进行有效的管理。文件属性有多种，以下列出一些常见的文件属性。

① 文件创建时间：指文件创建者创建文件的日期时间，与之相关的还有修改时间、访问时间。

② 文件类型：此处指的是文件的格式类型，有时可以从文件扩展名中获取，如.c 表示 C 语言源文件。

③ 文件大小：指文件占用存储空间的字节数。

④ 文件的位置：指示文件所在的设备位置以及所在设备中的具体地址。

(3) 文件类型。

文件类型是文件的重要属性之一。为了高效管理系统中存储的大量的文件，通常将文件按照组织形式、权限、功能需求等不同角度分为多种类型，不同类型的文件具有各自不同的特点。下面列出一些常见分类方式及文件类型。

① 按照组织形式分为普通文件和目录文件。

普通文件包含用户信息的文件，由二进制码或 ASCII 码组成。例如，用户创建的源代码文件。目录文件是包含文件目录的文件,可检索存在于表目中的文件。

② 按访问控制分为只读文件、读写文件和只执行文件。

只读文件指只允许文件拥有者以及被批准的用户读取,不允许写。读写文件指允许文件拥有者以及被批准的用户读和写。只执行文件指只允许被批准的用户执行,不允许读或写。

③ 按用途分为系统文件、库文件和用户文件。

系统文件指构成操作系统的主要文件。其级别较高,一般不允许用户读或修改,只允许用户调用,甚至有的系统文件对用户是不可见的。库文件包含常用例程及标准子例程,通常允许调用但不允许修改。用户文件指用户的文件,包括用户的数据、源文件、目标文件、可执行文件等。

(4) 文件操作。

操作系统是硬件和软件之间的桥梁,其中存在着大量的接口函数,而文件系统即为用户及程序提供了大量的文件操作函数,能够使用户或程序通过接口操作外部介质中的文件数据。常见的文件操作如下。

① 创建。创建一个空白文件,分配文件结构,设置一些文件属性,并在文件目录中为之建立条目,记录其部分属性。

② 删除。从目录中找到目标项并置空,删除文件结构,释放磁盘空间。

③ 打开。创建"打开文件"的进程,将文件的属性以及地址装入内存,便于后续操作。

④ 关闭。由对应的进程关闭文件,释放内部表空间。

⑤ 读文件。由对应的进程读取文件数据,将目标数据存放于缓冲区。

⑥ 写文件。由对应的进程修改文件数据,定位文件位置,并进行添加或修改。

(5) 文件系统的结构。

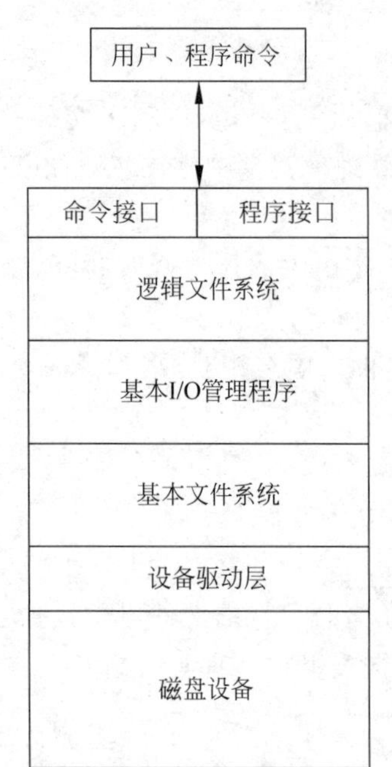

图 7-25　文件系统架构

在了解了文件的基本概念以后,在对文件系统内部功能介绍之前,需要对文件系统的架构进行整体把握。文件系统架构可分为文件系统接口(命令接口、程序接口)、文件系统软件、文件对象三大层次。

图 7-25 展示了文件系统总体架构,并将文件系统的软件部分具体展开,从下到上共 4 个层次。

① 最底下的是设备驱动层,即为直接与磁盘和磁带等存储设备通信的驱动程序。

② 基本文件系统,或称物理 I/O 层,作为系统与外部的基本接口,处理数据块在磁盘与内存间的交换。

③ 基本 I/O 管理程序,负责磁盘 I/O 的相关事务,如开始和结束所有文件、对 I/O 缓冲区进行指定、分配辅存等。

④ 逻辑文件系统,也称逻辑 I/O,对文件记录进行处理,使用户、程序得以访问记录。

2. 文件组织结构

通常所说的文件结构包括两种形式:逻辑结构与物理结构。本节主要介绍文件的逻辑结构,而文件的物理结构主要指的是磁盘中的文件结构。有关磁盘存储方面的内容，可参考7.1.2节“操作系统存储管理”相关内容。

用户访问记录的需求决定了文件的逻辑结构中记录的组织结构，根据目标选择合适的文件组织结构，有诸多好处：节省存储空间、便于修改、大大提高文件检索速度、降低维护成本、提高可靠性等。

本节主要介绍在目前系统中常用的4种基本组织：顺序文件、索引文件、索引顺序文件、直接文件，内容包括不同组织的记录排列方式以及优缺点。

(1) 顺序文件。

顺序文件是最基本同时也是最常见的文件组织结构。顺序文件中的记录排列方式主要分为如下两种。

① 顺序结构：为每一个记录设置关键字实现唯一标识，关键字可为数字或字母，然后按关键字大小排序进行存储。这样文件易于存储在磁盘中，且在检索时可以用二分查找法等方法提高查找速度。

② 串结构：并非按关键字进行排序，而按照文件存储时间先后进行排序。记录保存于物理块中，每一个物理块都存在指针，指向下一个块。这样，检索时从头开始依次查找，速度较慢。

得益于其排列方式，顺序文件适用于批处理程序当中，并且是磁盘或磁带中最易于存储的一种文件组织方式。然而，其也存在一些缺点。例如，对变长的记录查询，顺序存储只能依次查找，效率低；并且在一些存在更新或修改记录的交互程序中，采用顺序文件的组织结构会产生大量的时间或空间开销，性能较差。

(2) 索引文件。

索引文件通过建立索引来访问记录。为了解决顺序文件中对于变长记录只能顺序依次查找的缺点，索引文件按关键字为记录建立索引表，表中每个表项对应主文件中的一个记录，每个表项具有索引号、记录长度、指向记录地址的指针。

单个索引表的索引文件结构如图7-26所示

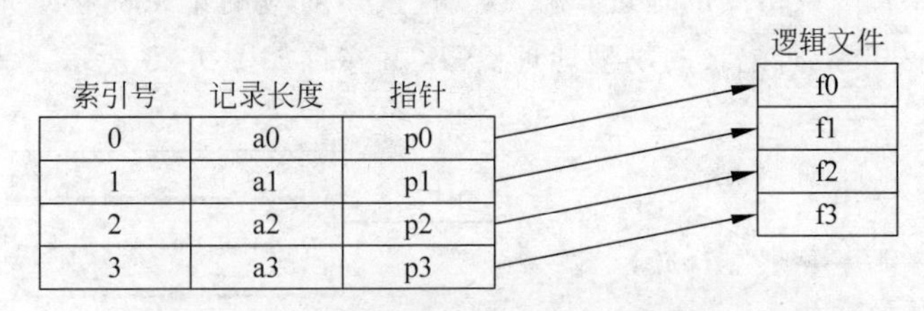

图7-26　单个索引表的索引文件结构

另外，由于是按照记录的某个关键字建立索引，可能无法满足不同用户对不同属性检索的需求，因此索引文件中也常常具有多个索引表，不同索引表以每种可能的检索条件（关键字或属性）为基础建立。

由于索引表按照索引号进行排序，因此也可以看作一个定长的顺序文件，从而通过对索引表中定长记录的随机检索实现了对变长记录顺序文件的随机检索，同时支持二分查找法等高效检索的方法，提高了存取与检索效率。但这种文件组织的方式缺点在于，除了主文件外还占用了额外的空间来存储索引表，增加了存储空间的开销。

(3) 索引顺序文件。

索引顺序文件在顺序文件的基础上,通过引入文件索引和溢出文件,增加了对随机访问和删除修改的功能支持。

索引顺序文件中最基本的索引方式为一级索引,采用先分组后建表的方法。先将记录顺序文件中所有记录进行分组,建立索引表,其中每个表项包含每个组中第一个记录的关键字和地址指针。一级索引的索引顺序文件如图 7-27 所示。

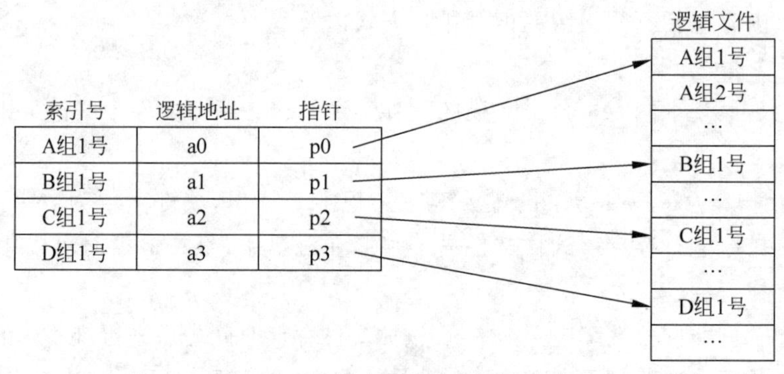

图 7-27　一级索引的索引顺序文件

另外,为了提高对于大文件的检索效率,也可以建立多级索引,即索引表中每个表项对应索引文件中的记录。

索引顺序文件结合了索引文件和顺序文件的优点,可以有效解决对变长记录文件的随机访问,并且避免过多的存储空间开销增加。

(4) 直接文件。

前三种文件组织结构存取记录时,都是通过关键字或者属性,然后在表中检索而找到记录的具体物理地址,而直接文件是直接根据关键字获取记录的物理地址。

当前最常用的直接文件利用 Hash 函数来实现从关键字到物理地址的键值转换,当然在实际应用中,Hash 函数得到的地址一般不会直接是对应的记录的物理地址,而是某一记录表项的指针,该表项指向记录的物理地址。Hash 文件如图 7-28 所示。

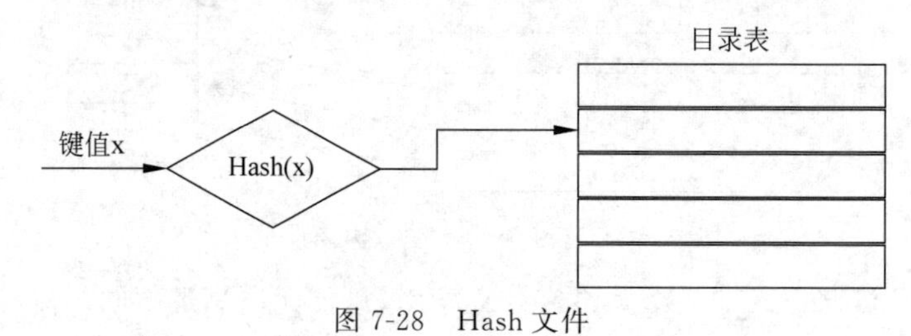

图 7-28　Hash 文件

3. 文件目录

文件系统中建立文件目录来管理文件集合,其中记录了一些文件的信息,包括文件的属性、存储位置以及权限等,为用户或程序所知的文件名与文件之间建立映射。

(1) 目录的内容。

文件目录中的每个目录项即为一个文件控制块,文件管理的程序可通过文件控制块对文件进行操作。文件控制块中包含三类信息:基本信息、存取控制类信息以及使用信息,详细功能见表 7-2～表 7-4。

表 7-2　基本信息的详细功能

基本信息	功　能
文件名	用于标识文件的符号，同一目录下唯一确定一个文件
物理位置	文件所存储的外存位置
文件组织	不同系统支持不同的文件组织
文件类型	如二进制文件、文本文件、加载模块等等

表 7-3　存取控制类信息的详细功能

存取控制类信息	功　能
访问权限	文件创建者、被授权用户、一般用户的存取权限等

表 7-4　使用信息的详细功能

使用信息	功　能
文件创建	文件创建日期、时间、创建者
文件修改	文件上一次被修改的日期、时间
当前信息	当前打开了该文件的进程号等

(2) 目录的结构。

文件中的许多操作，如查询、修改等，很大程度上受目录的结构影响，合适的结构可以提高文件操作的效率，减少开销。因此，为了实现文件系统的各种文件操作功能，需要设计合适的目录结构。下面介绍三种目录结构：一级目录、二级目录以及树状目录。

① 一级目录。

这是最简单的目录结构，一个目录下存放着所有的文件，相当于文件系统中只有一个目录表，其中每个目录项对应一个文件的信息，如表 7-5 所示。

表 7-5　一级目录

文件长度	物理位置	其他属性
w1	a1	
w2	a2	
w3	a3	
w4	a4	
w5	a5	
w6	a6	
w7	a7	
w8	a8	

这样的目录结构简单，能够快速定位文件，在早期的单用户系统中得以使用，但如今在多用户多文件的场景下难以适用。

② 二级目录。

为了解决多用户多文件的场景，在此基础上，为每个用户建立单独的用户文件目录。

文件目录由用户所有的文件控制块(FCB)组成，结构相似；在用户文件目录的上一级，再建立系统的主文件目录，其中每个目录项指向一个用户，如图 7-29 所示。

③ 树状目录。

当然，在现代的操作系统中，多采用树状结构(层次结构)的方法，实现更灵活的功能。

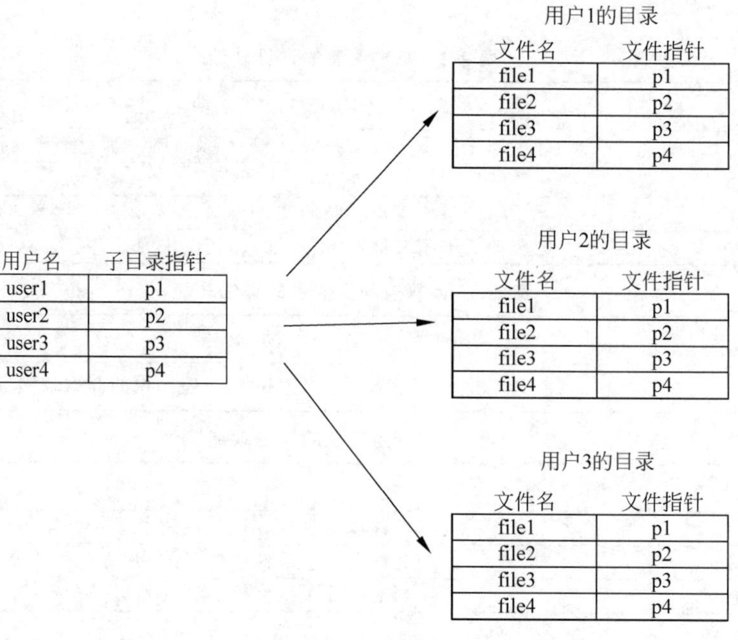

图 7-29　二级目录

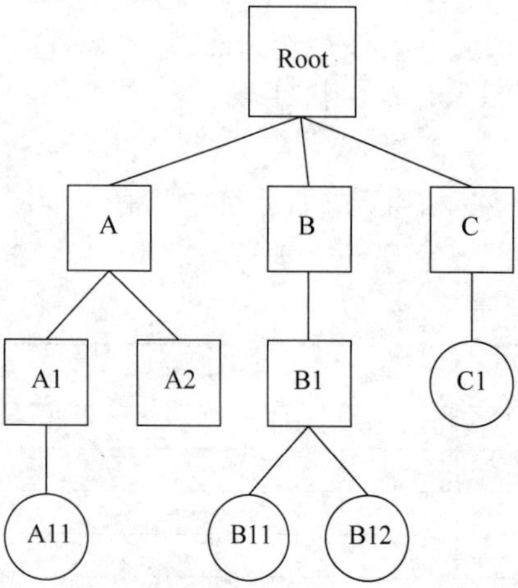

与二级目录一样，树状目录以系统的主目录作为根目录，下面是不同用户的目录，每个用户的目录下包含子目录和文件，采用递归思想，每一层级都是这个"子目录 + 文件"，如图 7-30 所示。

图 7-30　树状目录

(3) 目录的操作。

上面对不同目录的结构进行了介绍，下面在结构的基础上，介绍一些主要的在文件目录上执行的操作。

① 查找文件：用户、程序指定文件名或文件路径，通过查找目录找到目标文件。目前 OS 支持精确匹配或局部匹配等多种方式查找。

② 创建、删除文件：创建或删除一个文件时需要在目录中增加或删除一个目录项。

③ 创建、删除目录：对应于树状目录结构，可以分别在根目录、用户目录、子目录下创建和删除目录。

④ 修改目录：包括目录的移动、重命名等。用户可以修改当前目录的绝对路径或相对路径来移动目录，也可以像修改文件名一样修改目录名。

⑤ 链接操作：通过链接技术，可以让多个父目录中出现同一个文件，便于进行文件的共享。

4. 文件共享

如今大多数系统都支持多用户多进程，文件共享成为其中必不可少的功能。文件共享使不同用户或者进程共享同一个文件，而不必保存多份副本从而造成额外的空间开销。

共享文件有不同的方法，起初有人提出采用有向无循环图(DAG)的思路，即使被共享的文件同时出现在不同用户目录下，这样用户获取文件方便，但在这样的方式下，文件修改时存在很大的问题，假如用户 A 在原共享文件中追加了新的内容，对应的新的数据块只列入了用户 A 的目录中，这部分改变对其他用户是不可见的，因此这个方法无法实现共享需求。

目前，OS 中文件共享主要有两种行之有效的方式：硬链接（利用索引节点）和软链接（利用符号链接），下面主要对这两种方法的原理以及性能进行介绍。

(1) 硬链接：利用索引节点。

硬链接方式通过设置索引节点来实现文件共享，每个索引节点都存放对应的文件的物理地址以及属性等信息，而原本的文件目录中只需要设置文件名与指向索引节点的指针即可。图 7-31 展示了硬链接的共享方式。

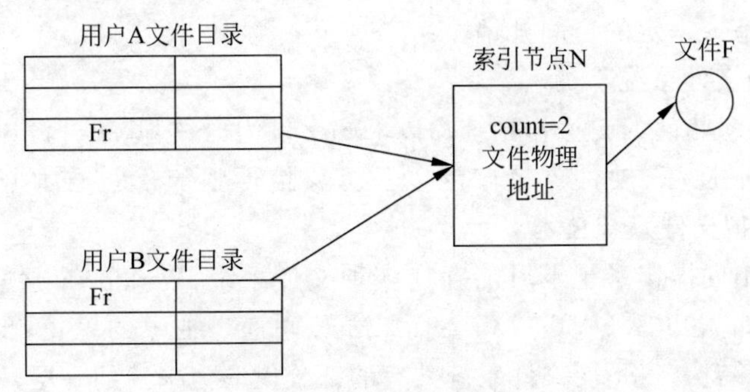

图 7-31　硬链接的共享方式

图 7-31 中的 A、B 两个用户通过硬链接方式共享文件 F，各自的文件目录中均有指针指向 F 文件的索引节点 N。在 N 中还维护着一个用于记录链接个数的值 count，其表示链接于 N 索引节点的用户目录项的个数，或者说文件 F 被多少个用户共享，此时 count＝2 表示有 2 个用户目录项连接到文件 F 上，即文件 F 被 2 个用户所共享。

从文件的创建到删除来对该方法的具体过程进行分析，假设目前只有 A、B 两个用户，当用户 A 创建一个新的文件时，count 初始值为 1；当用户 B 共享该文件时，按照索引节点的方式，在 B 的目录中新增一个目录项，其中指针指向该共享文件，count 值加 1 变为 2。此时假设用户 B 不再需要文件并将其删除，则本质上删除的是 B 的目录项，同时 count 值减 1 变为 1，此时由于 count 仍然大于 0，文件数据并未删除，当 count 等于 0，即没有用户需要这份文件时，系统才会删除文件数据。

但这种方式也存在着问题，在上面的例子中，当 A、B 同时共享文件 F，若共享文件的创建者用户 A 删除共享文件，则会直接删除文件以及索引节点，因此用户 B 的索引节点指针就会悬空，进而影响正常工作。

(2) 软链接：利用符号链接。

软链接方式利用符号链接，可以解决第一种方法的悬空指针问题。在使用符号链接时，一个文件或子目录对应的多个父目录中会有唯一一个作为主父目录，其余的父目录与该主父目录通过符号链接方式链接在一起，这种链接方式的目录结构如图 7-32 所示。

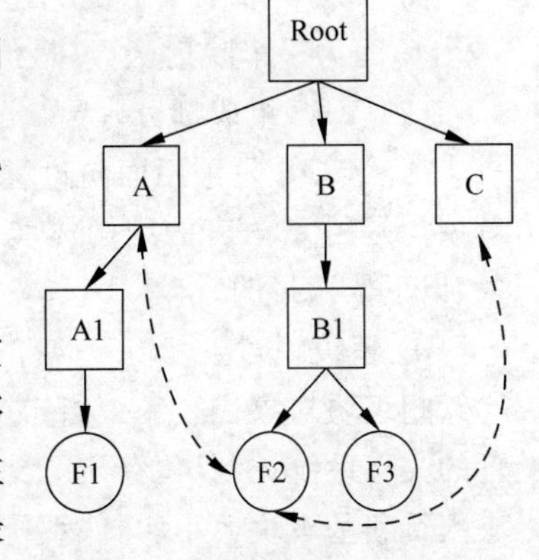

图 7-32　符号链接的目录结构

图 7-31 中,有 3 条线连接 F2,表示 F2 被 3 个用户所共享,其中用实线表示 F2 的主父目录,为了实现共享功能,系统创建一种新的文件类型——LINK 文件,将其放入用户 A、C 的目录当中,LINK 文件中包含了被共享的文件 F2 的路径,F2 的路径即为符号链。这样,当用户 A 或 C 访问 F2 时,只需要读取 LINK 文件,操作系统便会根据其中保存的路径去查找文件 F2,并进行后续操作,实现共享。

这样,只有文件的创建者才具有指向索引节点的指针,其他一同共享此文件的用户只有符号链接,当文件的创建者删除该共享文件时,其他用户目录下便不会出现指针悬空的问题,若此时其他用户通过符号链访问一个已经被删除的共享文件,系统会提示访问失败,而后只需删除符号链即可。但是,利用符号链的方式时,系统每次访问共享文件都根据路径查找,会多次读取磁盘,开销较大;并且每一次共享文件,操作系统都为涉及的每一位用户创建相应的符号链,造成一定的空间开销。

5. Linux 虚拟文件系统

目前市面上很多热门的云操作系统均以 Linux 作为内核,除了开源以外,Linux 内核具有高度模块化、稳定性高、硬件支持广泛以及可移植性强等优点。本节主要介绍的就是 Linux 中优秀的虚拟文件系统技术。

通常情况下,不同操作系统下可能存在多种文件系统,Windows 通过指定盘符来处理不同的文件系统,如 NTFS、FAT-32 等。而 Linux 则通过抽象的思想,将不同的文件系统统一为一个整体的结构,将不同文件系统共有的部分提取为单独的一层,通过该层调用底层的实际文件系统来实现对文件的管理,实现各种文件系统的相互访问。这种技术就称为虚拟文件系统(Virtual File System,VFS)。

(1) VFS 工作流程。

图 7-33 展示的是用户进程发起文件系统调用时 VFS 的响应,从中可以理解 VFS 的角色与工作流程。

从图 7-33 中可以看到,从系统调用接口接收到系统调用指令后,VFS 便根据文件系统与映射函数对具体的底层的文件系统功能进行调用。这里的映射函数视情况而定,可能只是简单实现不同方案的文件系统功能调用的映射,也可能需要较为复杂的动态创建与存储目录树对应的文件。从结果来看,映射函数实现的功能可以概括为将原用户文件系统调用转换为目标文件系统调用。

图 7-34 展示了一个更为具体的例子,即 Linux 写一个文件时的操作流程,其中 sys_write()即为一个映射函数,最终找到目标文件系统的写操作函数并进行调用。

(2) VFS 组成部分。

虽然 VFS 是采用面向过程的 C 语言实现的,但却应用了面向对象的思想方法,其中的对象均是用 C 语言的结构体实现,VFS 中包含超级块、索引节点、目录项、文件 4 个主要对象,以下依次说明。

① 超级块对象。

超级块对象代表一个指定的已安装的文件系统。通常情况下,超级块指向磁盘特定位置的文件系统控制块,存储了文件系统的相关属性信息,包括文件系统类型、文件系统的区块数目和基本块大小、文件系统根目录的指针、文件系统的操作方法等。

其中,文件系统的操作方法是指向操作超级块的操作函数指针数组的指针,超级块的操

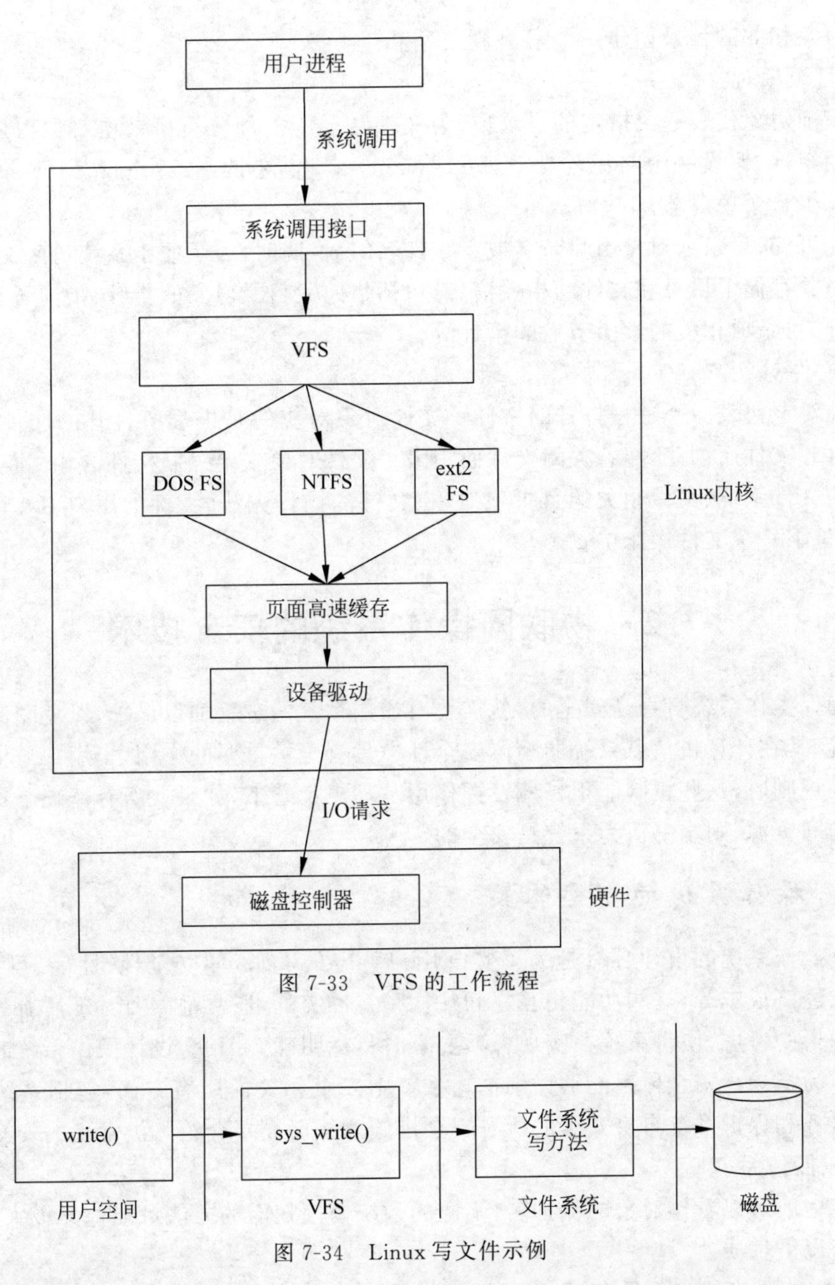

图 7-33　VFS 的工作流程

图 7-34　Linux 写文件示例

作包括读写索引节点、释放索引节点、将索引节点写回磁盘、删除索引节点、分配索引节点等。

② 索引节点对象。

索引节点对象代表一个指定的文件。索引节点对象中存储了一个文件中除了文件名和具体数据外的所有信息，如文件权限、访问时间、长度等，可以理解为，一个索引节点对应了文件系统中的一个文件。

为便于内核操作文件或目录，索引节点对象为 VFS 提供了一系列函数接口，包括 create()为指定目录的目录项对象相关的文件创建一个索引节点、lookup()为指定文件名的索引节点查找目录、link()创建一个硬链接（利用索引节点的链接）、mkdir()为指定目录的目录项对象相关的目录创建一个索引节点等。

③ 目录项对象。

目录项对象代表一个指定的目录项，为文件路径的一部分。目录项对象对应了任何一个路径的组成，假设一个路径/usr/include/main.c，则其中的/、usr、include、main.c都分别对应了一个目录项对象。

由此可知，目录项对象由目录名或者文件名组成，同时，为了便于系统访问文件和目录，目录项对象存储了目录和文件的相关信息，包括指向父目录对象的指针、指向子目录对象的指针、指向目录项相关的索引节点的指针等。

④ 文件对象。

文件对象代表一个进程打开的文件。文件对象对应的是进程所打开的文件，因此其随着系统打开文件而创建，随着关闭文件而销毁。文件对象主要存储文件的相关信息，包括文件所处的文件系统、文件相关的目录项对象、文件的操作方法、文件的用户ID、文件的指针偏移、定位下一个文件操作位置等。

7.2 物联网操作系统的安全技术

要确保操作系统自身是安全的，就需要对操作系统的进程加以保护，以免受其他进程活动的干扰，其在计算机信息系统的整体安全性中具有至关重要的作用，当用户遵守资源的使用和访问规则时，这些机制能很好地发挥作用。理想状态下，如果在所有情况下都能安全地使用和访问资源，则本书认为系统是安全的。

7.2.1 操作系统的安全体系

一个操作系统的设计必然是为了实现用户特定的需求，如安全性、性能、可扩展性、容量、便捷、经济成本等，这些功能相互之间往往是有冲突的，通常都需要对于所有的需求进行全局性的折中考虑，使得系统在实现各项要求时目标明确。因此，设计操作系统时必须以安全体系作为指导。安全体系能够详细描述系统中安全相关的所有方面，包括系统提供的所有安全服务和保护系统自身安全的所有安全措施。下面简单介绍几类常见的安全体系。

1. 权能体系

权能一般可以看作对象的保护名，不同的系统使用权能的方法可能差异极大，但所有权能都具有以下性质。

(1) 权能是客体在系统范围内使用的名字，在整个系统中都有效，而且在整个系统内唯一。

(2) 权能必须包含一部分用以决定该权能允许的对以它命名的客体的访问权。

(3) 权能只能由系统的底层部分创建，拥有某个权能的主体有权把它作为参数移动、复制或传递。

权能一般由用于标识客体的标识符、定义客体类型的域及定义访问权的域组成。对权能控制的实现一般有两种方法：第一种是一直让权能存储在特殊的位置上，如权能段和权能寄存器；第二种是在每个存储字后加上一个额外的标签字段。

2. Flask 体系

Flask 体系的最大优势在于支持可变通的策略。互联网形式下的操作系统要求作为终端而言,足以支持大范围的可变通安全策略,为了解决策略的变化和支持动态策略,Flask 体系提出了吊销的机制。

Flask 体系的策略可变通性主要借助于客体管理器和安全服务器共同实现,客体/对象管理器负责实施安全策略,而安全服务器提供对客体安全策略的仲裁。Flask 体系安全结构为客体管理器提供了如下三个要素。

(1) 安全服务器重新访问、标记和多例化决策的接口,判定主体对客体操作的权限、多例化资源的选取等;

(2) 访问向量缓存器(AVC),允许客体管理器缓存访问决策结果,减小性能消耗;

(3) 客体管理器,接收和处理安全策略变动通知。

3. LSM 框架体系

LSM 主要添加了两个机制:一个是在核心数据结构中增加了安全域(void * security),在核心代码中管理安全域;另一个是在实现访问控制的关键点插入对钩子函数的调用。通过增加注册和注销安全模块的函数以及通用的安全系统调用,LSM 实现了对安全相关应用的支持。访问控制的关键点的作用在于仲裁对核心内部客体的访问。

LSM 框架利用核心现有机制将用户空间的数据转换为内核空间数据结构,使得 LSM 框架能够在核心实际实施所请求的服务之前,存取到完整的核心上下文,直接仲裁对核心数据结构的访问。总结 LSM 的实现方法如下:

(1) 在特定的内核数据结构中加入安全域;

(2) 在内核代码中的管理域和实现访问控制的关键点插入对钩子函数的调用;

(3) 通过加入一个通用的安全系统来实现调用;

(4) 提供函数允许内核模块注册为安全模块或者注销一个安全模块;

(5) 将大部分权能逻辑移植为一个可选的安全模块。

7.2.2 操作系统的权限管理

权限管理是所有后台系统的都会涉及的一个重要组成部分,主要目的是对各类资源进行权限的控制,避免因权限控制缺失或操作不当引发的风险问题,如操作错误、隐私数据泄露等问题。在操作系统中,基本权限是 rwx,对于一个普通文件,r 表示是否可以查看文件内容(是否可以查看 block),w 表示是否可以编辑文件内容(是否可以改写 block)。下面介绍操作系统中常见的系统权限。

1. 操作系统文件权限

操作系统文件中按照用户与组进行分类,针对不同的群体进行了权限管理,目的是确认谁能访问和操作文件和目录,以及访问和操作的方式。

(1) 文件的权限针对如下三类对象进行定义。

owner:属主,缩写 u。

group:属组,缩写 g。

other:其他,缩写 o。

(2) 每个文件针对每类访问者定义了如下三种主要权限。

r：Read，读。

w：Write，写。

x：eXecute，执行。

注意：

① 目录可以加执行权限。

② 文件不能够加执行权限(因文件具备执行权限有安全隐患)。

③ root 账户不受文件权限的读写限制，执行权限受限制。

(3) 对于文件和目录来说，r、w、x 有着不同的作用和含义。目录本质可看作存放文件列表、节点号等内容的文件。

① 针对文件：

r：读取文件内容。

w：修改文件内容。

x：执行权限对除二进制程序以外的文件没什么意义。

② 针对目录：

r：查看目录下的文件列表。

w：删除和创建目录下的文件。

x：可以通过 cd 进入目录，能查看目录中文件的详细属性，能访问目录下文件内容(基础权限)。

如表 7-6 所示，用户获取文件权限的顺序是：先看是否为所有者，如果是，则后面权限不看；再看是否为所属组，如果是，则后面权限不看；最后看其他用户权限。

表 7-6　不同用户的文件权限

权限项	读	写	执行	读	写	执行	读	写	执行
字符表示	r	w	x	r	w	x	r	w	x
数字表示	4	2	1	4	2	1	4	2	1
权限分配	文件所有者			文件所属组用户			其他用户		

(4) 更改文件/文件夹权限。

常用的更改文件权限方法主要针对更改群组、更改所有者、更改权限三种，相应的指令和示例如表 7-7 所示。

表 7-7　常用更改文件权限的指令

指　　令	含　　义	示　　例
chgrp	更改文件所属组群	chgrp 组群 xxx
chown	更改文件所有者	chown root：root xxx
chmod	更改文件权限	chmod 777 xxx

其中，使用 chmod 改变文件权限有如下两种主要方法。

① 使用数字改变权限。

4：r，可读权限。

2：w，可写权限。

1：x，可执行权限。

0：没有权限。

例如，某文件权限-rwxr-x---对应的数字为[4+2+1][4+0+1][0+0+0]=750，则采用命令 chmod 750 file.txt 即可将文件 file.txt 的权限改为-rwxr-x---。

② 使用符号改变权限。

```
chmod u/g/o/a +/-/= r/w/x test.txt
```

u：所有者。

g：组用户。

o：其他用户。

a：全部用户。

+：增加权限。

-：减少权限。

=：设定权限。

例如，文件所有者为 u、设定权限为=、可读权限为 r、可写权限为 w、可执行权限为 x，则采用命令 chmod u=rwx file.txt 即可将文件所有者对文件 file.txt 的权限设置为可读、可写、可执行权限。

2. 操作系统的用户权限

1）用户和用户组管理

若用户想要使用系统资源，那么就需要有一个能够进入系统的账号，此账号可以向系统管理员申请。用户的账号具有唯一的用户名和口令，只有在登录时正确输入，才能进入系统和自己的主目录。用户账号对于系统管理员和用户都有积极作用，对于前者，用户账号可以帮助其跟踪系统中的用户并控制用户的资源访问；对于后者，用户账号可以对其提供组织文件的帮助以及安全性保护。

若要管理用户的账号，那么主要有以下工作需要完成。

(1) 添加、删除与修改用户账号。

(2) 管理用户口令。

(3) 管理用户组。

2）用户账号的管理

添加、修改和删除用户账号是用户账号管理中的主要工作。

(1) 添加账号。

添加用户账号的命令是 useradd，是指在系统中创建新账号后再为其分配资源，资源有用户号、用户组、登录 shell 和主目录等。刚添加的账号会被锁定，所以不能使用。

常用选项如下。

-c：实现对某段注释性描述的指定。

-d：实现对某个用户主目录的指定。当不存在所指定的目录时，可以通过-m 选项来新创建一个主目录。

-g：实现对用户所属的用户组的指定。

-G：实现对用户所属的附加组的指定。

-s：实现对用户的登录 Shell 的指定。

-u：实现对用户的用户号的指定，若想要对其他用户的标识号进行重复使用，那么可以与-o 选项结合。

用户名：实现对新账号的登录名的指定。

(2) 删除账号。

当不会再使用某个用户的账号时，可以通过 userdel 命令将已有的用户账号从系统中删除。此时在/etc/passwd 等系统文件中的用户记录都会被删除，必要时用户的主目录也会被删除。

通过-r 这个常用选项，可以一起删除用户的主目录。

(3) 修改账号。

修改用户账号的命令是 usermod，它会依据实际情况更改用户号、用户组、主目录、登录 shell 等与用户有关的属性。

有-m、-d、-s-、-g、-o、c、-u 和-G 等常用选项，上述选项和 useradd 中的选项意义相同，作用是将新的资源值指定给用户，这里就不再详细说明。

(4) 用户口令的管理。

用户口令的管理是指对用户口令进行指定和修改，shell 命令是 passwd，它是用户管理中的重要内容。刚创建的用户账号是被锁定而不能使用的，这是因为此时它还没有口令，所以若要使用，就需要给它指定口令，就算是空口令也可以解除系统的锁定。对于普通用户而言，只有修改自己的口令的权限，但是超级用户还可以指定其他用户的口令。

常用选项如下。

-l：对口令进行锁定操作，也就是禁用账号。

-u：对口令进行解锁操作。

-d：对口令进行删除操作。

-f：当用户在下次登录时会被强制修改口令。

3. 操作系统的特殊权限

1) SetUID(SUID)

SetUID 可以让普通用户可以拥有属主的能力，对命令文件进行权限调整。没有 SetUID 权限时，只有 root 用户能查看隐藏文件；拥有 SetUID 权限时，所有普通用户都能够查看隐藏文件。

需要注意以下两点。

(1) 只有可执行的二进制程序才能设定 SetUID。

(2) SetUID 权限只在当前程序中有效，即身份改变只在程序执行过程中有效。

2) 黏滞位

黏滞位(Sticky Bit)又称黏着位，是操作系统权限的一个旗标。由于黏滞位对于文件无效，因此开发人员常在目录上设置黏滞位。在设置了黏滞位后，只有目录内文件的所有者或者 root 才可以删除或移动该文件。如果不为目录设置黏滞位，则任何具有该目录写和执行权限的用户都可以删除和移动其中的文件。实际应用中，黏滞位一般用于/tmp 目录，以防止普通用户删除或移动其他用户的文件。

即当一个目录被设置为“黏滞位”(用 chmod a+t)时，该目录下的文件只能由超级管理员、该目录的所有者、该文件的所有者删除。也就是说，即便该目录任何人都可以写，但也只有文件的属主才可以删除文件。

黏滞位权限在生产环境中也被广泛应用，为目录设置黏滞位权限可以解决用户需要开放目录，但又不想造成管理混乱的问题。

7.2.3 操作系统的安全问题

网络攻击是指针对计算机系统的进攻行为，攻击可以是任何类型的。例如修改、揭露、破坏、使软件或服务失去功能，以及未经授权对计算机数据进行偷取或访问，这些均属于针对计算机和计算机网络的攻击行为。

图 7-35 展示了攻击者采用的试图违反安全的几种例行方法。

第一种常见的攻击是重播攻击(Replay Attack)。攻击者重播捕获的交换数据，包括恶意或欺诈的有效数据重播。如果身份认证请求的合法用户信息被替换成未经授权用户的，则还会造成巨大损害。

第二种常见的攻击是伪装(Masquerading)。攻击者假装为参与通信的一方获得访问特权。

第三种攻击是中间人攻击(Man-in-middle Attack)。攻击者会处于通信的数据流中，伪装成接收者的发送者。在网络通信中，中间人攻击之前可能发生会话劫持(Session Hijacking)，其中的主动通信会话被截获。

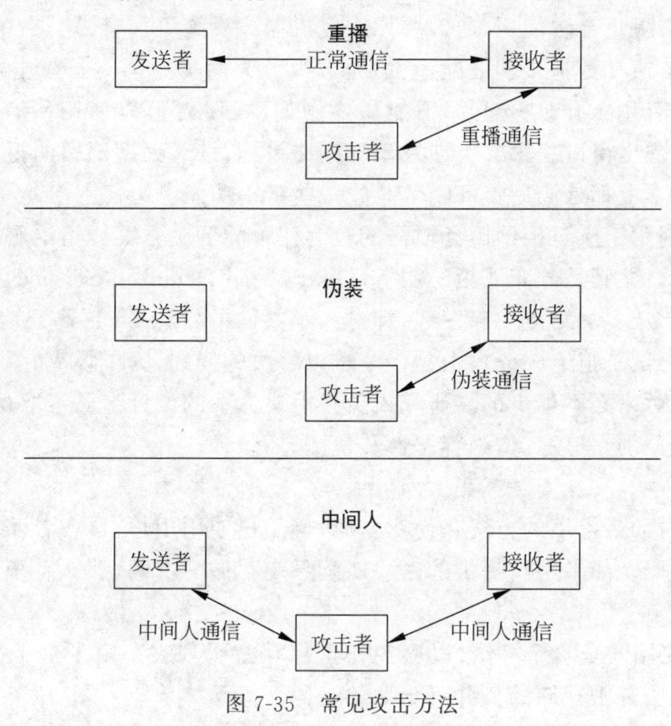

图 7-35 常见攻击方法

操作系统的攻击多种多样，以下按照物联网典型的三个层次，分层介绍常见的攻击方法。

1. 感知层常见攻击

感知层的安全问题，从硬件上看，由于部署环境恶劣，感知层节点常面临自然或人为的损坏；从软件上看，受限于性能和成本，感知节点不具备较强的计算、存储能力，因此无法配置对计算能力要求较高的安全机制，最终造成节点安全性能不高问题的出现。

1）木马

误用环境的代码段被称为特洛伊木马（Trojan Horse），它是一种典型的网络病毒。它以隐蔽的方式进入目标机器，对目标机器中的私密信息进行收集和破坏，再通过互联网把收集到的私密信息反馈给攻击者，从而实现其目的。

特洛伊木马有两种变体，其中一种变体是模拟登录的程序。入侵者留在终端上运行的登录模拟器偷走了原有用户的认证密钥和密码。该模拟器存储密码，输出登录错误消息，接着退出；然后用户收到一个真正的登录提示。这种类型攻击的解决方案是，操作系统在结束交互式会话时输出使用消息，或采用不可捕捉的击键序列。

特洛伊木马的另一种变体是间谍软件（Spy-ware）。间谍软件常常依附在用户安装的程序中。它能够削弱用户对其使用经验、隐私和系统安全的物质控制能力；使用用户的系统资源，包括安装在用户计算机上的程序；或者搜集、使用并散播用户的个人信息或敏感信息。这个进程一直持续，直到用户发现间谍软件。

2）拒绝服务

任何对服务的干涉，使得其可用性降低或者失去可用性均称为拒绝服务（Denial of Service，DoS）。其攻击目的不是获取信息或盗用资源，而是破坏系统或设施的合法使用。入侵者发动攻击来阻止合法使用，通常要比入侵机器或设施更加容易。

拒绝服务攻击通常是基于网络的，它们通常被分为两类。第一类攻击占用非常多的设施资源，以致任何有用工作实质上都不能做。例如，入侵者可以使用所有可用的 CPU 时间，或者无限制地弹出窗口。第二类涉及破坏网络设施，针对大型网站的拒绝服务的成功攻击，而这些攻击基本上都是滥用了 TCP/IP 的一些基本功能。

现在仍未出现用于应对拒绝服务攻击的较为完善的解决方案。拒绝服务攻击和常规操作的机制是相同的，尤其是分布式拒绝服务（Distributed Denial of Service，DDoS）攻击。这些攻击是通过僵尸从多个站点一起发起，针对一个共同的目标。DDoS 已经越来越普遍，并且有时关联敲诈尝试。拒绝服务攻击是一个难以解决的问题，为了攻克它，整个网络社会的齐心协力、共同应对是必不可少的。研究人员在解决方案的设计上已经取得了初步的成果，主要分为三方面，分别是追踪、增强容忍性和检测。

3）用户认证

认证用户身份的最常用的方法是使用密码，当用户使用用户 ID 或者账户名称标识自己时，被要求输入密码。如果用户提供的密码匹配系统存储的密码，那么系统认为访问该账户的是账户主人。

UNIX 系统使用安全哈希算法，以避免秘密保存密码列表。由于这个列表是哈希的而非加密的，系统无法解密存储的值并确定原始密码。

概括来说，哈希（Hash）是将目标文本转换为具有相同长度的、不可逆的杂凑字符串。每个用户都有一个密码。系统包含一个极其复杂的函数，而这个函数不可逆，计算函数值本身却是非常简单的。

2. 网络层

在网络层中的网络认证，其中异构网络的信息交流是非常重要的。在网络信息传递上，很容易被攻击者非法获取信息和篡改信息。

1) 病毒

程序威胁的另一种形式是病毒(Virus)。

计算机病毒是一种人为制造的程序,它的破坏性、传染性和潜伏性会对计算机信息或系统起到破坏作用。一旦中了病毒,那么就会有运行速度减慢甚至死机系统破坏的风险,给用户带来很大损失,这种具有破坏作用的程序就被称为计算机病毒。计算机病毒是隐藏在其他可执行程序中的,而非独立存在的。

病毒的工作原理:当病毒到达目标机器时,称为病毒滴管(Virus Dropper)的程序就会将病毒插入系统。病毒滴管通常是特洛伊木马,一旦安装后,病毒可以有许多事情可做。

因此,增强对计算机病毒的防范意识,认识到病毒的破坏性和毁灭性是非常重要的。当今各行各业都需要运用到计算机,在人们的生活中计算机和计算机网络也是不可或缺的,一旦计算机数据被病毒破坏、篡改和盗取,那么带来的网络安全问题就会非常严重,网络的使用效益就会大大降低,所以对病毒的防范问题也迫在眉睫。

2) 蠕虫

蠕虫(Worm)是一个进程,它利用繁殖(Spawn)机制来复制本身。蠕虫大量自我复制,耗尽系统资源,也可能锁定所有其他进程。

一个主程序和一个引导程序是组成蠕虫的两部分。当主程序在机器上建立之后,它就将收集与当前机器联网的其他机器的信息。收集信息的方式是将公共配置文件读取出来,然后运行显示当前网上联机状态信息的系统实用程序。接下来,它将尝试在远程机器上建立其引导程序,方式是利用前述的缺陷。

蠕虫程序可以常驻在一台机器内,也可以常驻在多台机器内,它拥有自动重新定位(Auto-Relocation)的功能。若网络中某台未被占用的机器被它检测到了,那么它就会给该机器发送程序自身的复制程序段。该程序段也可以将自己的副本重新定位在另外的机器上,而且拥有识别出其占用的机器的功能。

蠕虫侵入一台计算机后,首先获取其他计算机的 IP 地址,然后将自身副本发送给这些计算机。蠕虫病毒也使用存储在染毒计算机上的邮件客户端地址簿里的地址来传播程序。一般情况下,蠕虫程序只占用内存资源而不占用其他资源。蠕虫还会蚕食并破坏系统,最终使整个系统瘫痪。

3) 堆栈和缓冲区溢出

堆栈或缓冲区溢出攻击是最为常见的方法,可让系统外的攻击者通过网络或拨号连接来获得目标系统的未经授权的访问。授权的系统用户也可以使用这种漏洞,以求特权升级(Privilege Escalation)。

为实现此方法,需要运行一个用户 shell,用户 shell 的运行可以通过制造缓冲区溢出来实现,然后再借助其执行其他命令。若此程序是属于 root 的,并且还拥有 suid 权限,那么有 root 权限的 shell 就会被攻击者获取,于是系统就会进一步被攻击者操作。

缓冲区溢出漏洞极其普遍,而且实现都很容易,更重要的是缓冲区溢出漏洞能让攻击者植入并执行攻击代码,这就是攻击者想要达成的目标。通过有一定的权限的攻击代码来运行有缓冲区溢出漏洞的程序,被攻击主机的控制权就会被夺取。这些都使得缓冲区溢出成为主要的远程攻击手段。

3. 应用层

应用层和其他层次有着本质的不同,应用层主要满足具体的业务需求,所以应用层的信息安全会直接涉及物联网的所有用户,并且范围较广、数据量较大,这也在一定程度上意味着应用层中数据信息的可靠性、隐私性等受到严峻的考验。

1）简单邮件传输协议(SMTP)

SMTP 本身有很小的风险。黑客可能利用的是：拒绝服务；伪造 E-mail 信息进行社会工程学欺骗；发送特洛伊木马和病毒等过程。

2）文件传输协议(FTP)

连接匿名 FTP 也必须提供用户名和密码,通用的用户名是 anonymous,密码可以是任意字符,但是明文传输等因素导致其易受攻击。

3）远程连接服务标准协议(Telnet)

Telnet 用于远程终端访问,因为允许远程用户登录,所以安全问题是重中之重。然而,由于采用明文方式传输用户名和密码,因此它仍然存在被会话劫持的可能。使用 Telnet 之前应当考虑网络环境,例如在公网中不建议使用 Telnet,可以使用 SecureShell(SSH)来代替 Telnet 和 UNIX 下的系列程序。SSH 加密所有传输的数据,还允许通过公钥加密机制来进行认证。

4）简单网络管理协议(SNMP)

SNMP 允许管理员对状态进行检查、对节点配置进行修改。它通过 UDP 协议、161 和 162 端口实现通信功能,基于网络管理系统(NMS)、代理进程(Agent)、被管对象(Managed Object)和管理信息库(MIB)4 个组件实现管理功能。在网络管理过程中,管理员负责收集所有从 SNMP 节点发出的陷阱(trap),也可以从这些节点直接进行信息的查询；群组名称(community name)提供认证功能,即当管理员和节点的群组名称一致时,SNMP 查询将被允许。

5）域名系统(DNS)

DNS 的主要作用是管理域名和 IP 地址的映射,并通过 UDP 协议、53 端口处理域名解析请求。当客户端提出域名解析的请求时,会先向本地域名服务器查询；如果本地有相关记录,则直接返回结果；如果本地没有相关记录,则通过递归或迭代的方式逐级查询,并由相应的服务器返回结果。在此过程中,DNS 放大攻击、缓存投毒、域名劫持等都是常见的安全威胁。

7.2.4 操作系统的安全技术

对于计算机信息系统的整体安全性来说,操作系统安全是其中至关重要的一环,若失去了操作系统的安全性,那么整体安全就失去了基础保障。

下面介绍几类在物联网操作系统中常见的安全防御技术。

1. 入侵检测

入侵检测系统(Intrusion Detection System,IDS)属于网络安全设备,它可以提供对网络传输的即时监视,一旦监视到可疑传输,那么就会发出警报或采取主动反应措施。IDS 的安全防护举措是积极主动的,这便是可以区别它和其他网络安全设备的特点。IDS 的技术主要是检测时机、检测入侵活动的输入类型及其响应能力的范围。

根据不同的入侵检测的行为特征,可以把入侵检测系统分为异常检测和误用检测这两种模式。前者的工作模式是先建立一个模型,此模型代表了系统访问正常行为,判断访问者是否为入侵者的条件就是其行为是否符合该模型,若不符合,则为入侵;后者的方式则是相反的,其建立的模型的方式是归纳所有不利的或者不可接受的行为,一旦访问者的行为符合该模型,那么就会被判断成入侵。

上述两种模式的安全策略是相反的,它们有各自的优势和劣势:异常检测有很低的漏报率,但同时误报率比较高,是因为它会将所有和正常行为模式不同的行为归为恶意攻击,但这些不正常的行为也不一定全是恶意攻击;误用检测的误报率低,这是因为它检测的是异常的和不可接受的行为。这种工作方式对用户提出了要求,用户指定的策略一定是要基于本系统的特点和安全要求的。因为这两种模式各有优劣,所以目前一般都会选择将它们结合使用。

2. 病毒防护

操作系统和应用软件的漏洞是一定会存在的,所以,对漏洞的及时发现和处理对系统进行升级和打补丁非常有必要,能够有效避免漏洞所引起的安全隐患。

1) 实时反病毒技术

因为杀毒软件不能全面应付计算机病毒的入侵,所以就提出了反病毒技术。反病毒技术具有实时监测功能,即程序在被调用之前都会先接受过滤,若发现计算机病毒入侵就将启动警报,同时开启自动杀毒程序。

2) 病毒免疫技术

若系统感染过病毒,而且此病毒已经被处理或者被清除,那么同类的病毒就不能再感染或攻击该系统了,这就被称为病毒免疫。针对某种计算机病毒进行的计算机病毒免疫是一种现在常用的免疫方法之一,缺点是对计算机病毒的破坏行为不能进行阻止。另外一种常用的方法是基于自我完整性检查的,工作方式为增加一个免疫外壳来记录以恢复自身信息。

3) 病毒防御技术

病毒防御理论上仅可以用于系统自身的安全性和系统自保护,是因为它的主要研究内容是对未知病毒的防御。病毒防御的几种简单方法如下。

(1) 使用计算机的习惯要良好,非法或不安全的网站不能访问。

(2) 减少传染。来历不明的邮件核实后再打开,谨慎运行来自互联网的未经查杀处理的软件或在线启动一些软件,针对以光盘传播的病毒,需要对打开程序或安装软件谨慎处理。

(3) 常对操作系统的安全补丁进行升级。SCO 炸弹、冲击波等众多的网络病毒的传播途径都是系统结构缺陷或系统安全漏洞。

(4) 密码设置要复杂。若密码简单,那么很容易被网络病毒猜中,从而对系统进行攻击和入侵,所以需要通过增加密码的复杂度来降低被成功攻击的可能性。

(5) 对已经被感染的计算机做迅速的隔离操作。迅速切断连接、断网的操作可以避免被感染的计算机进一步遭受感染,甚至变成传播源。

3. 防火墙

防火墙(Firewall)是一个系统,组成部分有计算机硬件和软件,作为桥梁连接了内部与外部网络,它被部署在网络边界上,也可以保护进出网络边界的数据,恶意入侵、恶意代码的传播等行为会被其阻止，内部网络数据的安全性因此得以保障。它可以基于源或目的地址、源或目的端口或连接方向，来限制连接。例如，Web 服务器采用 HTTP 与网络浏览器进行通信。因此，防火墙可能只允许防火墙外的所有主机与防火墙内的 Web 服务器使用 HTTP 来通信。

网络防火墙可以将网络分成多个域，具体的实现方法如图 7-36 所示。

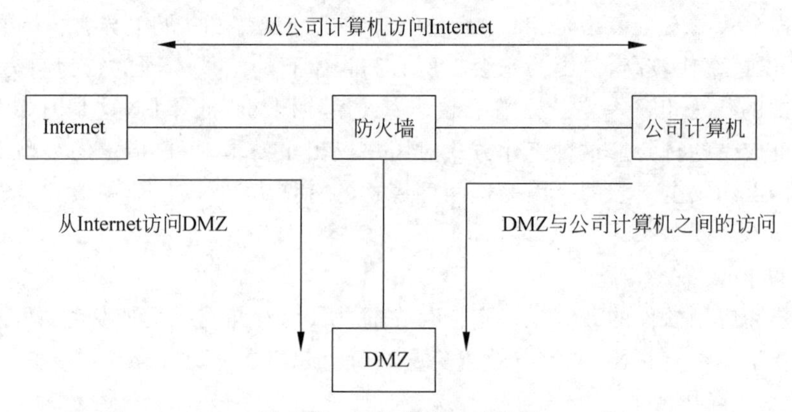

图 7-36　网络防火墙示意图

将 Internet 作为一个不可信任的域；将半可信任的和半安全的网络称为非军事区（De Militarized Zone，DMZ），作为另外一个域；将第三方（例如公司）的计算机作为第三个域。允许的连接包括从 Internet 到 DMZ 计算机和从公司计算机到 Internet；不允许的连接包括从 Internet 到公司计算机和从 DMZ 计算机到公司计算机。可选可控的通信可能包括从 DMZ 到公司计算机。进而，通过防火墙，访问权限可以控制，而且任何入侵的 DMZ 系统无法访问公司计算机。

防火墙的数据处理能力随着软硬件处理能力、网络带宽的增强得到了提升。防火墙制造商开发了基于网络处理器和基于 ASIC（Application Specific Integrated Circuit，专用集成电路）的防火墙产品。这类产品拥有定制化、可编程的硬件芯片和与之相匹配的软件系统，能够满足客户对系统灵活性和高性能的要求。

现如今，物联网快速发展，安全机制伴随着安全进攻的加强而不断进步。新的防攻机制、新的安全机制层出不穷。

7.3　物联网操作系统的数据存储技术

7.3.1　物联网海量数据存储需求

近年来，物联网和以其为网络基础的车联网、工业互联网等迅猛发展，越来越多的设备需要连接到网络中，持续产生大量的数据，而数据量随着时间的推移呈指数增长。因此，在物联网的研究和实践中，一个重要的话题就是如何低成本、高效率地将这些数据有效存储、快速访问以及进行长期、持续的水平扩展。为应对海量数据的存储需求，许多新的概念和技术应运而生。

在此基础上，本节将从海量数据“怎样存”“如何查”两方面，进一步分析讲解。

7.3.2 数据存储的体系结构

数据存储技术的发展大致可以分为总线存储、存储网络和虚拟存储三个阶段。

从体系结构上看，传统以服务器为中心的存储方式是基于总线连接的，但其具有许多不易克服的缺点，例如数据存储受服务器性能的限制、原始容量有限、没有扩展性和无法集中管理等。随着物联网生态的快速崛起，海量基于 Internet 的应用对数据存储的需求急剧增长，以服务器为中心的存储技术已不再适合海量数据的存储需求。

如今主流存储结构是以存储网络为中心的。数据处理和数据存储由于此存储结构得到了分离，许多能力例如灵活的网络寻址、远距离数据传输也因此实现。此外，设备间的连接障碍也因此被消除，数据的共享性、可用性和可扩展性及数据管理的便捷性得到提升。

但是仍有存储资源共享、数据融合和数据共享等问题有待优化。存储的资源化，也就是存储公用设施模型，是数据存储技术发展的最终目标。彼时，使用存储会像使用自来水一样方便快捷。从存储网络到虚拟存储的过程便是实现存储公用设施模型的过程，目前，虚拟存储正处于起步阶段。

以下对常见的总线存储和存储网络技术进一步介绍。

1. 基于总线连接的存储（BAS）

部分基于总线的存储技术依旧较为广泛地应用于日常生活中，常见的总线存储包括直连式存储（Direct-Attached Storage，DAS）、独立冗余磁盘阵列（Redundant Arrays of Independent Disks，RAID）等。

1）DAS

直连式存储即存储设备通过电缆（通常为 SCSI 接口）直接连接到服务器，它的数据 I/O 读写以及对存储的维护管理都需要依赖于服务器主机操作系统，当其进行数据备份或者恢复时，服务器主机资源会被占用，而且对服务器硬件的依赖性和影响随着数据量增大，备份恢复时间的延长而增大。然而 DAS 发展受到服务器主机 SCSI ID 资源的制约，因为 SCSI 通道的数量有限，往往不能满足由服务器 CPU 处理能力增强、存储硬盘空间增大、阵列硬盘数量增多导致的越来越多的 SCSI 需求。

2）RAID

独立磁盘冗余阵列意为"独立磁盘构成的具有冗余能力的阵列"，是由很多块独立的磁盘组合成的容量巨大的磁盘组。性能改良的方式是冗余的实现，相同的数据会被存储在不同硬盘的不同区域，因此输入输出交叠的方式就能实现平衡。同时，冗余也带来了容错，是因为平均故障间隔时间（MTBF）因多个硬盘而得到了增加。

磁盘阵列的样式可分为磁盘阵列柜、磁盘阵列卡和软件仿真三种。其中，磁盘阵列柜为外接式，常被使用在大型服务器上，具备可热交换的特性，但是通常价格昂贵；磁盘阵列卡为内接式，价格便宜但是需要较高的安装技术，故常为技术人员使用；软件仿真提供了数据冗余功能，它把多块在普通 SCSI 卡上的硬盘配置成逻辑盘，组成阵列，缺点在于会降低磁盘子系统的性能，所以一般不应用于大数据流量的服务器。

2. 存储网络

目前存储网络体系结构发展迅速，网络连接存储（Network Attached Storage，NAS）、存储区域网络（Storage Area Network，SAN）、基于 TCP/IP 的存储区域网络（IP-SAN）和

网络安全连接磁盘(Network-Attached Secure Disk,NASD)是常见的几个发展方向。其中NAS通过IP网络向客户端提供文件级服务,是PC和服务器专用的文件服务器;而SAN和IP-SAN通过网络向客户端提供块级I/O服务,它们对于服务器来说是标准的块设备。NAS与SAN和IP-SAN在体系结构上有着较大的区别,但与此同时,SAN和IP-SAN的体系结构也存在很多相同点,以下进行分别介绍。

1) NAS

NAS存储系统向客户端提供的文件级I/O服务是基于IP网络的网络文件协议的,这也是此种存储方式的最大特点。通过其提供的目录和设备,用户能够进行的文件操作有创建或删除目录以及复制文件等。目录和设备映射到客户端之前是要先经过网络文件协议的。

NAS系统的I/O路径如图7-37所示。

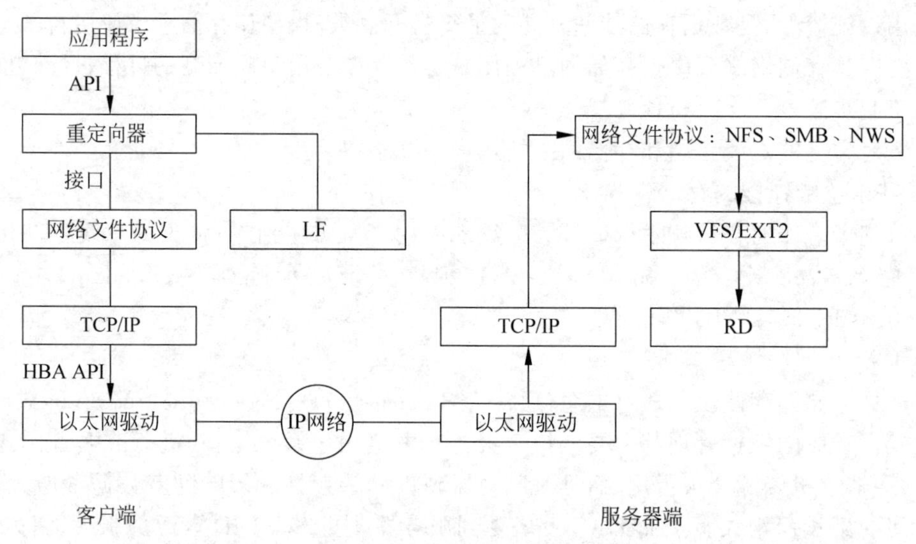

图7-37　NAS系统的I/O路径

用户或应用程序想要实现对由重定向器表示的文件的访问,就需要完成如下几个步骤。

(1) 重定向器发送文件的I/O请求,然后实现从文件系统的I/O路径到网络传输路径的重定向。

(2) 重定向信息的处理是由客户端的网络文件协议实现的,再经由IP网络向NAS的服务器端传输。

(3) 当文件操作请求被NAS服务器端接收时,其网络文件协议将对客户端和块设备的映射关系进行解包和处理。然后对I/O的操作请求的正常性进行判断,服务器的文件系统处理的都属于正常的请求。

(4) 后面的处理过程就如同操作本地对文件的过程,返回结果的方式是根据相反的顺序的。

仅用一种文件系统就能实现NAS的存储,例如EXT2、Minix等。NAS服务器上的文件系统和其他的网络文件协议是没有关系的,NAS的存储设备实现逻辑块设备的方式可以在SCSI-RAID、IDE-RAID和软件RAID这三种中选择一种。

NAS存储系统结构如图7-38所示。

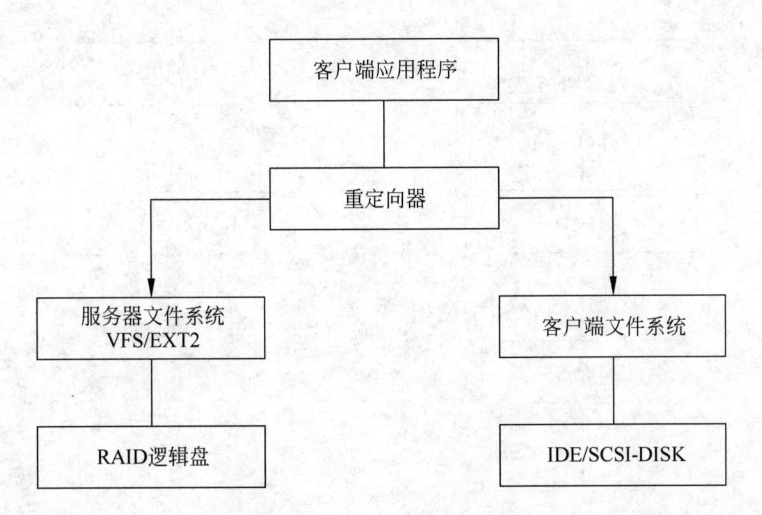

图 7-38　NAS 存储系统结构

观察 I/O 路径和它的虚拟结构可知，NAS 存储设备通过 VFS/EXT2 提供多种逻辑块设备、通过 RAID 硬件和 RAID 驱动程序实现逻辑块设备服务，因此可以实现 FORMAT 和 FDISK，如同 IDE-DISK 一样。对于 NAS 的存储服务器端来说，逻辑块设备格式化是通过 EXT2 文件系统的，然后按要求映射客户端的用户和被格式化的逻辑块设备。网络文件协议例如 NFS、SMB 和 NWS 等，会先把客户端的 I/O 请求转换为对 NAS 服务器的逻辑块设备的请求，再把客户端的 I/O 请求交给 VFS/EXT2 文件系统处理，然后对应的逻辑块设备中就会进行 VFS/EXT2 文件系统的 I/O 等的块操作，完整的 I/O 操作流程就按照以上程序完成了。

2）SAN

SAN 存储设备的主要方案是结合阵列控制器方式和商业化主板与 I/O 板卡方式。这两种方式在体系结构上基本相同，采用的 SAN 存储系统的 I/O 路径通常如图 7-39 所示。

SAN 存储系统设备的实现方案有很多种，其中一种是在 SAN 存储子系统端实现一个 SCSI 目标模拟器，而 SCSI 目标模拟器则主要负责处理光纤通道驱动程序所转发的 SCSI 命令，其过程如下：

（1）SCSI 命令会被服务器节点发送，由 SCSI 驱动程序接收；

（2）SCSI 命令包会被 SCSI 驱动程序发送，由光纤通道驱动程序接收；

（3）SCSI 命令包封装首先被封装，然后被光纤通道驱动程序借助 SAN 存储网络发送，由 SAN 存储设备接收；

（4）在接收到 FCP 包后，SAN 存储设备的光纤通道驱动程序先对其进行处理，然后再进行转发，由 SCSI 目标模拟器接收；

（5）SCSI 目标模拟器对 SCSI 命令进行处理。

另外还有两种常见情况需要纳入考虑。

情况一：通过 SCSI-RAID 实现 RIAD 盘，对于 SCSI 目标模拟器来说 SCSI-RAID 驱动程序为普通的块设备。若用其驱动，SCSI 命令将采用 SCSIPASS-THRU 技术通过 SG 接口发送，由 IDE-RAID 接收并驱动。

情况二：使用 IDE-RAID 来实现 RIAD 盘，IDE-RAID 驱动程序是一个 SCSI 块设备。

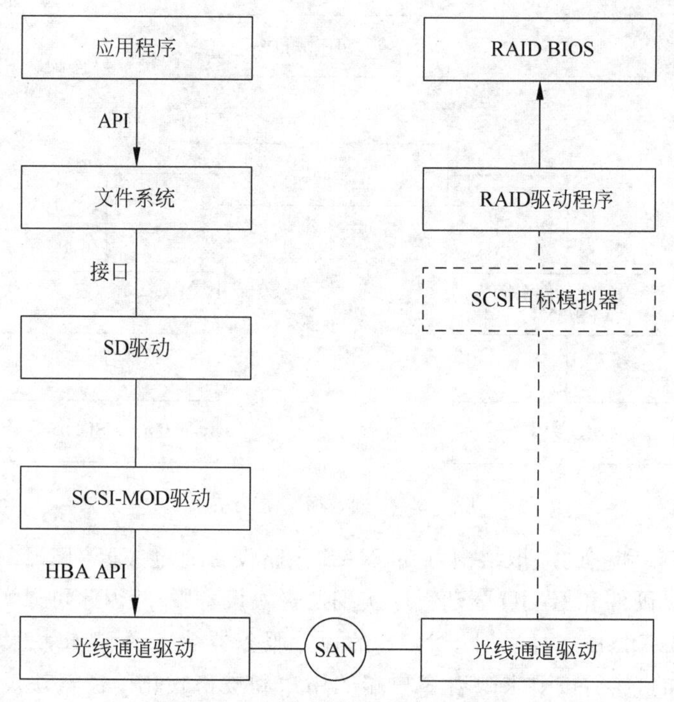

图 7-39　SAN 存储系统的 I/O 路径

当采用 SCSI-RAID 驱动时,首先将封装 SCSI 命令,方式是按照由 SCSI-RAID 驱动提供的 SCSI 接口,接着此驱动将把命令向 SCSI-RAID 控制器上发送,由固件进行处理。

通过映射可以将 SAN 存储设备的逻辑块设备当作服务器节点上的块设备,服务器节点可以对其执行各种块操作,如 FDISK 或 FORMAT,也可以进行复制文件和创建目录等操作。

SAN 存储系统结构如图 7-40 所示。

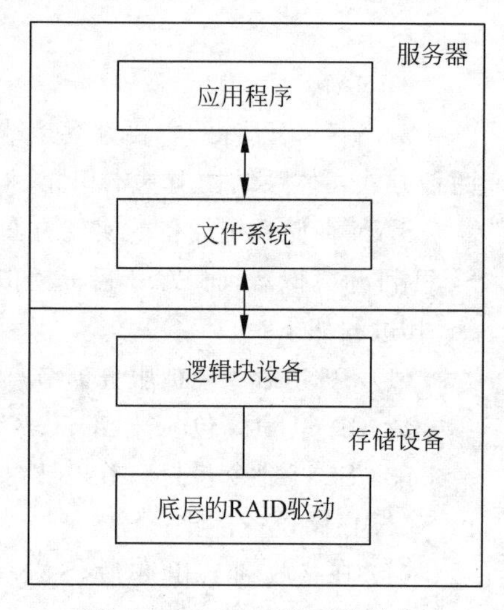

图 7-40　SAN 存储系统结构

3）IP-SAN

基于 IP 网络的 SAN 存储系统相较于基于光纤通道的 SAN 存储系统最大的优势就是建设费用便宜,因为前者可以使用现有的 IP 网络基础设施,而 SAN 存储系统则需要用价格昂贵的光纤系统。

IP-SAN 存储系统能将 NAS 存储系统和 SAN 存储系统的优点进行很好的结合,提供的技术可以在 IP 网络上传输 SCSI 协议。

其主要原因有两点：

(1) 通过 IP 网络进行通信,大大减少了建设成本；

(2) 使用块协议提高了系统的传输速率。

实现 IP-SAN 存储系统可以采用 ISCSI 协议或 SCSI 封装协议(SEP)。其中,基于 ISCSI 协议实现的 IP-SAN 存储系统是现在的主流方式。对于 ISCSI 技术一共有三种方法来实现,如图 7-41 所示。

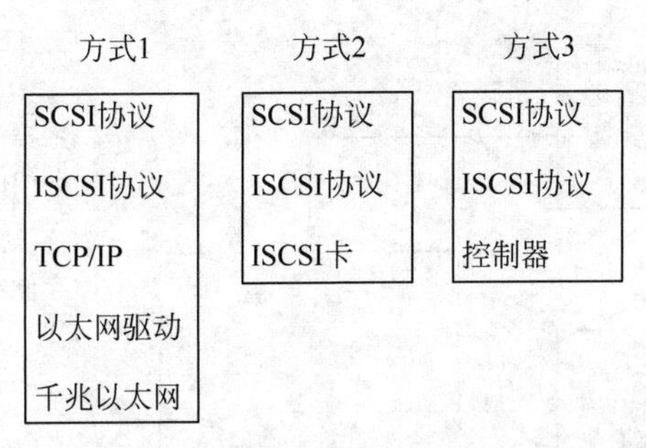

图 7-41 ISCSI 技术的实现方式

IP-SAN 存储系统的 I/O 路径如图 7-42 所示，这里以 ISCSI 卡为例。

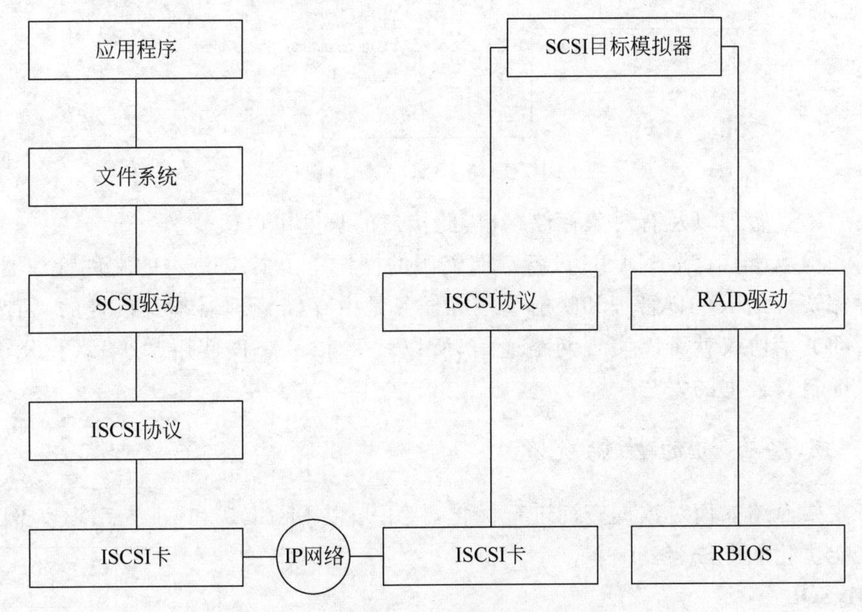

图 7-42 IP-SAN 存储系统的 I/O 路径

IP-SAN 存储系统与 SAN 存储系统的 I/O 路径的唯一差别是：光纤通道卡变成了 ISCSI 卡，光纤通道协议变成了 SCSI 协议。在 IP-SAN 存储系统中 SCSI 通过 ISCSI 协议映射到 TCP/IP 上，并通过并行总线结构将其释放出来。因此，使用标准的 SCSI 驱动程序有利于实现与 OS 以及应用程序的互操作性，而使用 TCP/IP 能将其与全球的 IP 基础设施连接起来。

4) NASD

NASD 是 CMU 大学研究的网络存储项目，其 NASD 的基本思想是提供并行网络访问，将由网络连接智能磁盘驱动器来实现这一功能，NASD 系统的组成如图 7-43 所示。

从图 7-43 可以看出，NASD 和 NAS 设备的智能磁盘驱动器很像，不同点在于管理、文件系统语义和存储转发功能在它的结构里是被分离的。因为 NASD 仅可以完成基本的存储元语，所以对文件系统高层部分的管理需要通过文件管理器来实现。

对外 NASD 可以提供以太网、ATM 等数据通信接口，与 IP 网络的连接可以通过这些接口实现，也可以通过 FC 接口连接到 SAN 上。

通过客户端，用户能够对 NASD 设备中的资源实现直接的存取，是因为 NASD 设备的

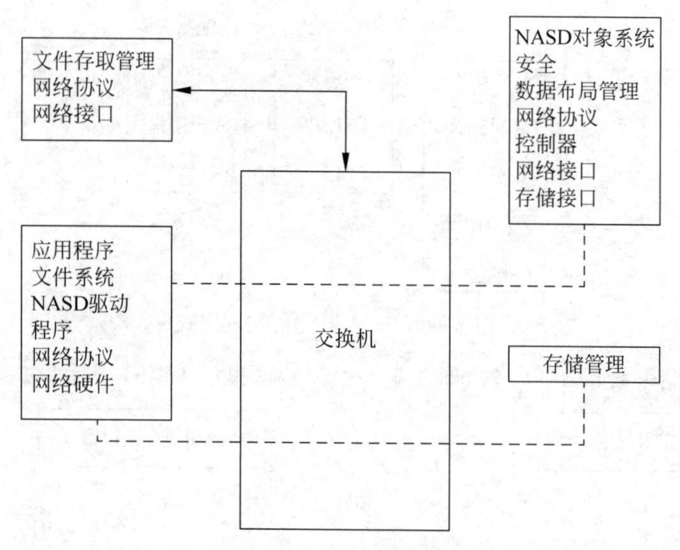

图 7-43　NASD 系统结构

功能有底层磁盘管理以及有对象存储接口，此接口的长度可以改变。

控制和检测所有存取 NASD 设备存储资源的操作是由 NASD 中的文件管理器负责的，NASD 存储资源的 RAID 管理和映射管理等任务是由存储管理器本身负责的，因为公用网络和普通的通信协议就可以实现网络通信，所以就要求 NASD 使用基于私钥/公钥的验证技术来保证自身数据的安全。

7.3.3　数据查询的性能优化

本节主要介绍如何对数据查询进行优化，接下来以 MySQL 和 MongoDB 为例，介绍数据查询性能优化的方法。

1. MySQL

1）索引优化

从数据中提取的具有标识性的关键字就是索引。索引包含对应数据的映射关系，可以用算法为特定的数据库字段进行排序，并快速找到需要的数据。若数据库想要高效地运行，就需要建立索引来提高查询语句的检索速度。由于索引的高效性，其对于数据查询有非常重要的作用，例如：

(1) 数据库响应。不带索引的搜索数据会让需要搜索的数据量急速增多，导致延长数据的响应时间。而带索引的搜索则不会因为数据量增多而增加搜索时间。有相关研究显示，在万级的数据量下的数据库响应时间接近 0。

(2) 页面加载。不带索引的搜索页面会慢于带索引的搜索页面的加载时间，对于现在快节奏的生活，哪怕快 1s 也会提升用户的友好度。

索引的有效使用离不开查询语句的配合。在 MySQL 中当查询语句的条件以％开头时，就会跳过索引进行全表扫描，从而导致索引的失效，与％类似的还有<>、not in、not exist 以及！=，它们对索引列的操作都会产生相同的结果。对于像“性别”这样数据唯一性差的字段，因为只有两种可能性，所以无异于对全表扫描。而对于像“登录次数”这样频繁更新的字段，因为频繁的数值变化，则会导致索引频繁变化。在这两种情况下进行索引，会大大增加数据库的工作量，因此不是所有的数据查询都适合使用索引。

2）缓存优化

一般来说，使用线程处理或配置 SQL Server 的方法来进行轻量级别的线程处理，对缓冲池有优化作用。

使用线程处理的原理是：在允许 SQL Server 进行维护调度时，不使用 Windows 的调度器，可以减少上下文频繁切换带来的消耗。当程序在一个拥有大量上下文相关的切换过程中执行时，使用缓冲池对其进行处理并将特定的参数设置为 1，同时对其进行监控，当特定的参数设置为 0 时，线程处理会被禁止。

轻量级别的缓冲池作为一个比较高级的选择，当设置为 show advanced options 时，缓冲池可以在进行参数的配置或管理器配置时被使用。在使用处理器控制时，可以用 Windows 中的线程不断地激活或取消这个选项，还可以采用重启的方法来让这个选项发生改变。

3）内存优化

因为内存中的处理速度远远高于外存，所以把内存作为用户在和数据库交互时的沟通桥梁。直接在本地服务器中增加新的内存设备，对本地服务器进行物理拓展，可以在短时间内提升服务器性能。由于成本的限制，需要在现有的内存资源中进行合理的规划使用。通常情况下，会对数据库中数据高速缓存与过程高速缓存进行配置，从而提高数据库的性能。对这两型高速缓存的配置操作如下：

(1) 数据高速缓存。将操作频率最高的一部分表放到数据高速缓存中，这将加快对这部分表的操作速度，从而提高整体性能。

(2) 过程高速缓存。对存储操作进行高频率的分布式处理，调节该类缓存在整个服务器中所占用的比例，能够提高对分布式处理的操作能力。

但不是所有的数据库都适合用调整缓存配置的方法来提高性能，所以在实践中必须根据实际情况来调节缓存配置，以达到提升其性能的目的。

4）查询优化

判断关系数据库系统性能高低最基本的标准是查询响应时间，所以如果想优化关系数据库的性能，那么优化主要应该集中在减少查询需要的时间。查询操作是用户与数据库交互的最主要的目的，所以优化查询操作就意味着优化关系数据库的性能。查询优化器作为一个单独的功能模块会内置在关系数据库管理系统中，它主要负责控制和优化查询操作和数据传输，其逻辑如图 7-44 所示。

在关系数据库领域中，通常把查询优化的方法分为如下三种。

(1) 分类标准为效果，可以细分为执行代价以及响应时间。

① 执行代价：尽可能让每次查询操作的消耗资源最小化，从而减少系统资源的开销，并让系统能够在遭遇大量并发访问时做出及时有效的响应。

② 响应时间：在每次查询中的响应时间会得到大幅度减少，系统资源的消耗量不会被纳入考虑，所以适用此方法的关系数据库一般有性能强大的硬件和处理起来较为简单的事务。

(2) 分类标准为查询路径，可以细分为规则优化和代价优化。

① 规则优化：若关系数据库此前正常运行过，那么就可以应用此优化方式。每条查询

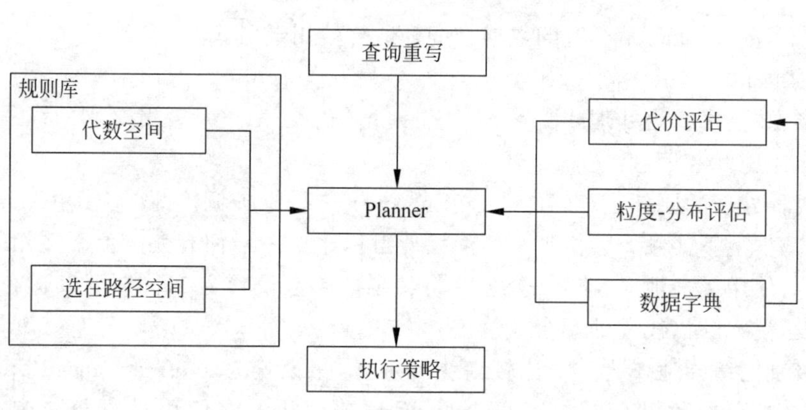

图 7-44　查询优化器逻辑

路径可以依据以往的查询经验来设置优先级，遇到有多条路径的情况，系统能进行自动的路径选择，选择的依据就是设置好的优先级。

② 代价优化：面对有多条可选路径的情况，先对每条路径的查询代价进行估算，估算操作是由查询优化器中代价控制器执行的，最终要选择的路径是被估算为代价最小的那一条。

(3) 分类标准为查询优化算法，可以细分为如下三种方式。

① 穷举法：最优的查询路径是通过查询优化器的代价控制器寻找的，通常采用的搜索方式是从下向上查询。

② 启发式搜索：通常它的查询方式劣于穷举法，且不能保证每次都能找到最优解。

③ 随机算法：不确定性是此类算法的共同缺点，优点为对于处理大量且复杂事务查询问题有明显的成效，即使执行时间在大多数随机算法中是未知的。目前随机算法的研究是数据库查询优化算法中最热门的研究方向之一。

2. MongoDB

MongoDB 是一个基于分布式文件存储的数据库，介于关系数据库与非关系数据库之间，支持类似 JSON 的松散数据结构，可以存储复杂数据。针对 MongoDB 的查询优化，从查询优化的三个原则出发简要介绍优化手段。

1) 减少带宽，按需取字段，避免返回大字段

(1) 限制查询结果的数目以减少网络需求。

MongoDB cursors 以多个文档为一组返回结果。如果知道想要的结果数目，就可以使用 limit()方法来减少对网络资源的需求。

(2) 使用映射只返回需要的数据。

当仅仅需要文档字段的子集，可以通过只返回需要的字段来获取更好的性能。

2) 减少内存计算，减少中间存储

与大多数数据库一样，当应用程序的工作集可适配进内存中时，MongoDB 的性能达到最佳。RAM 大小是数据库查询性能优化的重要因素，如果 RAM 不足，其他优化可能无法显著提高数据库的性能。如果性价比比单纯的性能更重要，那么使用快速的固态硬盘来对 RAM 做一些适当的补偿是一个可行的设计选择。

如果工作集过大，超出了服务器的内存大小，可以考虑进行内存扩充或者数据库的分布

式存储。

3）减少磁盘 I/O，增加索引，避免全盘扫描，优化 SQL

在 MongoDB 中通过建立索引对数据进行高效查询，如果没有索引 MongoDB 将会扫描整个集合与查询的条件进行匹配，这对于性能会造成很大的浪费。下面来讨论如何在 MongoDB 中充分地使用索引。

（1）使用复合索引。

MongoDB 支持复合索引，即将多个键组合到一起创建索引。该方式称为复合索引，也叫组合索引，该方式能够满足多键值匹配查询使用索引的情形。

（2）使用覆盖查询。

由于所有出现在查询中的字段是索引的一部分，MongoDB 无须在整个数据文档中检索匹配查询条件和返回使用相同索引的查询结果。

因为索引存在于 RAM 中，所以从索引中获取数据比通过扫描文档读取数据要快得多。

（3）消除不必要的索引。

索引是资源密集型的，即使在 MongoDB 的存储引擎中使用压缩，它们也会消耗 RAM 和磁盘。在更新字段时，必须维护关联的索引，这会带来额外的 CPU 和磁盘 I/O 开销。

（4）使用部分索引。

使索引只包含那些会通过索引访问的文档来减少索引的大小和性能开销。

7.3.4 数据存储前沿技术

1. Hadoop 架构

物联网的数据来源多种多样，包括结构化和非结构化等不同的数据类型，因此需要对数据进行无缝存储和管理。为适应硬件的不确定性，一个行之有效的方法是将获得的物联网数据作为一个对象存储在 Hadoop 内。

在 21 世纪初，Apache 基金会开发了 Hadoop，它的系统基础架构是分布式的，高速运算和存储能够通过集群实现。它最核心的设计是 HDFS（Hadoop Distributed File System）和 MapReduce，其中 HDFS 为数据提供存储功能，而 MapReduce 为数据提供计算功能。HDFS 组件具有超高容错性的特点，不仅可以部署在配置比较低的硬件上，而且能够在访问应用程序的数据时达到很高的吞吐量，从而非常适合那些具有大数据集的应用程序。

对于物联网的海量数据存储需求，Hadoop 有许多恰到好处的优点，例如：

1）高可靠性

Hadoop 通过维护多个数据副本，来防止个别故障导致的数据丢失。

2）高扩展性

Hadoop 在可用的计算机集簇间进行分配数据并将计算任务完成，这些集簇可以非常方便地扩展到各个节点中。

3）高效性

Hadoop 传输数据的方式是动态的，可以在任意节点间进行，因为可以实现各个节点之间的动态平衡，所以会有很快的处理速度。

4）高容错性

数据的多个副本都可以被 Hadoop 自动保存，同时，重新分配失败任务也是自动完成的。

5）低成本

Hadoop 是开源的，成本因此会大大降低。

物联网的微控制器往往会扩展很多传感器。首先，每个传感器会捕捉不同类型的数据。然后，使用合适的通信协议，将这些数据发送到 Arduino 等物联网设备上。接着，将这些数据转换为对象，通过网络发送到 Hadoop。最后，数据到达主机，并在此由主机决定将这些对象存储在哪个从机上。

2. 边缘计算

物联网具有覆盖范围广、涉及设备多的特点。一个实际的物联网系统，往往在数据中心以外，还有大量具有一定存储和计算能力的物端设备。同时，现在许多企业为满足监控、安全等需求，还会在分支机构位置运行一台或多台服务器来架设分布式环境。由此，物联网可以在更多的、不同的物理位置实现数据的创建、存储和处理，这便是边缘计算。

边缘计算是于靠近数据源头或物的一侧进行的，利用存储、网络、计算和应用核心能力为一体的开放平台就近提供服务，主要用于描述在核心的数据中心之外，物联网具有的执行数据存储、计算和管理能力。边缘计算的优点主要是：

(1) 与云计算相比，边缘计算可以就近提供算力和服务，从而提高系统响应速度。

(2) 能有效节约带宽并降低网络带宽的成本。

(3) 将计算移至靠近用户的地方，避免数据上传到云端，可以降低数据泄露的可能性。

引入边缘计算（以及衍生的雾计算）后，应用程序会在边缘侧发起，从而产生更快的网络服务响应并能满足物联网应用智能、实时业务和安全与隐私保护等方面需求。

综上所述，物联网中常常遇到以下几种情况。

(1) 当部署了很多设备情况时，根本不可能在外部网络没有投入大量资源的情况下将数据传输到数据中心。

(2) 在一些情况下无法通过存储整个内容来提供有价值的数据，如摄像头在记录交通路口汽车数量时，不需要存储整个视频，只需要记录特定时间段内的汽车数量，而视频数据可以在将来的某个时间找回或丢弃。

(3) 物联网设备需要快速做出本地处理决策，而且不能将数据读写到数据中心后再进行处理。

此时，物联网对分布式数据处理的需求意味着，一是需要增强将计算推向边缘的能力；二是需要采用适当的分布式架构。

7.4 物联网操作系统的开发技术

7.4.1 负载均衡

网络负载状况一般可以用服务器处理用户访问请求的负荷程度来描述，随着网络应用的深度普及与网络技术的深入发展，日益增长的互联网访问量使得网络负载以同样的速度飞速增长。如何在这样的情况下依然提供高质量的网络服务、保障用户的使用体验是一个非常重要的问题，需要网络运营来解决。在现阶段想要解决此问题，一个可靠的方法就是负载均衡。

负载均衡是一种通过多台节点设备分担访问流量与计算负担的方法，一方面是指将庞大的数据访问量分担到多台节点设备上分别处理，减轻某一台单个设备的工作量，从而减少用户的等待时间；另一方面是指若存在负载较重的运算，那就使用多台节点设备来分担，对它们做并行处理，结果会在所有节点设备都处理结束后进行汇总，然后返回给用户，因此大幅提高了系统处理能力。通过这样的并行处理，便可以在大量用户并发访问网络的同时依然提供高质量的服务性能。

网络服务系统若使用负载均衡技术，那么组成方式一般为多台服务器对称的方式，其中所有服务器的地位都是等价的，都能在没有其他服务器的协助下单独对外提供服务。所有在应用程序和服务器之间的通信负载都可以通过负载均衡实现均衡，此刻负载最轻的服务器会接收到被分配的任务，响应时间的判断是实时进行的，通信管理便可以实现智能化。因此，如何评价和获取某一台服务器的负载状态、如何根据获取到的负载状态进行均衡处理便成为负载均衡所要解决的主要问题。以下将对这两点进行详细介绍。

1. 负载状态的评价及获取

1）负载状态的评价

从评价的角度讲，网络负载状态可以用服务器响应用户请求的平均时间作为评价标准，但这种方法消耗服务器与网络资源较多，因此现在通常使用基于硬件指标和软件方法的评价方法。常用评价方法有以下几种。

(1) TCP 连接数目。

通过服务器建立的 TCP 连接数目作为评价服务器负载状态的指标，连接数目越多表明负载越重。

(2) CPU 利用率。

通过服务器的 CPU 利用率作为评价服务器负载状态的指标，CPU 利用率越高表明负载越重。

(3) 响应时间。

软件向服务器发送 ICMP 请求报文，以响应时间来反映服务器负载状态，请求响应时间越长表明负载越重。

2）负载状态的获取

从获取的角度讲，网络服务系统的服务器在接受新的用户访问请求前，会先对比其他全部的服务器的负载状态，然后再做出是否接受的决定。所以所有在系统中的服务器需要将自己的负载状态向其他服务器反映，同时获取其他服务器的负载状态。这样的状态通信可以利用网管代理或相关软件控制分配器来完成。目前负载状态的获取主要有如下两种分类方式。

(1) 获取频率。

周期性和非周期性是根据获取频率而划分的获取负载状态的两种方式：若采用周期性的收集方式，服务器的负载状态会被按照固定时期询问或广播；若采用非周期性的收集方式，那么服务器的负载状态仅会在过载或空闲的状态下被询问或广播。

(2) 收集范围。

全局信息、局部信息和历史记录是根据收集范围划分的获取负载状态的三种方式：全局最优解有可能通过全局信息方式取得，然而会付出很大的代价；局部最优解可以通过局部信息取得，相比之下，代价比较小；通过了解服务器过去的运行情况确定服务器的负载信息，是历史记录方式的工作原理。

在实际应用过程中，可以根据系统的开销情况和所需负载状态的实时性进行综合考虑，选择合适的状态获取方式。

2. 常见的负载均衡技术

1）HTTP 重定向

所谓 HTTP 重定向，是当浏览器向服务器请求某个 URL 时，主站点服务器可以根据用户的 HTTP 请求计算出一台真实的服务器地址，并将该服务器地址写入 HTTP 重定向响应头信息中的 Location 标记返回给用户浏览器，用户浏览器在获取到响应之后，再根据 Location 标记重新发送一个请求到真实的服务器上。

使用这种方法，主站点服务器的吞吐率被平均分配到被转移的子服务器，因此主站服务器的吞吐率需要是所有子服务器之和才能完全发挥所有子服务器的作用，这就使得一台主站服务器所能调用的子服务器数量受到吞吐率的严重限制。此外，重定向的页面不能被主站服务器知晓，难以对服务器的实际负载差异进行预判，简单的静态页面或复杂的动态页面都可能被重定向，因此这种方法不宜应用在整个站点的负载均衡中。

2）DNS 负载均衡

DNS 负载均衡通过在域名系统中为多个地址配置同一个域名，使得通过域名访问服务器的用户可以得到多个地址中的一个，从而分流到不同的服务器，以实现负载均衡。

相比 HTTP 重定向，基于 DNS 的负载均衡完全节省了所谓的主站点，或者说 DNS 服务器已经充当了主站点的职能。但不同的是，因为 DNS 记录可以被用户的浏览器或互联网接入商的各级 DNS 服务器所缓存，只有当缓存过期后才会再次向域名的 DNS 服务器请求解析，所以 DNS 没有 HTTP 吞吐率的限制，理论上实际服务器的数量可以无限增加。

3）反向代理负载均衡

若互联网的连接请求是借助代理服务器来接收的，那么就称为反向代理，请求会被转发到内部网络上的服务器，客户端再接收服务器上返回的结果，这个时候对外来说，代理服务器的表现就像服务器。负载均衡能够在代理服务器上得到实现，是因为最终处理请求访问的服务器的前端是代理服务器。

这种方法可以为不同的服务器赋予不同的能力权重并进行加权转发，从而更多的连接请求会交给处理能力更强的服务器处理，负载均衡就能得到更好的实现。然而创建线程、与后端服务器建立 TCP 连接、接收后端服务器返回的处理结果、分析 HTTP 头部信息等操作都需要在反向代理服务器的转发操作时完成，这些操作本身具有一定开销。虽然这些操作时间不是很长，但是若后端服务器有着很短的处理请求的时间，那么这些操作的开销就有着很大的影响。所以 DNS 负载均衡更适合处理低负载操作，如静态文件等。

7.4.2 Java Web

全球广域网（World Wide Web，WWW）是建立在互联网上的一种分布式图形信息系统，服务遍布全球，将文档和超链接以节点的形式组合成一个相互关联的网状结构，呈现在浏览器上时表现为一个个网站。其具备良好的跨平台性质，为浏览者提供了图形化的、易于访问的且具备良好动态交互效果的直观界面。

Java Web 即用 Java 语言进行 Web 相关功能开发的技术总和。图 7-45 即为 Java Web 的技术体系示意图。

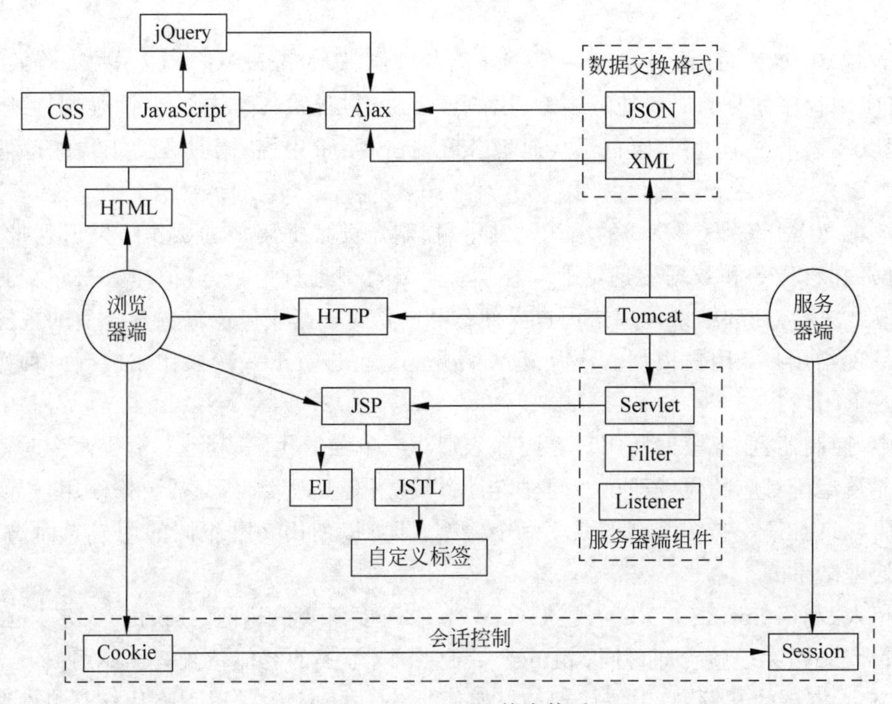

图 7-45　Java Web 技术体系

其中：

(1) Cookie 与 Session 用于实现浏览器端向服务器端发起的请求会话。

(2) Tomcat 是一个开源的 Java Web 应用服务器，其实现了包括 Java Servlet、Java Server Pages(JSP)在内的多个 Java EE 规范。

(3) Servlet、Filter、Listener 是服务器端的组件，分别提供了请求/响应的服务模式、过滤器模式以及监听器模式。

(4) JSP 是 Servlet 编写页面技术的简化，编写时 Java 代码和 HTML 语句会被它混合于同一个文件中，页面动态资源使用 Java 代码，静态资源使用 HTML 标签。JSTL 是一个定制标记库集，EL 是表达式语言，二者共同服务于 JSP，使得 JSP 的脚本更加简洁。

(5) HTML、CSS、JavaScript 用于组成基本网页，包括基本信息、形式渲染以及页面逻辑等。

(6) jQuery 是基于 JavaScript 的功能库，便于 HTML 文档遍历和操作，用于实现文档处理和动画等。

(7) Ajax 通过向服务器发送请求，实现在不发生页面跳转的情况下异步载入内容并改写页面内容。

Web 框架建立在面向对象、设计模式、反射机制以及算法的基础上，拥有良好的基础代码封装能力，根据规定好的流程和规则，开发人员可以对框架的接口进行调用，这样具有良好扩展性、稳定性和维护性的应用系统就可以被高效、快速地开发出来。这样的特性使得其在动态 Web 资源①的开发过程中得到广泛的应用。

随着互联网技术的不断发展,涌现出越来越多不同类型的框架,其中 MVC 设计模式提出将用户界面与业务模型进行分离,从而使得同一段程序可以有不同的表现形式,受到更多的推崇。

所谓 MVC 模式,即业务模型—用户界面—控制器(Model-View-Controller)的设计模式,它将应用程序划分为对应业务模型、用户界面、控制器的三个核心部件,强制性地分离输入、处理以及输出三个过程,降低了代码耦合度,提高了重用性,同时有助于快速部署、修改和维护。

图 7-46 为 MVC 设计模式的结构。其中,控制器会根据用户的操作结果识别指令和输入的数据,并将指令和数据传递给业务模型;业务模型进行指令分析,与数据库交互,完成数据存取,之后将处理结果传递给用户界面;用户界面根据业务逻辑选择合适的视图模型,将结果呈现给用户;用户根据本次处理结果决定是否进行下一次操作或进行何种操作,如此形成一个闭环。

其中,控制器、业务模型和用户界面都分别对应单独的代码,当业务流程改变时,只需要修改业务模型所对应的代码即可。同样,当用户视图需要改变时,只需要修改用户界面所对应的代码,MVC 还支持多个视图共享一个模型,即可以使用多种不同的用户界面访问业务模型的处理结果。

近年来,利用 Spring MVC 创建 Java Web 应用逐渐变得热门。Spring MVC 框架基于 MVC 设计模式,无须整合即可同 Spring② 一起工作,本书的智能鱼缸案例使用 Java Web 进行动态 Web 资源的开发,其中使用到的框架便是 Spring MVC。以下将从核心组件调用、组件配置、典型特点等方面对 Spring MVC 展开详细介绍。

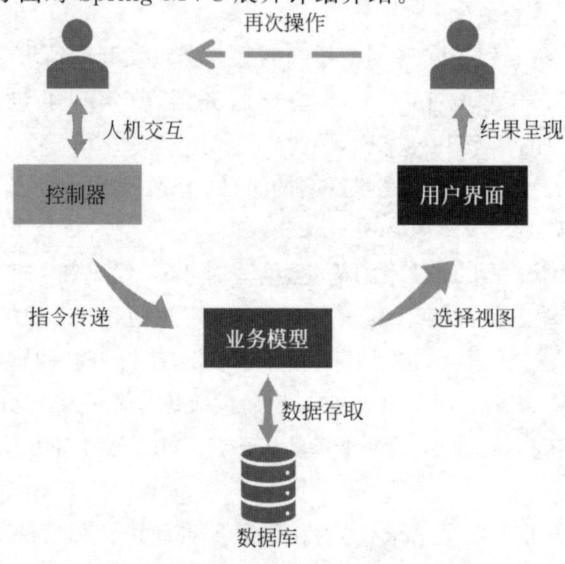

图 7-46　MVC 设计模式的结构

① 相较静态 Web 资源,动态 Web 资源提供给用户的内容不是始终不变的,而是由程序生成,可以供用户在浏览器端进行选择和调整的。动态 Web 资源在不同时间段看到的内容可能不同。

② Spring 是用于简化 Java 应用开发的框架,具备较好的简单性、可测试性和松耦合性。

1. Spring MVC 核心组件

1）组件调用关系

Spring MVC 的核心组件有处理器、处理器映射器、处理器适配器、前端控制器、视图解析器和视图。组件之间的调用关系如图 7-47 所示。

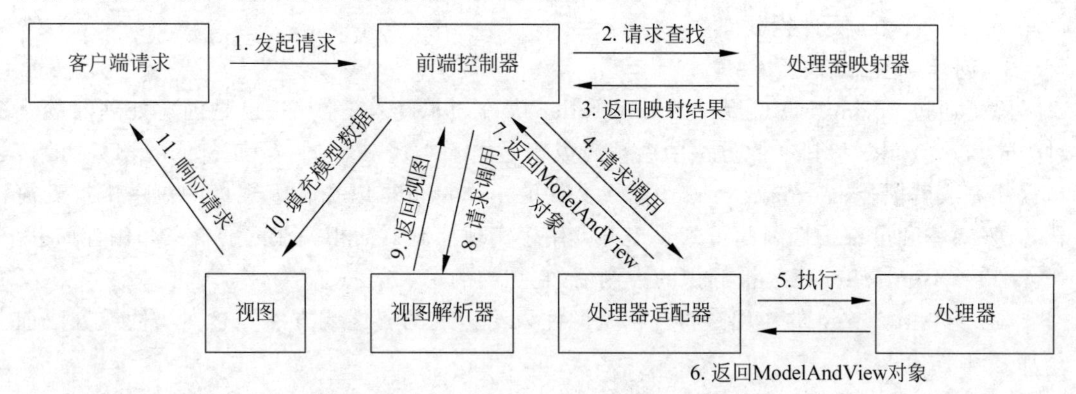

图 7-47　Spring MVC 组件调用关系

(1) 前端控制器接收用户请求并转发请求内容，请求内容以事先规定的格式进行传输。

(2) 处理器映射器存储了 URL 与处理器的映射关系，根据前端控制器发送的请求内容查找映射关系。

(3) 处理器映射器将所查到的映射结果返回前端控制器。

(4) 前端控制器调用处理器适配器执行对应的处理器。

(5) 处理器适配器执行具体的处理器。

(6) 处理器执行业务流程，返回一个 ModelAndView 对象，ModelAndView 对象中封装了逻辑视图名和视图组件要显示的数据。

(7) 处理器适配器把此 ModelAndView 对象返回，由前端控制器接收。

(8) 前端控制器向视图解析器发送视图解析的请求。

(9) 根据逻辑视图名，视图解析器完成具体视图资源的解析，并填充需要显示的数据，然后把视图返回，由前端控制器接收。

(10) 前端控制器将 ModelAndView 对象中的模型数据填充到 Request 域中，并对视图解析器返回的视图进行渲染形成真实的视图。

(11) 视图响应用户请求。

2）组件配置

处理器与视图两个组件需要根据用户实际需求使用接口另行开发，前端控制器、处理器映射器、处理器适配器和视图解析器这四个组件均能通过简单配置调用 Spring MVC 提供的默认实现。其中：

(1) 前端控制器在 web.xml 文件中进行配置，主要操作为对前端控制器对象进行实例化、加载 Spring MVC 的配置文件，并且指定前端控制器接受 URL 请求的格式。

(2) 处理器映射器和处理器适配器在 springmvc.xml 文件中进行配置，若需要注解方式支持的处理器适配器和处理器映射器，可以使用 3.1 版本之后的 Spring MVC，只需在 springmvc.xml 中启用注解驱动和扫描即可，对应的实现类在 Dispatcher Servlet.

properties 文件中进行了定义。

(3) 视图解析器也在 springmvc. xml 文件中进行配置,配置过程中要对视图资源真实路径的前后缀进行定义,通过配置中的定义,在 ModelAndView 对象中仅需要加入模块路径。除此之外,静态资源的映射路径也需要被配置,这样就可以防止系统的静态资源被 Dispatcher Servlet 文件拦截。

3) 创建处理器

除了通过 Spring MVC 提供的 Controller 接口,“非侵入+注解”也是创建处理器的一种方式,Controller 接口在此方法中会被当成普通的 JavaBean,控制器和 Spring MVC 的接口就能完成解耦合,springmvc. xml 配置文件的工作量也可以在较大规模的应用中得到简化,开发效率和可维护性因此得到了提升。用于实现控制器的相关注解的含义和位置如下。

(1) @Controller 意为被标识的控制器,它在类的定义前添加。

(2) @Autowired 的作用是将外部资源注入给指定的属性或方法。它在属性或方法前添加。

(3) @RequestMapping 意为一种映射,这种映射是在请求 URL 和控制器方法之间的。它在类的定义或方法前添加。

(4) @RequestBody 的作用是类型的转换,把请求的 JSON 格式数据向控制器方法中形参对应的数据类型转换。它在形参的类型前添加。

(5) @ResponseBody 的作用是响应,响应的内容是控制器方法返回值的数据转换为 JSON 格式数据。它在方法返回值前添加。

(6) @Validated 的作用是校验控制器方法的形参。它在形参的类型前添加。

2. Spring MVC 的典型特点

1) 异常处理

分层模式的系统设计是基于 Java 的 Web 应用普遍采用的方法,在各层调用大量的 try、catch 语句来独立处理是传统异常处理的方式,但是程序的可读性和可维护性必定会降低。

异常处理接口可以由 Spring MVC 提供,因此“逐层上抛+集中处理”这种全局异常处理方式可以用来减少异常处理次数,改善程序可读性的同时也保障了系统的健壮性。图 7-48 为全局异常处理模型。

2) 拦截器

Spring MVC 拦截器是面向切面编程(Aspect Oriented Programming,AOP)[①]思想的具体实现,能够对处理器进行预处理和后处理,有效解决乱码、权限验证等问题。多个拦截器按一定的顺序排列能够联结成一条拦截器链,在访问被拦截的方法或字段时,拦截器链中的拦截器就会按照事先定义的顺序被调用。

Spring MVC 提供了拦截器接口 HandlerInterceptor,其中定义了 preHandle()、postHandle()和 afterCompletion()三个方法,通过调用这三个方法可以实现对用户请求的拦截处理。表 7-8 对这三个方法进行简单介绍。

---

① 面向切面编程是一种通过预编译、运行期间动态代理实现程序功能统一维护的技术。

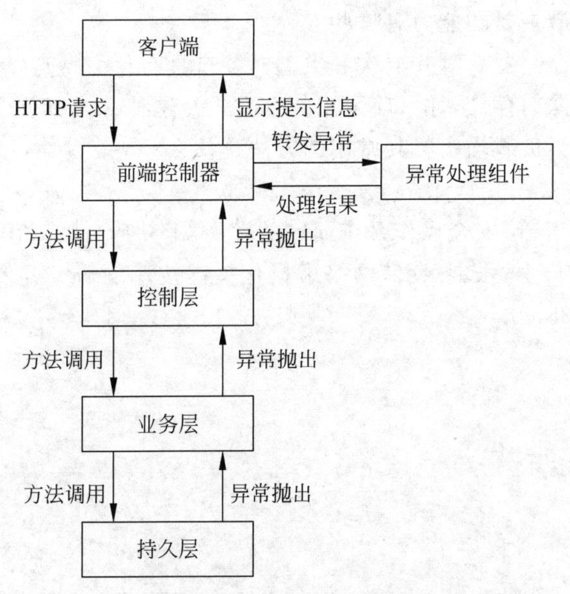

图 7-48　全局异常处理模型

表 7-8　HandlerInterceptor 接口方法介绍

方 法 名 称	作　　用	执 行 顺 序
preHandle()	判断是否中断后续操作，返回一个 Boolean 类型的值，为 true 表示继续向下执行，为 false 表示中断后续操作	在控制器的处理请求方法调用前执行
postHandle()	对请求域中的模型和视图做进一步的修改	在控制器的处理请求方法调用之后、解析视图之前执行
afterCompletion()	实现一些资源清理、记录日志信息等工作	在控制器的处理请求方法执行完成后执行

7.5　本 章 小 结

本章首先简述了操作系统的有关知识，主要从操作系统的设备管理、存储管理、文件管理三方面，对物联网操作系统进行了简要介绍。考虑物联网本身对安全的高度依赖，本章接着讨论了物联网操作系统的安全技术，概述了云操作系统的安全体系和权限管理，并针对存在的安全问题和已有的安全技术进行了说明。由于物联网本身具备海量数据存储需求，本章又讲述了物联网数据存储的体系结构、数据查询的性能优化以及数据存储的前沿技术。最后，为了便于海量设备的管理和分配网络服务压力，本章在物联网操作系统开发技术中重点讨论了负载均衡和 Java Web 的具体应用。

7.6　课 后 习 题

1. 知识点考查

(1) 物联网操作系统内核的四个特点是什么？

(2) 设备管理中最主要的能力有哪些?

(3) 操作系统的存储器有哪些层次和类型? 各自具有什么特点?

(4) 针对大量数据的存储,你目前采用什么方式? 这种方式有什么优缺点?

(5) 为什么要进行负载均衡? 其常用的方法是什么?

2. 拓展阅读

[1] 石文昌,孙玉芳.安全操作系统研究的发展(上)[J].计算机科学,2002(6):5-12.

[2] 刘朝斌,谢长生,张琨.存储网络虚拟化关键技术的研究与实现[J].计算机科学,2004(5):38-40.

第8章 华为鸿蒙介绍

8.1 鸿蒙的设计理念

8.1.1 面向物联网的操作系统

在云计算、大数据、5G物联网、人工智能等高新技术蓬勃发展的背景下，全球信息安全面临着严峻挑战，更严重的是在美国的制裁下，中国急需独立自主研发的操作系统。在这样的时代背景下，华为基于早在2012年便开始的分布式操作系统研究，开发了鸿蒙(HarmonyOS)这一分布式操作系统。

HarmonyOS是一款分布式操作系统，它是基于微内核且面向全场景的。以传统单设备系统能力为基础，HarmonyOS还创造性地提出了一种分布式理念，该理念基于同一套系统能力、适配多种终端形态，这使得HarmonyOS真正地具备了物联网操作系统的基础特性。HarmonyOS能够支持手机、穿戴设备、平板计算机、智能屏幕、AI音箱、车机、PC、耳机、AR/VR眼镜等多种终端设备，这也使得通过手机实现多种感知信息的捕捉和处理成为可能，为物联网时代实现人、机、物三者的互联互通打开了一扇新的大门。

因此，在进一步认识HarmonyOS之前，有必要对物联网操作系统的功能及特点进行一定程度的了解，这将有助于更好地理解HarmonyOS在物联网领域所进行创新型的尝试和所取得的突破性成果。

1. 物联网操作系统的功能

对于设备、存储器、处理器、作业以及文件等的管理是传统操作系统的主要功能，在这些功能的基础上，物联网操作系统作为贯通物联网领域的重要一环，对于整个物联网生态的发展都有着重要的作用，以下对几个重要的功能进行介绍。

1）推动物联网生态发展

移动互联网生态环境受到iOS、Android等智能终端操作系统的培育，凭借将物联网领域的各个分支产业串联起来的功能，物联网操作系统同样能够推动物联网生态环境的培育。例如，物联网软硬件开发、物联网业务运营、物联网数据挖掘等，物联网操作系统对于凝聚物联网游离的业态环境，推动物联网整体大发展有着重要的作用。

2）协助开发者高效地进行工作

作为一个公共的业务开发平台，物联网操作系统的物联网基础功能组件以及应用开发环境十分丰富完备，开发者能够在这样的基础上进行高效快速的二次开发，开发物联网应用的时间和成本因此也能得到显著减少。

3）提升数据共享能力

统一的物联网操作系统可以让不同行业间数实现据共享，是因为它们的数据存储和访问的方式是一致的。当不同行业间的数据共享能力得到加强时，数据挖掘等“行业服务之上”的服务也能进一步被物联网操作系统提供。

4）统一接口，统一管理

通过统一的远程控制和远程管理接口，虽然行业应用不同，但是仍能在物联网操作系统中使用同一个管理软件来实现对物联网的统一管理。统一管理使得物联网的可管理性和可维护性得到极大提高，整个物联网领域的统一管理和维护也因此拥有了基础。

2. 物联网操作系统的组成及特点

物联网操作系统一般是由内核、通信支持、外围模块和集成开发环境等组成的，与传统PC以及手机中的操作系统不同，物联网操作系统也相应地具备一些物联网领域的特点。

物联网操作系统对其内核要求严格。第一，因为内核需要适应不同配置的硬件平台，所以就要求其拥有较强可伸缩性的尺寸；第二，内核也需要较强的实时性，以满足入侵报警等关键应用的需要；第三，物联网自身“万物互联”的特点也要求其具备拥有较好扩展性的内核，一般把内核设计成一个框架，那些被框架定义的接口和规范能够很容易地增加新的功能和新的硬件支持；第四，物联网应用自动化程度高、人为干预少的特点也要求内核更加可靠和安全，一方面能够支持长时间的独立运行，另一方面能够极大程度地抵御外部入侵以保障数据的安全；第五，足够的电源续航能力也是物联网操作系统的内核所需要的，通过对运行状态的实时判断，对空闲状态的CPU做降低运行速率或关闭处理，达到节约能量和可持续的目的。

为了适应物联网的应用特点，外围模块也需要具备相应的功能。第一，物联网应用环境要求外围模块能够支持完善的网络功能以及无线通信功能，能够较好地进行通信协议之间的报文转换，满足信息发送和接收的需求。第二，外围模块应当具有足够的远程控制能力，支持远程配置、远程诊断、远程管理等维护功能，可以远程升级操作系统核心、设备驱动程序或应用程序，若升级没有成功，操作系统也应当能够恢复原有的运行状态。第三，外围模块应当支持常用的文件系统和外部存储以及XML文件的解析功能。通过XML格式的数据共享，可以将不同领域间的信息壁垒打破，所以在物联网领域中XML标准的应用十分广泛。外部存储在网络中断情况下能够进行数据暂存，同样具有极其重要的作用。第四，部分物联网终端拥有图形化界面的应用要求，需要与用户进行人性化交互，因而物联网操作系统的外围模块应当能够支持GUI功能，并且GUI模块应当与核心分离，能够动态加载与卸载，从而更好地提升GUI模块的效率。第五，物联网操作系统应当提供一组供不同应用程序使用的API，外围模块能够支持从外部存储介质中动态加载应用程序的功能，这样通过“按需加载”的方式，物联网操作系统能够以更简洁的形式适用于各种应用环境。

集成开发环境是构筑行业生态的关键工具，成熟且易用的开发工具对于提升程序开发效率、缩短应用上市时间具有极其重要的作用，因而相应地，物联网操作系统的集成开发环境也应该拥有此类特点。首先，丰富灵活的API是物联网操作系统应该具有的，同时支持多种开发语言，以方便不同开发习惯和不同开发能力的开发人员调用；其次，对于开发人员而言，较好的技术交流环境对于应用开发具有十分重要的作用，针对这样的需求，物联网操作系统应当尽量充分利用已有的集成开发环境，方便开发人员进行开发经验和技术能力的迁移。例如，HarmonyOS的基于Intellij IDEA Community开源版本打造了一站式集成开发环境 DevEco Studio IDE，便很好地满足了以上这些需求。

根据以上内容可以总结出，对于内核、外围模块、集成开发环境，物联网操作系统都做出了相应的要求，以这些特点为支撑进行操作系统的设计和开发，将更有利于操作系统在物联网环境下的生存和发展。

8.1.2 全场景发展战略

1. “1+8+N”全场景发展战略

相比此前所有的操作系统，HarmonyOS 最为引人注目的地方，在于其打破了硬件之间各自独立的生态边界，让硬件设备作为一个个模块化的共享资源融入了全场景智慧生态，从而创造了一个超级智能终端互联的世界，将人、设备、场景三者的有机联系空前地提升到一个新的阶段。

不可否认，HarmonyOS 作为面向物联网时代的操作系统，正在潜移默化地推动着物联网生态的变革。随着全社会的数字化转型，围绕 HarmonyOS 构建的庞大软硬件生态，将带来万物智能的全场景生活生态。

在这个全场景智慧生态中，所有的终端产品可以用“1+8+N”来概括。其中“1”是以手机为主入口；“8”是以华为的 8 个主要智能终端为辅入口，分别为平板计算机、PC、AR/VR 眼镜、智能屏幕、耳机、AI 音箱、车载设备和穿戴设备；“N”则是指生态合作伙伴提供的“泛物联网设备”，包括照明、安防、环境、清扫设备等，从而实现覆盖多个场景。

手机以其便携性和普及性成为超级智能终端的不二选择，利用这样的优势向外围扩展，从而实现以用户为中心全场景视听、娱乐、社交、教育和健康等的新型解决方案，极好地迎合了时代更新换代的消费升级。

2. UX 设计理念

随着全场景战略的深入，HarmonyOS 的人机交互设计也需要产生相应的变革。

一方面，传统的 UI 设计受限于端设备的差异性，即使是同一个产品，由于部署在不同形式的端设备上，往往需要设计不同的用户界面，例如，微信在手机和 PC 上的用户界面呈现就有很大区别，虽然设计风格几乎相同，但组件的排列、使用方式以及动效等的设计都有很大的不同。另一方面，UI 设计主要关注于用户的第一印象，其交付包括视觉和交互、视觉设计、组件设计、动效设计等，UI 设计的评价标准局限于“界面是否符合用户的审美趋势”“组件交互是否符合用户逻辑”“是否传达了产品想表达的功能优先级”等方面。可以说，只要交互原则不出现问题，UI 设计就完成了它应尽的职责。

显然，传统的 UI 设计已经不能够满足 HarmonyOS 在全场景应用环境下的需求。如此，UX 设计因其聚焦用户体验，深度发掘人、产品、场景之间的交互关系，并提出功能定义解决方案的优势受到 HarmonyOS 的青睐。

为了更加贴合用户的生活习惯、减少用户的学习成本，HarmonyOS 将手机上的使用习惯无缝切换到手表、平板计算机等其他设备上，包括手机的桌面布局、常用的应用、通知与控制中心、语音助手等，让用户面对不同的交互设备都能够拥有相同的交互体验。在这个过程中，华为逐步建立起一整套全场景人因[①]研究体系，为用户带来更为舒适易读的阅读体验，同时在各设备之间建立无缝、互补、一体的连续方式，充分利用各设备的优势，实现语音流转

① 人因工程也称人类工效学，是一门研究人和机器及环境的相互作用以及研究在工作、生活中和休息时怎样统一考虑工作效率、人的健康、安全和舒适等问题的学科。

和视频流转的流畅体验。

并且，HarmonyOS 打破单一设备边界，多种终端之间可以协同工作，充分互助与共享，实现超越单终端的交互体验，例如键鼠共享输入、手机辅助文字输入、视频图片多设备共享等，在 HarmonyOS 中都可以轻松实现。为此，华为建立了一整套全场景设计工具，自适应工具组合使用，自动适配不同的屏幕尺寸，用更便捷的方式筑造起设计师与开发者之间的桥梁，配合全场景交互事件图谱[①]，让一次开发便能无缝切换到其他交互范式成为可能。

3. 元服务与元程序

为了满足全场景的应用需求，HarmonyOS 应用元服务（Particle Ability，PA）与元程序（Feature Ability，FA）作为服务提供形式，二者无须安装即可使用，支持跨设备运行，精准直达用户。其核心特征可以概括为"随处可及、服务直达、跨设备"。

(1) 随处可及指元服务与元程序的入口丰富。根据需求，元服务与元程序可以呈现在桌面上，也可以通过智能场景推荐，能够在某一个应用中进行调用，也能够在应用市场专区中独立存在。

(2) 服务直达主要体现在元服务与元程序无须安装和卸载，同时自动更新的特点上，这也是元服务和元程序最具便捷性与先进性的体现。元程序与元服务不仅能够在调用时直接连接服务并呈现界面，还能够根据所感知应用场景的变化而选择性地主动服务，这对于全场景应用更加智能化的实现无疑有着极大的意义。

(3) 跨设备不仅指元服务与元程序能够跨设备调用，还在于使用元服务与元程序的不同设备能够无缝接续和协同服务，获得数据流畅无缝流转的舒适体验。

在 HarmonyOS 的应用开发过程中，"元"的概念将成为最主要的开发理念，在后面会对这个概念进行进一步阐述。

8.1.3 超级终端

1. 终端产业发展现状

2020 年 5G 网络开始规模化建设，在 5G 的推动下，智能硬件得到了蓬勃发展，例如智能手机、智能机器人、智慧大屏设备、智能医疗、智能家居、智能可穿戴设备、智能车载终端等。智能终端设备的市场规模也随着新兴 5G 终端的增速而数倍扩大。同时，云计算与云服务产业、芯片与模组产业以及终端集成平台等的飞速发展也进一步刺激着智能终端产业的发展。

目前，智能终端设备已经进入大规模普及阶段，到 2025 年全球 IoT 设备数的预测值将达到惊人的 9.27 部/人（数据来源：iot-analytics. com，www. researchgate. net）。智能终端产业空前的飞速发展不仅使得产业本身发生巨变，同时也让整个 ICT（Information and Communications Technology，信息通信领域技术）产业受到了颠覆性的变革，其引领的制造与服务一体化创新和跨界融合深刻冲击着整个信息通信产业，同时也为物联网操作系统的终端应用提供了更广阔的开拓空间。

2. 操作系统碎片化

随着智能终端的发展，操作系统碎片化的问题也愈加凸显。现在的移动操作系统由

---

① 事件图谱（Event Graph）是指以事件为基本单位，研究事件属性、事件间关联关系。

Android 和 iOS 占据统治地位，在桌面操作系统中呈现 Windows 一家独大的局面，不同的是，在智能家居、可穿戴设备等新兴领域中，还没有形成明确的市场格局；同时可以看到，各个平台的差异性造成了移动端、桌面端的各家操作系统四分五裂，Windows 8、Windows Phone、Windows RT 都属于微软的操作系统，Chrome OS、Android 都属于谷歌的操作系统。不同的操作系统之间互操作困难，使得同一个产品如果想要部署在不同的终端设备上，就必须进行多次重复开发，这无疑对开发者造成了很大的困扰，同时用户在面对五花八门的终端产品时也会难以抉择。

更让人担忧的是，本来错综复杂的操作系统会因为可穿戴、车载和智能家居等平台的到来变得更为碎片化。因此，如果能够将操作系统进行某种程度上的融合，必然会极大地节省开发成本，同时也会为物联网操作系统带来新的变革。

3. 超级终端的作用

前文中提到，HarmonyOS 是面向全场景的操作系统，这要求通过一套操作系统开发的产品能够在手机、手表、平板、计算机甚至是车载显示屏等各种应用场景下进行应用。

对此，HarmonyOS 可以整合生活场景中的各类终端，形成一个“超级虚拟终端”，超级终端将所有的设备连接到一起。当设备连接到同一个超级终端之后，所有的设备屏幕与文件都会变成共享状态。例如，在连接超级终端的状态下，可以通过手机查看计算机中的照片和视频，使用手表查看手机消息、接听电话等。不仅如此，超级终端支持跨终端生态共享，在这样的状态下，用户能够使用平板计算机玩手机设备中的游戏，即便平板计算机中并没有下载这个游戏。

未来，随着终端感知更加多元化地发展，超级终端在智慧交通、智能家居等领域也会发挥着更加重要的作用，从而实现真正的全场景应用。

8.2 鸿蒙的关键技术

8.2.1 分布式架构

HarmonyOS 开发的一个重点在于如何让多个设备共享一个操作系统。对此，HarmonyOS 将设备的硬件能力拆解，当成一个个共享资源，当用户需要某个能力时，就可以将它从硬件库中提取出来跨界使用。这样高度模块化的设计使得系统层级更加清晰，能够依照不同的处理器性能让开发者自行调整系统模块，从而应用于更多的智能设备。

如此，依托于一个搭载 HarmonyOS 的便携设备，例如手机，用户无须任何有线连接，便能够实现与大到家电、小到灯泡等多种多样设备的联动。而这种功能的实现，与 HarmonyOS 的分布式架构有着极大的联系。分布式架构包括分布式软总线、分布式数据管理、分布式任务调度以及分布式设备虚拟化，四个部分之间相互依赖，其结构关系可以通过图 8-1 进行一些了解。

1. 分布式软总线

分布式软总线技术是基于华为多年的通信技术积累，参考硬件总线设计，在 1+8+N 设备之间搭建了一条“无形”的总线，这条总线依托于无线通信技术，提供从发现连接、组网到传输的全套接口，支持自发现、自组网、高带宽、低时延、高可靠的通信能力。

基于软总线，全场景设备之间可以完成设备虚拟化、跨设备服务调用、多屏协同、文件分

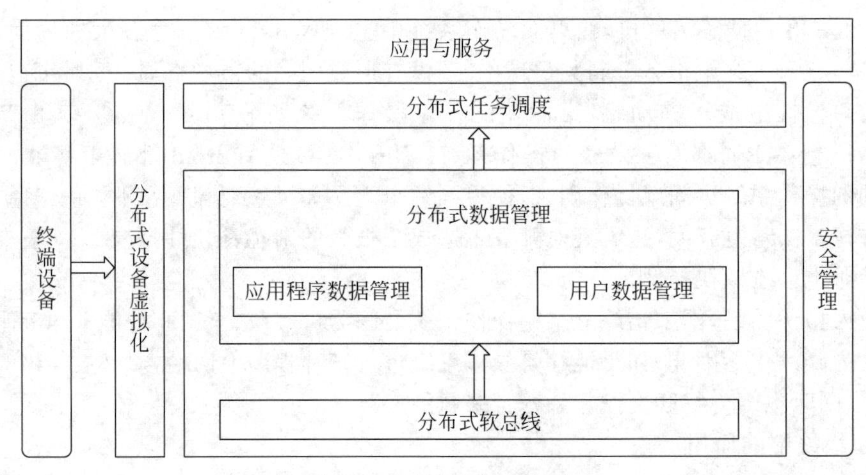

图 8-1 分布式架构示意图

享等分布式业务。同时,基于软总线自发现自组网等特性,HarmonyOS 得以构建具有用户零等待体验的本地多设备虚拟网络。

分布式软总线是手机、手表、平板、智慧屏、车机等多种终端设备的统一基座,为设备之间的无缝互联互通提供了统一的分布式通信能力,能够快速发现并连接设备,高效地传输任务和数据,为设备之间的无感发现和零等待创造了条件。开发者只需聚焦于业务逻辑的实现,无须关注组网的方式与底层协议。分布式软总线的结构示意图如图 8-2 所示。

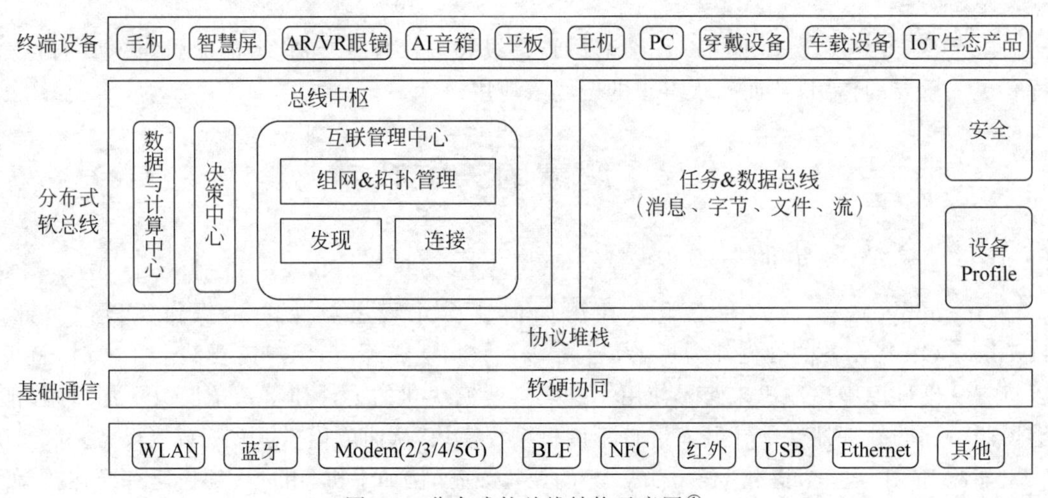

图 8-2 分布式软总线结构示意图[①]

2. 分布式数据管理

基于分布式软总线的能力,分布式数据管理可以实现应用程序数据和用户数据的分布式管理。用户数据不再与单一物理设备绑定,业务逻辑与数据存储分离,应用跨设备运行时数据无缝衔接,为打造一致、流畅的用户体验创造了基础条件。

采用分布式数据管理,跨设备处理数据可以像处理本地数据一样方便快捷,其通过统一的接口实现数据共享,为开发者在系统层面解决了数据在不同设备之间频繁流转以及跨设

① 图片来源:HarmonyOS 入门文档。

备访问和存储等问题，同时能够保证多设备之间的数据安全，极大程度简化了应用的开发过程，同时用户的使用体验也能够得到提升。

3. 分布式任务调度

分布式任务调度的技术特性有分布式软总线、分布式数据管理等，基于这些特性，统一的分布式服务管理（发现、同步、注册、调用）机制得以被构建，支持对跨设备的应用进行远程启动、远程调用、远程连接以及迁移等操作，能够根据不同设备的能力、位置、业务运行状态、资源使用情况，以及用户的习惯和意图，选择合适的设备运行分布式任务。基于这样的机制，分布式任务调度为元服务动态注册和注销、全局查询等功能提供了基础，极大程度地推动了元程序和元服务在全场景环境下的应用。

4. 分布式设备虚拟化

分布式设备虚拟化平台可以实现将硬件能力虚拟化，让数据处理、资源融合和设备管理在不同的设备之间得到实现，从而一个超级虚拟终端就能由多种设备共同形成。通过将硬件能力模块化，最终可以形成一个硬件能力资源池，这样，针对不同类型的任务，为用户匹配并选择能力合适的执行硬件进行弹性部署，让业务连续地在不同设备间流转，充分发挥不同设备的资源优势，提高硬件设备的有效利用率。

8.2.2 一次开发，多端部署

开发者可以从 HarmonyOS 获得丰富的框架，例如 Ability 框架、UI 框架和用户程序框架，应用开发过程中多终端的业务逻辑和界面逻辑也能够进行复用。

此外，HarmonyOS 基于 Intellij IDEA Community 开源版本打造了面向终端全场景多设备的一站式集成开发环境 DevEco Studio IDE，可以使用多种语言进行开发编译，屏幕布局控件和交互的自动适配也因为分布式架构 Kit 得到实现，它具有控件拖曳的功能，此外，可视化编程能够面向多终端预览。

如此一来，开发者得到了极大的便利，仅需要凭借同一个工程，就可以快速且高效地构建起多端自动运行的应用。经过多端部署，跨设备见地终端生态共享也可以由一次开发得以实现。

8.2.3 微内核

微内核设计是 HarmonyOS 的一大亮点，其特点在于它的安全性比宏内核高，同时时延也比宏内核低。根据简化内核功能的基本设计思想，有别于通常的和内核集成在一起的系统服务层，微内核仅提供最基础的服务，例如多进程的调度和通信等，实现系统服务层的分离，同时加入相互之间的安全保护，其他服务变成可以根据需求加入的选件，这样就可以提供更好的可扩展性和更加有效的应用环境。微内核的代码量远小于宏内核，占比约为宏内核的 1/1000，这样低的代码量也大幅减少了它本身受到攻击的可能性。

此外，微内核技术被 HarmonyOS 应用到可信执行环境中，可信度和安全性得以重塑。把通过数学方法对系统自源头开始验证正确性和漏洞存在性的方法称为形式化方法。若采用传统验证方法，仅可以在模拟攻击和功能验证等有限的场景中实现验证，而使用形式化方法则可以通过数据模型验证所有软件的运行路径，从而验证系统的可信安全。将形式化方法用于终端可信执行环境是 HarmonyOS 首创，一经使用便显著提升了安全等级。由此可见,HarmonyOS 的微内核设计对于终端可信安全的塑造有着十分重要的意义。

8.2.4 系统流畅

HarmonyOS 能够解决现有系统中存在的性能不足问题,使得系统可以天生流畅。这一优势的实现有赖于“确定时延引擎”和“高性能进程间通信”两大技术。确定时延引擎可以降低 25.7%的应用响应时延,它工作的方式是把任务执行的优先级以及对应的时间限制在任务开始前就提前分配好,然后根据设备和资源将优先被优先级高的任务资源保障的调度机制来实现调度安排。此外,进程间通信的性能也因为 HarmonyOS 微内核精简的结构得到大幅提升,较传统操作系统,进程间通信的效率有 5 倍的提升。基于两种技术,HarmonyOS 在系统性能上实现高度飞跃,系统天生流畅成为 HarmonyOS 强有力的代言。

8.3 系统安全

在保障系统安全方面,HarmonyOS 通过分布式多端协同身份认证、构筑可信运行环境、数据分类分级管理逐步实现对人、设备、数据的安全认证与维护。

8.3.1 分布式多端协同身份认证

在分布式终端场景下,数据访问者和业务操作者能够通过身份认证确保用户数据不被非法访问、用户隐私不泄露。为了确保用户身份认证安全可靠,HarmonyOS 使用多端协同身份认证,其主要包括以下三方面。

首先,HarmonyOS 认证用户和控制数据访问的方式是基于零信任模型的。也就是说,当出现了用户跨设备访问数据资源或发起高安全等级的业务操作时,HarmonyOS 都会对用户进行一次身份认证,从而确保每一次高安全等级操作的用户身份都具有可靠性。

其次,凭借用户身份管理功能,HarmonyOS 可以关联起不同设备上标识同一用户的认证凭据,实现多因素融合认证,从而提高用户身份认证的准确度。

最后,HarmonyOS 采用多设备协同互助认证,将硬件和认证能力解耦,信息采集和认证可以在不同的设备上完成,从而实现不同设备的资源池化以及能力的互助共享,让高安全等级的设备协助低安全等级的设备完成用户身份认证,进一步提升用户身份认证的可靠性。

8.3.2 在分布式终端上构筑可信运行环境

在执行操作的用户通过身份认证之后,还需要确保用户使用的设备是安全可靠的,即在分布式终端上构筑可信执行环境,这样才能保证用户数据在应用终端上得到有效保护,从而避免用户隐私泄露。所谓可信执行环境,是指该环境可以保证不被常规操作系统干扰计算,因而称为“可信”。对此,主要从以下三方面进行保障。

首先,安全启动,即确保源头每个虚拟设备运行的系统固件和应用程序是完整的、未经篡改的。由此,各个设备厂商的镜像包就不易被非法替换为恶意程序,从而保护了用户的数据和隐私安全。

其次，HarmonyOS 提供了基于硬件的可信执行环境，用于在数据存储和处理过程中保护用户的个人敏感数据，确保数据不泄露。由于分布式终端硬件的安全能力不同，对于用户的敏感个人数据，HarmonyOS 采用多设备融合使得每个设备都能够获得与其相连设备的安全协同，低安全等级的设备可以利用高安全等级的设备进行存储和处理。

最后，HarmonyOS 为具备可信执行环境的设备预置设备证书，用于向其他虚拟终端证明自己的安全能力。对于有可信执行环境的设备，通过预置公钥基础设施（Public Key Infrastructure，PKI）设备证书给设备身份提供证明，确保设备是合法制造生产的。设备证书在生产线进行预置，设备证书的私钥写入并安全保存在设备的可信执行环境中，且只能在可信执行环境内进行使用。在必须传输用户的敏感数据（例如密钥、加密的生物特征等信息）时，会在使用设备证书进行安全环境验证后，建立从一个设备可信执行环境到另一设备可信执行环境之间的安全通道，从而实现安全传输。

8.3.3 数据分类分级管理

除了保证用户与设备可靠之外，保证数据的安全也极为重要。HarmonyOS 对跨终端流动的数据进行分类分级管理，围绕数据的生成、存储、使用、传输以及销毁过程进行全生命周期的保护，从而保证个人隐私数据以及系统机密数据不泄露。

数据生成时 HarmonyOS 会根据数据所在的国家或组织的法律法规与标准规范，对数据进行分类分级，并且根据分类设置相应的保护等级。具有不同保护等级的数据从生成开始，整个生命周期都需要根据对应的安全策略提供不同强度的安全防护。同时，由于跨终端访问数据的控制策略，数据只能在可以提供足够安全防护的虚拟终端之间进行流转，进一步为数据的整个生命周期提供安全防护。

数据存储时，根据安全等级的不同数据被存储到不同安全防护能力的分区，并在其整个生命周期提供密钥跨设备无缝流动和跨设备密钥访问控制能力，支撑分布式身份认证协同、分布式数据共享等业务。

数据使用的过程中，硬件提供可信执行环境用于保障用户数据仅在分布式虚拟终端的可信执行环境中进行使用，确保用户数据的安全，同时隐私不被泄露。

数据传输过程中，虚拟终端之间需要建立信任关系以保障各个虚拟设备是正确可信的，在验证信任关系之后，还需要建立安全的连接通道，以保障能够按照数据流动的规则安全地传输数据。设备之间通信时，同样需要基于设备的身份凭据对设备进行身份认证，并且建立安全的加密传输通道。

数据销毁即放弃对数据的存储，因为数据在虚拟终端的存储都建立在密钥的基础上，所以销毁数据时，只需要销毁数据所对应的密钥即可。

8.4 系统架构

HarmonyOS 系统架构遵从分层设计，自底向上共分 4 层：内核层、系统服务层、框架层和应用层，其功能按照“系统＞子系统＞模块”逐级展开，根据终端的实际应用，按照实际需求可以针对非必要子系统或模块进行剪裁。图 8-3 为 HarmonyOS 系统架构示意图。

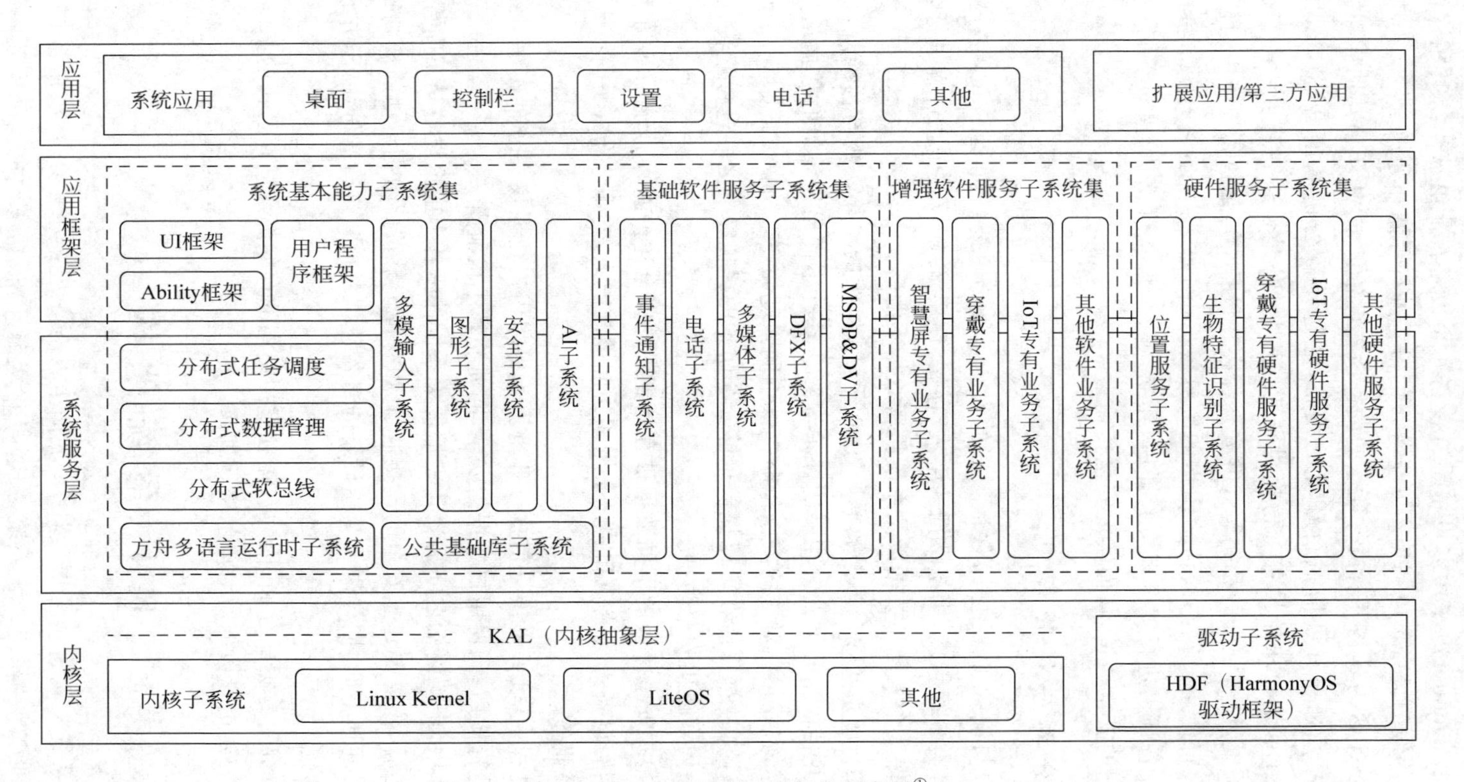

图 8-3　HarmonyOS 系统架构示意图[①]

① 图片来源：HarmonyOS入门文档。

8.4.1 内核层

目前 HarmonyOS 采用多内核设计，包括鸿蒙微内核、Linux Kernel、LiteOS 等，支持针对不同资源受限设备选用适合的 OS 内核，未来 HarmonyOS 内核将发展为完全的鸿蒙微内核架构。

内核层包括内核子系统和驱动子系统。内核子系统中具有内核抽象层（Kernel Abstract Layer，KAL），其屏蔽了多内核之间的差异，对上层提供进程/线程管理、内存管理、文件系统管理、网络管理和外设管理等基础的内核能力。驱动子系统主要包含 HarmonyOS 驱动框架（HDF），这也是 HarmonyOS 硬件生态开放的基础，为统一的外设访问能力和驱动开发、管理框架提供了基础。

8.4.2 系统服务层

系统服务层是 HarmonyOS 的核心能力集合，其通过框架层对应用程序提供服务，主要包含以下 4 部分。

1. 系统基本能力子系统集

系统基本能力子系统集为分布式应用在 HarmonyOS 多设备上的运行、调度、迁移等操作提供了基础能力，由分布式软总线、分布式数据管理、分布式任务调度、方舟多语言运行、公共基础库、多模输入、图形、安全、AI 等子系统组成。

2. 基础软件服务子系统集

基础软件服务子系统集为 HarmonyOS 提供公共的、通用的软件服务，由事件通知、电话、多媒体、DFX、MSDP&DV 等子系统组成。

3. 增强软件服务子系统集

增强软件服务子系统集为 HarmonyOS 提供针对不同设备的、差异化的能力增强型软件服务，由智慧屏专有业务、穿戴专有业务、IoT 专有业务和其他软件业务等子系统组成。

4. 硬件服务子系统集

硬件服务子系统集为 HarmonyOS 提供硬件服务，由位置服务、生物特征识别、穿戴专有硬件服务、IoT 专有硬件服务和其他硬件服务等子系统组成。

根据不同设备形态的部署环境，基础软件服务子系统集、增强软件服务子系统集、硬件服务子系统集内部可以按子系统粒度裁剪，每个子系统内部又可以按功能粒度裁剪。

8.4.3 框架层

框架层为 HarmonyOS 的应用程序提供了 Java、C、C++、JavaScript 等多语言的用户程序框架和 Ability 框架，以及各种软硬件服务对外开放的多语言框架 API；同时为采用 HarmonyOS 的设备提供了 C、C++、JavaScript 等多语言的框架 API，不同设备支持的 API 与系统的组件化裁剪程度相关。

8.4.4 应用层

应用层包括系统应用和第三方非系统应用。HarmonyOS 的应用由一个或多个 FA 或 PA 组成，FA 与 PA 为开发者提供了不同的模板，以便实现不同的业务功能。其中，FA 有

UI 界面，提供与用户交互的能力；而 PA 无 UI 界面，提供后台运行任务的能力以及统一的数据访问抽象。基于 FA 与 PA 开发的应用，能够实现特定的业务功能，支持跨设备调度与分发，为用户提供一致、高效的应用体验。

8.5 多设备虚拟网络

前文中提到，基于分布式软总线具备自发现、自组网、高带宽、低时延的特点，HarmonyOS 得以构建本地多设备虚拟网络。分布式软总线创新应用了自发现、自组网技术和极简协议，使得具有多设备连接需求的消费者可以获得“零等待”发现周边设备的体验，跨设备业务的开发者也从过去烦琐的底层通信感知中解放出来。

以下对三个关键技术进行介绍。

8.5.1 周边设备自发现

传统的设备之间的连接发现是触发式发现。对用户而言，连接设备需要手动搜索，例如，使用手机连接蓝牙耳机的过程中就需要手动单击进行检索，这个过程等待时间较长，给用户带来的体验不佳。对开发者而言，想要开发跨设备业务就需要在连接设备的过程中感知具体的底层物理协议、调用 Wi-Fi 或蓝牙的发现接口、建立 Socket 连接、加解密传输，并针对带宽和时延进行优化等，了解过多的底层通信细节使得开发难度大大增加。

而在软总线支持情况下的设备能够实现用户无感的自动发现，只要设备进入识别允许的范围，无须用户手动触发，同账号的设备之间即可相互感知，并交换彼此的设备信息，在用户需要触发业务时，周边设备可直接出现，达到“零等待”的体验。开发者在跨设备业务开发时，也无须调用 Wi-Fi 或蓝牙发现开发接口，可以直接获取设备列表，大大降低了开发难度，提升了开发效率。

实现自动连接发现的原理在于周期性地触发检索，然而周期性频繁地使用检索服务势必会带来设备性能的巨大负担。华为基于多年的通信研究成果，在采用周期性检索的同时极大程度地降低性能开销，从而实现了几乎无功耗负担的预发现功能。

8.5.2 异构网络组网

传统的组网模式包括依赖路由器的局域网、Wi-Fi 、P2P 组网等，在这种组网模式下仅支持同质网络互联，蓝牙与 Wi-Fi 网络无法互通。例如，手机通过 Wi-Fi 连接了 TV，通过蓝牙连接了手表，那么对于手表和 TV 而言，二者是互不可见的，然而对于新时代物联网环境下的消费者而言，将手表和 TV 同时呈现在一份连接列表中有着广泛的需求。

异构网络组网的目的即在于打破传统组网的限制，自动构建一个全连接网络，设备之间可以两两直通。其原理在于网络层可以将链路层原本属于不同网络中的设备进行抽象，对应用层只提供相应的应用接口，从而实现逻辑上的网络全连接。

这样便可以实现业务开发与设备组网解耦，业务开发者无须关心组网方式与物理协议，只需要知道设备是否存在，并选择目标设备进行业务开发。同时，用户也可以在同一份连接列表中看到来自 Wi-Fi、蓝牙等不同网络中的设备，随心所欲地使用不同设备中的服务。

8.5.3 极简传输协议

所谓“极简传输协议”，即将原有 OSI 七层模型中的表示层、会话层、传输层和网络层精简为一层，极大程度地降低包头开销，提升了每包有效载荷，传输带宽总体提升 20%。同时，华为叠加了独有的高可靠性技术，在网络时延和丢包率增加时，仍能保证数据高吞吐率状态，最大可抗 30%的网络丢包。如此，开发者调用软总线提供的传输 API 即可获得高带宽、低时延、高可靠的传输能力，无须关注底层协议实现。

总体来看，低时延高带宽多设备虚拟网络的实现在 1+8+N 全场景时代颠覆现有的通信开发模式，不仅极大程度地改善了用户体验，同时为开发者进行跨设备应用开发、实现超级终端提供了基础。

8.6 鸿蒙与 Android 对比

HarmonyOS 与 Android 都是基于 Linux 内核进行开发的，加之二者在应用领域的部分相似性，越来越多关注 HarmonyOS 的人喜欢将二者进行对比，本节将从软件生态、内核、性能、安全性、开发者以及应用领域 6 个维度对二者进行简单的比较。

1. 软件生态

良好的软件生态对于操作系统持续发展的意义不言而喻。举个例子，新生的操作系统如果想要完成一个影音软件，它需要从视频播放器、音频播放器开始做起，一步步从零开始完成自己的应用软件；而对于较为成熟的软件生态而言，完全可以利用现有的视频播放器和音频播放器进行二次开发，显然后者的开发过程更加方便快捷。久而久之，随着应用软件不断增多，后者会在系统开发商、硬件厂商、开发者与用户之间形成良性正循环，从而进一步发展壮大。

Android 自诞生起便在不断完善自己的软件生态，经过十多年的发展，其软件生态已经非常完善。相比之下，HarmonyOS 目前还没有形成完整的生态，如何聚拢开发者为这款操作系统持续开发各类优质应用，让这款操作系统得以具备真正价值，将是 HarmonyOS 今后发展过程中的一个关键任务。正如华为消费者业务 CEO 余承东先生所说：“没有人能够熄灭满天星光，每一位开发者都是华为要汇聚的星星之火。”只有越来越多的开发者加入 HarmonyOS 软件生态的开发行列中，HarmonyOS 才能早日成熟发展。

2. 内核

虽然同样基于 Linux 内核进行开发，HarmonyOS 采用微内核架构，而 Android 采用宏内核。宏内核包含了操作系统绝大多数的功能和模块，而且这些功能和模块都具有最高的权限，只要一个模块出错，整个系统就会崩溃，这也是 Android 系统容易崩溃的原因。微内核仅包括了操作系统必要的功能模块，如任务管理、内存分配等，并且只有处在核心地位的模块具有最高权限，其他模块不具有最高权限，对于整个系统而言，部分模块故障不对内核运行造成阻碍，因而微内核的稳定性很高。此外，由于微内核设计较为精简，进程间通信更为顺畅，在速度、续航等方面更具优势。但是微内核相比宏内核而言开发难度更大，这也是 HarmonyOS 后续发展过程中一个较大的困难。

3. 性能

Android 基于 Java 语言编写，由于 Java 不能直接与底层操作系统通信，需要通过虚拟机充当中间转换的角色，这在很大程度上限制了 Android 性能的突破。HarmonyOS 虽然也基于 Java 语言进行编写，但是华为研发了方舟编译器，通过方舟编译器编译的软件可以直接与底层操作系统通信，极大程度地改善这一问题，提升了性能。

4. 安全性

由于 HarmonyOS 采用微内核，天然无 root，细粒度权限控制从源头上提升了系统安全。而 Android 有 root 权限，用户可以完全掌控经过 root 之后的 Android 系统。此外，HarmonyOS 基于微内核提供终端可信执行环境，通过形式化方法显著提升了内核安全等级，全面提升全场景终端设备的安全能力。对此余承东曾表示过：微内核可以把每一个终端设备单独加锁，不可能一把钥匙攻破所有地方。从全球最权威的安全机构评测看，HarmonyOS 的安全性远高于 Android 等其他操作系统。

5. 开发者

Android 目前已然拥有了庞大的开发者群体，也正是有了这些开发者，使得 Android 成为了如今移动应用生态的一大巨头。HarmonyOS 诞生时间不长，没有积聚像 Android 那样庞大的开发者群体，但是 HarmonyOS 基于 Intellij IDEA Community 开源版本打造了一站式集成开发环境 DevEco Studio IDE，同时支持 Java 与 JavaScript 开发，无论是安卓开发者，还是前端开发者，都可以轻松开发，学习成本极低。同时分布式架构 Kit 实现了屏幕布局控件以及交互的自动适配，支持控件拖曳、面向多终端预览的可视化编程，这对于开发者而言又是一大福音，相信随着 HarmonyOS 逐渐进入大众视野，越来越多的开发者会向 HarmonyOS 靠拢。

6. 应用领域

Android 主要应用于移动设备，如智能手机和平板计算机等。而 HarmonyOS 面向万物互联时代，在传统的单设备系统能力基础上，HarmonyOS 提出了基于同一套系统能力、适配多种终端形态的分布式理念，能够支持手机、平板、智能穿戴、智慧屏、车机等多种终端设备，提供移动办公、运动健康、社交通信、媒体娱乐等全场景的业务能力。更加广阔的应用视野也使得 HarmonyOS 从设计之初便考虑各种终端接入的性能等问题，未来，即使是一个灯泡想要接入 HarmonyOS，也可以轻松实现。

8.7 本章小结

本章对 HarmonyOS 的基础知识进行了详细的介绍。首先介绍了 HarmonyOS 是一款基于微内核的面向全场景的分布式操作系统，同时介绍了华为的全场景发展战略以及超级终端的概念；紧接着介绍了华为的 4 大技术特点：分布式架构、多端部署、微内核以及系统流畅；之后讲到 HarmonyOS 从人、设备和数据三个层次的安全认证与维护来保障系统安全；再之后介绍了 HarmonyOS 的 4 层框架结构，4 个层次分别为内核层、系统服务层、框架层和应用层；同时介绍了多设备虚拟网络自发现、异构组网和极简传输的相关知识；最后从 6 个维度对 HarmonyOS 和 Android 进行了对比。

8.8 课后习题

1. 知识点考查

(1) 鸿蒙的设计理念有哪些？调研身边的智能穿戴等设备，谈谈体会最深刻的理念。

(2) 微内核是什么意思？有什么好处？

(3) 鸿蒙采用了分层架构，其自底而上分为哪些层次？内核层包含哪两个子系统？

(4) 实现多设备虚拟网络的核心技术有哪些？分别解决了什么问题？

(5) HarmonyOS 与 Android 都是基于 Linux 开发的，其内核有何差异？

2. 拓展阅读

[1] 谢克强.鸿蒙操作系统打造生态的路径思考[J].单片机与嵌入式系统应用，2019，19(10)：3-6.

[2] 孙冰."万物皆可鸿蒙"挑战谷歌争锋苹果，华为欲颠覆旧格局[J].中国经济周刊，2021(11)：65-67.

参考文献

[1] 乔海晔,肖志良,杨涛.物联网技术[M].北京：电子工业出版社,2018.

[2] 张海藩,牟永敏.软件工程导论[M].6 版.北京：清华大学出版社,2013.

[3] 明日科技.零基础学 Android[M].长春：吉林大学出版社,2017.

[4] 明日科技.Android 精彩编程 200 例[M].长春：吉林大学出版社,2017.

[5] SILBERSCHATZ A,GALVIN P B,GAGNE G.操作系统概念(原书第 9 版)[M].郑扣根,唐杰,李善平,译.北京：机械工业出版社,2018.

[6] TANENBAUM A S,BOS H.现代操作系统(原书第 4 版)[M].陈向群,马洪兵,等译.北京：机械工业出版社,2017.

[7] BRYANT R E,HALLARON D O.深入理解计算机系统(原书第 3 版)[M].龚奕利,贺莲,译.北京：机械工业出版社,2016.

[8] 孙昊,王洋,赵帅,等.物联网之魂：物联网协议与物联网操作系统[M].北京：机械工业出版社,2019.

[9] 付长冬,舒继武,沈美明,等.网络存储体系结构的发展和研究[J].小型微型计算机系统,2004(4)：485-489.

[10] 宋航.万物互联：物联网核心技术与安全[M].北京：清华大学出版社,2019.

[11] 姜承尧.MySQL 技术内幕：InnoDB 存储引擎[M].北京：机械工业出版社, 2011.

[12] SCHWARTZ B,ZAITSEV P,TKACHENKO V.高性能 MySQL[M].宁海元,周振兴,彭立勋,等译.3 版.北京：电子工业出版社,2013.

[13] 黄焱,杨林.华为云物联网平台技术与实践[M].北京：人民邮电出版社,2020.

[14] 龚正,吴治辉,闫健勇.Kubernetes 权威指南：从 Docker 到 Kubernetes 实践全接触[M].5 版.北京：电子工业出版社,2021.

[15] 杜军.Kubernetes 网络权威指南：基础、原理与实践[M].北京：电子工业出版社,2019.

[16] 丁飞.物联网开放平台——平台架构、关键技术与典型应用[M].北京：电子工业出版社,2018.

[17] 林勇,农国才,郭炳宇,等.物联网云平台设计与开发[M].北京：人民邮电出版社,2019.

[18] 徐礼文.鸿蒙操作系统开发入门经典[M].北京：清华大学出版社,2021.

[19] 陈美汝,郑森文,武延军,等.鸿蒙操作系统应用开发实践[M].北京：清华大学出版社,2021.

[20] 徐礼文.鸿蒙 HarmonyOS 应用开发实战(JavaScript 版)[M].北京：清华大学出版社,2022.

[21] 廖义奎.物联网移动软件开发[M].北京：北京航空航天大学出版社,2019.

附录A 缩略词

缩略词	英文全称	中文全称
ADU	Application Data Unit	应用数据单元
AEP	Application Enablement Platform	应用能力平台
AES	Advanced Encryption Standard	高级加密标准
AOP	Aspect Oriented Programming	面向切面编程
ARM	Advanced RISC Machine	高级精简指令集处理器；一家半导体知识产权提供商
ASIC	Application Specific Integrated Circuit	专用集成电路
AWS	Amazon Web Service	亚马逊网络服务
B/S	Browser/Server	浏览器/服务器
BAP	Business Analytics Platform	业务分析平台
BAS	Bus Access Storage	基于总线连接的存储
BLL	Business Logic Layer	业务逻辑层
BSP	Board Support Package	板级支持包
C/S	Client/Server	客户端/服务器
CI	Continuous Integration	持续集成
CLI	Command-Line Interface	命令行接口
CMP	Connectivity Management Platform	连接管理平台
CoAP	Constrained Application Protocol	受限应用协议
CRC	Cyclic Redundancy Check	循环冗余码
CSS	Cascading Style Sheet	层叠样式表
DAG	Directed Acyclic Graph	有向无环图
DAL	Data Access Layer	数据访问层
DAS	Direct-Attached Storage	直连式存储
DDoS	Distributed Denial of Service	分布式拒绝服务攻击
DFD	Data Flow Diagram	数据流图
DIS	Data Ingestion Service	数据访问服务
DMP	Device Management Platform	设备管理平台
DMZ	De Militarized Zone	非军事区
DNS	Domain Name System	域名系统
DoS	Denial of Service	拒绝服务
DTLS	Datagram Transport Layer Security	数据包传输层安全性
DVCS	Distributed Version Control System	分布式版本控制系统

续表

缩略词	英 文 全 称	中 文 全 称
EOS	Embedded Operating System	嵌入式操作系统
EXT2	Second Extended Filesystem	第二代扩展文件系统
FCB	File Control Block	文件控制块
FCP	Fibre Channel Protocol	网状信道和网状信道协议
FOTA	Firmware Over-The-Air	远程硬件加载技术
FTP	File Transfer Protocol	文件传输协议
HAL	Hardware Abstraction Layer	硬件抽象层
HDF	HarmonyOS Driver Foundation	HarmonyOS 驱动框架
HTTP	Hyper Text Transfer Protocol	超文本传输协议
HTTPS	Hyper Text Transfer Protocol over Secure Socket Layer	以安全为目标的 HTTP 通道
ICT	Information and Communication Technology	信息通信领域技术
IDS	Intrusion Detection System	入侵检测系统
IETF	Internet Engineering Task Force	Internet 工程任务组
IoT	Internet of Things	物联网
IP-SAN	Internet Protocol Storage Area Network	基于 TCP/IP 的存储区域网络
ITU	International Telecommunication Union	国际电信联盟
JSON	JavaScript Object Notation	JavaScript 对象简谱
JSP	Java Server Pages	Java 服务器页面
KAL	Kernel Abstract Layer	内核抽象层
KMS	Key Management Service	密钥管理服务
LLC	Logical Link Control	逻辑链路控制
LoRa	Long Range	远距离无线电
LSM	Linux Security Module	Linux 安全模块
LwM2M	Lightweight Machine-To-Machine	轻量化机间通信协议
M2M	Machine to Machine	机器到机器
MAC	Media Access Control	介质访问控制
MCU	Microcontroller Unit	微控制单元
MIME	Multipurpose Internet Mail Extension	多用途互联网邮件扩展
ML	Machine Learning	机器学习
MQTT	Message Queuing Telemetry Transport	消息队列遥测传输
MTBF	Mean Time Between Failure	平均故障间隔时间
MVC	Model-View-Controller	模型-视图-控制器模型
NAS	Network Attached Storage	网络附属存储
NASD	Network-Attached Secure Disk	安全网络连接磁盘
NB-IoT	Narrow Band Internet of Things	窄带物联网
NFC	Near Field Communication	近距离无线通信
NFS	Network File System	网络文件系统
NS	Nassi and Shneidermen	指 N-S 图，即由 Nassi 和 Shneidermen 开发的图形工具
OBS	Object Storage Service	对象存储服务
OMA	Open Mobile Alliance	开放移动联盟

续表

缩略词	英文全称	中文全称
OTA	Over-The-Air	远程加载技术
PaaS	Platform as a Service	平台即服务
PAD	Problem Analysis Diagram	问题分析图
PDL	Program Design Language	程序设计语言
PDU	Protocol Data Unit	协议数据单元
PHY	Physical	物理层,物理层的
PKI	Public Key Infrastructure	公钥基础设施
PLC	Power Line Carrier	电力线载波
PUF	Physical Unclonable Function	物理不可复制性功能
QoS	Quality of Service	服务质量
RAID	Redundant Array of Independent Disk	独立冗余磁盘阵列
RDS	Relational Database Service	关系数据库服务
RFC	Request For Comment	请求评论备忘录
RFID	Radio Frequency Identification	射频识别
RPC	Remote Procedure Call	远程过程调用
RPi	Raspberry Pi	树莓派
RSA	Rivest-Shamir-Adleman	公钥加密算法
RTOS	Real Time Operating System	实时操作系统
SA	Structured Analysis	结构化分析
SAN	Storage Area Network	存储区域网络
SCO	Synchronous Connection Oriented link	面向连接的同步链路
SCSI	Small Computer System Interface	小型计算机系统接口
SDK	Software Development Kit	软件开发工具包
SMB	Server Message Block	服务器信息块
SMTP	Simple Mail Transfer Protocol	简单邮件传输协议
SNMP	Simple Network Management Protocol	简单网络管理协议
SOA	Service-Oriented Architecture	面向服务架构
SSD	Solid State Drive	固态硬盘
SSL	Secure Sockets Layer	安全套接字
TCB	Trusted Computing Base	可信计算基
TCP	Transmission Control Protocol	传输控制协议
Telnet	Teletype network	远程连接服务标准协议
UDP	User Datagram Protocol	用户数据报协议
UIL	User Interface Layer	表示层
URL	Uniform Resource Locator	统一资源定位符
VFS	Virtual File System	虚拟文件系统
VPC	Virtual Private Cloud	虚拟私有云
VPS	Virtual Private Server	虚拟专用服务器
WSIS	World Summit on the Information Society	信息社会世界峰会
WWW	World Wide Web	万维网

图书资源支持

感谢您一直以来对清华版图书的支持和爱护。为了配合本书的使用，本书提供配套的资源，有需求的读者请扫描下方的“书圈”微信公众号二维码，在图书专区下载，也可以拨打电话或发送电子邮件咨询。

如果您在使用本书的过程中遇到了什么问题，或者有相关图书出版计划，也请您发邮件告诉我们，以便我们更好地为您服务。

我们的联系方式：

清华大学出版社计算机与信息分社网站：https://www.shuimushuhui.com/

地　　址：北京市海淀区双清路学研大厦 A 座 714

邮　　编：100084

电　　话：010-83470236　010-83470237

客服邮箱：2301891038@qq.com

QQ：2301891038（请写明您的单位和姓名）

资源下载：关注公众号“书圈”下载配套资源。

资源下载、样书申请

书圈

图书案例

清华计算机学堂

观看课程直播